职业教育机电类专业系列教材
机械工业出版社精品教材

金属工艺学

第 3 版

主　编　王英杰　王雅然
副主编　张瑞平　杨　伟
参　编　段荣寿　杜　力　王秀缺　王雪婷
主　审　郭晓平

机 械 工 业 出 版 社

本书是机械工业出版社精品教材，是在第2版的基础上修订而成的。本书以“成形、改性与金属工艺全过程”为课程主线，以“抓主线、抓本质、抓联系、抓特点和抓应用”为教学主导思想。全书共三篇二十章，系统而简明地阐述了工程材料及其改性（机械工程材料）、毛坯成形及其选择（金属热加工基础）、零件成形及其装配（机械加工基础）的基本理论和基本工艺方法。每章设有类型全面的作业题，供学生自我检查是否掌握和理解了所学的基础知识。

为便于教学并提升该书的附加值，将与原书配套的《金属工艺学综合训练与实验指导书》做成了电子资源包，供选择本书作为教材的教师免费参考并使用。

本书可作为职业院校、技工院校机械类、近机类专业教材，也可作为成人教育和培训教材。

图书在版编目（CIP）数据

金属工艺学/王英杰，王雅然主编. —3版. —北京：机械工业出版社，2015.11（2024.7重印）

职业教育机电类专业系列教材. 机械工业出版社精品教材

ISBN 978-7-111-52050-4

Ⅰ.①金… Ⅱ.①王… ②王… Ⅲ.①金属加工-工艺学-高等职业教育-教材 Ⅳ.①TG

中国版本图书馆CIP数据核字（2015）第263887号

机械工业出版社（北京市百万庄大街22号 邮政编码100037）

策划编辑：齐志刚 责任编辑：齐志刚 王莉娜 版式设计：霍永明

责任校对：肖 琳 封面设计：张 静 责任印制：郜 敏

北京富资园科技发展有限公司印刷

2024年7月第3版第12次印刷

184mm×260mm · 18印张 · 446千字

标准书号：ISBN 978-7-111-52050-4

定价：49.80元

电话服务	网络服务
客服电话：010-88361066	机 工 官 网：www.cmpbook.com
010-88379833	机 工 官 博：weibo.com/cmp1952
010-68326294	金 书 网：www.golden-book.com
封底无防伪标均为盗版	机工教育服务网：www.cmpedu.com

第3版前言

本书第1版于1993年出版，第2版于1999年出版，至今已印刷数十次，深受广大师生好评，被评为机械工业出版社精品教材。为了适应技术进步和当前职业教育发展的需要，根据《教育部关于“十二五”职业教育教材建设的若干意见》的精神，我们在对《金属工艺学》第2版教材的使用情况进行调研、分析的基础上，组织了本次修订。

一、修订的基本思路

1. 基本保持第2版教材的框架结构，如章节顺序和图表；保持第2版教材在文字说明方面的精练、通俗易懂和形象直观的特色，进一步对文字说明和图表进行推敲、修改和完善。

2. 适应目前职业教育教学改革中出现的新情况、新问题、新要求，简化部分教学内容及其难度，使理论知识科普化，形成容易理解的职业常识和实践经验；突出实践环节，加强工艺流程和应用范围的介绍，使学生对零件加工工艺过程具有初步认识；贴近生产过程，并为后续相关课程进行必要的知识铺垫。

3. 修改第2版教材中存在的问题和错误，补充部分新内容、新材料、新技术和新知识，更新旧标准，使新版教材的内容更合理。

4. 注重引导学生进行相互探究、相互交流和相互协作，培养团队协作精神，掌握正确的学习方法。

5. 针对目前职业教育过程中存在的淡化基础知识培养的问题，为了提升学生的就业能力、转岗能力和可持续发展能力，加强对学生进行“宽基础，复合职业技能和职业素质”的培养。

二、主要修改和补充的内容

1. 对部分表格和内容进行了修改，使内容更精练，突出了重点。

2. 采用相关的最新国家标准。

3. 对个别图进行了更新和重新修改，使图的形式更统一和准确，而且形象直观。

4. 对个别定义和概念进行了修订，如规定残余延伸强度、不锈钢、质量分数等概念。

5. 更新了作业题的形式和相关内容，大大降低了作业题的难度，增强了学生回答问题的针对性和趣味性。

6. 将与原书配套的《金属工艺学综合训练与实验指导书》做成了电子资源包，大大提升了本书的附加值，选择本书作为教材的教师可登录 www.cmpedu.com 注册，免费下载。

三、本书的教学目标

1. 系统地介绍了金属材料的生产、性能、牌号及应用方面的知识。

2. 系统地介绍了金属零件的各种成形加工方法的基本原理、工艺特点和应用范围，使学生初步具有选择毛坯、编制零件成形加工工艺规程的基本能力以及相关职业技能。

3. 了解各种主要成形加工方法所用设备（工具）的工作原理和使用范围，掌握一些主要设备（工具）的基本操作方法。

4. 立足职业教育的培养目标以及学生自身的发展需要，教材内容覆盖面宽、系统、严谨、层次分明，突出实践性，注重理论与实际相结合；对学生的职业素质和职业能力进行均衡培养，引导学生学会应用所学的理论知识解决一些实际问题，初步使学生建立一定的解决实际问题的感性经验，做到触类旁通，融会贯通。

5. 造就开放式和探究式学习环境，培养学生团结合作，鼓励学生之间、师生之间相互交流，勇于探讨问题的学风，适应终身学习型社会的需要；引导学生深入社会，了解企业状况，探索解决实际问题的途径。

6. 注重培养学生的自学能力，以适应终身学习型社会的发展需要。引导学生善于利用信息社会提供的现代化信息技术手段，拓宽知识面，培养学生的信息素养。

7. 配备了相关课件。

四、本书的特色

本书以“成形、改性与金属工艺全过程”为课程主线，以“抓主线、抓本质、抓联系、抓特点和抓应用”为教学主导思想。全书共分三篇，系统和简明地阐述了工程材料及其改性（机械工程材料）、毛坯成形及其选择（金属热加工基础）、零件成形及其装配（机械加工基础）的基本理论和基本工艺方法。

本书每章设有类型全面的作业题，供学生自我检查是否掌握和理解了所学的基础知识。

本书由王英杰、王雅然任主编，张瑞平和杨伟任副主编，参与修订的人员还有段荣寿、杜力、王秀缺和王雪婷。全书由王英杰拟定修改提纲并统稿。

本书由郭晓平审稿，同时，在本书编写过程中参考了大量的文献资料，在此向文献资料的作者致以诚挚的谢意。

由于编者水平有限，书中难免有错误和不妥之处，恳请广大读者批评指正。

编　者

第 2 版前言

本书是根据原机械工业部 1995 年制订的中等专业学校《金属工艺学教学大纲》对原版进行修订再版的。

这次修订主要有四项内容：一是按课程主线调整了特种加工的位置，并增加了数控加工；二是更新了部分标准；三是各章作业中增加了综合题；四是对教材中某些概念及插图做了进一步说明。修订后仍然保留了原版教材的基本特色。

《金属工艺学综合性训练与实验指导书》（王雅然主编）和《金工实习》（沈剑标主编）作为辅助教材与本书配套。

这次修订仍由王雅然主编，参加修订的编者还有王建民、凌爱林、姜敏凤、肖群彦、任新梅、胡雅育、张兆隆、肖智清、宫成立、李东君、张绿叶、李顺、靳红星。这次修订由孟培祥、李伟杰、龚庆寿主审。参加审稿的还有陈文军、宋秀孚、姜永顺、王厚生、马中全、罗建军等。

在使用和修订本书的过程中，苏群荣、卢若薇、李国绩、司乃钧、贾明旭、谢慧玲、吴绯、李玉琴、李庆新、王明耀、曹凤占等给予过热情的帮助；原机械工业部中专基础课教学指导委员会、教材编辑室、中专金工学科组、江苏省金工研究会金工信息交流站等给予过大力的支持，在此一并表示谢意。

由于编者水平有限，书中一定还有不少缺点、错误，恳请广大读者指正。

编　者

第1版前言

本书是根据机械工业部中等专业学校基础课教学指导委员会制订的《金属工艺学教学基本要求》编写的。本书以“成形、改性与金属工艺全过程”为课程主线，以“抓主线、抓本质、抓联系、抓特点和抓应用”为教学主导思想，简明而系统地阐述了金属工艺学的基本理论和基本工艺方法。

全书分为三篇：第一篇工程材料及其改性（机械工程材料）；第二篇毛坯成形及其选择（金属热加工基础）；第三篇零件成形及其装配（机械加工基础）。机械制造类专业可以细讲第一、二篇，第三篇可以粗讲，也可以在实习中授课。热加工类专业可以粗讲第一篇，细讲第二、三篇。管理类、近机类（农机、交通、铁路等）专业则应通讲全书。中等专业学校、职业中学、职业中专学校和高等专科学校等都可以选用本教材。

《金属工艺学实验与练习》是与本书配套使用的辅助教材。

本书由王雅然主编，参加编写的还有王建民、马中全、苏华、张文琴、宫成立、张兆隆、肖群彦、丁建生、陈长生、凌如晶、凌爱林等。

本书由王旭东、孟培祥、周家骁主审。全国高等专科学校和全国中等专业学校的金属工艺学课程组组长康云武、司乃钧曾对本书提出过指导性意见。本书经机械工业部中专金工学科组审查通过。参加审稿的还有郭奕棣、董振峰、崔捧爱等。

在本书编写过程中得到了机械工业部中专处和教材编辑室、基础课教学指导委员会及金工学科组的指导和帮助，许多金工界同行也对本书提出过宝贵意见，在此一并表示感谢。

由于编者水平有限，书中难免有缺点和错误，恳请读者斧正。

编　者

目　　录

第三篇　零件成形及其装配（机械加工基础）

绪　论

人类的生产过程是将原材料转变为成品的过程，生产目的不同，选择的原材料和加工方法及生产过程的安排也不同。通常将改变加工对象的形状、尺寸、相对位置和性质等，使其成为成品或半成品的过程，称为工艺过程。金属工艺学是论述从矿石到机器这个金属工艺全过程的学问，是研究金属的冶炼、性能、加工方法和加工工艺等问题的一门课程。

一、课程的性质、地位和任务

金属工艺学是一门综合性的技术基础课，是机械类、近机类等专业的必修课。它清楚地表达了金属工艺过程中各个生产环节之间的相互关系，简明地概括了机械制造过程的整个面貌，为各专业提供了必需的基础知识。

金属工艺全过程可以划分为原材料、毛坯、零件和机械装配四大生产环节。铸造、锻造和焊接等热加工类专业是研究毛坯成形工艺的专业；机械制造类冷加工专业是研究零件成形及机械产品成形的专业；热处理类专业是研究工程材料及其改性的专业；管理类专业则是研究管理机械产品生产全过程的专业。显然，各个专业都要求对机械制造全过程有个总体认识，并了解机械类各专业在机械制造过程中的位置，了解本专业研究的生产环节与前后生产环节的关系，还应该对各种成形工艺、改性工艺的本质、特点及应用有明确的认识。学生学完金属工艺学，将全面了解从矿石到机器这个金属工艺全过程中关于成形和改性的理论，初步具有为机械制造选材料、选加工方法和分析结构工艺性的能力。

二、课程主线和教学主导思想

毛坯、零件和机器的成形是金属工艺学要阐述的一项重要内容。铸造，锻造和焊接是毛坯的主要成形方法；切削加工是零件的主要成形方法；装配则是机器的成形方法。毛坯、零件和机器的改性是金属工艺学要阐述的另一项重要内容。通过调整金属材料的化学成分及采用热处理方法，可以改善毛坯和零件的工艺性能和使用性能；通过成形工艺中的改性措施如变质处理、提高锻造比和多层焊接等，也能改善毛坯和零件的使用性能；装配后通过调整和试车，可以改善机器的使用性能。因此，金属工艺学的课程主线可以概括为“成形、改性与金属工艺全过程”。本书利用课程主线把教学内容穿起来，突出了教材的系统性，同时删去了不在主线上和远离主线的部分，使教材内容得到了科学的精选。紧抓“成形”和“改性”两个基本点阐述金属工艺全过程，是本书的基本思路，也应该是实施本课程教学的基本思路。

紧抓课程主线，通过典型的工艺方法如炼铁、炼钢、钢的热处理、砂型铸造、自由锻造、焊条电弧焊、车削加工、外圆磨削、轴类零件的切削加工工艺和减速器的装配工艺等，把成形工艺和改性工艺中最基本、最主要、最实用的内容突出出来，讲透本质、讲清联系、讲明反映本质和联系的各种工艺的主要特点及应用场合，构成了金属工艺学的教学主导思想。这一主导思想可以概括为抓主线、抓本质、抓联系、抓特点和抓应用。在教和学中都必须处处体现课程主线和教学主导思想。

三、课程特点和教学方法

1. 加强实践性环节

金属工艺学具有技术性和实践性强的特点，其内容也与实际生产和生活密切相关。

本书与《金属工艺学综合性训练与实验指导书》配套使用。按指导书指导学生训练及实验是加强实践性教学环节的重要举措。

在教学中要注意对实习教学和实验教学中观察到的现象及测试的数据进行定性分析，以帮助学生加深对课程基本理论的理解；要注意把现场教学和参观教学中看到的设备特点、工艺特点和感兴趣的现象与课程的基本理论联系起来，以加深对课程实用性的认识。对于每个实践性教学环节，教师都要根据教学大纲、教材和实际情况编写出实践教学指导书并发给学生，同时注意指导学生完成有分析、有结论的书面报告，要求学生在报告书上写出自己的体会和意见。

实习教学是课堂教学的实践基础，因此必须在课堂教学之前按《金工实习》中的相关内容安排好实习教学。

2. 加强综合性训练

金属工艺学具有知识面宽和综合性强的特点。本书中安排了综合性教学章节和综合性作业题。如果学生认真完成每一次作业，并按《金属工艺学综合性训练与实验指导书》完成一次（或两次）部分训练和一次整体训练，就表明达到了教学基本要求。

在教学中应通过分析和综合对比，加深对课程内容内在联系的认识。例如，学习车削、钻削、刨削、铣削和磨削五种切削加工方法时，可以把磨削看成是使用无数个切削刃的密齿回转刀具的铣削，铣削可以看成是使用多刃刀具以回转运动方式的刨削，刨削可以看成是在无限大直径的工件外圆表面上的车削，钻削也可以看成是使用两把内孔车刀车孔。这样，五种基本切削加工方法都可以看成是车削加工的演变和发展。

一般来说，各种切削加工方法的本质区别是：车削具有单向连续的主运动，工作时基本上无惯性冲击；刨削具有直线往复主运动，工作时有惯性冲击，有空行程；铣削时，以多刃刀具和回转主运动进行不连续切削，也有冲击和振动；磨削以砂轮的回转主运动和微量进给运动来实现精加工；钻削则属于半封闭切削，排屑、冷却和润滑都比较困难，只能对工件进行粗加工。

3. 展开思维教学法

市场经济具有瞬息万变的特点，工程技术人员必须具有活跃的应变思维能力。因此，在职业教育过程中需要培养学生形成应变思维能力。展开思维教学法就是解放学生思想，开发学生智力，使学生聪明起来，具有应变思维能力的教学方法。

“抓心展思”和“多向展思”是展开思维教学法的两个基本点。所谓“抓心展思”是指抓住教材的每个核心内容，展开学生的逻辑思维。例如，抓住“成形与改性”这个核心去思考金属工艺全过程，去思考每个工艺环节的本质、与工艺过程的联系、主要特点及应用。又如，抓住零件“表面成形”这个核心，去思考切削加工质量的主要标准（公差和表面粗糙度）、切削成形原理和切削成形方法、零件切削成形工艺和零件结构的切削工艺性。对于复杂的问题，常常需要把问题层层展开，并且层层抓心，分析清楚。

所谓“多向展思”是指从纵向、横向和反向等多方向叙述、启发和诱导，使学生展开逻辑思维。例如，在讲授机械制造概貌时，按金属工艺全过程，纵向叙述材料、毛坯、零件和机器四个生产大环节并展开思维；在讲授机械零件制造工艺时，按选材料、选毛坯、粗加工、半精加工、精加工和光整加工六个环节展开思维；在讲授粗加工阶段时，按选择粗基准、加工精基准、加工主要表面和次要表面等环节展开思维；在讲授每道加工工序时，按定位，夹紧、加工和拆卸等环节展开思维。通过一系列纵向叙述给人以水到渠成的感觉。

纵向思维是一种比较单纯的认识过程。不同层次、不同类别的纵向程序容易被混淆。为此，还必须展开同层次不同类别对比分析的横向思维过程。《金属工艺学综合性训练与实验指导书》和本书中的综合题都有启发和引导学生展开横向思维的作用。

纵向和横向思维构成的思维平面仍然是比较肤浅的，通过反向思维才能深化认识，形成思维体。《金属工艺学综合性训练与实验指导书》和本书中的一系列思考题都意在促进反向思维。

全方位地展开思维教学能最大限度地解放学生的思想，把学生从教材中及教师那里解放出来，从学校里解放出来，从而把学生培养成为贴近社会和市场、具有活跃的应变思维能力的人才。

四、金属工艺学发展史简介

勤劳智慧的中国人民在金属工艺学方面曾有过辉煌的成就。在公元前16～11世纪的商朝，青铜冶铸技术就已相当精湛。在公元前5世纪的春秋时期，制剑技术已经很高超。1965年在湖北省江陵县出土的春秋时期越王勾践的宝剑，仍然星光闪闪，寒气熠熠，可见当时的铸造、热处理和防锈蚀技术已经很发达。明朝（1368～1644年）宋应星编著的《天工开物》一书中就载有冶铁、炼钢、铸钟、锻铁（熟铁）、焊接（锡焊和银焊）和淬火等多种金属成形与改性的工艺方法，它也是世界上最早的有关金属工艺方面的著作之一。但是，长期的封建社会严重束缚了科学技术的发展，造成我国与工业发达国家之间的差距很大。

1775年，英国人威尔肯逊为了制造瓦特发明的蒸汽机，制造了汽缸镗床，这台汽缸镗床的问世，标志着人类开始进入了用机器代替手工操作的时代。

最初的机床只适于生产批量不大的产品，即单件小批量生产方式。随着人类文明的进步，人们开始认识到分工与协作的意义，认识到按照专业化方式组织生产可以大幅度提高劳动生产率。于是，单件小批量生产方式在一些部门（如汽车制造厂）开始被大批量生产方式所代替。人们通过自动传送带把多台机床联系起来，并且按照一定的程序和节拍加工，这就是切削加工生产线或自动生产线。这种大批量生产方式又促进了互换性生产和测量技术的发展。

近年来，由于科学技术的不断进步和市场竞争的日趋激烈，使得产品的品种不断增加，精度不断提高，并且产品的替代周期不断缩短。因此，中小批量的产品在机械产品生产中所占的比例不断提高，达到了75%～85%。数控机床和数控加工技术就是在这样的背景下诞生并发展起来的，从而解决了中小批量机械产品的生产自动化问题。

当前，我国正在推进的CIMS（计算机集成制造系统）工程，将生产指挥、产品工程设计、制造自动化或柔性制造系统、质量保证系统等，通过计算机网络及数据库等技术集成为一个有机的整体，已经在一些企业中取得了显著的经济效益。

另外，传统的金属工艺方法，在其自身技术不断发展的同时，正逐步与其他相关技术紧密结合，焕发出新的生命力。

第一篇

工程材料及其改性
（机械工程材料）

第一章 钢铁材料生产简介

钢铁材料是应用最广泛的金属材料，也是现代工业特别是机械装备制造业的支柱与基础。通常钢铁材料是通过冶炼（炼铁和炼钢）和轧制获得的。

第一节 炼 铁

铁元素是钢铁材料的基本组成元素之一。自然界中的铁元素以各种化合物的形式存在，并且同其他元素的化合物混在一起。炼铁本质上是把铁从其化合物中还原，并且使其与其他元素的化合物相分离的过程。

炼铁的原料主要有铁矿石、焦炭和石灰石，各种原料按合理的比例进行混合，才能使炼铁可行且经济。

一、炼铁的基本过程

高炉是现代炼铁的主要设备。高炉炼铁如图1-1所示，炉料不断从进料口加入炉内，空气经热风炉预热后从进风口吹入炉中。在冶炼过程中，炉料充满高炉，并不断下降；吹入炉中的空气与化学反应生成的气体组成炉气并沿着炉料的缝隙上升。冶炼一定时间后，先打开出渣口排渣，再打开出铁口出铁。从炉顶排出的废气（高炉煤气）经煤气出口回收。

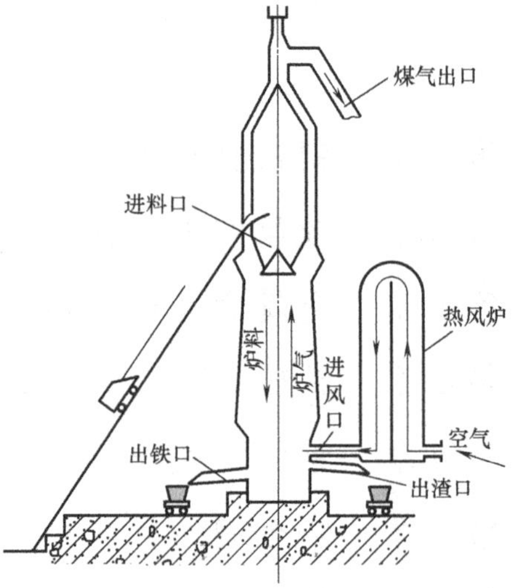

图1-1 高炉炼铁

炼铁的基本过程包括燃料的燃烧、铁的还原和增碳、杂质的混入和选渣等。

炼铁采用的燃料主要是焦炭。焦炭燃烧产生的热量为冶炼提供了高温条件。高温焦炭及其燃烧生成的CO气体还可起到还原剂的作用。

炼铁时，焦炭和CO不断把铁从铁矿石中还原出来，同时碳也溶入铁中。最终炼成的铁中碳的质量分数可达4%。另外，炉料中的硅、锰、硫、磷等杂质也会溶入铁中。

炼铁时，焦炭燃烧形成的灰粉及矿石中的废石与铁混在一起。通常加入石灰石，使其灰粉、废石等发生造渣反应，成为熔点较低、密度较小的熔渣，浮在铁液上面。只要使出渣口稍高于出铁口，就能使铁与熔渣分离。

二、高炉产品

高炉冶炼的铁不是纯铁，而是含有碳、硅、锰、硫、磷等元素的合金，称为生铁。生铁是高炉的主要产品。按硅的质量分数的不同，生铁分为炼钢生铁和铸造生铁。炼钢生铁的硅的质量分数较低（$w_{Si}<1.25\%$），主要用于炼钢；铸造生铁的硅的质量分数较高（$w_{Si}=1.25\%\sim3.2\%$），主要用于铸造。

高炉冶炼的副产品主要有炉渣和高炉煤气。炉渣是制造水泥的原料；高炉煤气经净化后可作为气体燃料使用，如加热热风炉及作为民用管道煤气等。

第二节 炼　钢

生铁中含有较多的杂质，使得生铁的性能常常不能满足加工和使用的要求。炼钢的本质是利用氧化的办法清除（或降低）生铁中的硅、锰、硫、磷等杂质和过量的碳，使其化学成分达到标准规定的要求，从而改善其性能。钢中碳及各种杂质的含量比生铁要低得多。表1-1列出了炼钢生铁与低碳钢的主要化学成分。

表1-1 炼钢生铁与低碳钢的主要化学成分

材料	$w_C \times 100$	$w_{Si} \times 100$	$w_{Mn} \times 100$	$w_P \times 100$	$w_S \times 100$
炼钢生铁	4～4.4	>0.85～1.25	>0.50	>0.25～0.40	>0.05～0.07
低碳钢	0.14～0.22	0.12～0.3	0.4～0.65	0.05	0.055

一、炼钢的基本过程

1. 氧化过程

生铁中的碳、硅、锰、磷等元素在高温条件下与氧的亲和力比铁强。炼钢时加入的氧化剂（氧气、铁矿石等）将优先与这些杂质产生化学反应，生成各种氧化物。生成的CO气体容易逸出，并且对钢液有搅拌作用，促使冶炼过程顺利进行；生成的硅、锰、磷等的氧化物及混 入铁中的硫，将与熔剂CaO等发生一系列造渣反应，生成炉渣。

2. 脱氧过程

在氧化过程中大量的铁也被氧化成FeO。钢中存在FeO将使钢的力学性能下降，高温时更容易脆断。因此，在冶炼后期必须往钢液中加入脱氧剂（硅铁、锰铁、金属铝等）。脱氧剂与FeO发生反应，生成炉渣。

二、炼钢方法

1. 转炉炼钢法

常见的氧气顶吹转炉炼钢法如图1-2a所示，其炉体可以绕转轴转动，每炼完一炉钢都要使炉体倾倒，倒出钢液。此法冶炼时，以纯氧作为氧化剂，直接利用吹氧管从炉顶向炉中吹入氧气，依靠化学反应产生的热量就可冶炼，不需要外加热源。

转炉炼钢法生产率高，几十分钟就能炼一炉钢，但必须以液态炼钢生铁为主要原料，杂质被氧化时产生的热量不仅能使生铁液的温度提高到钢的熔点，还能使加入的废钢熔化，重新将其冶炼成好钢。其废钢的加入量甚至可以达到整炉钢的35%。

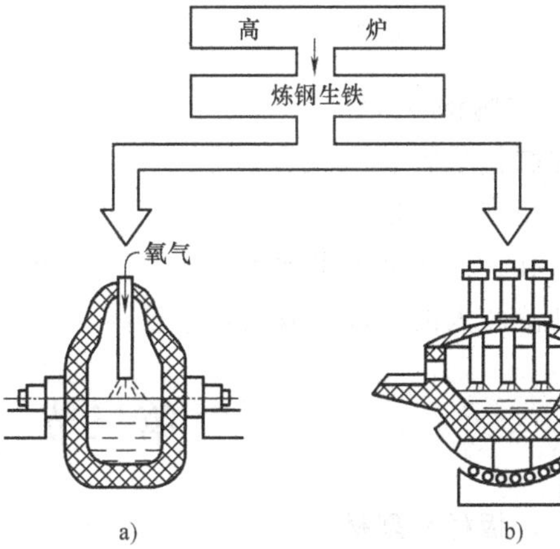

图1-2 常用炼钢法

a）氧气顶吹转炉 b）电弧炉

氧气顶吹转炉炼钢法通常用于冶炼各种非合金钢。

2. 电弧炉炼钢法

常见的电弧炉炼钢法如图1-2b所示。它冶炼时以铁矿石或纯氧为氧化剂，以转炉钢或(和)废钢为原料，以电弧为热源。

电弧炉炼钢法的冶炼温度高，炉料比较纯净，化学成分容易控制，冶炼过程可以调节，能够冶炼高级优质钢和含有高熔点金属元素（如钨、钼、钛等）的合金钢。

三、镇静钢和沸腾钢

炼好的钢常浇注成钢锭或连注成钢坯。图1-3a所示为使用钢锭铸型浇注钢锭；图1-3b所示为使用连铸机浇注钢坯。浇注时，钢液在一个用水冷却的铸型中凝固，再用夹辊夹持移动，并按要求的长度切断。

在炼钢脱氧过程中，通过控制脱氧剂的种类和加入量，可以控制钢的脱氧程度。通常按脱氧是否完全把钢分为镇静钢与沸腾钢。

1. 镇静钢

镇静钢是脱氧（脱氧剂主要用硅铁或铝）完全的钢，浇注时不发生碳氧反应，钢液在型腔中平静地上升，凝固后在钢锭头部形成一个倒锥形的缩孔，如图1-4a所示。镇静钢钢锭组织致密，但轧制钢材时必须切除具有缩孔的头部，故成材率较低。

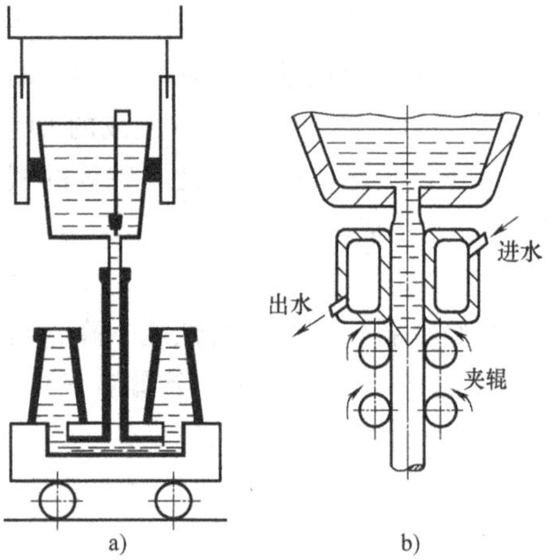

图1-3　钢的浇注

a）型铸　b）连铸

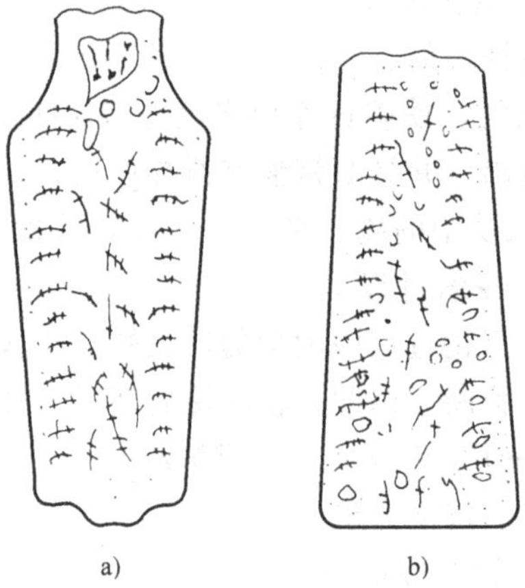

图1-4　钢锭

a）镇静钢　b）沸腾钢

2. 沸腾钢

沸腾钢是脱氧（脱氧剂主要用锰铁）不完全的钢，浇注时有碳氧反应，生成大量的CO气体，呈现沸腾现象，通常是盖上铁板，使上层钢液先凝固成薄壳后停止沸腾，最终钢锭内充满气孔，但头部不出现大的缩孔，如图1-4b所示。沸腾钢钢锭组织疏松，但轧制钢材时不必切除较大的头部，故成材率较高。

第三节　钢材生产

一、板材和型材

生产中，将钢锭通过一系列轧机轧制成板材和型材。图1-5a所示为使用两个转向相反的轧辊轧制钢板。如果在圆柱形轧辊上加工出各种孔型，就可以轧制相应的型材。常见轧制型材的结构形状如图 1-5b 所示。

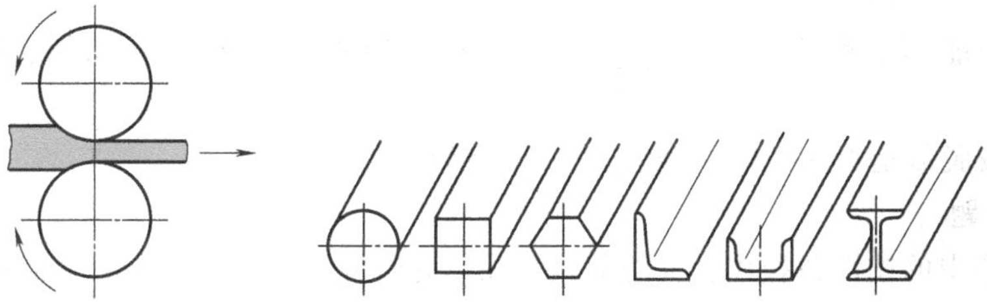

图 1-5　轧板和型材

a）轧制钢板　b）常见型材

二、管材

通过成形辊把带钢弯成管形，再通过焊接辊可将带钢焊接成有缝管材；也可以先用斜轧穿孔机在实心管坯上穿孔，如图 1-6 所示，然后再用一种特殊的方法（如周期式轧管法）将管坯轧至所需尺寸的管材，这种管材通常称为无缝管材。

三、线材

直径在 6mm 以下的线材多采用拉丝机生产，而使坯料通过一个带漏斗形模孔的拉丝模，将坯料拉拔成所需尺寸的线材，如图 1-7 所示。拉丝时材料会硬化，常通过中间加热使之软化。

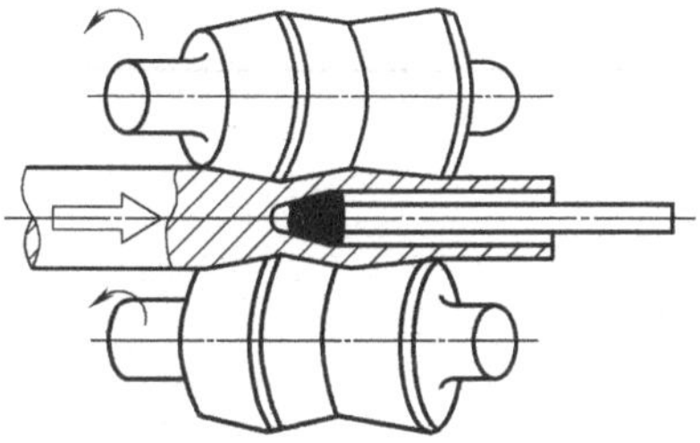

图 1-6　斜轧穿孔

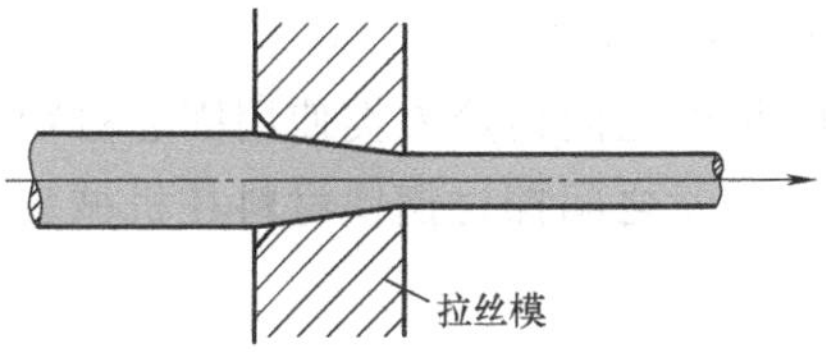

图 1-7　拉丝

作　业　一

一、基本概念解释

1. 生铁　2. 镇静钢　3. 沸腾钢

二、填空题

1. 钢铁材料是通过________（炼铁和炼钢）和________获得的。
2. 炼铁本质上是把铁从其化合物中________，并且同其他元素的化合物相分离的过程。
3. 炼铁的原料主要有铁矿石、________和________。
4. 按硅的质量分数的不同，生铁分为________生铁和________生铁。
5. 炼钢生铁主要用于________，铸造生铁主要用于________。
6. 炼钢的本质是利用________的办法清除（或降低）生铁中的硅、锰、硫、磷等杂质和过量的________，使其化学成分达到标准规定的要求，从而改善其性能。

7. 氧气顶吹转炉炼钢法通常用于冶炼各种________。

8. 电弧炉能够冶炼高级________钢和含有高熔点金属元素（如钨、钼、钛等）的________钢。

9. 通常按脱氧是否完全把钢分为________钢与________钢。

三、判断题

1. 自然界中的铁以各种化合物的形式存在，并且同其他元素的化合物混在一起。（　）

2. 高炉冶炼的铁是纯铁。（　）

3. 沸腾钢是脱氧完全的钢。（　）

四、简答题

1. 高炉冶炼的副产品有哪些？有何用途？

2. 镇静钢与沸腾钢有何特点？

3. 按表 1-2 的要求填写相关内容。

表 1-2　钢铁材料生产方式的比较

生产方式	原料	设备	原理	基本过程	产品及其应用
炼铁					
炼钢					
轧制					
拉丝					

五、课外活动

1. 同学之间讨论人类使用固态材料的基本历程。

2. 同学之间探讨钢铁材料在机械装备制造业中的作用。

第二章 金属的力学性能

金属的力学性能是指金属在力的作用下所显示的与弹性和非弹性反应相关或涉及应力-应变关系的性能。弹性是指物体在外力作用下改变其形状和尺寸,当外力卸除后物体又回复到其原始形状和尺寸的特性。应力是指物体受外力作用后物体内部相互作用力(称为内力)与截面积的比值。应变是指由外力所引起的物体原始尺寸或形状的相对变化,通常以百分数(%)表示。

金属的力学性能主要指强度、塑性、硬度、韧性和抗疲劳性等。表征和判定金属力学性能所用的指标和依据,称为金属力学性能判据。金属力学性能判据是金属零件选材和设计的主要依据。金属受力特点不同,将有不同的表现,显示出各种不同的力学性能。

第一节 塑性与强度

塑性是指断裂前材料发生不可逆永久变形的能力。强度是指金属抵抗永久变形和断裂的能力。塑性和强度的判据通过拉伸试验测定。拉伸试验是指用静拉伸力对试样进行轴向拉伸,测量拉伸力和试样的相应伸长,一般将试样拉至断裂,然后测定其力学性能的试验。通过拉伸试验绘制的拉伸力-伸长曲线,可以计算出试样的塑性和强度的主要判据。

一、拉伸力-伸长曲线

拉伸力-伸长曲线是指拉伸试验中记录的拉伸力与伸长的关系曲线,如图 2-1a 所示。拉伸力-伸长曲线可由拉伸试验机自动绘出。

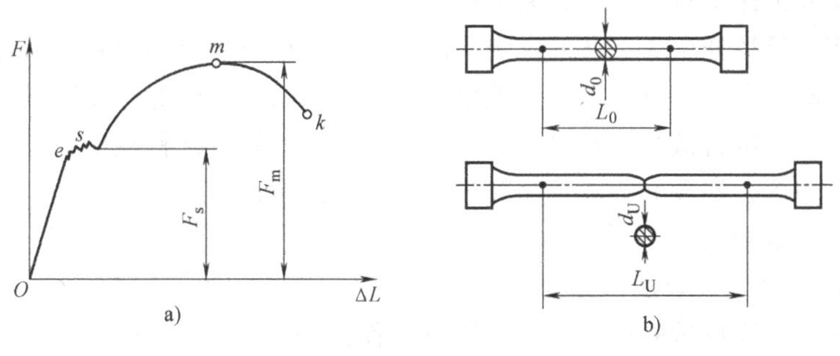

图 2-1 拉伸力-伸长曲线和拉伸试样

a)拉伸力-伸长曲线 b)拉伸试样

试验时先将被测金属材料制成标准试样,如图 2-1b 上图所示,试样的直径为 d_0,标距的长度为 L_0;然后将试样装夹在拉伸试验机上,缓慢增加拉伸力,试样标距的长度将逐渐增加,直至被拉断;再把两段试样对接起来,标距将增至 L_U,断裂处截面的直径减至 d_U,如图 2-1b 下图所示。

图 2-1a 所示为低碳钢试样的拉伸力-伸长曲线,曲线的 Oe 段近乎一段斜线,表示受力不大时试样处于弹性变形阶段,此时如果卸除拉抻力 F,试样将完全恢复到原始的形状及尺寸;

当拉伸力 F 继续增加时，试样将产生塑性变形，并且在 s 点附近出现一段水平（或有波动）线段，这时拉伸力不增加，试样的塑性变形量仍增加，称为屈服现象；屈服后曲线又呈上升趋势，表示试样的材料得到强化，恢复了抵抗拉伸力的能力，m 点表示试样抵抗拉伸力的最大能力，这时试样上的某个部位横截面将发生局部收缩，称为缩颈现象；随后，试样因承受拉伸力的能力迅速减小而被拉断。

二、塑性的主要判据

1. 断后伸长率

断后伸长率是指拉伸试样拉断后标距的残余伸长（$L_U - L_0$）与原始标距 L_0 之比的百分比，用符号 A 表示。即

$$A = \frac{L_U - L_0}{L_0} \times 100\%$$

式中　L_U——拉伸试样拉断后对接的标距长度；

L_0——拉伸试样原始标距长度。

拉伸试样的原始标距 L_0 与原始直径 d_0 之间通常有一定的比例关系。$L_0 = 10d_0$ 时，称为长拉伸试样；$L_0 = 5d_0$ 时，称为短拉伸试样。使用长拉伸试样测定的断后伸长率用符号 $A_{11.3}$ 表示；使用短拉伸试样测定的断后伸长率用符号 A 表示。同一种材料的短拉伸试样的断后伸长率 A 大于长拉伸试样的断后伸长率 $A_{11.3}$。

2. 断面收缩率

断面收缩率是指拉伸试样拉断后，缩颈处横截面积的最大缩减量（$S_0 - S_U$）与原始横截面积 S_0 之比的百分比，用符号 z 表示。即

$$z = \frac{S_0 - S_U}{S_0} \times 100\%$$

式中　S_0——拉伸试样原始横截面积；

S_U——拉伸试样拉断后缩颈处最小横截面积。

断面收缩率不受拉伸试样尺寸的影响，能比较确切地反映金属材料的塑性。

塑性直接影响到零件的成形加工及使用。例如，钢的塑性较好，能通过锻打成形，而灰铸铁塑性极差，不能进行锻打。拉伸力-伸长曲线表明，金属材料经明显塑性变形（屈服）后即得到强化。因此，塑性好的零件超载时仍有强度储备，比较安全。

三、强度的主要判据

1. 屈服强度与规定残余延伸强度

屈服强度是指试样在试验过程中力不增加（保持恒定）仍能继续伸长（变形）时的应力，用符号 R_e 表示。即

$$R_e = \frac{F_s}{S_0}$$

式中　F_s——拉伸试样屈服时所承受的拉伸力。

不少金属材料在拉伸试验中没有明显的屈服现象，难以测出屈服强度。此时可用规定残余延伸强度表示屈服强度。规定残余延伸强度是指拉伸试样卸除拉伸力后，残余延伸率等于规定的原始标距 L_0 或引伸计标距 L_e 百分率时对应的应力。表示此应力的符号应附以脚注说明，如经常使用的 $R_{r0.2}$ 表示残余延伸率达 0.2% 时的应力。

机械零件在工作时一般不允许产生明显的塑性变形。因此，屈服强度或规定残余延伸强度 $R_{r0.2}$ 是机械零件选材和设计的依据。

2. 抗拉强度

抗拉强度是指拉伸试样相应最大拉力 F_m 对应的应力，用符号 R_m 表示。即

$$R_m = \frac{F_m}{S_0}$$

式中 R_m——拉伸试样所承受的最大拉伸力。

由于脆性金属材料的 $R_{r0.2}$ 难测出，所以在使用脆性金属材料制作机械零件时，常以 R_m 作为选材和设计的依据。

第二节 硬 度

硬度是指材料抵抗局部变形，特别是抵抗塑性变形、压痕或划痕的能力。在规定的静态试验力下将压头压入材料表面，用压痕深度或压痕表面面积来评定的硬度，称为压痕硬度。布氏硬度和洛氏硬度都属于压痕硬度。

一、布氏硬度试验

布氏硬度试验是指用一定直径的硬质合金球，以相应的试验力将硬质合金球压入试样表面，经规定保持时间后卸除试验力，用测量的表面压痕直径计算硬度的一种压痕硬度试验，如图 2-2 所示（h 为球冠形压痕的高，φ 为压入角）。

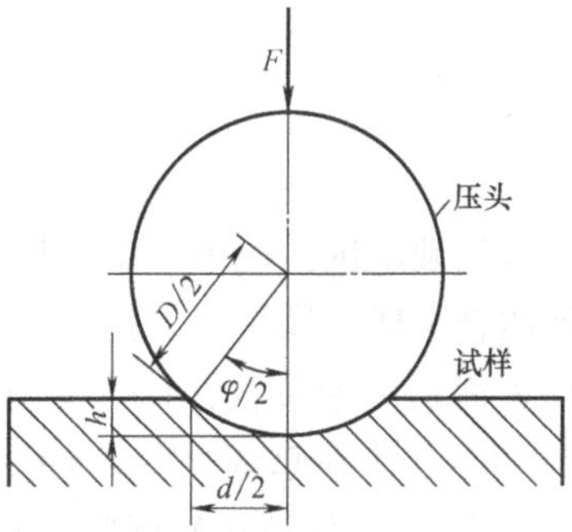

图 2-2 布氏硬度试验原理

布氏硬度值是球面压痕单位面积上所承受的平均压力表示。布氏硬度用符号 HBW 表示。即

$$\mathrm{HBW} = 0.102\frac{2F}{\pi D(D - \sqrt{D^2 - d^2})}$$

式中 F——试验力（N）；

D——球体直径（mm）；

d——压痕平均直径（mm）。

布氏硬度适用于测定布氏硬度值在 650 以下的材料。

标注布氏硬度时，符号 HBW 之前写硬度值，符号后面按球体直径（mm）、试验力（kgf）和试验力保持时间（10～15s 不标注）顺序用数值表示试验条件。

例如：120HBW10/1000/30，表示直径 10mm 的硬质合金球在 1000kgf（9.807kN）试验力作用下，保持 30s 测得布氏硬度值为 120。

500HBW5/750，表示用直径 5mm 的硬质合金球在 750kgf（7.355kN）试验力作用下，保持 10～15s 测得的布氏硬度值为 500。

布氏硬度试验使用的压头有五种直径：10mm、5mm、2.5mm、2mm 和 1mm，通常使用直径为 10mm 的压头。因此，其压痕的面积较大，能反映较大范围内金属材料的性能；测定的硬度值较准确、稳定，数据的重复性强。但是，布氏硬度试验对金属表面的损伤也较大，不宜测定太薄试样的硬度（GB/T 231.1—2009 中对试样的最小厚度有具体要求），也不适于测成品件的硬度。布氏硬度试验常用来测定原材料、半成品及各微小部分性能不均匀材料

（如铸铁）的硬度。

二、洛氏硬度试验

洛氏硬度试验是指在初始试验力及总试验力的先后作用下，将压头（金刚石圆锥或淬火钢球或硬质合金球）压入试样表面，经规定保持时间后卸除主试验力，用测量的残余压痕深度增量来计算硬度的一种压痕硬度试验，如图 2-3 所示。残余压痕深度增量是指在洛氏硬度试验中，在卸除主试验力并保持初始试验力的条件下测量的深度方向塑性变形量，用符号 h 表示。h 的数值很小，不用毫米作为计算单位，而是用 0.002mm 作为一个单位计算。其计算结果是一个表示 h 大小的无名数，不是以毫米作为单位的深度值。

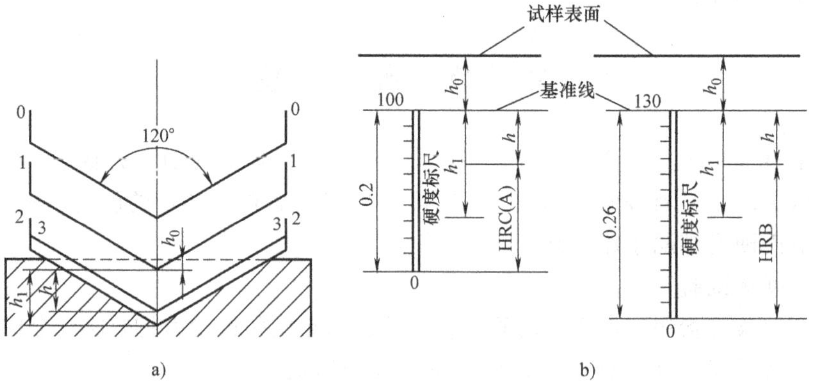

图 2-3　洛氏硬度试验原理
a）原理　b）标尺与 h 的关系

洛氏硬度试验使用的压头是顶角为 120°的金刚石圆锥体或直径为 1.588mm 的淬火钢球或硬质合金球。设初始试验力为 F_1，主试验力为 F_2。图 2-3a 所示 0—0 表示压头尚未接触试样表面的原始位置；1—1 表示压头在初始试验力 F_1 作用下压入试样深度为 h_0 的位置；2—2 表示压头在总试验力 $F = F_1 + F_2$ 作用下又压入试样深度为 h_1 的位置；3—3 表示卸除主试验力 F_2 并保持初始试验力 F_1 的条件下，压头因试样弹性恢复而获得残余压痕深度增量 h 的位置。标尺与 h 的关系如图 2-3b 所示。

洛氏硬度值是指用洛氏硬度相应标尺满量程值与残余压痕深度增量之差计算的硬度值。常用的洛氏硬度标尺有三种。

A 标尺洛氏硬度（HRA），用圆锥角为 120°的金刚石压头在初始试验力为 98.07N，总试验力为 588.4N 的条件下进行试验，刻度满量程值为 100，用 $100 - h$ 可计算出洛氏硬度值。

B 标尺洛氏硬度（HRB），用直径 1.588mm 的淬火钢球在初始试验力为 98.07N、总试验力为 980.7N 的条件下进行试验，刻度满量程值为 130，用 $130 - h$ 可计算出洛氏硬度值。

C 标尺洛氏硬度（HRC），用圆锥角为 120°的金刚石压头在初始试验力为 98.07N、总试验力为 1471.0N 的条件下进行试验，刻度满量程值为 100，用 $100 - h$ 可计算洛氏硬度值。

金属材料不同，选用的压头类型和试验力应不同。例如，调质钢试样应选择 120°金刚石圆锥体压头，初始试验力 98.07N，主试验力 1373N。常用洛氏硬度试验规范见表 2-1。

表 2-1 常用洛氏硬度试验规范（摘自 GB/T 230.1—2009）

硬度符号	测量范围	初始试验力/N	主试验力/N	压头类型	应用举例
HRA	20～88	98.07	490.3	金刚石圆锥体	硬质合金、碳化物、表面淬火层、渗碳层等
HRC	20～70	98.07	1373	金刚石圆锥体	调质钢、淬火钢、深层表面硬化钢等
HRB	20～100	98.07	882.6	淬火钢球或硬质合金球	非铁金属、铸铁、退火钢、正火钢等

测定洛氏硬度时可以在表盘上直接读出硬度值，比较简便。而测定布氏硬度时需要计算或查表，比较麻烦。洛氏硬度试验的压痕小，对金属表面的损伤小，可以直接测定成品件和较薄工件的硬度，但测定的硬度值不如布氏硬度值准确、稳定，故需要在试件上不同部位测定三点，取其算术平均值。洛氏硬度试验常用于测定除各微小部分性能不均匀的材料（如铸铁）以外材料的硬度。

三、硬度判据的实用性

硬度实际上反映了金属材料的综合力学性能。它不仅从金属表面层的一个局部反映了材料的强度（抵抗局部变形，特别是塑性变形的能力），也反映了材料的塑性（压痕的大小或深浅）。硬度试验和拉伸试验都是利用静试验力确定金属材料力学性能的方法，但硬度试验在生产中得到了更为广泛的应用。拉伸试验属于破坏性试验，测定方法也比较复杂。硬度试验则简便迅速，基本上不损伤金属材料，甚至不需要做专门的试样，可以直接在工件上进行测试。因此，常常把各种硬度判据作为技术要求标注在零件工作图上。

物体表面相接触并做相对运动时，材料从该表面逐渐损失以致表面损伤的现象，称为磨损。耐磨性是材料抵抗磨损的一种性能指标，可用磨损量表示。磨损量越小，材料的耐磨性越好。对于研磨磨损，钢的耐磨性随其硬度的提高而增加。实验表明，硬度由 62～63HRC 降至 60HRC 时，其耐磨性下降 25%～30%。

第三节 韧性与疲劳

塑性、强度、硬度等都是在静试验力作用下测定的金属力学性能，但实际上多数机械零件并不是在静载荷作用下工作的。韧性和疲劳就是在动载荷作用下测定的金属力学性能。

一、韧性

韧性是指金属断裂前吸收变形能量的能力。金属的韧性通常随着加载速度的增大而减小。在冲击力作用下折断时吸收变形能量的能力，称为冲击韧性。通过夏比摆锤冲击试验可以测定金属材料的冲击韧性。

1. 金属材料夏比摆锤冲击试验

夏比（V 型或 U 型缺口）摆锤冲击试验是指用规定高度的摆锤对处于简支梁状态的 V 型（或 U 型）缺口试样进行一次性打击，测量试样折断时吸收能量的试验，如图 2-4 所示。

V 型和 U 型缺口的冲击试样分别如图 2-5a、图 2-5b 所示。

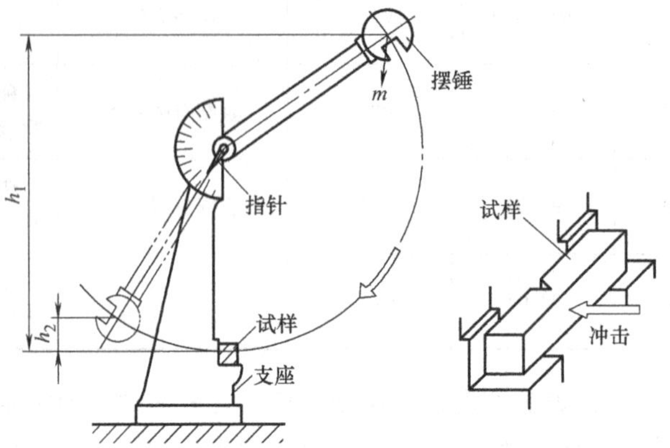

图 2-4　夏比摆锤冲击试验原理

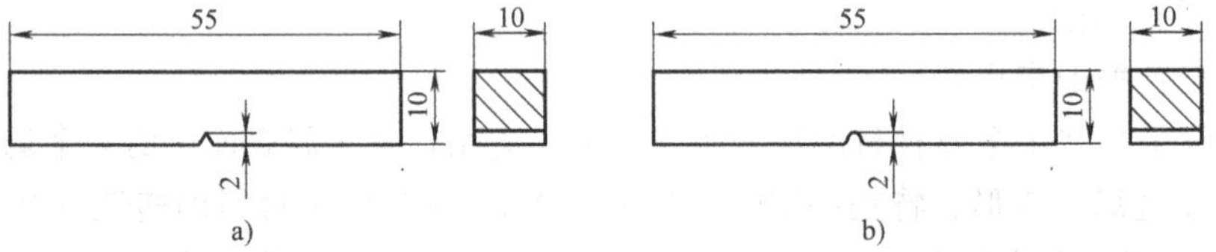

图 2-5　冲击试样

a) V 型缺口　b) U 型缺口

试验时，将试样放在冲击试验机的支座上，并使试样缺口背向摆锤的冲击方向，然后把一定质量 m 的摆锤举至 h_1 高度，其具有位能 mgh_1，摆锤落下冲断试样后升至 h_2 高度，其具有位能 mgh_2。摆锤一次冲断试样所消耗的位能称为冲击吸收能量，单位为 J，用符号 KV 或 KU 表示。即

$$KV(KU) = mgh_1 - mgh_2$$

冲击吸收能量的大小表示金属材料冲击韧性的优劣。但影响冲击吸收能量的因素很多，KV 或 KU 一般仅供选材和设计时参考。

2. 韧脆转变温度

金属材料的冲击吸收能量与冲击试验温度有关。在一系列不同温度的冲击试验中，测绘的冲击吸收能量与试验温度的关系曲线，称为冲击吸收能量-温度曲线，如图 2-6 所示。

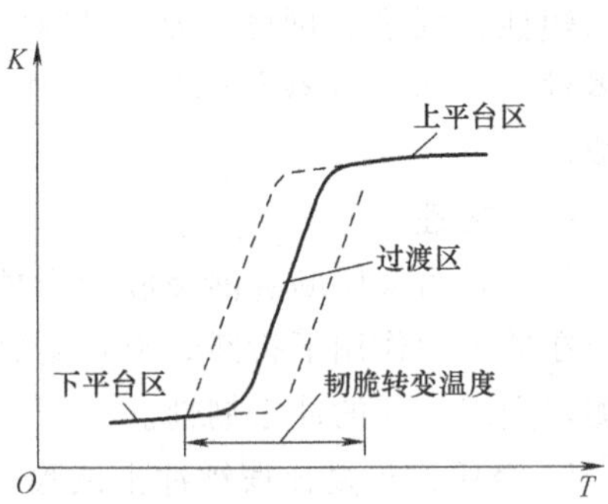

图 2-6　冲击吸收能量-温度曲线

有些金属材料的冲击吸收能量-温度曲线具有明显的上平台区、下平台区和过渡区三部分。冲击吸收能量急剧变化或断口韧脆急剧转变的温度范围，称为韧脆转变温度。

金属材料的韧脆转变温度较低，表示其低温冲击韧性较好。韧脆转变温度较高的金属材料，不宜

在高寒地区使用，以免在冬季金属结构发生脆断现象。

二、疲劳

疲劳是指零件在循环应力和循环应变作用下，在一处或几处产生局部永久性累积损伤，经一定循环次数后产生裂纹或突然发生完全断裂的过程。循环应力（或循环应变）是指应力（或应变）的大小、方向，或大小和方向都随时间发生周期性变化（或无规则变化）的一类应力（或应变）。例如，轴运转时轴颈上一点的应力大小和方向均随时间周期性地变化，如图 2-7a 所示；内燃机工作时缸盖螺栓承受的应力大小有变化，而方向没有变化，如图 2-7b 所示；车轮在地面上滚动时，轮缘受不平地面的偶然冲击，承受的应力在一定范围内呈无规则的变化，如图 2-7c 所示。轴颈、缸盖、轮缘等承受的应力（或应变）属于循环应力（或循环应变）。应力的值通常小于材料的屈服强度，但工作时间达到某一数值后，就会发生突然破断，这就是所谓疲劳现象。疲劳断裂前不产生明显的塑性变形，危险性大，常造成严重事故。据统计，大部分损坏的机械零件属于疲劳破坏。

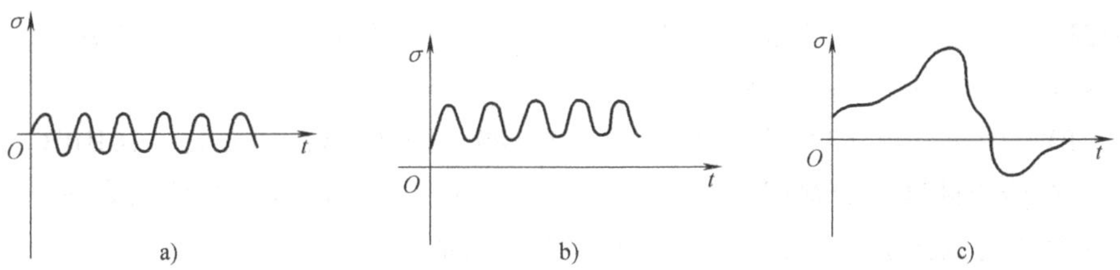

图 2-7　循环应力的类型

a）大小和方向均变化　b）应力大小变化　c）应力无规则变化

研究疲劳问题时，需要测绘应力与至破坏循环次数的关系曲线，即 R-N 曲线，应力用符号 R 表示，至破坏循环次数用符号 N 表示。R-N 曲线如图 2-8 所示。

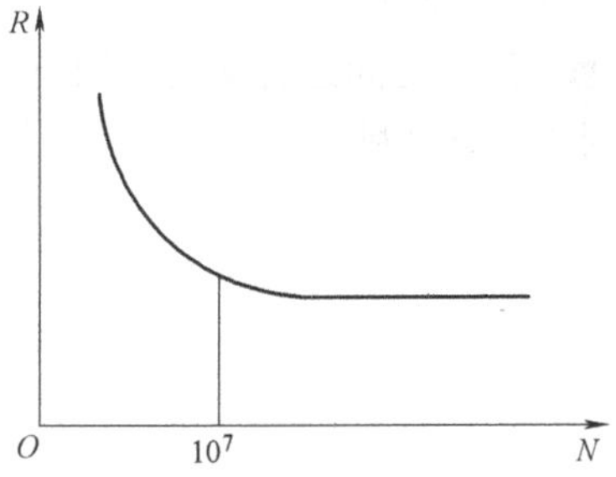

图 2-8　R-N 曲线

R-N 曲线上所确定的恰好在 N 次循环时失效的估计应力值，称为 N 次循环疲劳强度。N 次循环疲劳强度一般是指在平均应力为零的条件下，给定一组试样的 50% 能经受 N 次应力循环时的最大应力或应力幅，即所谓 N 次循环的中值疲劳强度。

疲劳极限是指在指定循环基数下的中值疲劳强度。对钢铁材料，循环基数通常取 10^7；对于非铁金属材料通常取 10^8。疲劳极限用符号 σ_D 表示。

作　业　二

一、基本概念解释

1. 塑性　2. 强度　3. 硬度　4. 韧性　5. 疲劳

二、填空题

1. 金属的力学性能主要指强度、_________、_________、韧性和抗疲劳性等。

2. 断面收缩率不受拉伸试样尺寸的影响，能比较确切地反映金属材料的________。

3. 机械零件在工作时一般不允许产生明显的塑性变形。因此，________强度或规定残余________强度是机械零件选材和设计的依据。

4. 使用脆性金属材料制作机械零件时，常以________强度作为选材和设计的依据。

5. 布氏________和洛氏________都属于压痕硬度。

6. 布氏硬度试验所使用的压头是________球；洛氏硬度试验所使用的压头是金刚石圆锥或________球或硬质合金球。

三、判断题

1. 钢的耐磨性随其硬度的提高而增加。　（　）

2. 金属的韧性通常随着加载速度的增大而提高。　（　）

3. 金属材料的韧脆转变温度较低，表示其低温冲击韧性较差。　（　）

4. 大部分损坏的机械零件属于疲劳破坏。　（　）

四、简答题

1. 为调质钢、手锯条、硬质合金刀片、非铁金属、灰铸铁选择硬度测试方法。

2. 下列硬度标注方法是否正确？

（1）HBW210 ~ 240；（2）15 ~ 19HRC；（3）89 ~ 100HRA；（4）15 ~ 18HRB。

3. 为什么洛氏硬度试验常用于测定成品件和较薄工件的硬度？为什么在进行洛氏硬度试验时，需要测定试样上三个不同部位的硬度取平均值？

4. 为什么硬度试验比拉伸试验在生产中更实用？

五、课外活动

1. 同学之间进行交流，讨论早期人类在使用固态材料的过程中，选用材料时主要考虑的是哪些性能？

2. 同学之间进行交流，探讨从金属材料的塑性和强度方面分析，人类应如何科学合理地利用金属材料。

第三章　金属的晶体结构与结晶

金属的力学性能与其微观结构关系密切。要深入地认识金属材料，必须分析金属的微观结构及其形成过程。

第一节　纯金属的晶体结构

一、晶体与非晶体

自然界中大多数的固态物质，其组成微粒（原子或分子）是呈规则排列的，称为晶体。但也有少数固态物质，如松香、玻璃、沥青等，其组成微粒无规则地堆积在一起，称为非晶体。实际上，规则排列是固态物质构成的一条基本规律。所谓非晶体，可以看成从液态转化为固态时未获得使其组成微粒规则排列的必要条件。按照这种认识，现代技术为玻璃的组成微粒创造了实现规则排列的条件，制成了晶体玻璃。

常见固态金属（如金、银、铜、铁、锌、锡等）都是晶体。

二、晶格与晶胞

为了描述晶体中原子的排列规律，可以把原子看成是刚性小球，而把晶体看成是许多小球堆积成的物体，如图 3-1a 所示。如果把原子看成是一个点，可用假想的线条把原子连接起来构成一个空间格架，这种空间格架称为晶格，如图 3-1b 所示。晶格中原子的排列具有周期性变化的特点。通常从晶格中选一个能反映晶格特征的最小几何单元来研究原子的排列规律。这个最小几何单元是一个单位晶格，通常称为晶胞，如图 3-1c 所示。显然，晶格是由晶胞重复堆积形成的。

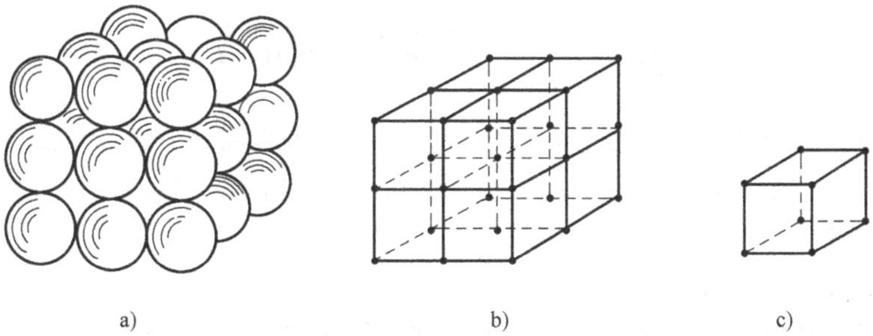

图 3-1　晶体结构

a）晶体　b）晶格　c）晶胞

三、常见晶格类型

1. 体心立方晶格

体心立方晶格的晶胞是一个立方体，原子位于立方体的中心和八个顶点上，如图 3-2a 所示。铁在 912℃ 以下具有体心立方晶格，属于体心立方晶格的金属还有铬、钨、钼、钒等，具有体心立方晶格的金属塑性较好。

2. 面心立方晶格

面心立方晶格的晶胞也是一个立方体，原子位于立方体六个面的中心处和八个顶点上，如图 3-2b 所示。铁在 912 ~ 1394℃ 具有面心立方晶格，属于面心立方晶格的金属还有铝、铜、金、镍、银等，具有面心立方晶格的金属的塑性通常优于具有体心立方晶格的金属。

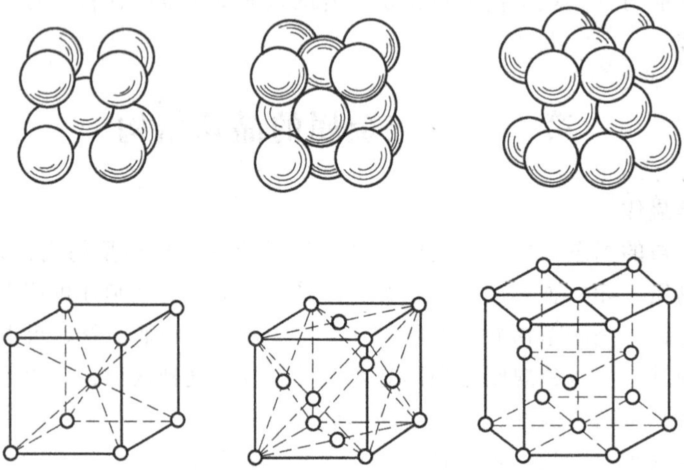

a)　　b)　　c)

图 3-2　常见晶格类型

a）体心立方　b）面心立方　c）密排六方

3. 密排六方晶格

密排六方晶格的晶胞是一个六方柱体，原子位于两个底面的中心处和十二个顶点上，柱体内部还包含着三个原子，如图 3-2c 所示。属于密排六方晶格的金属有镁、锌、铍等，具有密排六方晶格的金属较脆。

第二节　纯金属的结晶

一切物质从液态到固态的转变过程，统称为凝固。若凝固后形成晶体结构，则该转变过程称为结晶。纯金属的晶体结构在结晶过程中形成；研究金属结晶的规律对探索和改善金属的性能有重要意义。

一、冷却曲线和过冷度

使液态的纯金属缓慢冷却下来，并且把冷却过程中温度 T 与时间 t 的关系描绘在平面直角坐标系中，可得到纯金属的冷却曲线，如图 3-3 所示。

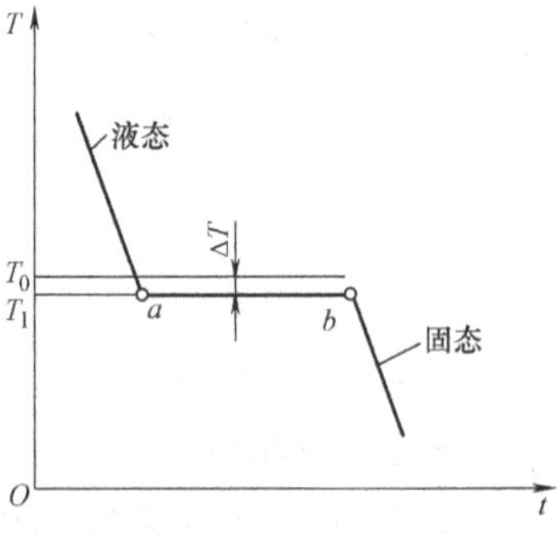

图 3-3　纯金属的冷却曲线

纯金属的冷却曲线上有一段平台 ad，说明从 a 到 b 这段时间内完成了结晶过程。平台还说明结晶过程中放出大量潜热，补偿了散失在周围介质中的热量。因此，结晶过程中温度不变。平台在冷却曲线上的位置随冷却速度的不同而不同。冷却速度越大，则平台位置越低。通常把无限缓慢冷却条件下测得的平台位置 T_0 称为理论结晶温度（即熔点）；把实际冷却条件下测得的平台位置 T_1 称为实际结晶温度。T_1 总是小于 T_0。通常把 T_0 与 T_1 之差称为过冷度，用符号 ΔT 表示。即

$$\Delta T = T_0 - T_1$$

实验表明，金属的结晶过程必须在过冷度存在的条件下才能实现。

二、纯金属的结晶过程

1. 形核

当液态金属的温度下降到接近 T_1 时，某些局部会有一些原子规则地排列起来，形成极细微的小晶体。这些小晶体很不稳定，遇到热流和振动就会立即消失。但是，在过冷度 ΔT 存在的条件下，稍大一点的细微小晶体，其稳定性较好，有可能进一步长大成为结晶的核心，称为晶核。晶核的形成过程称为形核。

2. 长大

晶核形成之后，会吸附其周围液体中的原子不断长大。晶核长大使液态金属的相对量逐渐减少。开始时各个晶核自由生长，并且保持着规则的外形；当各个生长着的小晶体彼此接触后，其接触处的生长过程自然停止，因此晶体的规则外形遭到破坏；最后全部液态金属耗尽，结晶过程终止。纯金属的结晶过程如图 3-4 所示，图中 1、2、3、4、5、6 表示结晶过程的变化顺序。

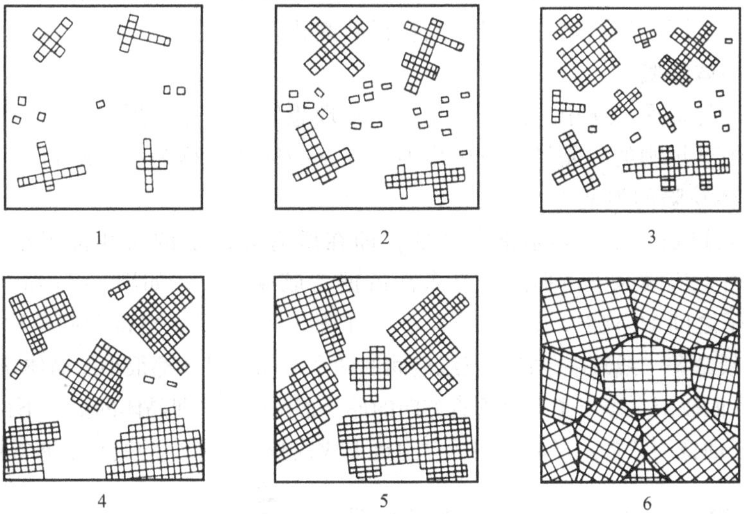

图 3-4　纯金属的结晶过程

由于不同方位形成的晶体与其周围的晶体相互接触，使得晶体的外形几乎都呈不规则的颗粒状。每个颗粒状的晶体称为晶粒。晶粒与晶粒之间自然形成的界层称为晶界。金属中的夹杂物往往聚集在晶界上。晶界处的金属原子由于受相邻晶粒的影响不可能排列得十分规则。

把金属材料制成试样，经处理后借助于金相显微镜，在金属及合金内部看到的涉及晶体或晶粒的大小、方向、形状、排列状况等组成关系的构造情况，称为显微组织。工业纯铁的显微组织如图 3-5 所示。

三、金属的同素异构转变

如前所述，铁在912℃以下具有体心立方晶格，称为α-Fe；在912～1394℃具有面心立方晶格，称为γ-Fe。同一种固态的纯金属（或其他单相物质）由一种稳定状态转变成另一种晶体结构不同的稳定状态的转变，称为同素异构转变。铁的同素异构转变如图3-6所示。

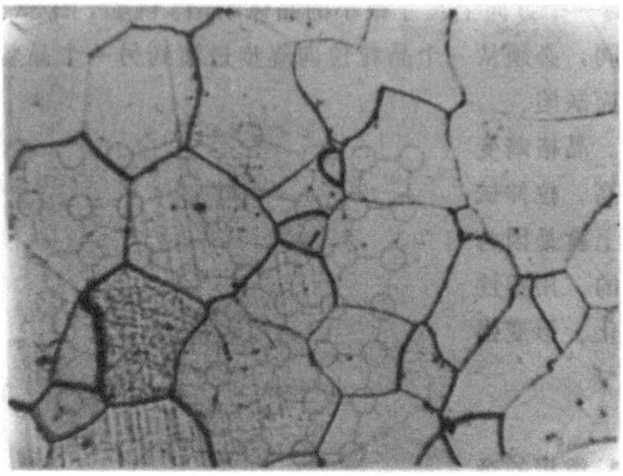

图3-5　工业纯铁的显微组织

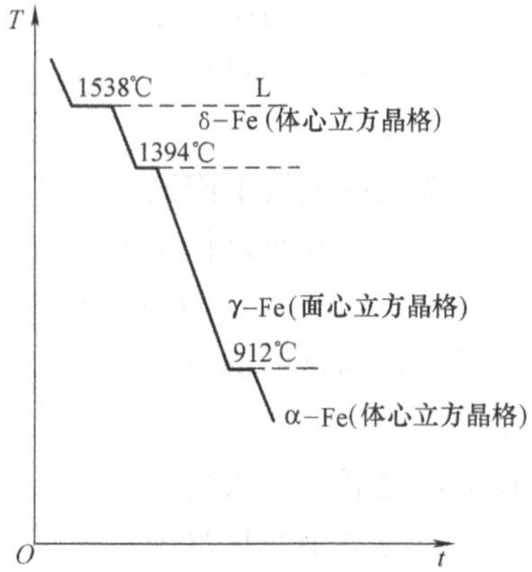

图3-6　铁的同素异构转变

金属的同素异构转变与液态金属的结晶过程类似，转变时遵循结晶的一般规律，如具有一定的转变温度，转变过程包括形核、长大两阶段等。因此，同素异构转变也可以看成是一种结晶。通过同素异构转变可以使晶粒得到细化。

四、晶体缺陷

在实际的金属晶体中，由于结晶条件不理想以及晶体受到外力的作用等，原子的排列情况并不是绝对规则的。晶体中原子排列不规则的区域，称为晶体缺陷。

1. 晶体缺陷的类型

（1）点缺陷　点缺陷是指点状的，即在所有方向上的尺寸都很小的晶体缺陷。例如，结晶时晶格上应被原子占据的结点未被占据，形成空位，如图3-7a所示；也可能有的原子占据了原子之间的空隙，形成间隙原子，如图3-7b所示。空位和间隙原子都造成点缺陷。

（2）线缺陷　线缺陷是指在三维空间的两个方向上尺寸都很小的晶体缺陷。如图3-8所示晶体的*ABCD*面以上，多出了一个垂直方向的原子面*EFGH*，即晶体的上、下两部分出现错排现象，多余的原子面像刀刃插入晶体，在刃口附近形成线缺陷。这样的线缺陷通常称为刃型位错。

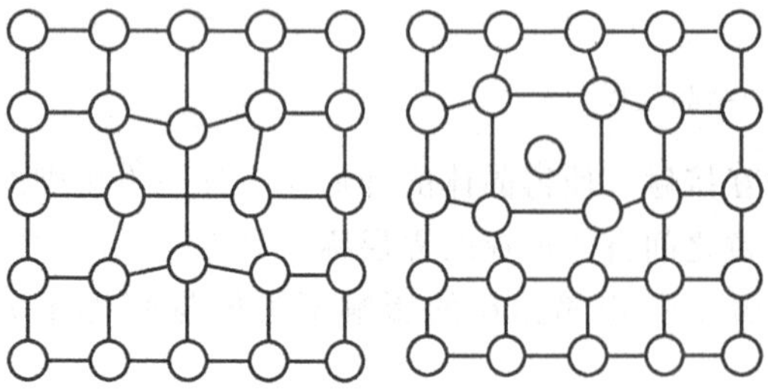

a)　　b)

图3-7　点缺陷

a）空位　b）间隙原子

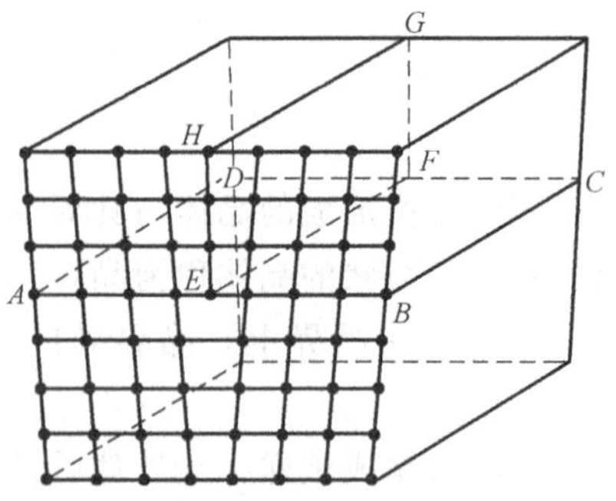

图3-8　刃型位错

（3）面缺陷　面缺陷是指在三维空间的一个方向上尺寸很小的晶体缺陷。如图 3-9 所示两个晶粒的交界处，因两晶粒的位向不同，必须从一个晶粒位向逐步过渡到另一个晶粒位向。两个晶粒之间的过渡层（晶界）就属于面缺陷。

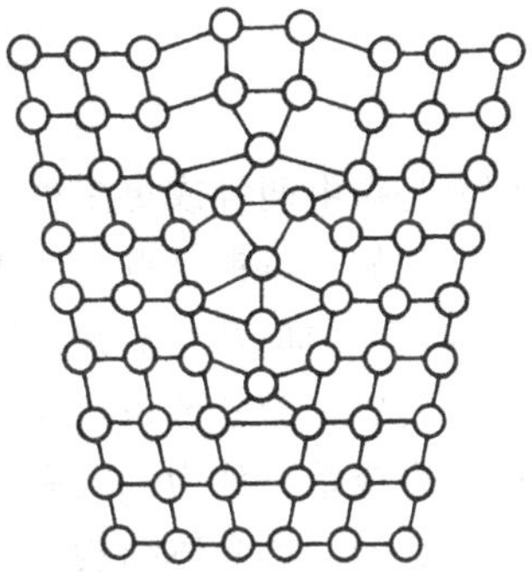
图 3-9　面缺陷

各种晶体缺陷处的晶格处于畸变状态。晶格畸变会导致常温下金属材料的强度、硬度的提高。拉伸试验时拉伸试样屈服后表现出的强化现象，实际上就是因为塑性变形使晶体中位错缺陷大量增加造成的。用塑性变形使金属得到强化的方法，称为形变强化。形变强化是强化金属材料的基本途径之一。

2. 细晶粒组织的力学性能

如前所述，晶界属于晶体缺陷。细晶粒组织的金属内部，晶界面积大，晶体缺陷多，对金属的力学性能影响很大。一般情况下，细晶粒组织的强度、硬度、塑性和韧性等都比粗晶粒组织好。表 3-1 列出了晶粒大小对纯铁力学性能的影响。

表 3-1　晶粒大小对纯铁力学性能的影响

晶粒平均直径 $d/\mu m$	$R_m/N \cdot mm^{-2}$	屈服强度$/N \cdot mm^{-2}$	$A_{11.3} \times 100$
70	184	34	30.6
25	216	45	39.5
2.0	268	58	48.8
1.6	270	66	50.7

为了获得细晶粒组织，生产上经常采用增加过冷度 ΔT、变质处理和附加振动等方法。

（1）增加过冷度 ΔT　实验证明，增加结晶时的过冷度 ΔT，能使晶核的形成速率增加，也能使晶核的长大速率增加。但是，形核速率 N 要比长大速率 V 大得多，如图 3-10 所示。因此，增加过冷度能获得细晶粒组织。

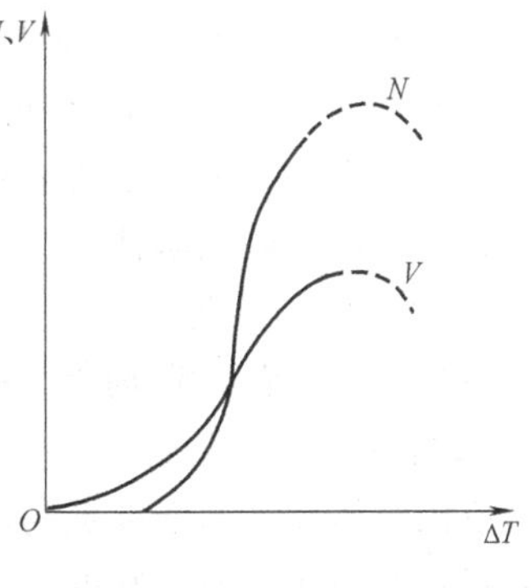

图 3-10　N、V 与 ΔT 的关系

（2）变质处理　在过冷度存在的条件下，依靠产生细微小晶体形成晶核的过程，称为自发形核；利用加入熔融金属中的难熔质点作为结晶核心的形核过程，则称为非自发形核。利用非自发形核可以使晶核大量增加，从而使晶粒得到细化。生产上常常在浇注前向熔融金属中加入某些物质作为结晶核心，以获得细晶粒组织，这种方法称为变质处理，也称孕育处理。加入的物质称为变质剂，也称孕育剂。

（3）附加振动　生产中还可以采用机械振动、超声波振动、电磁振动等方法，使熔融金属在铸型中产生运动，从而使晶体在长大过程中不断被破碎，最终获得细晶粒组织。

用细化晶粒强化金属的方法称为细晶强化，它也是强化金属材料的基本途径之一。

第三节　合金的晶体结构

合金是指由两种或更多种化学元素（其中至少有一种是金属）所组成的具有金属特性的物质。例如，黄铜是铜与锌组成的合金，钢和铸铁是铁与碳等组成的合金。

组成合金的最基本的独立物质称为组元。给定组元可以按不同配比制成一系列不同成分的合金，构成一个合金系。在一个合金系内，组元可以是元素，也可以是化合物。由两种组元构成的合金系，称为二元系。在二元合金中，由于两种组元的相互作用，使其合金具有固溶体和化合物两类晶体结构。

一、固溶体

在固态下一种元素（或化合物）的晶格内溶解了另一种元素的原子，就形成了固溶体。前者称为溶剂，后者称为溶质。固溶体的晶格与溶剂的晶格类型相同。固溶体是合金的一种基本结构。

1. 固溶体的类型

当溶质原子在溶剂晶格中不占据结点位置，而是嵌于结点之间的空隙时，就形成了间隙固溶体，如图3-11左上所示。间隙固溶体中的溶质元素多是原子半径较小的非金属元素，如碳、硼、氮等。溶剂晶格的间隙有限，因此间隙固溶体的溶解度也有限。

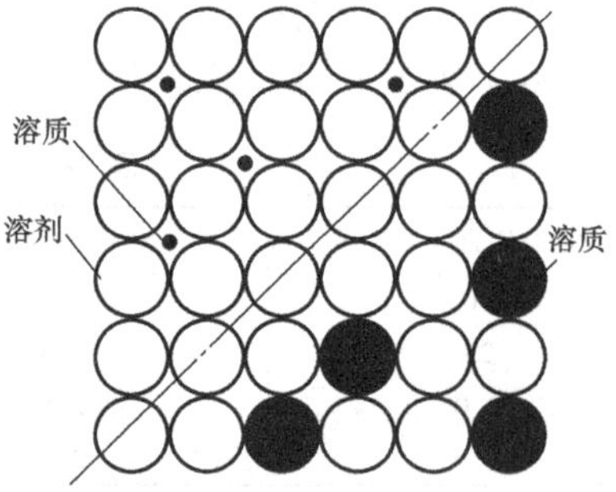

图3-11　固溶体

当溶质原子代替溶剂原子占据溶剂晶格的结点位置时，就形成了置换（或代位）固溶体，如图3-11右下所示。置换固溶体中溶质与溶剂元素的原子半径相差越小，则溶解度越大。若溶剂元素与溶质元素在元素周期表中位置靠近，且晶格类型相同，往往可以按任意比例配制，都能相互溶解，就可形成无限固溶体。

2. 固溶体的性能

溶质原子溶入溶剂晶格，将使晶格畸变，如图3-12所示。一种金属由于与其他一种或多种合金元素形成固溶体而引起强度提高的现象，称为固溶强化。固溶强化是强化金属材料的又一条基本途径。

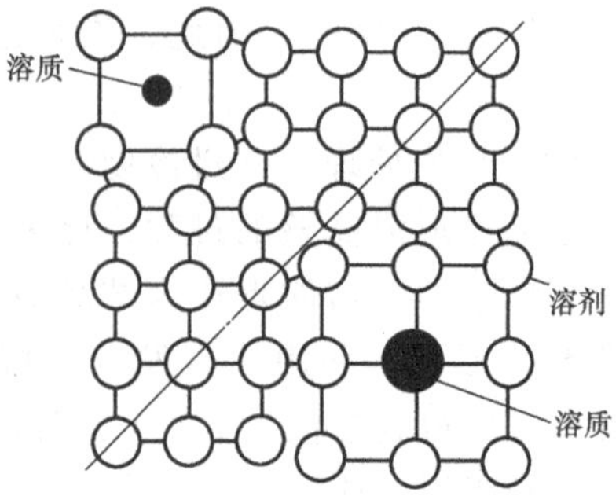

图3-12　固溶强化

实验表明，当固溶体中溶质的量适当时，不仅能提高金属的强度，还能保持良好的塑性和韧性。例如，以铜为溶剂、镍为溶质的固溶体，当镍的质量分数为 w_{Ni} = 20% 时，其抗拉强度 R_m 从 220MPa 增至 400MPa，硬度从 44HBW 增至 70HBW，而断面收缩率 Z 仍然保持在 50% 左右。可见，固溶体组织的强度、塑性和韧性三者的配合较好。因此，有综合力学性能要求的结构材料，应以固溶体为基体。基体是指其内分布有其他组织组分的主要组织组分。组织组分是指组成显微组织的每个部分。

二、金属化合物

合金的组元在固态下相互溶解的能力常常有限。当溶质含量超过溶剂的溶解度时，溶质与溶剂相互作用会形成金属化合物。金属化合物是合金的另一种基本结构，具有与其组元不同的独特的晶格。例如，在铁碳合金中碳的质量分数超过铁的溶解能力时，多余的碳与铁相互作用会形成金属化合物 Fe_3C。Fe_3C 具有复杂的晶格结构，如图 3-13 所示，不同于铁的晶格，也不同于碳的晶格。

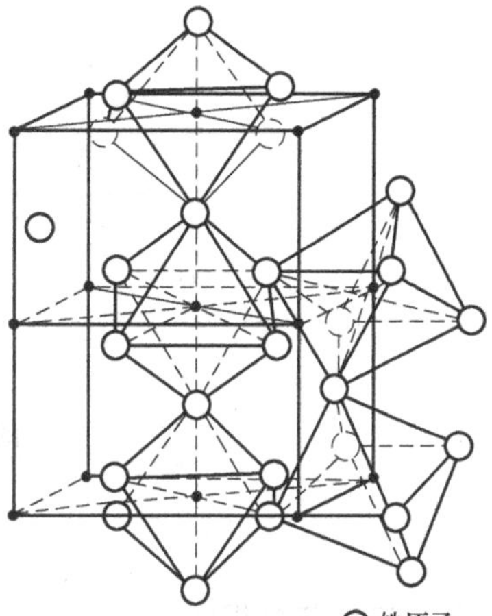

图 3-13　Fe_3C 的晶格结构

金属化合物的熔点高，韧性差，很少单独使用。

在一个合金系中，具有相同的物理和化学性能，并与该系统的其余部分以界面分开的物质部分，称为相。固溶体和金属化合物都是合金的基本相。使金属化合物相分布在固溶体相的基体上，合金的强度、硬度会明显提高。以金属化合物作为强化相强化金属材料的方法，称为第二相强化。第二相强化是强化金属材料的第四条基本途径。

在金相显微镜下能看到单相的固溶体组织，很少看到单相的金属化合物组织，经常看到的是由两个或两个以上的相组成的复相组织。在复相组织中，各相仍然保持各自的晶格及性能。复相组织的力学性能取决于其组成相的性能。通过对其组成相的相对数量、分布情况及形状大小的控制，常常可以获得满意的合金性能。

第四节　二元合金相图

相图是指表达处于复相平衡状态下的物系中，诸相区的温度、压力、成分的极限的图解。在物系为合金系的情况下，其压力通常视为定值，即一个大气压（101.3kPa），因此其相图的坐标是温度和成分。由两个组元所构成的系统的相图是以纵坐标代表温度、横坐标代表组元质量分数的图解。

一、二元合金相图的建立

以铜镍合金（白铜）为例，用热分析法建立相图的步骤如下：

1）配制一系列不同成分（质量分数）的铜镍合金，如铜 100%；铜 80%，镍 20%；铜 60%，镍 40%；铜 40%，镍 60%；铜 20%，镍 80%；镍 100% 等。

2）用热分析法测出所熔配各合金的冷却曲线，如图 3-14a 所示，找出冷却曲线上的各临界点。铜和镍的冷却曲线上都有一个平台，结晶是在恒温下进行的，只有一个临界点；其他四条冷却曲线上有两个转折点，结晶是在一个温度区间进行的，即有两个临界点，开始结晶的温度为上临界点，结晶终了的温度为下临界点。

3）将各临界点描绘在温度-成分坐标系中，把意义相同的临界点用平滑的线条连接起来，就形成了 Cu-Ni 合金相图，如图 3-14b 所示，图中上临界点连成的线条称为液相线，下临界点连成的线条称为固相线。

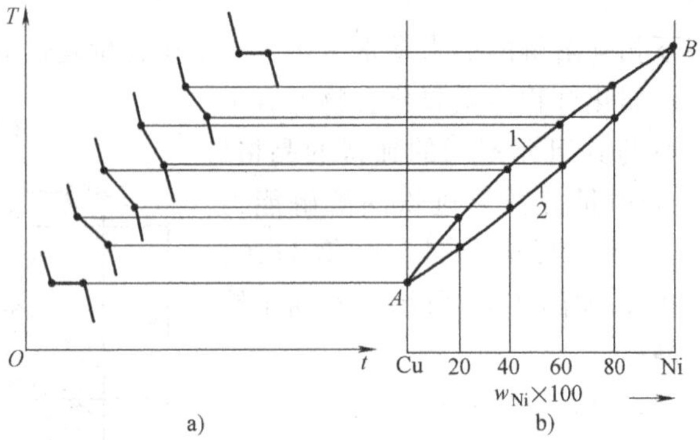

图 3-14　铜镍合金相图的建立

a）冷却曲线　b）Cu-Ni 相图

1—液相线　2—固相线

二、二元匀晶相图

两组元在液态和固态均能无限互溶时，所构成的相图称为二元匀晶相图。图 3-15 所示的 Cu-Ni 合金相图就属于匀晶相图。

1. 相图分析

图 3-15 中：液相线之上为液相区，用符号 L 表示；固相线之下为固相区，用符号 α 表示；液相线与固相线之间是液、固两相区，用符号 L + α 表示；*A* 点是铜的熔点，*B* 点是镍的熔点。

2. 合金结晶过程分析

以图 3-15 中 *K* 点成分合金为例分析如下：合金从高温液态缓慢冷却至 1 点温度时，开始从液相中结晶出 α 固溶体；随着温度的下降，α 相增多，而 L 相减少；至 2 点时，结晶过程结束，L 相全部转变为 α 相。

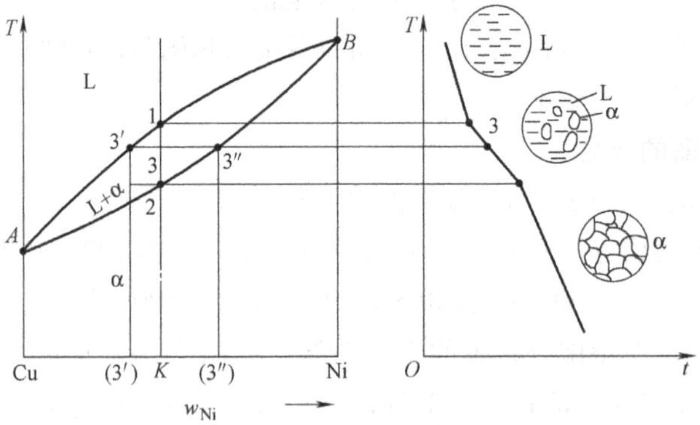

图 3-15　匀晶相图

要指出的是，在结晶过程中，合金处于 L + α 区时，液相的成分随液相线变化，固相的成分随固相线变化。例如，*K* 点成分的合金从高温液态缓慢冷却至 3 点时，其液相部分具有 3′点的成分，而固相部分则具有 3″点的成分。液相和固相的平均成分才是 *K* 点的成分。

实际结晶过程不可能是无限缓慢的，先结晶的晶粒与后结晶的晶粒成分不同，又来不及扩散均匀，甚至晶粒的心部与表层成分不同，也来不及扩散均匀，这种现象称为成分偏析。成分偏析将影响合金的性能。

三、二元共晶相图

两组元在液态时无限互溶，在固态时有限互溶，并且发生共晶反应所构成的相图，称为二元共晶相图。共晶反应是指冷却时由液相同时结晶出两个固相的复相混合物的反应。共晶反应的产物称为共晶体，其显微组织称为共晶组织。图 3-16 所示的 Pb-Sn 相图属于二元共晶相图。

1. 相图分析

图 3-16 中液相线 *ACD* 以上为 L 液相区，固相线 *AECFD* 以下为固相区；三边形 *AEC* 和 *CFD* 为匀晶状态图中两相区的一角；*AES* 线左边为 α 固溶体相区，*DFG* 线右边为 β 固溶体相区；*A* 点是铅的熔点，*D* 点是锡的熔点。

共晶相图与匀晶相图相比具有以下特点。

（1）共晶点　*C* 点成分的合金冷却到 *C* 点温度时将产生共晶反应。从液相中同时结晶出 α 相与 β 相组成的均匀的复相混合物。*C* 点称为共晶点。

（2）共晶线　相图中通过共晶点的水平线 *ECF*，称为共晶线。合金在冷却过程中通过共晶线时，剩余液相具有共晶反应的温度和成分，必然发生共晶反应。即

$$L_C \xrightarrow{\text{恒温}} \alpha_E + \beta_F$$

式中　L_C——*C* 点成分的液相；

α_E——*E* 点成分的 α 相；

β_F——*F* 点成分的 β 相。

（3）固溶体脱溶线　α 固溶体或 β 固溶体随着温度的下降，溶解度也将不断下降。图 3-16 中 *ES* 线表达了 α 固溶体的脱溶变化规律，*FG* 线表达了 β 固溶体的脱溶变化规律，*ES*、*FG* 线称为固溶体脱溶线。α 固溶体脱溶产物是 β 相。为了区别于高温结晶出的 β 相，通常把脱溶产生的 β 相称为二次 β 相，用符号 β_{II} 表示。β 固溶体脱溶产生的 α 相称为二次 α 相，用符号 α_{II} 表示。

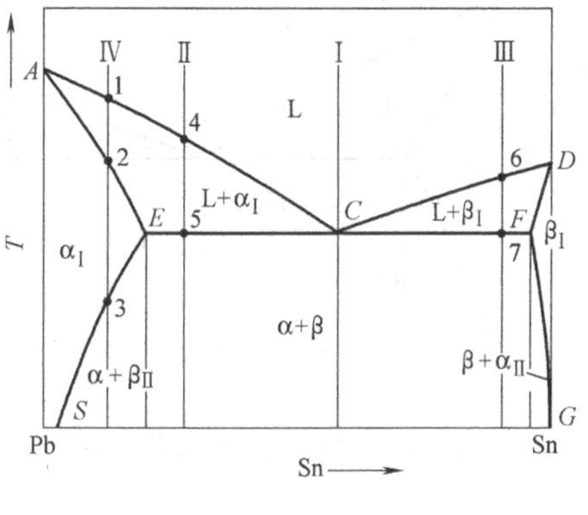

图 3-16　Pb-Sn 共晶相图

2. 结晶过程分析

（1）共晶成分的合金　图 3-16 中 *C* 点成分的合金是具有共晶成分的合金。在冷却过程中经过 *C* 点时发生共晶反应，生成共晶体。即

$$L \xrightarrow{C} \alpha + \beta$$

（2）亚共晶成分的合金　图 3-16 中 *E*、*C* 点之间成分的合金，称为亚共晶合金。这类合金如图中合金Ⅱ，在冷却过程中经过 4 点时结晶出 α_I 相；经过 5 点时，剩余液相发生共晶反应生成共晶体；在继续冷却的过程中 α_I 相还会脱溶出 β_{II} 相，最终组织为 $\alpha_I + \beta_{II} + (\alpha + \beta)$。即

$$L \xrightarrow{4} L + \alpha_I \xrightarrow{5} \alpha_I + (\alpha + \beta) \xrightarrow{5\text{以下}} \alpha_I + \beta_{II} + (\alpha + \beta)$$

(3) 过共晶成分的合金　图 3-16 中，C、F 点之间成分的合金，称为过共晶合金。这类合金如图中合金Ⅲ，在冷却过程中经过 6 点时结晶出 β_{I} 相；经过 7 点时，剩余液相发生共晶反应生成共晶体；在继续冷却的过程中，β_{I} 相还会脱溶出 α_{II} 相，最终组织为 $\beta_{\mathrm{I}} + \alpha_{\mathrm{II}} + (\alpha+\beta)$。即

$$L \xrightarrow{6} L+\beta_{\mathrm{I}} \xrightarrow{7} \beta_{\mathrm{I}} + (\alpha+\beta) \xrightarrow{7\text{以下}} \beta_{\mathrm{I}} + \alpha_{\mathrm{II}} + (\alpha+\beta)$$

(4) 无共晶反应的合金　图 3-16 中 E 点左侧和 F 点右侧的合金在冷却过程中不会发生共晶反应。如图中合金Ⅳ冷却至 1 点时结晶出 α_{I} 相，经 2 点时全部转变为 α_{I} 相，经 3 点时开始脱溶出 β_{II} 相，最终组织为 $\alpha_{\mathrm{I}} + \beta_{\mathrm{II}}$。即

$$L \xrightarrow{1} L+\alpha_{\mathrm{I}} \xrightarrow{2} \alpha_{\mathrm{I}} \xrightarrow{3} \alpha_{\mathrm{I}} + \beta_{\mathrm{II}}$$

同理，F 点右侧的合金在冷却过程中会有 β_{I} 相和 α_{II} 相生成，最终组织为 $\beta_{\mathrm{I}} + \alpha_{\mathrm{II}}$。

图 3-16 中 S 点左侧的合金和 G 点右侧的合金形成的固溶体中含有溶质的量较少，没有脱溶反应，不会生成 β_{II} 相或 α_{II} 相。

根据上述结晶过程分析，可以填写 Pb-Sn 相图的组织组分，如图 3-17 所示。

四、具有共析反应的相图

自某种均匀一致的固相中同时析出两种化学成分和晶格结构完全不同的新固相的转变过程，称为共析反应。与共晶反应类似，共析反应也是一个恒温过程，也有类似共晶点的共析点和类似共晶线的共析线。共析反应的产物称为共析体，其显微组织称为共析组织。共析体也是两相组成的均匀的复相混合物。具有共析反应的合金相图如图 3-18 所示。

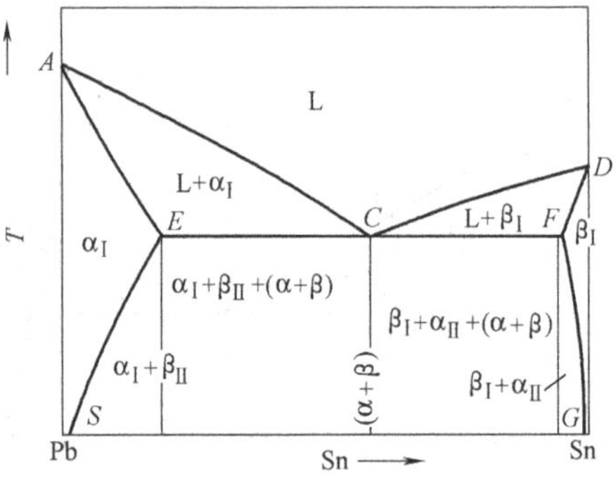

图 3-17　Pb-Sn 相图的组织组分

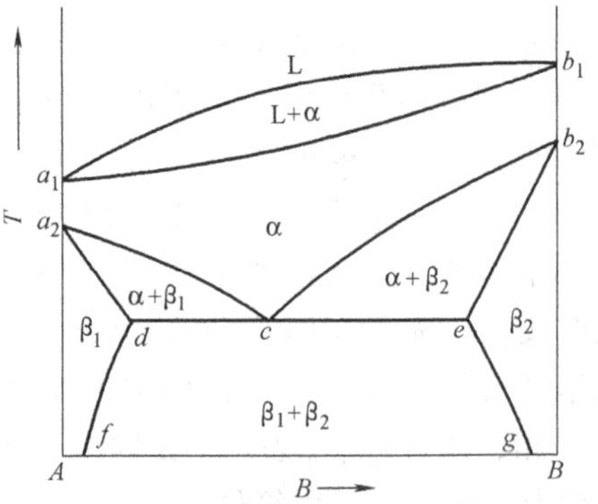

图 3-18　具有共析反应的合金相图

由于共析反应是在固态合金中进行的，转变温度较低，原子扩散困难，容易获得较大的过冷度。因此，与共晶组织相比，共析组织要细小均匀得多。

如上所述，相图中的每一点都代表一定成分的合金在一定温度下所处的状态。在单相区中表示合金由单相组成，相的成分即合金的成分。两个单相区之间必定存在一个两相区。在两相区中，通过某点的合金的两个平衡相的成分由通过该点的水平线与相应单相区分界线的交点确定。三相平衡共存表现为一条水平线，如共晶线和共析线。

五、合金力学性能与相图的关系

当合金形成单相固溶体时，合金的性能与组成元素的性质和溶质元素的溶入量有关。对于一定的溶剂和溶质，如果溶质量较多，则合金晶体中点缺陷多，晶格畸变也较严重，合金

的强度、硬度较高。具有匀晶反应合金的强度、硬度的变化规律如图 3-19 所示。

当合金形成复相混合物时，其力学性能主要取决于其组织的细密程度。组织越细密，则强度、硬度越高。当复相混合物组织中有一相是金属化合物相时，金属化合物相的形状、大小和分布情况对合金的性能影响很大。金属化合物呈粒状比呈片状存在具有更好的韧性和塑性。具有共晶反应合金的硬度变化规律如图 3-20 所示，强度的变化趋势与硬度大致相同。当合金只具有共晶组织时，性能曲线上出现极值（虚线所示），这是因为共晶组织细小均匀所致。

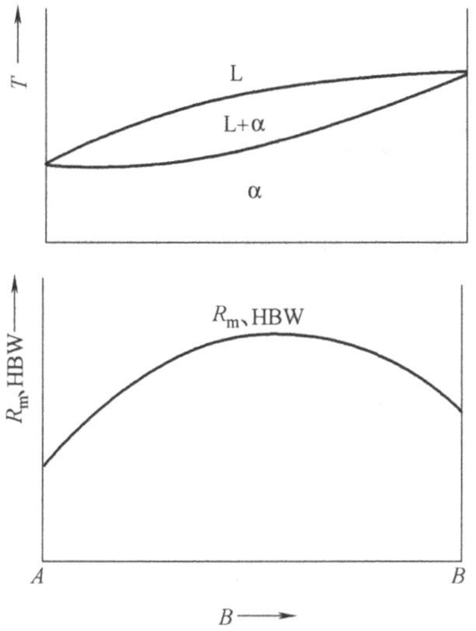

图 3-19　具有匀晶反应合金的 R_m、HBW 的变化规律

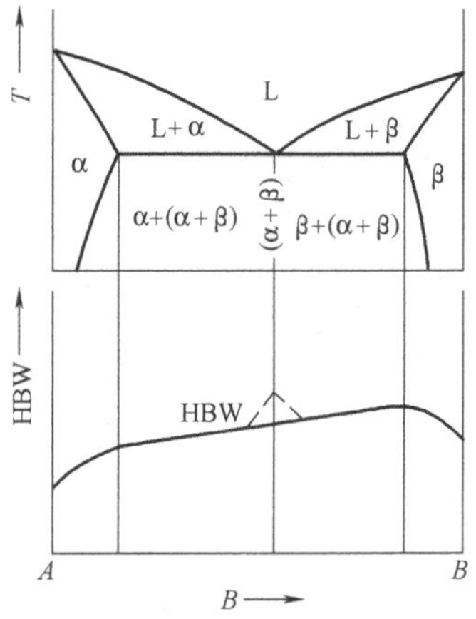

图 3-20　具有共晶反应合金的硬度变化规律

作　业　三

一、基本概念解释

1. 晶格　2：同素异构转变　3. 合金　4. 二元匀晶相图　5. 共晶反应

二、填空题

1. 晶格是由________重复堆积形成的。

2. 体心立方晶格的晶胞是一个________体，原子位于立方体的中心和________个顶点上。

3. 一切物质从液态到固态的转变过程统称为________。

4. 用塑性变形使金属得到强化的方法称为________强化。

5. ________和金属________都是合金的基本相。

6. 与共晶反应类似，共析反应也是一个________温过程，也有类似共晶点的共析点和类似共晶线的________线。

三、判断题

1. 实验表明，金属的结晶过程必须在过冷度存在的条件下才能实现。（　　）

2. 固溶体的晶格与溶剂的晶格类型不相同。（　）

3. 在复相组织中，各相仍然保持各自的晶格及性能。（　）

4. 成分偏析不影响合金的性能。（　）

5. 一般情况下，细晶粒组织的强度、硬度、塑性和韧性等都比粗晶粒组织好。（　）

四、简答题

1. 常见的晶格类型有哪些？

2. 简述纯金属的结晶过程。

3. 晶体缺陷的类型有哪些？举例说明。

4. 为了获得细晶粒组织，生产上常采用哪些方法？

五、课外活动

1. 比较铁、铜、镁三种金属的力学性能与晶格类型，讨论金属的力学性能与金属的微观结构有何关系。

2. 金属的强化方法有哪些？它们都与金属内部的缺陷（如点缺陷、线缺陷、面缺陷）有联系吗？

第四章　铁 碳 合 金

铁碳合金是以铁和碳为组元的二元合金。机械制造工业中应用最广泛的钢铁材料就属于铁碳合金。

第一节　铁碳合金的基本组织

一、铁素体组织

碳溶于α-Fe形成的间隙固溶体称为铁素体，用符号F表示。铁素体的显微组织如图4-1所示。铁素体晶粒在显微镜下显示出边界比较平缓的多边形特征。

α-Fe的溶碳能力很弱（铁素体在727℃时最大碳的质量分数 $w_C = 0.0218\%$），固溶强化效应不明显。铁素体的性能与纯铁相近，强度、硬度较低（$R_m = 180 \sim 280$MPa，50～80HBW），而塑性、韧性较好（$A_{11.3} = 30\% \sim 50\%$，$KU = 128 \sim 160$J）。以铁素体为基体的铁碳合金适合于塑性加工。塑性加工指利用金属的塑性使其改变形状、尺寸和改善性能的加工方法，如锻造、冲压等。

二、奥氏体组织

碳溶于γ-Fe形成的间隙固溶体称为奥氏体，用符号A表示。奥氏体的显微组织示意图如图4-2所示。奥氏体晶粒在显微镜下显示出边界比较平直的多边形特征。

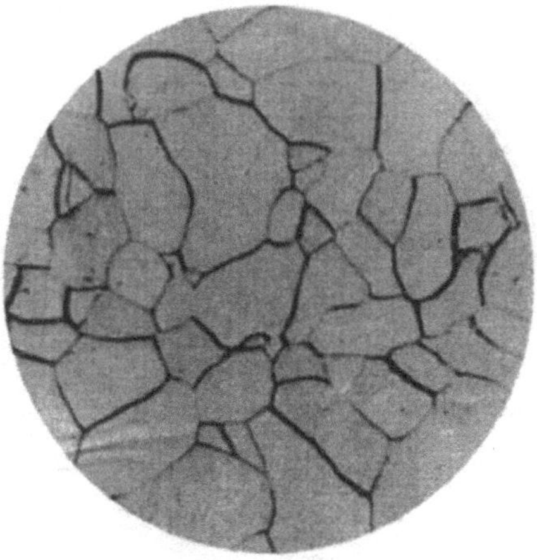

图4-1　铁素体的显微组织

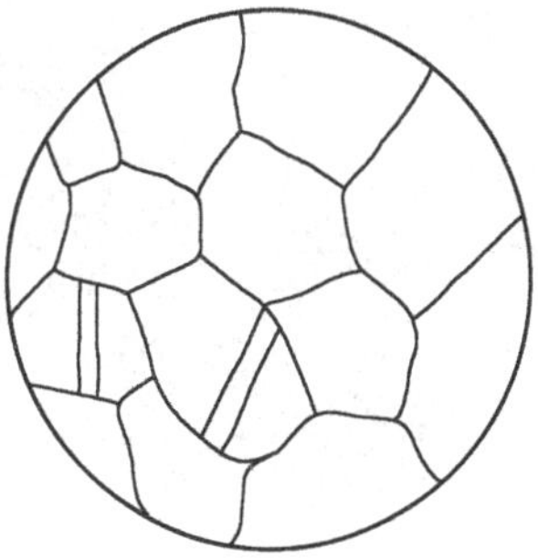

图4-2　奥氏体的显微组织示意图

γ-Fe的溶碳能力较强（奥氏体在1148℃时碳的质量分数可达 $w_C = 2.11\%$），固溶强化效应明显。奥氏体的强度、硬度较高（R_m 约400MPa，160～200HBW），塑性、韧性也较好（$A_{11.3} = 40\% \sim 50\%$）。具有单相奥氏体组织的铁碳合金也适合于塑性加工。

三、渗碳体组织

渗碳体是铁碳合金中溶解不了的碳与铁相互作用形成的金属化合物，用符号 Fe_3C 表示。Fe_3C 实际上是金属化合物的分子式，在显微镜下很难看到单相的渗碳体组织。渗碳体通常作为强化相以片状、粒状、网状等形式分布在铁素体基体上。

渗碳体的碳的质量分数 $w_C=6.69\%$，熔点为1227℃。其硬度很高（相当于800HBW），而塑性、韧性极差（$A_{11.3}\approx0$，$KU\approx0$）。

四、珠光体组织

$w_C=0.77\%$ 的奥氏体从高温状态缓慢冷却至727℃时，将分解出铁素体和渗碳体呈均匀分布的复相物，该复相物称为珠光体。珠光体的立体形态为铁素体薄层和渗碳体薄层交替重叠的层状复相物，其金相显微组织形态酷似珍珠母甲壳外表面的光泽，如图4-3所示。珠光体组织用符号P表示。

由于细晶强化和第二相强化效应，珠光体组织具有较高的强度和硬度（$R_m=770MPa$，180HBW），又具有一定的塑性和韧性（$A_{11.3}=20\%\sim35\%$，$KU=24\sim32J$）。具有珠光体组织的铁碳合金通常加热至奥氏体状态进行塑性加工。

五、莱氏体组织

$w_C>2.11\%$ 的铁碳合金从液态缓慢冷却至1148℃时，将从液相中同时结晶出奥氏体和渗碳体。这种奥氏体和渗碳体呈均匀分布的复相物，称为莱氏体组织，也称高温莱氏体，用符号Ld表示。高温莱氏体缓慢冷却至727℃时，其中的奥氏体将转变为珠光体。这样的莱氏体是珠光体和渗碳体呈均匀分布的复相物，常称为低温莱氏体，用符号 $L'd$ 表示。莱氏体的显微组织如图4-4所示。莱氏体组织可以看成是在渗碳体的基体上分布着颗粒状的奥氏体（或珠光体），其力学性能与渗碳体组织相似，硬度很高，塑性、韧性极差。

图4-3　珠光体的显微组织

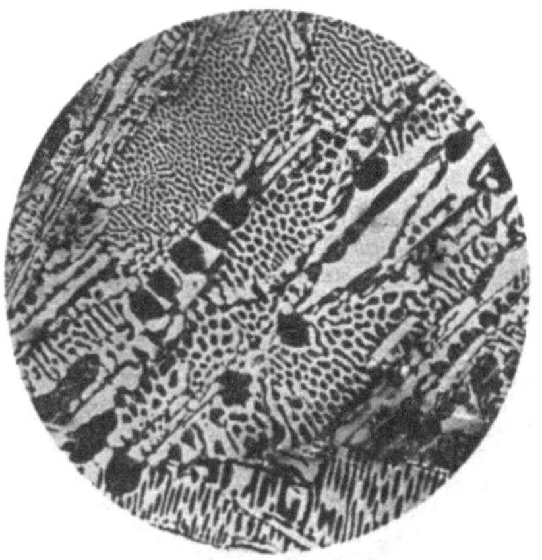

图4-4　莱氏体的显微组织

第二节　Fe-Fe_3C 相图

Fe-Fe_3C 相图指在极其缓慢冷却的条件下，$w_C<6.69\%$ 的铁碳合金的组织状态随温度变化的图解。简化的 Fe-Fe_3C 相图如图4-5所示。

一、$Fe-Fe_3C$ 相图分析

1. 相图上的特性点

（1）*A* 点和 *D* 点　*A* 点是铁的熔点（1538℃），*D* 点是渗碳体的熔点（1227℃）。

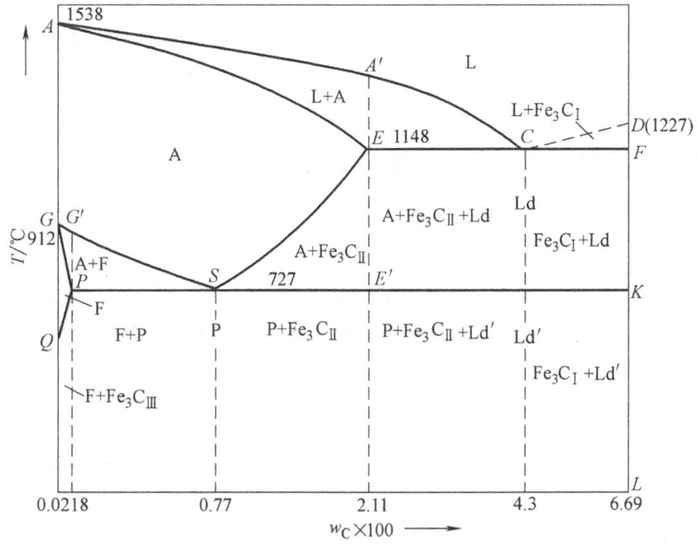

图 4-5　$Fe-Fe_3C$ 相图

（2）*C* 点和 *S* 点　*C* 点是共晶点（1148℃），$w_C=4.3\%$ 的合金在该点发生液相与莱氏体组织的相互转变。即

$$L_{4.3\%}\xrightleftharpoons{1148℃}Ld(A+Fe_3C)$$

S 点是共析点（727℃），$w_C=0.77\%$ 的合金在该点发生奥氏体与珠光体组织的相互转变。即

$$A_{0.77\%}\xrightleftharpoons{727℃}P(F+Fe_3C)$$

（3）*E* 点和 *P* 点　*E* 点是在 γ-Fe 中溶碳量最大的点，$w_C=2.11\%$，温度为 1148℃；*P* 点是在 α-Fe 中溶碳量最大的点，$w_C=0.0218\%$，温度为 727℃。

（4）*G* 点　*G* 点是铁的同素异构转变点，温度为 912℃。铁在该点发生面心立方晶格与体心立方晶格的相互转变。即

$$\gamma\text{-Fe(面心)}\xrightleftharpoons{912℃}\alpha\text{-Fe(体心)}$$

2. 状态图上的特性线

（1）*ACD* 线和 *AECF* 线　*ACD* 线是液相线，该线之上为液相；*AECF* 线是固相线，该线之下为固相。

（2）*AA'*、*AE* 线和 *GG'*、*GP* 线　*AA'*线是匀晶反应始线，*AE* 线是匀晶反应终线。合金冷却时经 *AA'*线会发生匀晶反应，结晶出奥氏体；至 *AE* 线完成匀晶转变，液相全部结晶为奥氏体。*GG'*线是匀析反应始线，合金冷却时经 *GG'*线会发生匀析反应，析出铁素体。*GP* 线是匀析反应终线，至 *GP* 线完成匀析转变，奥氏体全部转变为铁素体。

（3）*ECF*、*A'C* 和 *DC* 线　*ECF*、*A'C*、*DC* 线组成共晶相图。*ECF* 线是共晶线，合金冷却时经过该线发生液相向莱氏体的转变；*A'C* 和 *DC* 线是先晶线，合金冷却时经过 *A'C* 线开

始结晶出先晶奥氏体，经过 *DC* 线开始结晶出先晶渗碳体。

（4）*PSK*、*G′S*、*ES* 线　*PSK*、*G′S*、*ES* 线组成共析相图。*PSK* 线是共析线，合金冷却时经过该线发生奥氏体向珠光体的转变；*G′S*、*ES* 线是先析线，合金冷却时经过 *G′S* 线开始析出先析铁素体，经过 *ES* 线析出先析渗碳体。

（5）脱溶线　先晶线 *DC*、先析线 *ES* 和 *PQ* 是三条脱溶线。*DC* 线是液相脱溶线，合金冷却时经过该线开始脱溶出一次渗碳体 Fe_3C_{I}，即先晶渗碳体；*ES* 线是奥氏体脱溶线，合金冷却时经过该线开始脱溶出二次渗碳体 Fe_3C_{II}，即先析渗碳体；*PQ* 线是铁素体脱溶线，合金冷却时经过该线开始脱溶出三次渗碳体 Fe_3C_{III}。

3. 相图上各区域的相组成

由图 4-5 可以看出，有四个单相区域：液相区、奥氏体相区、铁素体相区和渗碳体相区（这里把 *DFKL* 线看成渗碳体相区）；状态图上有五个两相区：L + A 区、L + Fe_3C_{I} 区、A + F 区、A + Fe_3C 区和 F + Fe_3C 区。每个两相区都与相应的两个单相区相邻。

二、合金组织状态随温度的变化规律

1. 铁碳合金分类

Fe-Fe_3C 相图上的 *P*、*E* 两点把合金分为工业纯铁、钢和白口铸铁。*P* 点左侧成分的合金称为工业纯铁，*P*、*E* 点之间成分的合金称为钢，*E* 点右侧成分的合金称为白口铸铁。

具有 *S* 点成分的钢，称为共析钢；*S* 点左侧成分的钢称为亚共析钢；*S* 点右侧成分的钢称为过共析钢。

具有 *C* 点成分的白口铸铁，称为共晶白口铸铁；*C* 点左侧成分的白口铸铁称为亚共晶白口铸铁；*C* 点右侧成分的白口铸铁称为过共晶白口铸铁。

2. 工业纯铁的组织状态变化规律

工业纯铁从液态冷却的过程中，经匀晶始线 *AA′* 和匀晶终线 *AE* 转变为奥氏体；经匀析始线 *GG′* 时有铁素体析出，成为两相 A + F 组织，然后经匀析终线 *GP* 转变为铁素体；经脱溶线 *PQ* 转变为 F + Fe_3C_{III} 组织。

3. 钢的组织状态变化规律

钢从液态冷却的过程中，经匀晶始线 *AA′* 和匀晶终线 *AE* 转变为单相奥氏体组织；然后，共析钢经共析点 *S* 转变为珠光体组织；亚共析钢经先析线 *G′S* 转变为先析铁素体与奥氏体两相 *A* + *F* 组织，再经共析线 *PSK* 奥氏体组分转变为珠光体，到室温时亚共析钢转变为 F + P 组织；过共析钢经先析线 *ES* 转变为先析渗碳体与奥氏体两相 A + Fe_3C_{II} 组织，再经共析线 *PSK* 奥氏体组分转变为珠光体，到室温时过共析钢转变为 Fe_3C_{II} + P 组织。

亚共析钢的室温显微组织如图 4-6 所示，其特征是先析铁素体块和共析珠光体块呈均匀分布。过共析钢的室温显微组织如图 4-7 所示，其特征是在珠光体的基体上分布着网状的先析渗碳体（二次渗碳体）。

从本质上看，钢是以固溶体为基体的组织，特别是在高温下具有单相奥氏体组织，塑性、韧性好，适合于塑性加工。

4. 白口铸铁的组织状态变化规律

白口铸铁从液态开始冷却的过程中，均能转变为具有莱氏体组分的组织。共晶白口铸铁经共晶点 *C* 转变为莱氏体组织，再经共析线 *PSK* 转变为低温莱氏体组织。亚共晶白口铸铁经先晶线 *A′C* 结晶出先晶奥氏体，再经共晶线 *ECF*，剩余液相转变为莱氏体。在共析线 *PSK*

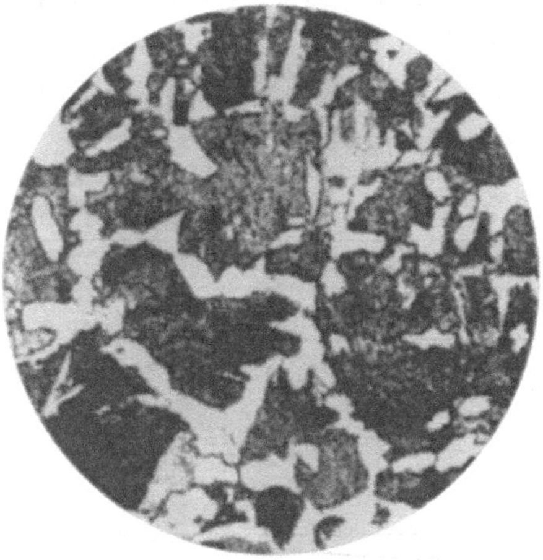

图 4-6 亚共析钢的室温显微组织

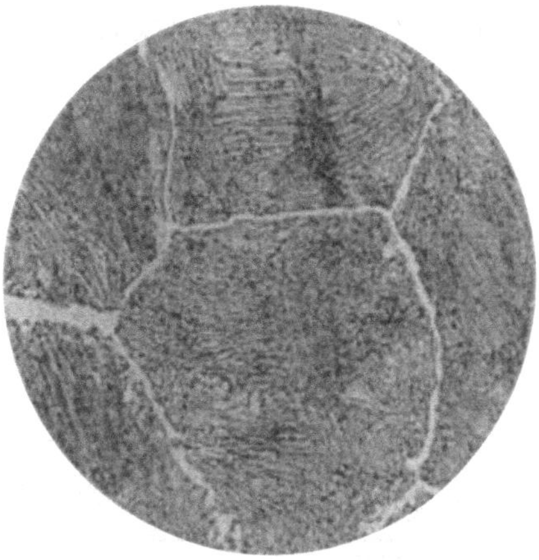

图 4-7 过共析钢的室温显微组织

以上，亚共晶白口铸铁具有 A + Fe_3C_{II} + Ld 组织，在室温则具有 P + Fe_3C_{II} + Ld′组织。过共晶白口铸铁经先晶线 *DC* 结晶出先晶渗碳体，再经共晶线 *ECF*，剩余液相转变为莱氏体。在共析线 *PSK* 以上，过共晶白口铸铁具有 Fe_3C_I + Ld 组织，在室温则具有 Fe_3C_I + Ld′组织。

亚共晶白口铸铁的室温显微组织如图 4-8 所示，其特征是在莱氏体的基体上分布着块状的珠光体。过共晶白口铸铁的室温显微组织如图 4-9 所示，其特征是在莱氏体的基体上分布着粗大板条状的先晶渗碳体。

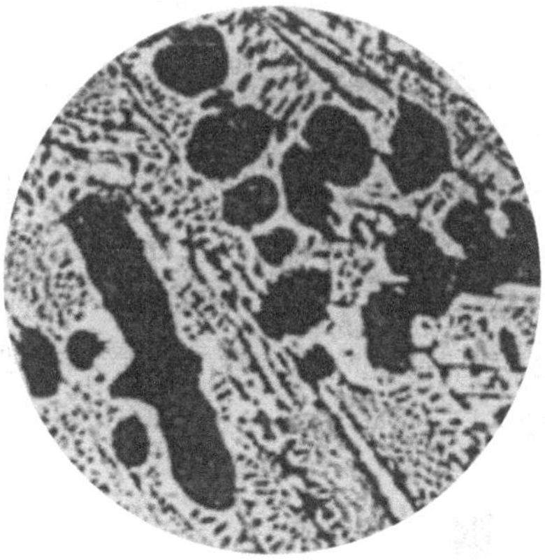

图 4-8 亚共晶白口铸铁的室温显微组织

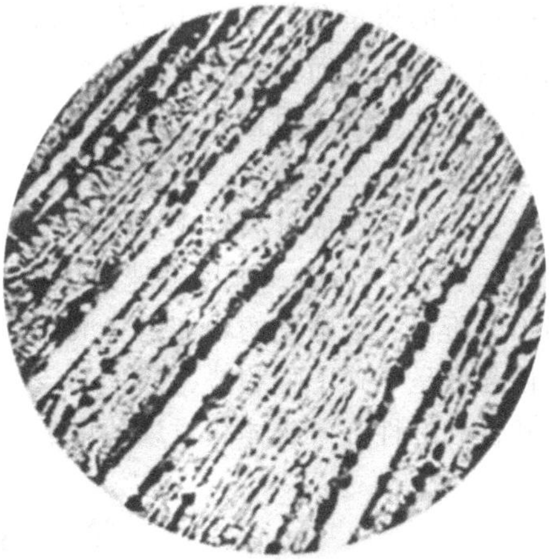

图 4-9 过共晶白口铸铁的室温显微组织

三、室温组织性能随成分的变化规律

随着铁碳合金中碳的质量分数的增加，在铁碳合金的室温组织中不仅渗碳体的数量增加，其形态、分布也有变化，因此合金的力学性能也相应变化。铁碳合金的成分、组织、相组成、组织组成、力学性能等变化规律如图 4-10 所示。

钢的高温固态具有奥氏体组分，而白口铸铁高温固态具有莱氏体组织组分。钢的室温组织以珠光体为基体，白口铸铁的室温组织以莱氏体为基体。

随着碳的质量分数的增加，合金中 Fe_3C 相呈线性关系增加。当 $w_C = 6.69\%$ 时，合金成为单一的渗碳体组织，而铁素体的量相应地减少为零。

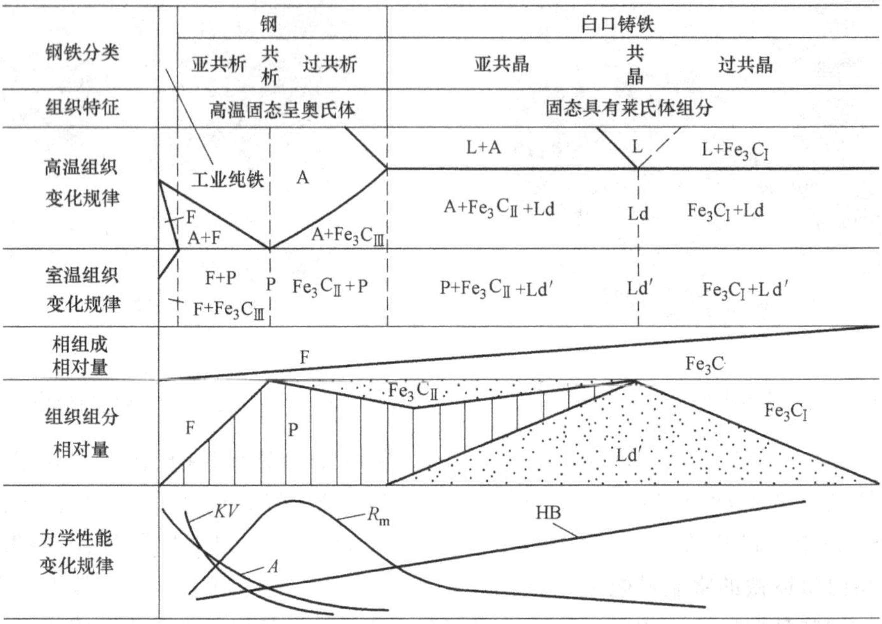

图 4-10 铁碳合金的组织、性能变化规律

钢中碳的质量分数 $w_C = 0.77\%$ 时，室温下具有完全的珠光体组织，离共析成分越远，珠光体组分越少，而铁素体或二次渗碳体组分则相应增多。

白口铸铁中碳的质量分数 $w_C = 4.3\%$ 时，室温下具有完全的低温莱氏体组织，离共晶成分越远，莱氏体组分越少，而珠光体、二次渗碳体或一次渗碳体组分则相应增多。

合金的硬度与成分大致成线性关系，受组织形态的影响不大；而强度对组织形态比较敏感。当 $w_C < 0.77\%$ 时，强度随珠光体相对量的增加而增加；当 $w_C > 0.77\%$ 时，因 Fe_3C_{II} 沿晶界不断析出，使强度的增加趋势减缓；当 $w_C > 0.9\%$ 时，Fe_3C_{II} 沿晶界形成完整的网状形态，使强度呈迅速下降趋势；当 $w_C > 2.11\%$ 时，合金的基体已成为脆硬的渗碳体，强度很低，塑性和韧性随渗碳体相对量的增加呈迅速下降趋势。

第三节 碳 钢

在 $Fe\text{-}Fe_3C$ 相图上处于 P、E 点之间成分的合金，称为碳素钢，简称碳钢。实际生产中应用的碳钢还含有少量的锰、硅、硫、磷等杂质元素。杂质对钢的力学性能有重要影响。

一、杂质元素对钢的影响

1. 锰和硅

在炼铁、炼钢的生产过程中，由于原料中存在着锰、硅以及使用锰、硅作为脱氧剂，使碳钢中常含有少量的锰、硅元素。当 $w_{Mn} < 1.2\%$、$w_{Si} < 0.4\%$ 时，能溶入铁素体使之强化，并且钢的塑性、韧性也不降低。因此，一般来说，锰和硅在钢中是有益的元素。

2. 硫和磷

硫和磷也是从原料及燃料中带入钢中的。硫在固态下不溶于铁，以 FeS 的形式存在于钢中。FeS 与铁形成低熔点（985℃）共晶体，分布在奥氏体的晶界上。当钢材在 1000 ~ 1200℃进行形变加工时，由于晶界处共晶体熔化，晶粒间的结合被破坏，出现脆裂现象，称为热脆。磷能全部溶入铁素体中，使钢材的塑性、韧性显著降低，在低温时脆性更为严重，称为冷脆。因此，钢材中的硫、磷的质量分数必须严格控制。

二、常用碳钢

碳钢的分类方法很多，常用碳钢按碳的质量分数分为低碳钢（$w_C < 0.25\%$）、中碳钢（$w_C \geqslant 0.25\% \sim 0.60\%$）和高碳钢（$w_C > 0.60\%$）；按钢中有害杂质硫、磷的质量分数分为普通质量钢、优质钢、高级优质钢、特级优质钢等；按用途分为碳素结构钢和碳素工具钢；按成形方法分为加工用钢和铸造用钢；按冶炼方法分为转炉钢和电炉钢；按脱氧程度分为沸腾钢、镇静钢和半镇静钢等。

生产中经常选用的碳钢有碳素结构钢、优质碳素结构钢、碳素工具钢和铸造碳钢等。

1. 碳素结构钢

碳素结构钢的牌号由屈服强度字母、屈服强度数值、质量等级符号、脱氧方法符号四部分按顺序组成。其中屈服强度的数值以钢材厚度（或直径）不大于 16mm 钢的屈服强度数值表示；质量等级分 A、B、C、D 四级，A 级质量最低，D 级质量最高；屈服强度的字母以“屈”字汉语拼单字首“Q”表示；沸腾钢、镇静钢分别以“沸”“镇”二字的汉语拼音字首“F”“Z”表示，“Z”可以省略。例如 Q235AF，表示屈服强度 = 235MPa 的 A 级碳素结构钢，脱氧不完全，属于沸腾钢。而 Q235C 表示屈服强度 = 235MPa 的 C 级碳素结构钢，脱氧完全，属于镇静钢。

碳素结构钢 $w_C = 0.06\% \sim 0.38\%$，属于低中碳的亚共析钢，室温组织为大量的先析铁素体块与共析珠光体块均匀分布。其塑性、韧性好，适合于制作钢筋、钢板等建筑用材料和一般机械零件。常用碳素结构钢的牌号、化学成分和力学性能见表 4-1。

表 4-1 常用碳素结构钢的牌号、化学成分和力学性能（GB/T 700—2006）

牌号	质量等级	w_C(%)	R_{eH}/MPa	R_m/MPa	A(%)	脱氧方法
Q195		≤0.12	≥(195)	315 ~ 430	≥33	F、Z
Q215A	A	≤0.15	≥215	335 ~ 450	≥31	F、Z
Q215B	B	≤0.15	≥215	335 ~ 450	≥31	F、Z
Q235A	A	≤0.22	≥235	375 ~ 500	≥26	F、Z
Q235B	B	≤0.20	≥235	375 ~ 500	≥26	F、Z
Q235C	C	≤0.17	≥235	375 ~ 500	≥26	Z
Q235D	D	≤0.17	≥235	375 ~ 500	≥26	TZ
Q275A	A	≤0.24	≥275	410 ~ 540	≥22	F、Z
Q275B	B	≤0.22	≥275	410 ~ 540	≥22	Z
Q275C	C	≤0.20	≥275	410 ~ 540	≥22	Z
Q275D	D	≤0.20	≥275	410 ~ 540	≥22	TZ

注：A、B 级钢属于一般用途碳素结构钢，相当于普通质量碳素钢；C、D 级钢属于工程结构用碳素钢，相当于优质碳素结构钢。

2. 优质碳素结构钢

优质碳素结构钢的牌号由两位数字构成，数字值表示钢的碳的质量分数，并且以钢的碳的质量的万分之一为单位。例如45钢，表示 $w_C = 0.45\%$ 的优质碳素结构钢。若钢中含锰量较高，但不是特意加入的，则在两位数字之后加“Mn”。如65Mn钢，表示 $w_C = 0.65\%$ 且含锰量较高的优质碳素结构钢。若为沸腾钢，则在表示牌号的两位数字之后写“F”，如08F表示属于沸腾钢的8号优质碳素结构钢。

优质碳素结构钢 $w_C = 0.08\% \sim 0.90\%$，多属于亚共析钢，室温组织为不同量的先析铁素体块与共析珠光体块均匀分布。低碳的优质碳素结构钢，室温组织中铁素体的相对数量多，塑性、韧性优良，适合于制作薄板、钢带、冲压构件等；中碳的优质碳素结构钢，室温组织中铁素体和珠光体相对数量相当，综合力学性能好，适合于制作齿轮、连杆等受力复杂的机器零件；中高碳的优质碳素结构钢，室温组织中珠光体的相对数量多，强度、硬度较高，适合于制作弹簧类机器零件；较高含锰量的优质碳素结构钢，受锰元素的有益影响，适合于制作截面稍大或要求强度稍高的机器零件。常用优质碳素结构钢的牌号、化学成分、力学性能和用途见表4-2。

表4-2　常用优质碳素结构钢的牌号、化学成分、力学性能和用途

牌号	w_C(%)	R_m/MPa	R_{eH}/MPa	A(%)	Z(%)	KU/J	用途举例
08F	0.05～0.11	≥295	≥175	≥35	≥60	—	塑性好,适合制作高韧性的冲压件、焊接件、紧固件等。如制作容器、搪瓷制品、螺栓、螺母、垫圈、法兰盘、轴套、拉杆等。部分钢经渗碳淬火后可制造强度不高的耐磨件,如凸轮、滑块、活塞销等
10F	0.07～0.13	≥315	≥185	≥33	≥55	—	
15F	0.12～0.18	≥355	≥205	≥29	≥55	—	
08	0.05～0.11	≥325	≥195	≥33	≥60	—	
10	0.07～0.13	≥335	≥205	≥31	≥55	—	
15	0.12～0.18	≥375	≥225	≥27	≥55	—	
20	0.17～0.23	≥410	≥245	≥25	≥55	—	
25	0.22～0.29	≥450	≥275	≥23	≥50	≥71	
30	0.27～0.34	≥490	≥295	≥21	≥50	≥63	综合力学性能较好,适合制作负荷较大的零件,如连杆、螺杆、螺母、曲轴、传动轴、活塞杆(销)、飞轮、表面淬火齿轮、凸轮、链轮等
35	0.32～0.39	≥530	≥315	≥20	≥45	≥55	
40	0.37～0.44	≥570	≥335	≥19	≥45	≥47	
45	0.42～0.50	≥600	≥355	≥16	≥40	≥39	
50	0.47～0.55	≥630	≥375	≥14	≥40	≥31	
55	0.52～0.60	≥645	≥380	≥13	≥35	—	
60	0.57～0.65	≥675	≥400	≥12	≥35	—	屈服强度高、硬度高,适合制作弹性零件(如各种螺旋弹簧、板簧等)以及耐磨零件(如轧辊、钢丝绳、偏心轮、轴、凸轮、离合器等)
65	0.62～0.70	≥695	≥410	≥10	≥30	—	
70	0.67～0.75	≥715	≥420	≥9	≥30	—	
75	0.72～0.80	≥1080	≥880	≥7	≥30	—	
80	0.77～0.85	≥1080	≥930	≥6	≥30	—	
85	0.82～0.90	≥1130	≥980	≥6	≥30	—	
15Mn	0.12～0.18	≥410	≥245	≥26	≥55		塑性较好,适合于制作齿轮、曲柄轴、支架、铰链、螺钉、螺母、铆焊结构件、油罐等
20Mn	0.17～0.23	≥450	≥275	≥24	≥50		
25Mn	0.22～0.29	≥490	≥295	≥22	≥50	71	

（续）

牌号	w_C(%)	R_m/MPa	R_{eH}/MPa	A(%)	Z(%)	KU/J	用途举例
30Mn	0.27～0.34	≥540	≥315	≥20	≥45	63	调质后具有良好的综合力学性能，适合于制造螺栓、螺母、螺钉、连杆、拉杆、销轴、啮合杆、心轴、齿轮、花键轴、汽车半轴、万向接头轴、曲轴、摩擦盘等
35Mn	0.32～0.39	≥560	≥335	≥18	≥45	55	
40Mn	0.37～0.44	≥590	≥355	≥17	≥45	47	
45Mn	0.42～0.50	≥620	≥375	≥15	≥40	39	
50Mn	0.48～0.56	≥645	≥390	≥13	≥40	31	
60Mn	0.57～0.65	≥695	≥410	≥11	≥35		强度高、弹性好，适合于制造大尺寸螺旋弹簧、板簧、各种圆扁弹簧、弹簧环或片、冷拉钢丝与发条、各种弹簧圈、弹簧垫圈、止推环、锁紧圈、离合器盘等
65Mn	0.62～0.70	≥735	≥430	≥9	≥30		
70Mn	0.67～0.75	≥785	≥450	≥8	≥30		

注：数据取自 GB/T 699—1999《优质碳素结构钢》。

3. 碳素工具钢

碳素工具钢的牌号以“碳”字汉语拼音字首“T”与其后的一组数字构成，数字值表示钢的碳的质量分数，并且以钢的碳的质量的千分之一为单位。例如，T12 钢表示 $w_C=1.2\%$ 的碳素工具钢。碳素工具钢属于优质钢和高级优质钢。高级优质碳素工具钢的牌号应在末尾处写“A”。例如 T8A 钢表示 $w_C=0.8\%$ 的高级优质碳素工具钢。

碳素工具钢 $w_C=0.65\%\sim1.35\%$，基本上属于共析、过共析钢。其室温平衡组织为不同量的先析渗碳体网分布在珠光体基体上。随先析渗碳体量的增加，硬度呈上升趋势。但是，受渗碳体网的影响，T9、T10 钢的强度最高。碳素工具钢强度、硬度高，耐磨性好，塑性、韧性较差，适合于制作各种低速切削刀具。常用碳素工具钢的牌号、成分、硬度及用途见表 4-3。

表 4-3 常用碳素工具钢的牌号、成分、硬度及用途

牌号	化学成分 $w_{Me}\times100$					硬度			用途举例
	C	Mn	Si	S	P	退火状态	试样淬火		
				≤		HBW ≤	淬火温度/℃和冷却剂	HRC ≥	
T7	0.65～0.74	≤0.40	≤0.35	0.030	0.035	187	800～820 水	62	淬火、回火后，常用于制造能承受振动、冲击，并且在硬度适中情况下有较好韧性的工具，如錾子、冲头、木工工具、大锤等
T8	0.75～0.84	≤0.40	≤0.35	0.030	0.035	187	780～800 水	62	淬火、回火后，常用于制造要求有较高硬度和耐磨性的工具，如冲头、木工工具、剪切金属用剪刀等
T8Mn	0.80～0.90	0.40～0.60	≤0.35	0.030	0.035	187	780～800 水	62	性能和用途与 T8 钢相似，但由于加入锰，提高了淬透性，故可用于制造截面较大的工具

（续）

牌号	化学成分 $w_{Me}\times100$					硬度			用途举例
	C	Mn	Si	S	P	退火状态	试样淬火		
				≤		HBW ≤	淬火温度/℃和冷却剂	HRC ≥	
T9	0.85～0.94	≤0.40	≤0.35	0.030	0.035	192	760～780 水	62	用于制造一定硬度和韧性的工具，如冲模、冲头、錾岩石用的錾子等
T10	0.95～1.04	≤0.40	≤0.35	0.030	0.035	197	760～780 水	62	用于制造耐磨性要求较高、不受剧烈振动、具有一定韧性及具有锋利刃口的各种工具，如刨刀、车刀、钻头、丝锥、手锯锯条、拉丝模、冲模等
T11	1.05～1.14	≤0.40	≤0.35	0.030	0.035	207	760～780 水	62	用途与T10钢基本相同，一般习惯上采用T10钢
T12	1.15～1.24	≤0.40	≤0.35	0.030	0.035	207	760～780 水	62	用于制造不受冲击、要求高硬度的各种工具，如丝锥、锉刀、刮刀、铰刀、板牙、量具等
T13	1.25～1.35	≤0.40	≤0.35	0.030	0.035	217	760～780 水	62	适用于制造不受振动、要求极高硬度的各种工具，如剃刀、刮刀、刻字刀具等

注：牌号、化学成分、硬度摘自GB/T 1298—2008《碳素工具钢》。

4. 铸造碳钢

形状复杂的钢质零件常采用铸造方式成形，并选用铸造碳钢材料。在铸造碳钢中以一般工程用铸造碳钢应用最多，其牌号以“铸钢”二字的汉语拼音字首“ZG”与其后的两组数字构成。第一组数字表示屈服强度，第二组数字表示抗拉强度。例如，ZG200-400钢表示屈服强度≥200MPa，R_m =400MPa的一般工程用铸造碳钢。

铸造碳钢（w_C =0.15%～0.60%）属于亚共析钢，适合于制作形状复杂的各种结构件。常用的一般工程用铸造碳钢的牌号、化学成分、力学性能及用途见表4-4。

表4-4　常用的一般工程用铸造碳钢的牌号、化学成分、力学性能及用途

牌号	主要化学成分 $w_{Me}\times100$					室温力学性能					用途举例
	C	Si	Mn	P	S	屈服强度/MPa	R_m/MPa	$A_{11.3}\times100$	$Z\times100$	KV/J	
	≤					≥					
ZG200-400	0.20	0.50	0.80	0.04		200	400	25	40	30	有良好的塑性、韧性和焊接性，用于制作受力不大、要求韧性好的各种机械零件，如机座和变速器壳等

（续）

牌号	主要化学成分 $w_{Me}\times100$					室温力学性能					用途举例
	C	Si	Mn	P	S	屈服强度 /MPa	R_m /MPa	$A_{11.3}\times100$	$Z\times100$	KV /J	
	≤					≥					
ZG230-450	0.30	0.50	0.90	0.04		230	450	22	32	25	有一定的强度和较好的塑性、韧性，焊接性良好，用于制作受力不大、要求韧性好的各种机械零件，如砧座、外壳、轴承盖、底板、阀体、犁柱等
ZG270-500	0.40	0.50	0.90	0.04		270	500	18	25	22	有较高的强度和较好的塑性，铸造性良好，焊接性尚好，可加工性好，用于制作轧钢机机架、轴承座、连杆、箱体、曲轴、缸体等
ZG310-570	0.50	0.60	0.90	0.04		310	570	15	21	15	强度和可加工性良好，塑性、韧性较低，用于制作载荷较高的零件，如大齿轮、缸体、制动轮、辊子等
ZG340-640	0.60	0.60	0.90	0.04		340	640	10	18	10	有高的强度、硬度和耐磨性，可加工性良好，焊接性较差，流动性好，裂纹敏感性较大，用于制作齿轮、棘轮等

注：牌号、化学成分和力学性能摘自 GB/T 11352—2009《一般工程用铸造碳钢件》。

作　业　四

一、基本概念解释

1. 铁素体　2. 奥氏体　3. 渗碳体　4. 珠光体　5. 莱氏体

二、填空题

1. 渗碳体通常作为强化相以片状、________、________等形式分布在铁素体基体上。
2. PSK 线是________线，ECF 线是________线。
3. 一般来说，________和________在钢中是有益元素。
4. 亚共析钢的室温组织特征是先析________块和共析________块呈均匀分布。
5. 亚共晶白口铸铁的室温组织特征是在________的基体上分布着块状的________。
6. 碳钢的分类方法很多，常用碳钢可以按碳的质量分数分为________碳钢、中碳钢和________碳钢。

三、判断题

1. 具有单相奥氏体组织的铁碳合金适合于塑性加工。（　　）

2. 渗碳体的塑性和韧性较高，适合于塑性加工。（　　）

3. 硫在钢中易产生热脆现象。（　　）

4，随着铁碳合金中碳的质量分数的增加，在铁碳合金的室温组织中，渗碳体的数量增加。（　　）

5. 碳素结构钢属于低中碳的亚共析钢。（　　）

四、简答题

1. 铁碳合金有哪些基本组织？

2. 铁碳合金相图中有哪些双相区？

3. 简述一次渗碳体（Fe_3C_{I}）、二次渗碳体（Fe_3C_{II}）和三次渗碳体（Fe_3C_{III}）之间有何区别？

4. 碳素工具钢有哪些力学性能特点？举例说明其用途。

5. 列表比较碳素结构钢、优质碳素结构钢、碳素工具钢、一般工程用铸造碳钢的化学成分、室温组织、力学性能及用途。

五、课外活动

同学之间进行交流，讨论记忆铁碳合金相图的经验和技巧。

第五章　钢的热处理

第一节　概　　述

热处理指将钢在固态范围内采用适当的方式进行加热、保温和冷却，从而获得所需要的组织结构与性能的工艺。汽车、拖拉机零件大部分（70% ~80%）需要进行热处理，各种刀具、模具、量具、轴承等几乎全部进行过热处理。

钢的热处理过程包括加热、保温和冷却三个阶段，其主要工艺参数是加热温度、保温时间和冷却速度。钢的热处理工艺曲线如图 5-1 所示。

Fe-Fe_3C 相图中 *PSK*、*GS*、*ES* 线是钢在加热或冷却时相变的临界线。在热处理时要经常使用这些临界线，并且把 *PSK* 线称为 A_1 线，*GS* 线称为 A_3 线，*ES* 线称为 A_{cm}线，如图 5-2 所示。在实际生产中，加热速度和冷却速度不是极其缓慢的。冷却时的相变是在过冷度存在的条件下实现的。同样，加热时的相变是在过热度存在的条件下实现的。考虑过热度、过冷度的影响，加热时实际的相变临界线是 Ac_1、Ac_3、Ac_{cm}；冷却时实际的相变临界线是 Ar_1、Ar_3、Ar_{cm}。

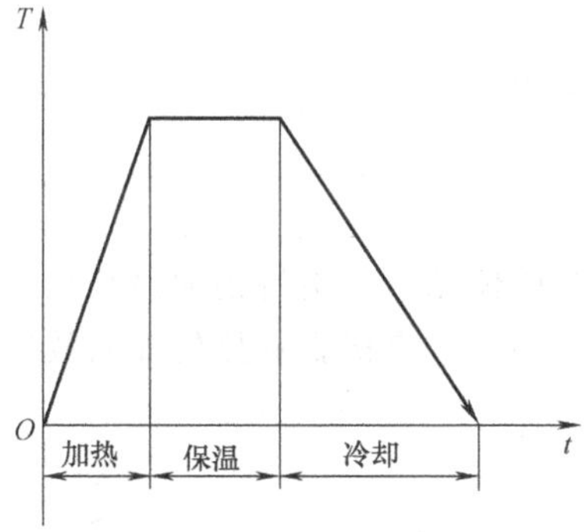

图 5-1　钢的热处理工艺曲线

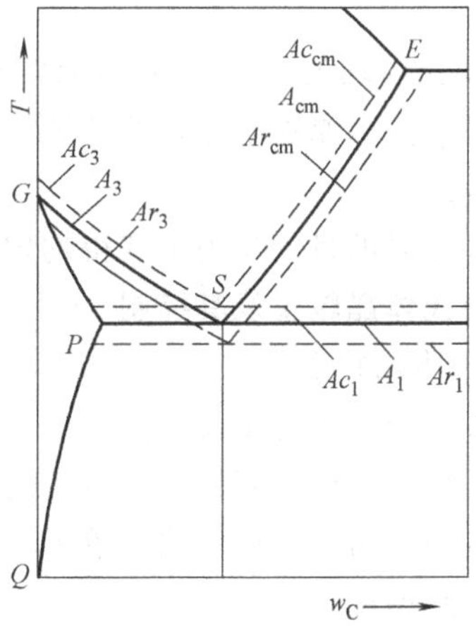

图 5-2　加热、冷却时钢的相变温度

第二节　钢在加热时的组织转变

一、奥氏体的形式

由图 5-2 可知，钢被加热到 Ac_1 线时将发生珠光体向奥氏体的转变。亚共析钢被加热到 Ac_3 线时，先析铁素体也将完成向奥氏体的转变。过共析钢被加热到 Ac_{cm}时，先析渗碳体将完成向奥氏体中溶解。

共析碳钢的奥氏体化过程如图 5-3 所示。

（1）界面形核　在珠光体组织的铁素体与渗碳体相界面处，原子排列较紊乱，位错、空位的密度较高，容易获得形成奥氏体的能量和浓度。因此，相界面处常常优先形成奥氏体晶核，如图 5-3a 所示。

（2）奥氏体晶核长大　奥氏体晶核形成之后，相邻的铁素体晶格将不断地改组成奥氏体晶格，相邻的渗碳体晶粒将不断地向晶核中溶解。因此，奥氏体晶核将向相邻铁素体和渗碳体两个方向长大，如图 5-3b 所示。与此同时，新的奥氏体晶核也会不断形成并长大。

（3）未溶 Fe_3C 溶解　因为铁素体的晶格结构和碳浓度比渗碳体更接近奥氏体，所以铁素体相常常首先完成向奥氏体转变。在新形成的奥氏体晶粒内部仍残存有未溶的渗碳体，如图 5-3c 所示。保温一定时间后，未溶渗碳体才能溶解消失。

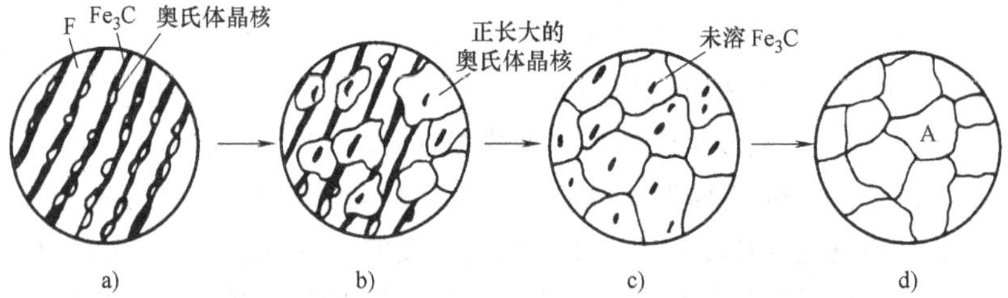

图 5-3　共析碳钢的奥氏体化过程

a）界面形核　b）奥氏体晶核长大　c）未溶 Fe_3C 溶解　d）奥氏体均匀化

（4）奥氏体均匀化　未溶渗碳体刚刚被溶解完时，奥氏体的成分还很不均匀，原渗碳体处的碳浓度高，原铁素体处的碳浓度低。因此，需要再保温一段时间，奥氏体的成分才逐渐趋于均匀。

加热和保温的目的是为了获得均匀一致的奥氏体组织。

二、奥氏体晶粒度及其控制

1. 奥氏体晶粒度

钢的加热质量优劣主要以奥氏体的晶粒度评定。奥氏体晶粒度指将钢加热到相变点以上某一温度，保温一定时间后，所得到的奥氏体晶粒的大小。它直接影响热处理的效果。国家标准将晶粒度级别分为 12 级。在热处理生产中，通过控制加热温度和保温时间，能够获得细小均匀的奥氏体晶粒。

不同的钢在规定的加热条件下，奥氏体晶粒长大的倾向性不同。将钢加热到相变点以上，刚形成的奥氏体晶粒都很细小。如果继续升温或保温，奥氏体晶粒便会长大。从长大的连续性来看，有两种情况：一种是随加热温度的升高晶粒容易长大（图 5-4 曲线 1），具有这种特性的钢称为粗晶粒钢；另一种是随加热温度升高晶粒不容易长大，但加热到 930°C 以上时，晶粒会迅速长大（图 5-4 曲线 2），具有这种特性的钢称为细晶粒钢。

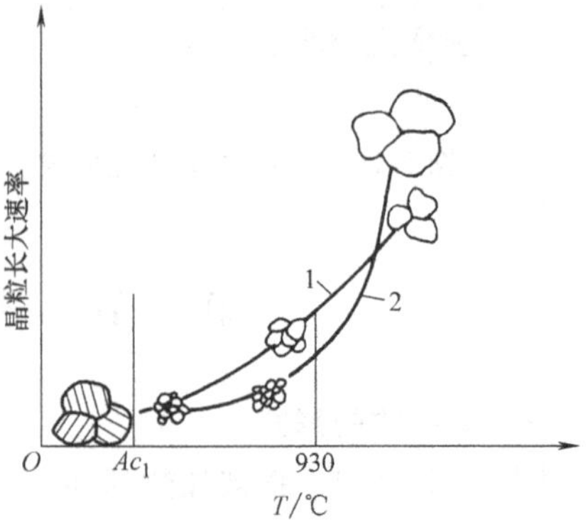

图 5-4　奥氏体晶粒长大的倾向性

1—粗晶粒钢　2—细晶粒钢

在炼钢生产中，用锰铁脱氧的钢多属于粗晶粒钢；用铝脱氧的钢多属于细晶粒钢。用铝脱氧时会产生 Al_2O_3、AlN 等微粒，分布在奥氏体晶界上阻碍晶粒长大。但在加热温度较高时，这些微粒会聚积或溶入奥氏体中，晶粒会急剧长大。

沸腾钢是粗晶粒钢，镇静钢是细晶粒钢。

2. 影响奥氏体晶粒度的因素

（1）加热温度和保温时间　奥氏体晶粒长大是一个自发的过程。加热温度过高和保温时间过长，必然导致奥氏体晶粒粗大。

（2）加热速度　珠光体在加热时转变为奥氏体与奥氏体在冷却时转变为珠光体，都属于结晶过程。冷却时过冷度大使珠光体的晶粒得到细化；加热时过热度大也会使奥氏体的晶粒得到细化。加热速度快，过热度大，有利于细化奥氏体晶粒。

（3）钢的组织及成分　钢的原始组织越细，相界面越多，奥氏体晶核的数量越多，有利于获得细晶粒组织。

实验表明，随着奥氏体中碳的质量分数的增加，奥氏体晶粒长大的倾向性也增加。但是，当奥氏体晶界上存在未溶的残余渗碳体时，未溶渗碳体有阻碍奥氏体晶粒长大的作用。

第三节　钢在冷却时的组织转变

Fe-Fe_3C 相图所表达的钢的组织转变规律是在极其缓慢冷却条件下测得的。实际生产中不仅有不同的冷却方式，而且有不同的冷却速度。冷却方式和冷却速度对钢的组织性能有很大影响。

一、过冷奥氏体及其转变方式

1. 过冷奥氏体

在极其缓慢冷却的条件下，奥氏体在 A_1 线发生共析转变；在一定的冷却速度条件下，奥氏体过冷到 A_1 线以下才能发生转变，并且需要一定的时间才能完成转变。在 A_1 线以下尚未发生转变的奥氏体，称为过冷奥氏体，以符号 A' 表示。过冷奥氏体是一种不稳定的组织，将自发地转变为其他较稳定的组织。

2. 过冷奥氏体的转变方式

（1）等温转变　钢经奥氏体化后冷却到相变点以下的温度区间内，在等温保持阶段过冷奥氏体所发生的相转变，称为等温转变。等温转变的冷却曲线如图 5-5 所示。

（2）连续冷却转变　钢经奥氏体化后，在不同冷却速度的连续冷却过程中过冷奥氏体所发生的相转变，称为连续冷却转变。连续冷却转变的冷却曲线如图 5-5 所示。

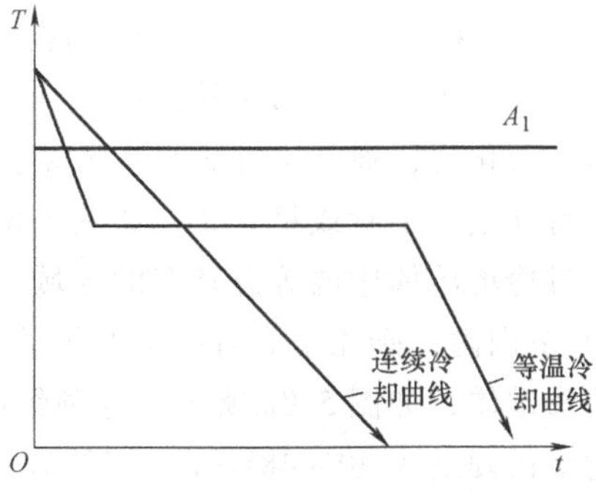

图 5-5　奥氏体的冷却曲线

二、共析碳钢过冷奥氏体的等温转变

1. 等温转变图

过冷奥氏体在不同过冷度下的等温过程中，转变温度、转变时间与转变产物量（转变开始及终了）的关系曲线，称为等温转变图，如图 5-6 所示。等温转变图通过实验测得。

每一种钢都有它的等温转变图，图 5-6 所示为共析碳钢的等温转变图。图中 A_1 线之上是稳定奥氏体区，A_1 线之下是过冷奥氏体 A'转变区。

等温转变图最左点对应的温度是 550℃。Ms 线是过冷奥氏体低温转变的开始线（钢的上马氏体点，即开始产生马氏体转变的温度）。通常用550℃线和 Ms 线将过冷奥氏体转变区分为三个区域：550℃线之上为高温转变区；Ms 线之下为低温转变区；550℃线与 Ms 线之间为中温转变区。

图 5-6 中两条曲线把过冷奥氏体高温和中温转变区域也划分为三个区域：左边一条曲线为过冷奥氏体转变开始线，其左侧为过冷奥氏体区；右边一条曲线为转变终止线，其右侧是转变产物区；两条曲线之间是过冷奥氏体部分转变区。

过冷奥氏体尚未发生转变的时间称为孕育期。共析碳钢的过冷奥氏体在 550℃时孕育期最短，转变速度最快。这是由于在 550℃左右，过冷度较大（相变驱动力较大），原子扩散能力也较强。550℃以上孕育期较长，这由于过冷度较小（相变驱动力较小）；550℃以下孕育期也较长，这是由于原子扩散能力较弱。在不同的温度，孕育期不同是形成曲线的主要原因。

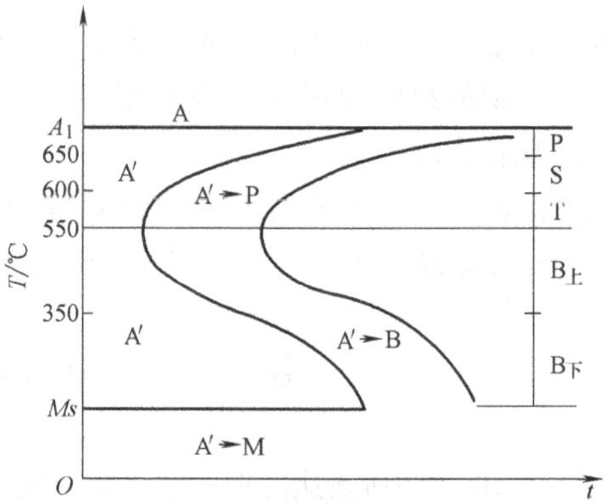

图 5-6　共析碳钢的等温转变图

2. 过冷奥氏体的高温等温转变

在 A_1 ~550℃范围内，原子的扩散能力较强，过冷奥氏体 A′主要通过原子扩散实现转变，通常也称为扩散型转变。高温等温转变的产物属于珠光体类型的组织，其组织特征是渗碳体与铁素体两相呈层片相间。通常在视场内有几个珠光体集团，每个集团的层片位向大体相同，如图 5-7 所示。

在过冷奥氏体高温等温转变区域，过冷度越小，则形成的珠光体中渗碳体与铁素体层片越厚，即片层间距越大。通常将高温等温转变区域又分为三个温度范围：在 A_1 ~650℃范围内，等温转变获得粗片状珠光体组织（P），布氏硬度为 160~250HBW；在 650~600℃范围内，等温转变获得细片状珠光体组织，称为索氏体（S），其洛氏硬度为 25~30HRC；在 600~550℃范围内，等温转变获得极细片状珠光体组织，称为托氏体（T），其洛氏硬度为 35~48HRC。

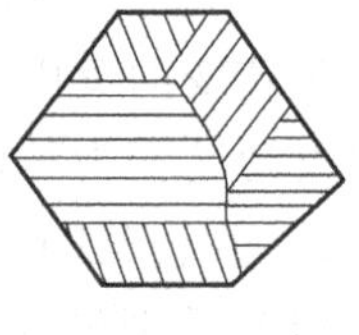

图 5-7　珠光体组织示意图

3. 过冷奥氏体的中温等温转变

在 550℃~Ms 范围内，原子的扩散能力较弱，铁原子很难扩散，碳原子扩散速度也不快，过冷奥氏体主要通过较大的过冷度（相变驱动力较大）改变晶格结构，通过碳原子扩散形成碳化物，通常也称为半扩散型转变。中温等温转变的产物属于贝氏体类型的组织，其组织特征呈羽毛状或呈针状，如图 5-8 所示。

过冷奥氏体中温等温转变的区域，按过冷度大小不同可以分为两个温度范围。在 550~350℃范围内，碳原子尚有一定的扩散能力，常常沿铁素体片状晶粒的晶界析出不连续短杆状的渗碳体，如图 5-8a 所示，这种组织称为上贝氏体，通常用符号 $B_{上}$ 表示。上贝氏体组织的洛氏硬度为 40~48HRC，塑性较差，脆性较大，生产中很少使用。在 350℃~Ms 范围内，碳原子的扩散能力很弱，只能沿与针片状铁素体晶粒的晶轴成 55°~60°的晶面析出碳化物，如图 5 ~ 8b 所示，这种组织称为下贝氏体，通常用符号 $B_{下}$ 表示。下贝氏体组织在金相显微镜下呈黑色针状。其强度较高，洛氏硬度约为 55HRC，并且具有一定的塑性和韧性，即综合力学性能较好。生产中常常采用等温转变获得下贝氏体组织。

4. 影响等温转变的因素

（1）钢的碳的质量分数　亚共析碳钢的过冷奥氏体在向珠光体转变之前，有先析铁素体生成。因此，在亚共析碳钢的等温转变图上多一条先析铁素体线，如图 5-9a 所示。

过共析碳钢的过冷奥氏体在向珠光体转变之前，有先析渗碳体生成。因此，在过共析碳钢的等温转变图上多一条先析渗碳体线，如图 5-9b 所示。

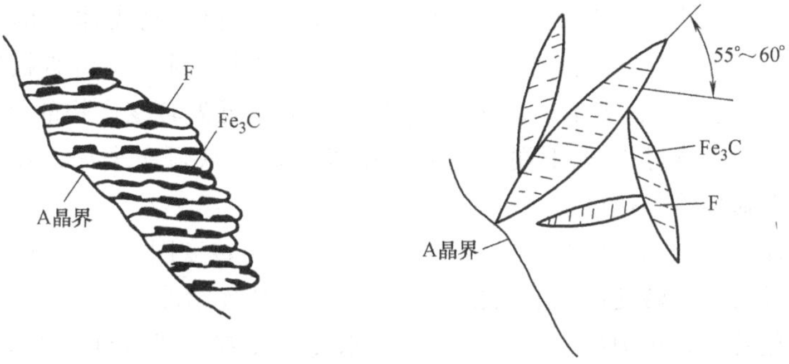

a)　b)

图 5-8　贝氏体组织示意图

a）上贝氏体　b）下贝氏体

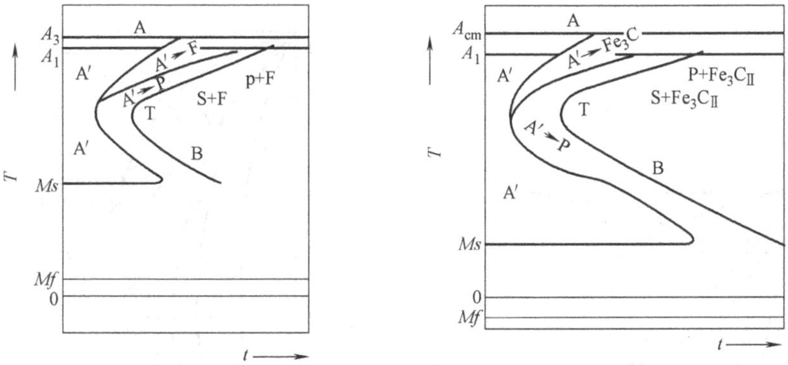

a)　b)

图 5-9　共析碳钢的等温转变图

a）亚共析碳钢　b）过共析碳钢

溶入奥氏体的碳有稳定奥氏体的作用，而亚共析碳钢热处理时，通常要求完全奥氏体化。因此，亚共析碳钢的等温转变图比共析碳钢靠左。

未溶渗碳体有诱发过冷奥氏体等温转变的作用，而过共析碳钢热处理时，通常要求不完全奥氏体化。因此，过共析碳钢的等温转变图比共析碳钢也靠左。

（2）钢的奥氏体化质量　钢奥氏体化后成分越均匀，晶粒越粗大，未溶碳化物越少，则过冷奥氏体越稳定，等温转变图的位置也越靠右。

三、共析碳钢过冷奥氏体的连续冷却转变

1. 连续冷却转变图

钢经奥氏体化后，在以不同的冷却速度连续冷却的条件下，过冷奥氏体转变开始及转变终止的时间与转变温度之间的关系曲线图，称为连续冷却转变图，如图 5-10 所示。显然，连续冷却转变图不是完整的等温转变图。当过冷奥氏体冷却至高温转变停止线 *K* 线时，未转变的过冷奥氏体将不再分解，一直保留到 *Ms* 线以下进行低温转变。因此，连续冷却转变图上没有贝氏体转变。图中 *Ps* 线为过冷奥氏体转变开始线，*Pf* 线是过冷奥氏体转变终止线。整个曲线的位置与等温转变图相比，靠右下方一些。

图 5-10 中，炉冷、空冷两条冷却曲线与 *Ps*，*Pf* 线相交，表示过冷奥氏体采用炉冷、空冷方式连续冷却将转变为珠光体类型的组织；油冷冷却曲线与 *Ps*、*K* 线相交，表示过冷奥氏体采用油冷方式连续冷却将转变为珠光体与低温转变产物（马氏体）的复相组织；水冷冷却曲线直接与 *Ms* 线相交，表示过冷奥氏体采用水冷方式连续冷却将直接转变为低温转变产物。v_K 线过 *Ps* 线的下端，表示冷却速度 v_K 是获得完全低温转变产物的最小冷却速度，称为上临界冷却速度；v_K'线过 *Pf* 线下端，表示冷却速度 v_K'是获得完全珠光体类型组织的最大冷却速度，称为下临界冷却速度。

由于连续冷却转变图测绘困难，生产中常常利用等温转变图分析连续冷却转变的结果。即按连续冷却曲线与等温转变曲线相交的大致位置，估计连续冷却后得到的组织。例如，共析碳钢经奥氏体化后，采用炉冷、空冷、油冷、水冷等冷却方式得到的冷却曲线分别是 v_1、v_2、v_3、v_4。将它们直接画在共析碳钢的等温转变图上，如图 5-11 所示。从图中可以估计，炉冷、空冷、油冷、水冷等连续冷却方式将分别获得 P、S、M + T、M + A′等复相组织。

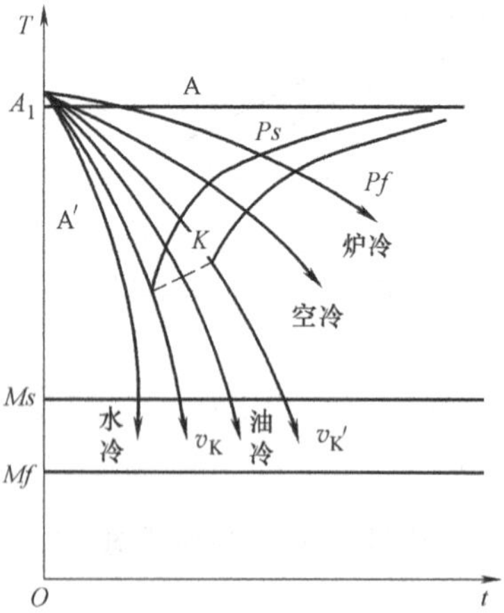

图 5-10　共析碳钢连续冷却转变图

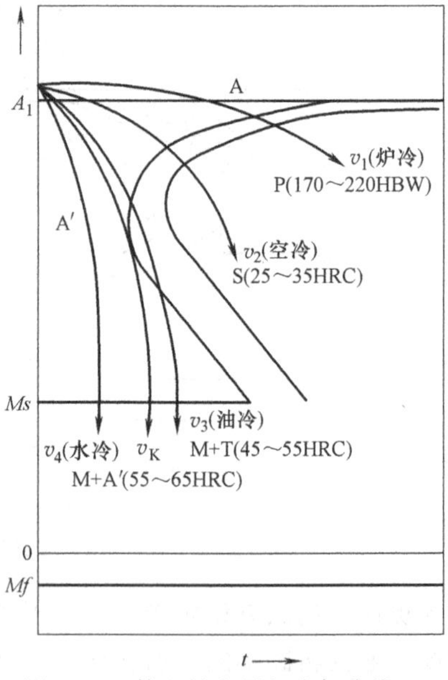

图 5-11　等温转变图与冷却曲线

2. 过冷奥氏体的低温转变

过冷奥氏体连续冷却至 *Ms* ~ *Mf* 温度范围，铁原子和碳原子将都失去扩散能力。但是，由于过冷度很大，相变的驱动力足以改变过冷奥氏体的晶格结构，成为新的组织结构，这就是低温转变。低温转变属于非扩散型转变。低温转变的产物主要是马氏体，通常用符号 M 表示。马氏体的组织特征呈针片状或板条状，如图 5-12 所示。当 $w_C > 1.0\%$ 时，马氏体的组织特征基本上呈针片状，如图5-12a所示；当 $w_C<0.2\%$ 时，马氏体的组织特征一般呈板条状，如图5-12b所示；当 $w_C=0.20\%\sim1.0\%$ 时，马氏体的组织特征呈针片状与板条状的复相形态。

过冷奥氏体向马氏体的转变从 *Ms* 线开始，到 *Mf* 线终止，在连续冷却过程中一批一批地形成。由于马氏体的密度小，形成马氏体时必然伴随着体积膨胀。马氏体对尚未转变的过冷奥氏体将产生多向压应力，总会使少量的残留奥氏体保留下来。因此，过冷奥氏体的低温转变是一个不完全相变过程。低温转变时，奥氏体中的碳被强制地固溶在铁素体的晶格中，使体心立方晶格被歪扭成体心正方晶格，如图5-13所示。马氏体本质上是碳在α-Fe中的过饱和固溶体。

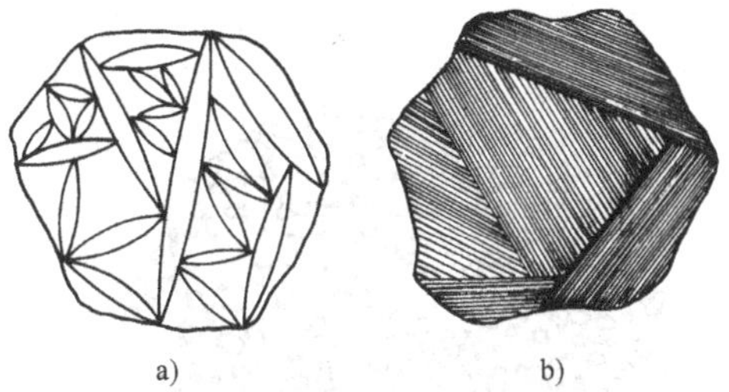

图5-12　马氏体组织示意图

a）高碳针片状　b）低碳板条状

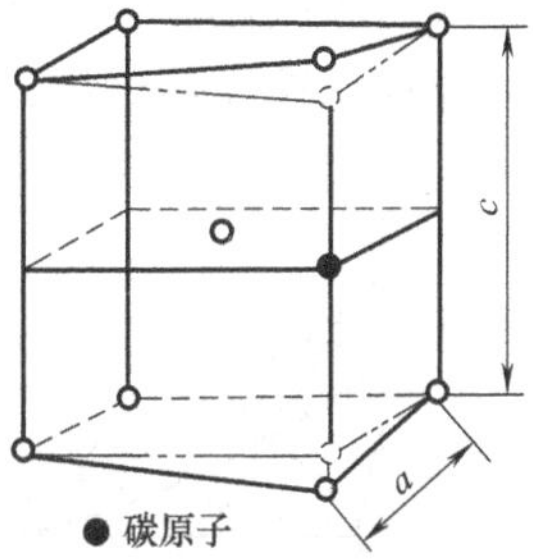

图5-13　马氏体的晶格结构

过冷奥氏体向马氏体转变具有显著的强化效果。一是因为形成马氏体时，强大的相变驱动力使马氏体晶粒的塑性变形严重，产生了强烈的形变强化效应；二是因为马氏体转变使奥氏体晶粒被严重分割，产生了强烈的细晶强化效应；三是因为过饱和固溶产生了强烈的固溶强化效应。

如果对马氏体组织进行适当加热，过饱和碳将以碳化物的形式析出，又会产生强烈的第二相强化效应。

马氏体组织的硬度主要取决于其碳的质量分数。图5-14所示为马氏体组织的硬度与碳的质量分数的关系，表明碳的质量分数增加时，硬度明显增加。但当 $w_C>0.6\%$ 时，硬度的增加就不明显了，其强度的变化趋势与硬度基本一致。

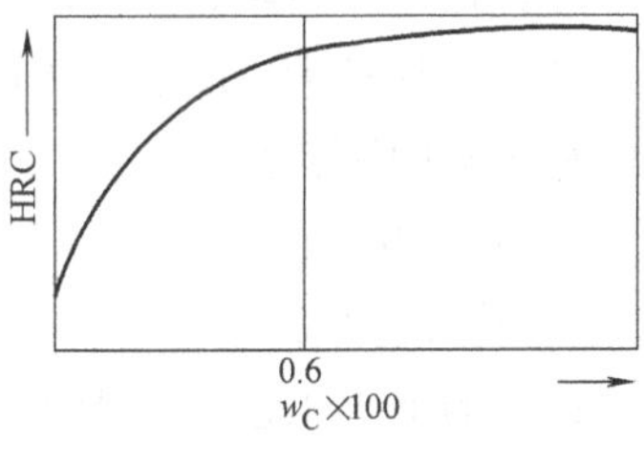

图5-14　马氏体组织的硬度与其碳的质量分数的关系

高碳针片状马氏体组织的塑性、韧性差；而低碳板条状马氏体组织具有良好的综合力学性能。

第四节　退火与正火

一、退火

钢的退火是指将钢加热到适当温度，保持一定时间，然后缓慢冷却的热处理工艺。退火工艺的主要特点是缓慢冷却，通常采用随炉冷却、埋在炉灰中或堆放在坑里冷却等方法。常用的退火方式有完全退火、球化退火和去应力退火等。各种退火方式的加热温度范围如图5-15所示。

1. 完全退火

钢的完全退火是指将钢完全奥氏体化，随之缓慢冷却，获得接近平衡状态组织的退火工艺。完全退火主要用于亚共析钢件。

完全退火使工件在加热和冷却中两次相变，从而细化了晶粒，改善了性能。因此，完全退火常作为一般工件的最终热处理和重要工件的预备热处理。

2. 球化退火

钢的球化退火是指为使钢中碳化物球化而进行的退火工艺。球化退火主要用于共析钢和过共析钢件。

球化退火加热温度仅超过 Ac_1 线以上 20～30℃，钢的组织中将残存大量的未熔渗碳体颗粒，成为渗碳体晶核。在缓慢冷却过程中，每个晶核将独自长大呈球状，分布在铁素体基体上形成球化珠光体组织，加图 5-16 所示。

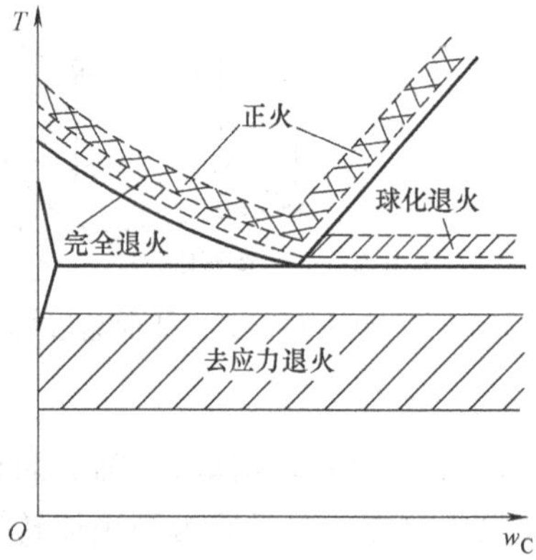

图 5-15　退火、正火的加热温度

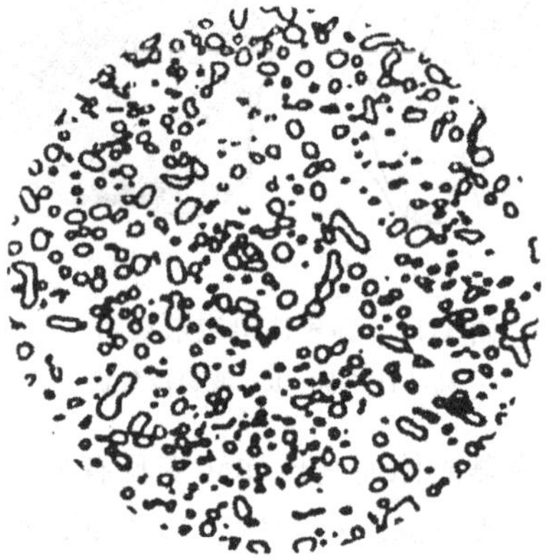

图 5-16　球状珠光体的室温显微组织

球化珠光体组织较层片状珠光体组织硬度低，有利于切削加工，并且加热使其奥氏体化时，晶粒不易长大，随后淬火时又不易变形开裂。因此，球化退火常作为高碳钢件淬火前或切削加工前的预备热处理。

3. 去应力退火

去应力退火是指为了去除由于塑性变形加工、焊接等而造成的以及铸件内存在的残余应力而进行的退火工艺。由于加热温度不超过 A_1 线，退火过程中合金的组织不发生变化。但工件的内应力在 500～600℃保温及随后缓慢冷却过程中，通过原子扩散及塑性变形得以消除。去应力退火主要用于消除铸件、锻件、焊接结构的内应力，以稳定尺寸和减少变形。

所谓内应力是指材料或工件在没有外力作用、各部位也没有温度差时残留于其内的应力。内应力也称残余应力。其主要特点是：成对出现，互相平衡；稍有干扰，平衡破坏，产生新的变形，使工件丧失精度。工件在生产过程中不均匀地加热、冷却，不均匀的组织转变，不均匀的塑性变形等都会产生残余应力。残余应力通常必须及时消除，以免零件变形或与外载应力叠加造成断裂事故。

二、正火

正火是指将钢材或钢件加热到 Ac_3（或 Ac_{cm}）以上 30～50℃，保温适当的时间后，在静止的空气中冷却的热处理工艺。正火工艺的主要特点是完全奥氏体化和空冷。正火的冷却速度比退火稍快，过冷度稍大。因此，正火组织较细，强度、硬度较高。

普通结构件以正火作为最终热处理，以提高其力学性能；低碳钢正火是为了改善其可加工性；过共析钢先正火消除网状二次渗碳体，以便进一步球化退火，为淬火做好组织准备。碳素结构钢加工产品，常以热轧后正火作为钢材及钢结构的最终热处理。

正火与退火后的组织没有本质区别，正火的加热温度范围如图 5-15 所示。

第五节　淬火与回火

一、淬火

淬火是指将钢件加热到 Ac_3 线或 Ac_1 线以上某一温度，保持一定时间，然后以适当速度冷却，获得马氏体和（或）贝氏体组织的热处理工艺。

1. 淬火加热温度的选择

亚共析钢淬火加热温度一般为 Ac_3 线以上 30～50℃，淬火后获得均匀细小的马氏体组织；共析钢和过共析钢淬火加热温度一般为 Ac_1 线以上 30～50℃，淬火后获得均匀细小的马氏体和粒状渗碳体复相组织。钢的淬火加热温度如图 5-17 中的影线区域所示。

2. 理想淬火方案与常用淬火方法

理想淬火方案如图 5-18a 所示。在过冷奥氏体最不稳定的区间（等温转变图最左点及上下近旁）快速冷却，以防止过冷奥氏体分解成珠光体类型的组织；在过冷奥氏体比较稳定的温度区间（靠近 A_1 或 Ms 线）缓慢冷却，以减少淬火应力和变形开裂的倾向。但是，还没有找到一种淬火冷却介质能实现这个方案。例如，常用的水、盐水的冷却能力强烈，能保证淬硬，但常常使工件变形严重，甚至开裂；而常用的油冷却介质的冷却能力不足，常常导致过冷奥氏体分解成珠光体类型的组织，不能淬硬。因此，生产中常常采用不同的淬火方法使实际方案接近理想方案，如图 5-18b 所示。

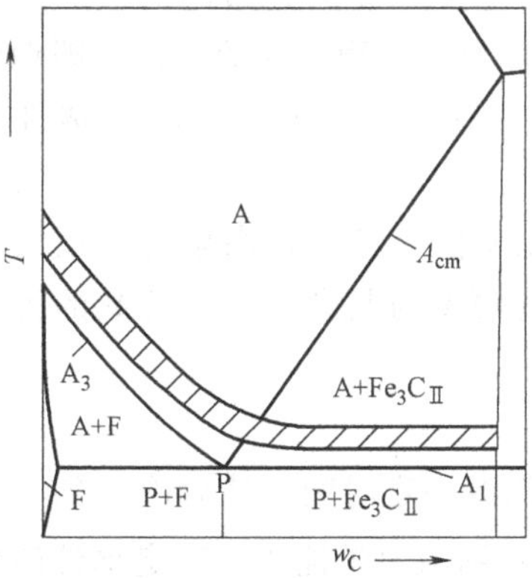

图 5-17　钢的淬火加热温度

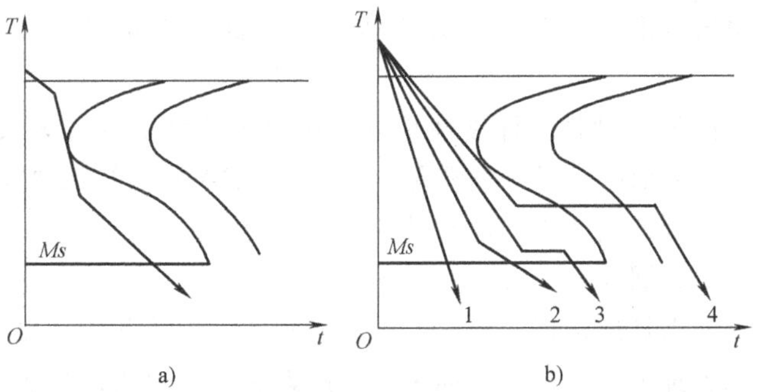

图 5-18　淬火方法

a）理想淬火方案　b）常用淬火方法

（1）单介质淬火　单介质淬火是指将钢件奥氏体化后，浸入一种冷却介质中连续冷却至室温的淬火方法。例如，碳钢件在水中淬火、合金钢件在油中淬火等。单介质淬火操作简便，但偏离理想冷却方案较远，容易产生淬火应力，引起变形甚至裂纹。单介质淬火方案如图 5-18b 中的冷却曲线 1 所示。

淬火应力包括热应力和组织应力。热应力是指淬火冷却过程中，工件截面各部位温差较大，产生不均匀收缩引起的应力；组织应力是指工件各部位马氏体转变时间不同引起的应力。在热处理生产中，淬火应力是不可避免的，淬火变形也是不可避免的。

（2）双介质淬火　双介质淬火是指将钢件奥氏体化后，先浸入一种冷却能力强的介质，在钢件还未到达该淬火介质温度之前即取出，马上浸入另一种冷却能力弱的介质中冷却的淬火方法。例如，先水中冷却后油中冷却、先水中冷却后空气中冷却等。双介质淬火在低温奥氏体稳定区接近理想冷却方案，减少了淬火应力、变形、裂纹的倾向，适用于形状复杂工件的淬火工艺。双介质淬火方法如图 5-18b 中的冷却曲线 2 所示。

（3）马氏体分级淬火　马氏体分级淬火是指将钢件奥氏体化后，随之浸入温度稍高或稍低于钢的上马氏体点（*Ms*）的液态介质（盐浴或碱浴）中，保持适当时间，待钢件的内、外层都达到冷却介质温度后取出空冷，以获得马氏体组织的淬火方法（有时也称分级淬火）。马氏体分级淬火在低温奥氏体稳定区接近理想冷却方案，减少了淬火应力、变形、裂纹的倾向。这种方法比双介质淬火容易控制，适用于尺寸较小、形状复杂工件的淬火工艺。马氏体分级淬火方法如图 5-18b 中的冷却曲线 3 所示。

（4）贝氏体等温淬火　贝氏体等温淬火是指将钢材或钢件加热到奥氏体化后，随之快速冷却到贝氏体转变温度区间（260～400℃）等温保持，使奥氏体转变为贝氏体的淬火方法。贝氏体等温淬火有时也称等温淬火。等温淬火产生的淬火应力与变形极小，适合于小型复杂工件的淬火工艺。等温淬火方法如图 5-18b 中的冷却曲线 4 所示。

将钢件淬火冷却至室温后，再放在 0℃ 以下的介质中冷却的热处理工艺，称为深冷处理，也称冷处理。通过冷处理能够减少淬火钢中残留奥氏体的量，以获得最多的马氏体，有利于提高钢件的硬度，稳定尺寸。深冷处理适用于量具、精密零件制造过程中的热处理工艺。

3. 淬透性与淬硬性

（1）淬透性　淬透性是指在规定条件下，决定钢材淬硬深度和硬度分布的特性。钢淬透性的好坏，实际上是指钢的临界冷却速度的大小，或者过冷奥氏体稳定性的高低，即钢的等温转变图所处位置的左右程度。因此，影响等温转变图位置的因素就是影响淬透性的因素。

（2）淬硬性　淬硬性是指钢在理想条件下进行淬火硬化所能达到的最高硬度。钢的淬硬性主要取决于其碳的质量分数。图 5-14 所示马氏体组织的硬度与其碳的质量分数的关系可以看成是钢的淬硬性与其碳的质量分数的关系。

二、回火

回火是指钢件淬硬后，再加热到 Ac_1 线以下某一温度，保温一定时间，然后冷却到室温的热处理工艺。淬火钢回火的目的在于消除淬火内应力，调整钢的力学性能，稳定钢件的组织和形状尺寸。因为淬火钢中的马氏体和残留奥氏体都是不稳定相，具有向较稳定相自发转变的倾向，而回火中的加热和保温，可以看成是为这种转变创造了更优越的条件。经回火后，钢的组织性能都会发生变化。40 钢淬火后再回火，其力学性能随回火温度的变化规律如图 5-19 所示。

在热处理生产中，通常按回火温度把回火分为低温回火、中温回火和高温回火。

1. 低温回火

低温回火是指淬火钢件在250℃以下的回火。低温回火时，马氏体中的碳原子将发生偏聚并析出碳化物。残留奥氏体将析出碳化物并转变成过饱和α-Fe的固溶体。经低温回火的组织称为回火马氏体，其组织特征是薄片状的碳化物分布在过饱和程度较低的马氏体基体上。

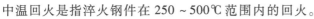

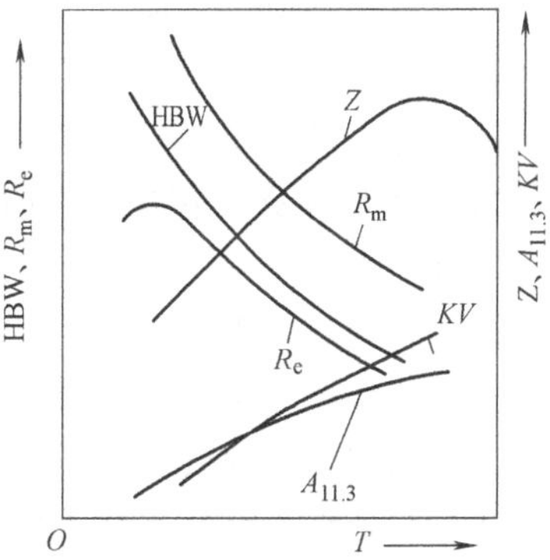

图 5-19　40 钢回火温度与其力学性能

回火马氏体基本上保持了马氏体的高硬度和高耐磨性。共析钢淬火后低温回火，洛氏硬度为58～64HRC，韧性提高，内应力明显降低。低温回火常用于刀具、模具、量具、滚动轴承等的热处理工艺。

2. 中温回火

中温回火是指淬火钢件在250～500℃范围内的回火。中温回火时，马氏体中过饱和的碳基本上全部析出，形成许多细小的渗碳体质点，其体心正方晶格转变为体心立方晶格，内应力基本消除。经中温回火的组织称为回火托氏体，其组织特征是细小质点状的渗碳体分布在铁素体基体上。

回火托氏体的硬度比回火马氏体明显降低。共析碳钢淬火后中温回火，洛氏硬度为40～50HRC，并且具有较高的规定塑性延伸强度如 $R_{p0.01}$（俗称弹性极限）。中温回火常用于弹性零件的热处理工艺。

3. 高温回火

高温回火是指淬火钢件高于500℃的回火。高温回火时，铁原子和碳原子具有相当强的扩散能力，从马氏体中析出的碳化物聚积成颗粒状。经高温回火的组织称为回火索氏体，其组织特征是颗粒状的渗碳体分布在铁素体基体上。

在热处理生产中通常把钢件淬火及高温回火的复合热处理工艺称为调质处理。钢经调质处理得到的回火索氏体组织具有良好的综合力学性能。因此，调质处理常用于承受复杂应力零件（如曲轴、连杆、齿轮等）的热处理工艺。

第六节　表面淬火、化学热处理及其他热处理方法

一、表面淬火

表面淬火是指仅对工件表层进行淬火的工艺，一般包括感应淬火和火焰淬火等。

(1) 感应淬火　它是指利用感应电流通过，工件所产生的热效应，使工件表面、局部或整体加热并进行快速冷却的淬火工艺。感应淬火的方法如图5-20所示。使高频电流通过感应器产生高频交变磁场，工件在磁场中将产生同频率的感应电流。根据趋肤效应原理，感应电流主要分布在工件的表层，并且频率越高，电流密度集中的表层越薄。依靠电磁感应产生的涡流，几秒钟就能把工件表层加热到淬火温度，而工件心部温度还很低（甚至相当于室温）。淬火介质水从入口进入感应器，并且通过许多小孔及时喷射在工

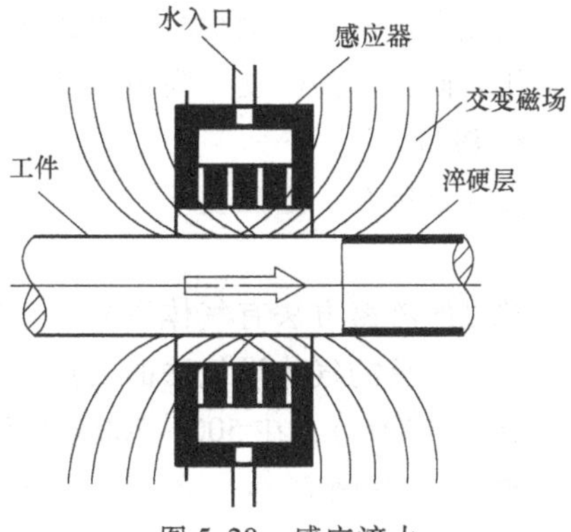

图 5-20　感应淬火

件上，形成淬硬层。感应淬火的生产率高，并且因加热速度快，过热度大，使淬硬层晶粒细小。

感应淬火常用于提高轴颈和齿面的硬度。

（2）火焰淬火　它是指应用氧乙炔（或其他可燃气）火焰对零件表面进行加热，随之淬火冷却的工艺。

二、化学热处理

化学热处理是指将金属或合金工件置于一定温度的活性介质中保温，使一种或几种元素渗入其表面层，以改变其化学成分、组织和性能的热处理工艺。

化学热处理不仅使工件表层的组织产生了变化，而且化学成分也产生了变化；另外，化学热处理不受工件形状的限制，可使渗层按工件轮廓分布。化学热处理通常分为渗碳和渗氮等。

1. 渗碳

渗碳是指为了增加钢件表层的碳的质量分数和一定的碳浓度梯度，将钢件在渗碳介质中加热并保温，使碳原子渗入表层的化学热处理工艺。

常见的渗碳方法有气体渗碳、固体渗碳和液体渗碳等。气体渗碳方法如图5-21所示。

将钢件放入耐热罐中，用炉盖及砂封密封，并向罐中滴入煤油。炉体内的电阻丝加热耐热罐至920~930℃，煤油在罐内将分解成由CO、CO_2、H_2、CH_4等组成的渗碳气氛。渗碳气氛在高温下将分解出大量的活性碳原子。活性碳原子在长时间的保温过程中，不断渗入钢件表面，溶入高温奥氏体中，并向内部扩散，形成一定深度的渗碳层。电动机带动风扇促使罐内气氛均匀一致。排出的废气通常点燃形成废气火焰。

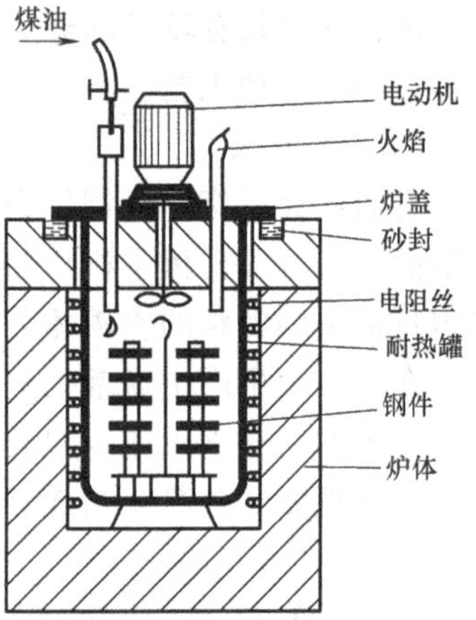

图5-21　气体渗碳

需要渗碳的工件通常选用低碳钢或低碳合金钢，经渗碳处理后工件表层的碳的质量分数 $w_C = 0.85\% \sim 1.05\%$。渗碳层经淬火并低温回火后，洛氏硬度可以达到56~64HRC，而工件心部仍然是低碳成分，具有良好的塑性及韧性。一般来说，低碳钢工件渗碳比中碳钢工件表面淬火具有更高的表面硬度和更好的心部塑、韧性。

汽车轴和齿轮等工作时承受较大的冲击与振动，轴颈表面与齿面又要求高硬度、高耐磨性，因此常选用低碳钢材料与渗碳热处理工艺。冲压件、冷挤压件等先成形再渗碳，可以使其工作表面获得高硬度、高耐磨性，从而大幅度延长其使用寿命。

2. 渗氮

渗氮是指在一定温度下（一般在 Ac_1 温度下）使活性氮原子渗入工件表面的化学热处理工艺。

常见的渗氮方法有气体渗氮、液体渗氮和离子渗氮等。

应用广泛的气体渗氮法的要点是：将钢件放在渗氮罐里加热，不断向罐里通入气体渗氮介质氨气（NH_3），在500~560℃保温。在加热及保温过程中，氨气分解产生活性氮原子。活性氮原子不断产生，不断渗入钢件表面并向钢件内部扩散，从而形成一定深度（<0.8mm）的渗氮层。

渗氮的工件必须采用渗氮钢。渗氮钢含有铝、钼、钒、铬等合金元素，在渗氮过程中与氮发生化学反应能生成稳定的氮化物 AlN、MoN、CrN 等。38CrMoAlA 是典型的渗氮钢。

渗氮后钢件表面的硬度为 1000～1200HV，相当于 65～72HRC。渗氮前钢件应先进行调质处理，以保证心部力学性能。渗氮通常作为工艺路线中的最后一道工序，钢件渗氮后不必进行回火处理。渗氮层具有良好的耐磨性和耐蚀性。

磨床主轴、镗床镗杆等及在腐蚀性介质中工作的构件常采用渗氮钢，并进行渗氮工艺。

三、其他热处理方法

热处理加热时，介质中的氧、二氧化碳和水等与金属反应生成氧化物的过程，称为氧化；而由于气体介质与钢铁表层碳的作用，使表层碳的质量分数降低的现象，称为脱碳。氧化和脱碳将影响热处理的质量。如果采用可控气氛热处理和真空热处理，能够避免氧化和脱碳现象的产生。可控气氛是指成分可控制在预定范围内的炉中气体混合物。在炉气成分可以控制的炉内加热的热处理工艺称为可控气氛热处理。真空热处理是指在低于一个大气压的环境中进行加热的热处理工艺。在真空中加热时，工件表面上的氧化物、油污会发生分解，并及时被真空泵排出，不会产生氧化、脱碳现象。

把塑性变形和热处理有机结合在一起，以提高钢的力学性能的复合工艺，称为形变热处理。通过形变热处理能够同时收到形变强化和相变强化的综合效果。例如，将钢件加热到稳定的奥氏体区，保温一定时间后进行塑性变形，并立即淬火、回火，强韧化效果比普通热处理更明显。

利用高能量密度的激光束对工件表面扫描照射进行加热的热处理工艺，称为激光热处理。激光热处理时，扫描照射工件加热到相变温度以上只需百分之几秒，加热速度极快，过热度极大，容易获得细晶组织。加热后靠工件自身热传导冷却自行淬火，十分简便。激光热处理引起工件的变形极小，常用于精密零件局部表面的淬火工艺。

第七节　零件结构的热处理工艺性

一、结构工艺性的概念

零件的结构工艺性是指所设计的零件在能满足使用要求的前提下实施制造的可行性和经济性，即制作零件结构的难易程度。零件的结构工艺性是评定零件结构优劣的主要指标之一。

产品的结构工艺性是指所设计的产品在能满足使用要求的前提下，实施制造和维修的可行性和经济性。

产品及其零件的制造过程包括：毛坯制造、对毛坯进行切削加工和热处理、装配成机器等各个阶段。每一个生产阶段都有对结构的工艺性要求。因此，在设计产品及其零件的结构时，必须全面考虑，使其在各个生产阶段都尽可能具有良好的工艺性。当各个生产阶段对结构的工艺性要求有矛盾时，应综合考虑，找出主要问题，妥善解决。

零件和产品的设计人员如果对工艺缺乏了解，只注意使用对结构的要求而忽视工艺对结构的要求，常常导致加工不便、淬火变形甚至开裂等严重后果。

二、热处理工艺对零件结构的要求

设计需要热处理的零件时，要考虑热处理工艺对结构的要求。例如，图 5-22a 所示零件的截面上、下壁厚悬殊，淬火时容易变形。若改进设计成图5-22b所示增设工艺孔的结构，将明显减少热处理变形。

图5-23所示是镗杆的横截面图。制造镗杆时需要进行渗氮热处理，要求镗杆热处理变形极小。从使用要求考虑，只需一侧开槽以安装镗刀，但热处理变形大；从工艺要求考虑，必须两侧开槽成对称结构，以减少热处理变形。为工艺上要求而设计的孔或槽，通常称为工艺孔或工艺槽。

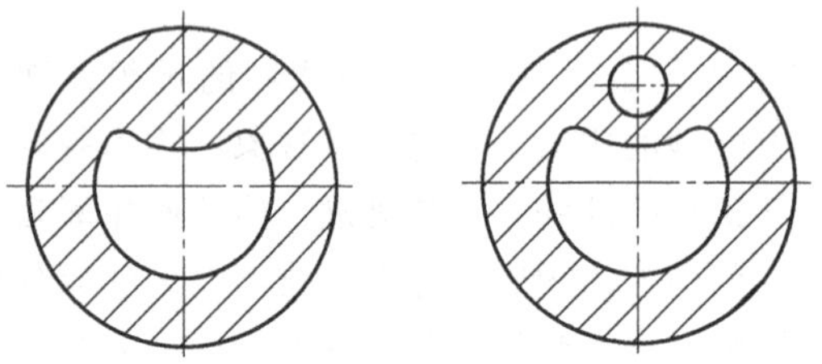

a)　　b)

图5-22　避免壁厚悬殊

a）壁厚悬殊　b）壁厚均匀

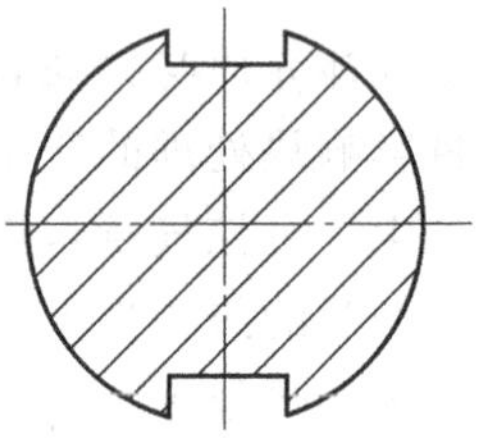

图5-23　镗杆的工艺槽

一般来说，热处理工艺对零件结构的主要要求是：避免锐边、尖角、不透孔等；零件的截面力求均匀；轴类零件的长度与直径之比不可太大；零件的几何形状力求简单对称。

作　业　五

一、基本概念解释

1. 热处理　2. 奥氏体晶粒　3. 等温转变　4. 连续冷却转变　5. 退火　6. 正火　7. 淬火　8. 回火　9. 表面淬火　10. 化学热处理

二、填空题

1. 钢的热处理过程包括加热、______和______三个阶段，其主要工艺参数是加热温度、保温______和冷却______。

2. 在过冷奥氏体高温等温转变区域，过冷度越小，则形成的珠光体中渗碳体与铁素体层片越______，即片层间距越______。

3. 高碳针片状马氏体组织的______和______差；而低碳板条状马氏体组织具有良好的综合力学性能。

4. 常用的退火方法有______退火、______退火和去应力退火等。

5. 正火的冷却速度比退火稍快，过冷度稍______。因此，正火组织较细，强度、硬度较______。

6. 在热处理生产中，通常按回火温度把回火分为______回火、______回火和高温回火。

7. 在热处理生产中，通常把钢件______和______回火的复合热处理工艺称为调质处理。

8. 表面淬火包括______淬火、______等。

9. 常见的渗氮方法有______渗氮、______渗氮、离子渗氮等。

10. 把塑性______和______有机结合在一起，以提高钢的力学性能的复合工艺，称为形变热处理。

三、判断题

1. 在炼钢生产中，用锰铁脱氧的钢多属于粗晶粒钢。 ( )

2. 未溶渗碳体有阻碍奥氏体晶粒长大的作用。 ( )

3. 过冷奥氏体是一种稳定的组织。 ( )

4. 马氏体组织的硬度主要取决于其碳的质量分数。 ( )

5. 随着铁碳合金中碳的质量分数的增加，在铁碳合金的室温组织中，渗碳体的数量增加。 ( )

6. 球化退火常作为高碳钢件淬火前或切削加工前的预备热处理。 ( )

7. 淬火钢件经中温回火后，获得的组织称为回火索氏体。 ( )

8. 渗氮通常作为工艺路线中的最后一道工序，钢件渗氮后不必进行回火。 ( )

四、简答题

1. 共析碳钢的奥氏体化过程有哪些？

2. 影响奥氏体晶粒度的因素有哪些？

3. 过冷奥氏体在高温等温转变区转变过程中，随着等温温度的不同可获得哪些组织？

4. 常用的淬火方法有哪些？举例说明其用途。

5. 淬透性与淬硬性有何区别？

6. 列表比较共析碳钢件淬火后，经低温回火、中温回火和高温回火后的室温组织、力学性能及应用范围。

7. 深冷处理为什么能提高淬火钢件的硬度并能稳定其尺寸？

8. 一般来说，热处理工艺对零件结构的主要要求有哪些？

五、课外活动

1. 同学之间相互交流，探讨刀具、模具、量具、滚动轴承等零件为什么要进行淬火 + 低温回火处理。

2. 通过学习，同学之间相互交流，探讨“退火使淬火组织软化”“淬火使退火组织硬化”的基本原理。

第六章　合　金　钢

合金钢是指含有一种或数种有意识添加的合金元素的钢。合金元素是指合金中除了基体金属以外而有意识（为了改善和提高性能）加入的任一元素。钢中常加入的合金元素有锰、硅、铬、镍、钼、钨、钒、钛、硼、稀土等。泛指的合金元素通常用符号 Me 表示。

第一节　合金元素对钢的影响

一、合金元素对钢的基本相的影响

1. 对铁素体相的影响

合金元素溶入铁素体后，会形成合金铁素体。一般来说，随着合金元素质量分数的增加，铁素体的强度和硬度提高，塑性和韧性降低。合金元素对铁素体相硬度的影响如图6-1a所示。随着合金元素质量分数的增加，由于固溶强化效应使硬度呈直线上升趋热。

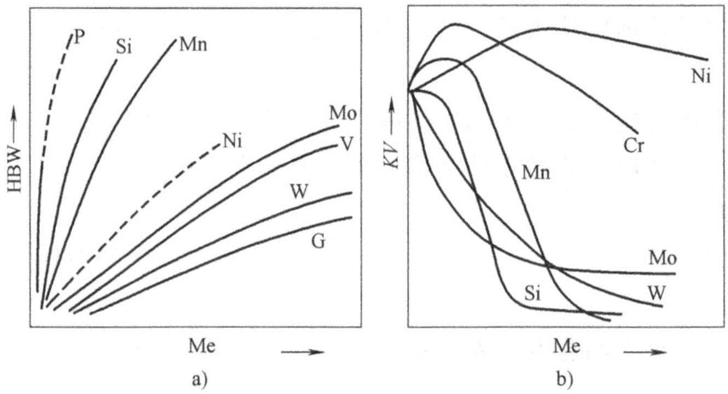

图 6-1　合金元素对铁素体相性能的影响

a）对硬度的影响　b）对韧性的影响

合金元素对铁素体相韧性的影响如图 6-1b 所示。随着合金元素质量分数的增加，韧性的变化呈迅速下降趋势。但值得注意的是，硅、锰、铬、镍等合金元素的质量分数只要不超过某个界限值，韧性并不降低，甚至还有所提高。因此，硅、锰、铬、镍等成为广泛使用的合金元素。

2. 对碳化物相的影响

合金元素溶入碳化物相后，会形成合金碳化物。合金碳化物主要有合金渗碳体和特殊碳化物。合金渗碳体较渗碳体更稳定，硬度也较高。一般低合金钢中的碳化物常以合金渗碳体的形式存在，在高碳高合金元素的合金钢中还会有 $Cr_{23}C_6$、Cr_7C_3、Mn_3C、WC、MoC、VC、W_2C、TiC 等特殊的合金碳化物，它们具有更好的稳定性和更高的硬度。

二、合金元素对 $Fe-Fe_3C$ 相图的影响

1. 合金元素对奥氏体区的影响

图 6-2a 所示为 Fe-Mn、Fe-Ni、Fe-Co 等合金相图的一般形式。图中比较宽阔的区域是 γ 区，

相当于 $Fe-Fe_3C$ 相图的 A 区。γ 区的左侧从 A_3 点开始有一条向右下方延伸的 γ 区边界线；从 A_4 点开始有一条向右上方延伸的 γ 区边界线。这就表明，随着合金元素含量的增加，A_4 点上升，A_3 点下降，γ 区将扩大。凡是能扩大 γ 区的合金元素，若加入铁碳合金中，也有使 $Fe-Fe_3C$ 相图的奥氏体区扩大的作用。因此，含锰或含镍较多的铁碳合金，其相图的奥氏体区有可能向下扩大到室温。常温下具有奥氏体组织的奥氏体钢就是根据这一原理制成的。

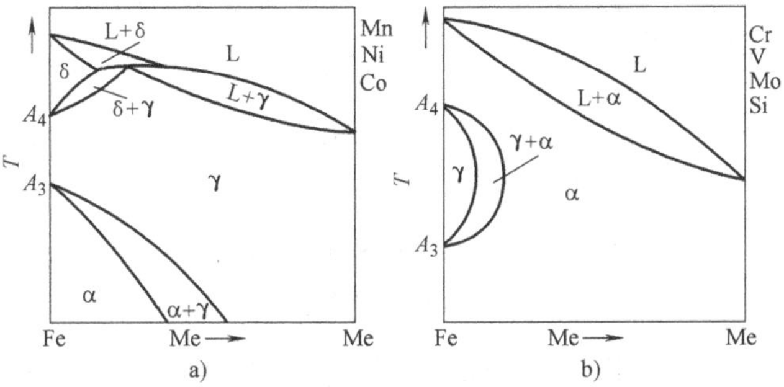

图 6-2 合金元素对 γ 区的影响

a）扩大 γ 区 b）缩小 γ 区

图 6-2b 所示为 Fe-Cr、Fe-V、Fe-Mo、Fe-Si 等合金相图的一般形式。图中的 γ 区被左侧弧线 $\widehat{A_3A_4}$ 封闭在 Fe 轴旁边。两条弧线 $\widehat{A_3A_4}$ 之间又将 γ + α 两相区封闭。γ + α 区的外部是 α 区，相当于 $Fe-Fe_3C$ 相图中的铁素体区。不难看出，随着合金元素的增加，γ 区将缩小。只要合金元素的含量超过某一界限值，γ 区将被封闭，合金在冷却过程中将不发生 γ 相向 α 相的转变，而直接结晶出 α 相组织。凡是能缩小并封闭 γ 区的合金元素，若加入铁碳合金中，也有使 $Fe-Fe_3C$ 相图的奥氏体区缩小并封闭的作用。因此，含铬或含硅较多的铁碳合金在冷却过程中可能不形成奥氏体。常温下具有单相铁素体组织的铁素体钢就是根据这一原理制成的。

2. 合金元素对 *S* 点和 *E* 点的影响

实验表明，凡是扩大 γ 区的合金元素，若加入铁碳合金中，将使 $Fe-Fe_3C$ 相图的 *S* 点和 *E* 点向左下方移动。例如，不同锰的质量分数对铁碳合金相图 *S* 点、*E* 点位置的影响如图 6-3a 所示。

同样，凡是缩小并封闭 γ 区的合金元素，若加入铁碳合金中，将使 $Fe-Fe_3C$ 相图的 *S* 点、*E* 点向左上方移动。例如，不同铬的质量分数对铁碳合金相图 *S* 点、*E* 点位置的影响如图 6-3b 所示。

S 点左移表示合金元素能够使亚共析成分的钢获得共析钢的组织，从而改善钢的力学性能；*E* 点左移表示合金元素能够使 $w_C < 2.11\%$ 的铁碳合金组织中出现莱氏体，这种钢通常称为莱氏体钢。试验表明，$w_{Cr} = 12\%$ 的钢，其共析点的碳的质量分数 w_C 仅为 0.3%；当 $w_C = 1.5\%$ 时，钢的组织中将出现莱氏体。

三、合金元素对钢的热处理的影响

1. 对加热转变的影响

大多数合金元素（钴、镍除外）与碳的亲和力较强，能显著减缓碳在奥氏体中的扩散速度。它们的碳化物或氮化物（AlN）、氧化物（Al_2O_3）等，以细小质点的形式分布在奥氏

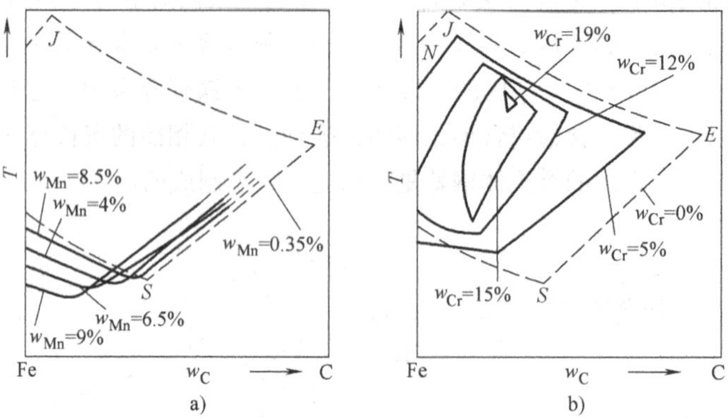

图 6-3　合金元素对 S 点、E 点的影响

a）锰的影响　b）铬的影响

体晶界上，能阻碍奥氏体晶粒长大。因此，合金钢加热时不易过热，容易获得均匀细小的奥氏体组织，从而有利于淬火后获得细小的马氏体。

2. 对过冷奥氏体转变的影响

大多数合金元素（钴除外）溶入奥氏体后，均能增加奥氏体的稳定性，延缓过冷奥氏体的分解，使等温转变图的位置右移，如图 6-4 所示。这就降低了钢的临界冷却速度，提高了钢的淬透性，使钢件淬火变形和开裂的倾向减小，使大型钢件的整个截面上容易获得马氏体组织。这是采用合金钢的主要原因。

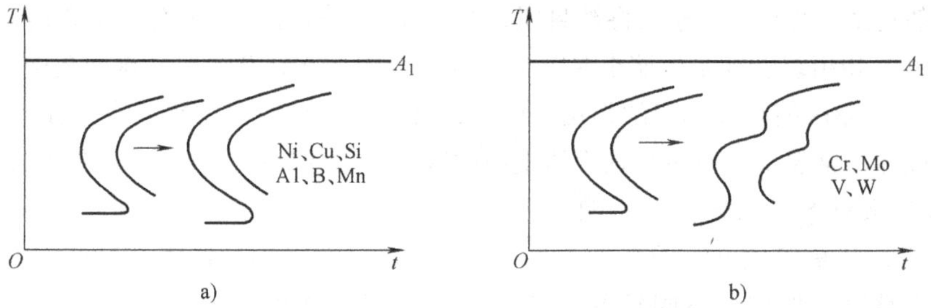

图 6-4　合金元素对等温转变图的影响

a）右移　b）右移并变形

大多数合金元素（钴、铝除外）溶入奥氏体后，会使马氏体转变温度降低。因此，合金钢淬火至室温会保留较多的残留奥氏体。

3. 对回火转变的影响

（1）提高耐回火性　耐回火性是指淬火钢件在回火时抵抗软化的能力。实验表明，大多数合金元素阻碍碳原子扩散，从而使马氏体和残余奥氏体的分解推迟到更高的温度，耐回火性较好。在相同的回火温度下，合金钢具有较高的硬度；要达到相同的回火硬度，则合金钢的回火温度较高，从而具有较好的塑性

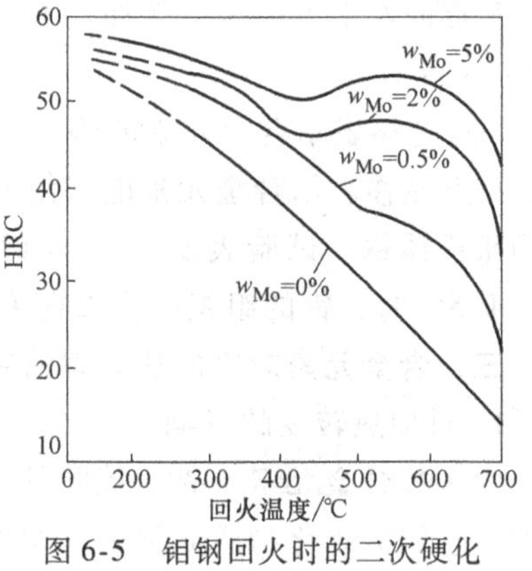

图 6-5　钼钢回火时的二次硬化

和韧性。

(2) 二次硬化 二次硬化是指淬火钢在回火过程中硬度升高的现象。产生二次硬化的主要原因：一是合金钢中的钛、钒、钼、钨等元素在 500～600℃时以特殊碳化物的形式析出，且均匀弥散地分布在马氏体基体上，能产生明显的第二相强化效应；二是合金钢淬火后残留奥氏体的量较多，在回火过程中残留奥氏体不断转变成马氏体。图 6-5 所示为 $w_C=0.35\%$ 的钼钢在回火时的二次硬化效应。

耐回火性和二次硬化效应是设计和制造刃具钢、模具钢的主要依据。

第二节 合金结构钢

合金钢的种类繁多，按合金元素的质量分数进行分类，可分为低合金钢（$w_{Me}\leqslant 5\%$）、中合金钢（$w_{Me}>5\%\sim10\%$）和高合金钢（$w_{Me}>10\%$）；按合金元素的种类进行分类，可分为铬钢、锰钢、铬锰钢、铬镍钢等；按主要用途进行分类，可分为合金结构钢、合金工具钢和特殊性能钢等；按正火后的金相组织进行分类，可分为珠光体钢、马氏体钢、奥氏体钢等。

一、低合金高强度结构钢

桥梁、车身、船体等金属结构对材料的主要要求是比强度（强度与密度之比）高，以减轻结构的自重；还要求有足够的塑性和韧性，以保证安全。为此，设计制造了低合金高强度结构钢。

低合金高强度结构钢的成分设计要点是：以低碳（$w_C<0.2\%$）保证钢具有足够的塑性和韧性；加入锰元素等使铁碳合金相图上的 S 点向左下方移动，从而细化晶粒，增加珠光体组分的相对量，以提高材料的比强度。这类钢中加入合金元素的总量 $w_{Me}<3\%$，而强度比相应的碳素结构钢提高 10%～30%。

低合金高强度结构钢通常以热轧、正火或淬火加回火等状态供应。在供应状态下使用，不再进行热处理。

低合金高强度结构钢的牌号由代表屈服强度的汉语拼音字首“Q”、屈服强度数值、质量等级符号（A、B、C、D、E）三个部分按顺序排列。例如，Q390A 表示屈服强度为 390MPa 的 A 级低合金高强度结构钢。从 A 至 E，钢中硫、磷的含量逐级减少。

Q345A（原 16Mn）钢是典型的低合金高强度结构钢。其生产最早、产量最大、低温性能较好，可以在 -40～450℃范围内使用。南京长江大桥就是采用 Q345A 钢制造的。GB/T 1591—2008 为低合金高强度结构钢新标准，其中增加了 Q500、Q550、Q620、Q690 四个牌号，取消了 Q295 牌号。部分低合金高强度结构钢的牌号及用途见表 6-1。

表 6-1 部分低合金高强度结构钢的牌号及用途

牌号	用 途
Q345	船舶、铁路车辆、桥梁、管道、锅炉、低温压力容器、石油贮罐、起重及矿山机械、电站设备、厂房钢架等
Q390	中高压锅炉汽包、中高压石油化工容器、大型船舶、桥梁、车辆、压力容器、起重机及其他较高载荷的焊接结构件等
Q420	矿山机械、大型船舶、桥梁、电站设备、起重机械、机车车辆、中压或高压锅炉及容器的大型焊接结构件等
Q460	大型工程结构件和工程机械，经淬火加回火后，可用于制造大型挖掘机、起重机运输机械、钻井平台等

二、合金渗碳钢与合金调质钢

合金渗碳钢与合金调质钢的编号是以钢中碳的质量分数、合金元素的种类及其质量分数表示的。当钢中合金元素的平均含量 $w_{Me}<1.5\%$ 时，钢号中只标出元素符号；当 $w_{Me}\geqslant 1.5\%$、2.49%、3.49%、…时，在该元素后面相应地标出 2、3、4、…，表示该合金元素的名义质量百分数。

1. 合金渗碳钢

汽车齿轮一类零件的工作条件比较恶劣，轮齿表面承受强烈的摩擦和磨损，又经常承受冲击载荷。这类零件要求工作表面具有高硬度、高耐磨性，心部则要求良好的塑性和韧性。为此，设计制造了合金渗碳钢。

合金渗碳钢的成分设计要点是：以低碳（$w_C<0.25\%$）保证零件心部具有良好的塑性和韧性；加入一定量的合金元素铬、锰、镍等提高钢的淬透性；加入微量的钛、钒、钨、钼等元素，形成稳定的合金碳化物，阻止奥氏体晶粒长大，以细化晶粒。

合金渗碳钢的热处理工艺设计要点是：通过渗碳使工件表层 $w_C=0.8\%\sim1.05\%$，成为高碳钢；工件成形前应通过正火提高硬度，改善钢的可加工性；渗碳后应淬火并低温回火，使表层获得高硬度、高耐磨性的回火马氏体与合金碳化物的复相组织；心部若淬透，回火后为低碳回火马氏体组织；若未淬透，回火后为少量低碳马氏体、托氏体与铁素体的复相组织。因此，工件的心部具有良好的塑性和韧性。

合金渗碳钢中合金元素的量不同，淬透性也不同，其可以分为低淬透性、中淬透性、高淬透性三类。20CrMnTi 钢是典型的中淬透性合金渗碳钢。常用合金渗碳钢的牌号及用途见表 6-2。

表 6-2　常用合金渗碳钢的牌号及用途

类别	牌号	用途举例
低淬透性	15Cr	截面不大、心部要求较高强度和韧性、表面承受磨损的零件，如齿轮、凸轮、活塞、活塞环、万向节、轴等
	20Cr	截面在 30mm 以下形状复杂，心部要求较高强度、工作表面承受磨损的零件，如机床变速箱齿轮、凸轮、蜗杆、活塞销、爪形离合器等
	20CrV	截面尺寸不大、心部具有较高强度，表面要求高硬度、耐磨的零件，如齿轮、活塞销、小轴、传动齿轮、顶杆等
	20MnV	锅炉、高压容器、大型高压管道等较高载荷的焊接结构件，使用温度上限 450～475℃，也可用于冷拉、冲压零件，如活塞销和齿轮等
中淬透性	20Mn2	代替 20Cr 钢制作渗碳的小齿轮、小轴，低要求的活塞销、气门推杆、变速器操纵杆等
	20CrNi3	在高载荷条件下工作的齿轮、蜗杆、轴、螺杆、双头螺柱、销钉等
	20CrMnTi	在汽车、拖拉机工业中用于截面在 30mm 以下，承受高速、中或重载荷以及受冲击、摩擦的重要渗碳件，如齿轮、轴、齿轮轴、爪形离合器和蜗杆等
	20Mn2B	尺寸较大、形状较简单、受力不复杂的渗碳件，如机床上的轴套、齿轮、离合器、汽车上的转向轴，调整螺栓等
	20MnVB	模数较大、载荷较重的中小渗碳件，如重型机床上的齿轮，轴，汽车后桥的主动齿轮和从动齿轮等
低淬透性	20Cr2Ni4	大截面渗碳件，如大型齿轮和轴等
	18Cr2Ni4WA	大截面、高强度、良好韧性以及缺口敏感性低的重要渗碳件，如大截面的齿轮、传动轴、曲轴、花键轴、活塞销、精密机床上控制进刀的蜗轮等

2. 合金调质钢

机床主轴一类零件的工作比较平稳，没有汽车齿轮承受的那种冲击载荷，但受力情况比较复杂，要求具有良好的综合力学性能。为此，设计制造了合金调质钢。

合金调质钢的成分设计要点是：以中碳（$w_C=0.25\%\sim0.50\%$）避免钢的强度不足及脆性断裂；加入一定量的合金元素锰、铬、镍、硅等提高钢的淬透性；加入钼、钨、钒、钛等元素，形成稳定的合金碳化物，阻止奥氏体晶粒长大，以细化晶粒及提高耐回火性。

合金调质钢的热处理工艺设计要点是：通过对工件进行淬火与高温回火（即调质），获得良好综合力学性能的回火索氏体组织；若要求零件表面具有高硬度、高耐磨性，可进行表面淬火处理。

合金调质钢中合金元素的量不同，其淬透性也不同，可以分为低淬透性、中淬透性、高淬透性三类。40Cr 钢是典型的低淬透性合金调质钢。常用合金调质钢的牌号及用途见表 6-3。

表 6-3 常用合金调质钢的牌号及用途

类别	牌号	用途举例
低淬透性	40Cr	制造承受中等载荷和中等速度工作下的零件，如汽车后半轴及机床上的齿轮、轴、花键轴、顶尖套等
	40Mn2	轴、半轴、活塞杆、连杆、螺栓
	42SiMn	在高频感应淬火及中温回火状态下制造中速、中等载荷的齿轮；调质后高频感应淬火及低温回火状态下制造表面要求高硬度、较高耐磨性、较大截面的零件，如主轴、齿轮等
	40MnB	代替 40Cr 钢制造中、小截面重要调质件，如汽车半轴、转向轴、蜗杆以及机床主轴、齿轮等
	40MnVB	代替 40Cr 钢制造汽车、拖拉机和机床上的重要调质件，如轴、齿轮等
中淬透性	35CrMo	通常用作调质件，也可在高、中频感应淬火或淬火、低温回火后用于高载荷下工作的重要结构件，特别是受冲击、振动、弯曲、扭转载荷的机件，如主轴、大电动机轴、曲轴、锤杆等
	40CrMn	在高速、高载荷下工作的齿轮轴、齿轮、离合器等
	30CrMnSi	重要用途的调质件，如高速高载荷的砂轮轴、齿轮、轴、螺母、螺栓、轴套等
	40CrNi	制造截面较大、载荷较重的零件，如轴、连杆、齿轮轴等
	38CrMoAl	高级氮化钢，常用于制造磨床主轴、自动车床主轴、精密丝杠、精密齿轮、高压阀门、压缩机活塞杆、橡胶及塑料挤压机上的各种耐磨件
高淬透性	40CrMnMo	截面较大、要求高强度和高韧性的调质件，如 8t 卡车的后桥半轴、齿轮轴、偏心轴、齿轮、连杆等
	40CrNiMoA	要求韧性好、强度高及大尺寸的重要调质件、如重型机械中高载荷的轴类、直径大于 250mm 的汽轮机轴、叶片、曲轴等
	25Cr2Ni4WA	200mm 以下要求淬透的零件

三、合金弹簧钢

弹簧一类零件在冲击、振动和周期性弯扭等交变应力下工作。为了吸收冲击能量及缓和冲击振动，要求弹簧具有高的规定塑性延伸强度，尤其是较高的屈强比。为此，设计制造了合金弹簧钢。屈强比是指金属材料屈服强度与抗拉强度之比。屈强比高表示材料的强度发挥得比较充分。合金弹簧钢的编号方法与合金渗碳钢、合金调质钢相同。

合金弹簧钢的成分设计要点是以中高碳（$w_C=0.5\%\sim0.7\%$）保证钢具有足够的规定塑性延伸强度，还加入一定量的合金元素铬、锰、硅等提高钢的淬透性。

合金弹簧钢的热处理工艺设计要点是：通过对弹簧进行淬火与中温回火，获得规定塑性延伸强度高的回火托氏体组织。截面尺寸≥8mm的大型弹簧常在热态下成形，即把钢加热到比淬火温度高50～80℃热卷成形，利用成形后的余热立即淬火与中温回火。截面尺寸<8mm的弹簧常采用冷拉钢丝冷卷成形，通常也进行淬火与中温回火处理或去应力退火处理。

60Si2Mn钢是典型的合金弹簧钢。常用合金弹簧钢的牌号及用途见表6-4。

表6-4　常用合金弹簧钢的牌号及用途

牌号	用途举例
55Si2Mn	汽车、拖拉机、机车上的减振板簧和螺旋弹簧，气缸安全阀，电力机车用升弓钩弹簧，止回阀簧，还可用作250℃以下使用的耐热弹簧
55Si2MnB	同55Si2Mn钢
60Si2Mn	同55Si2Mn钢
55SiMnVB	代替60Si2Mn钢制作重型、中、小型汽车的板簧和其他中型截面的板簧和螺旋弹簧
60Si2CrA	用作承受高应力及工作温度在300～350℃以下的弹簧，如调速器弹簧、汽轮机汽封弹簧、破碎机用簧等
55CrMnA	制作车辆、拖拉机工业上载荷较重、应力较大的板簧和直径较大的螺旋弹簧
50CrVA	用作较大截面的高载荷重要弹簧及工作温度<300℃的阀门弹簧、活塞弹簧、安全阀弹簧等
30W4Cr2VA	用作工作温度≤500℃的耐热弹簧，如锅炉主安全阀弹簧和汽轮机汽封弹簧等

四、高碳铬轴承钢

滚动轴承的内外套圈及滚动体在工作时承受很大的交变载荷和极大的接触应力，有严重的摩擦、磨损，要求具有很高的硬度及耐磨性。为此，设计制造了高碳铬轴承钢。

高碳铬轴承钢的成分设计要点是：以高碳（w_C=0.95%～1.10%）保证钢的硬度及耐磨性；加入合金元素铬（w_{cr}=0.5%～1.5%）提高钢的淬透性，并使铬碳化物均匀细小。

高碳铬轴承钢的热处理工艺设计要点是：通过对轴承内外圈及滚动体进行淬火和低温回火，获得由极细的回火马氏体、均匀分布的细粒状碳化物及微量的残留奥氏体组成的复相组织，以保证零件的强度、硬度和耐磨性；轴承零件成形之前，应进行球化退火，降低硬度，以改善可加工性。

我国目前以高碳铬轴承钢应用最广，高碳铬轴承钢的牌号以"滚"字汉语拼音字首"G"、铬元素符号及其名义质量千分数表示，碳的质量分数不标出。例如，GCr15是w_{Cr}=1.5%的典型的高碳铬轴承钢。常用高碳铬轴承钢的牌号、化学成分、热处理及用途见表6-5。

表6-5　常用高碳铬轴承钢的牌号、化学成分、热处理及用途

牌号	化学成分 $w_{Me}\times100$						热处理			用途举例
	C	Si	Mn	Cr	P ≤	S ≤	淬火温度/℃	回火温度/℃	回火后HRC	
GCr9	1.00～1.10	0.15～0.35	0.25～0.45	0.90～1.25	0.025	0.025	810～830	150～170	62～66	一般工作条件下小尺寸的滚动体和内、外套圈
GCr9SiMn	1.00～1.10	0.45～0.75	0.95～1.25	0.90～1.25	0.025	0.025	810～830	150～180	61～65	一般工作条件下的滚动体和内、外套圈，广泛用于汽车、拖拉机、内燃机、机床及其他工业设备上的轴承
GCr15	0.95～1.05	0.15～0.35	0.25～0.45	1.40～1.65	0.025	0.025	825～845	150～170	62～66	
GCr15SiMn	0.95～1.05	0.45～0.75	0.05～1.25	1.40～1.65	0.025	0.025	825～845	150～180	>62	大型轴承或特大型轴承（外径>410mm）的滚动体和内、外套圈

第三节　合金工具钢与高速工具钢

一、合金工具钢

合金工具钢按用途进行分类，可分为量具刃具钢、模具钢等。合金工具钢的牌号以碳的质量分数、合金元素符号及其名义质量百分数表示。碳的质量分数 $w_C \geqslant 1.0\%$ 时不标出；$w_C < 1.0\%$ 时将碳的质量分数以钢质量的千分之一为单位标在牌号的前面。例如，CrWMn 钢表示 $w_C \geqslant 1.0\%$，而铬、钨、锰等合金元素的名义质量百分数均小于 1.5%（可不标出）。又如，9Mn2V 钢表示 $w_C = 0.9\%$，$w_{Mn} = 2\%$，并含有微量钒元素。

1. 量具刃具钢

量具刃具钢按用途不同可分为量具钢和刃具钢。

量具指游标卡尺和塞规等。量具测出的数据应准确可靠，要求量具具有高硬度、高耐磨性和尺寸稳定性。为此，设计制造了量具钢。

量具钢的成分设计要点是：以高碳（$w_C = 0.90\% \sim 1.50\%$）保证钢的高硬度、高耐磨性；加入合金元素铬、钨、锰等以提高钢的尺寸稳定性。

量具尺寸不稳定的原因：一是由于残留奥氏体向马氏体转变引起的尺寸增大；二是由于马氏体在室温下分解引起的尺寸减小；三是由于淬火应力及磨削时产生的应力未得到及时消除。因此，量具钢的热处理工艺设计要点是：淬火后立即进行深冷处理，然后低温回火，以保证量具尺寸的稳定性。对高精度量具，在淬火回火后还要进行一次稳定化处理。稳定化处理是指稳定组织、消除残余应力，以使工件形状和尺寸变化保持在规定范围内而进行的任何一种热处理工艺。

合金工具钢、高碳铬轴承钢、碳素工具钢、渗碳钢等都可以作为量具钢使用。对于高精度且形状复杂的量具，常采用微变形合金工具钢（如 CrWMn 等）制造。

切削加工时，刀具与工件之间存在着严重的摩擦和磨损，工作温度较高，要求刃具材料具有高硬度、高耐磨性和耐热性。为此，设计制造了刃具钢。

刃具钢的成分设计要点是：以高碳（$w_C = 0.75\% \sim 1.5\%$）保证钢的高硬度和高耐磨性；加入合金元素铬、硅、锰、钒等以提高其淬透性及耐回火性。刃具钢在 200～300℃时，洛氏硬度可保持在 60HRC 以上。

刃具钢的热处理工艺设计要点是：通过对刃具进行淬火并低温回火，获得回火马氏体、碳化物及少量残留奥氏体的复相组织，以保证其硬度和耐磨性要求；刃具成形前应进行球化退火，以改善其切削加工性能。常用刃具钢的牌号、化学成分、热处理及用途见表 6-6。

表 6-6　常用刃具钢的牌号、化学成分、热处理及用途

牌号	化学成分 $w_{Me} \times 100$					热处理及热处理后的硬度				用途举例
	C	Mn	Si	Cr	其他	淬火		回火		
						温度/℃	HRC≤	温度/℃	HRC	
9SiCr	0.85～0.95	0.30～0.60	1.20～1.60	0.95～1.25		820～860 油	62	160～200	61～62	板牙、丝锥、钻头、铰刀、冲模
9Mn2V	0.85～0.95	1.70～2.00	≤0.40		V0.10～0.25	780～810 油	62	160～180	60～61	丝锥、板牙、冲模、量具、样板

（续）

牌号	化学成分 $w_{Me}\times100$					热处理及热处理后的硬度				用途举例
	C	Mn	Si	Cr	其他	淬火		回火		
						温度/℃	HRC≤	温度/℃	HRC	
CrWMn	0.90～1.05	0.80～1.10	≤0.40	0.90～1.20	W1.20～1.60	800～830 油	62	160～200	61～62	板牙、拉刀、丝锥、量规、形状复杂的高精度冲模

注：牌号、化学成分、热处理摘自 GB/T 1299—2000《合金工具钢》。

2. 模具钢

根据工作条件不同，模具钢可分为冷作模具钢和热作模具钢。冷作模具钢是指使工件在冷态下成形的模具钢；热作模具钢是指使工件在热态下成形的模具钢。

冷作模具如冲模、冷挤压模等工作时，承受复杂的应力、摩擦或冲击。因此，对冷作模具钢的要求与刃具钢类似。

热作模具如热锻模等工作时，使炽热的金属在锻压力作用下强制成形，模面受到强烈摩擦、冲击力或压力。由于热作模具工作温度为 400～600℃，又常需要喷水冷却，易产生热疲劳裂纹（受冷热交替作用导致模具工作表面产生的裂纹）。因此，热作模具钢的成分类似于合金调质钢，但要加入铬、钨、锰等元素以提高钢的相变点，以便在冷热交替作用时不发生密度变化较大的相变，防止产生疲劳裂纹。

典型的冷作模具钢如 Cr12 钢，其 $w_C=1.45\%\sim2.3\%$，$w_{Cr}=11\%\sim13\%$；典型的热作模具钢如 5CrNiMo 钢，其 $w_C=0.5\%\sim0.6\%$，$w_{Ni}=1.40\%\sim1.80\%$，$w_{Mo}=0.15\%\sim0.30\%$。5CrNiMo 钢具有良好的强度、韧性和耐磨性，并且在 500～600℃时力学性能几乎不降低。

二、高速工具钢

高速工具钢也称高速钢。高速工具钢刃具可以磨出锋利的刃口，故有锋钢之称。高速工具钢在 500～600℃时仍然具有完成切削工作所必需的硬度和耐磨性。

高速工具钢的成分设计要点是：以高碳（$w_C=0.7\%\sim1.65\%$）形成足够的碳化物，保证钢的高硬度、高耐磨性；加入合金元素钨、钼、钒等以提高钢的耐回火性和耐热性，并造成回火过程中的二次硬化效应；加入一定量的铬元素，以提高钢的淬透性。

高速工具钢的热处理工艺设计要点是：通过对刀具进行淬火与三次回火获得回火马氏体、碳化物和少量残留奥氏体的复相组织；高速工具钢锻后空冷，硬度很高。为改善其切削加工性能，加工前应进行退火，以获得索氏体与粒状碳化物的复相组织。

由于合金元素的作用，高速工具钢中碳的质量分数 $w_C=0.7\%\sim0.8\%$ 时，钢的铸态组织中就出现大量共晶莱氏体组织，其共晶碳化物使钢的性能变坏，因此必须采用反复锻打的方法，使碳化物呈细小均匀状态分布，以改善钢的性能。

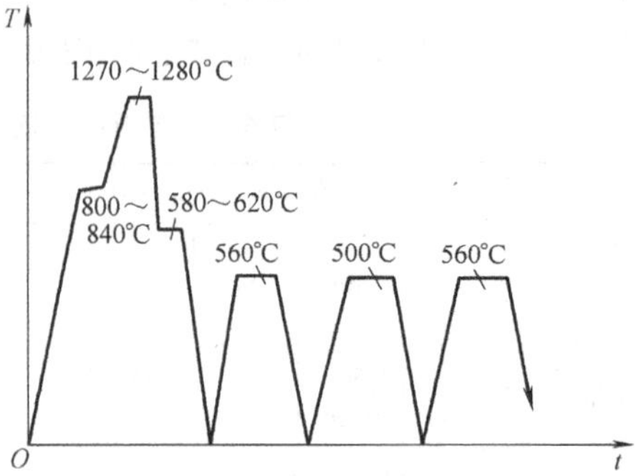

图 6-6　W18Cr4V 钢热处理工艺曲线

高速工具钢的牌号中不标出碳的名义质量分数，仅标出合金元素符号及其名义质量百分数。例如，W18Cr4V 表示 $w_C=0.7\%\sim0.8\%$，$w_W=18\%$，$w_{Cr}=4\%$，$w_V=1\%$。W18Cr4V 钢是典型的高速工具钢，其热处理工艺曲线如图6-6所示。

W18Cr4V钢的导热性很差，加热时必须在800～840℃保温一段时间（预热），然后再加热到淬火温度，以防止其在加热过程中变形、开裂；冷却时常采用分级淬火方法防止其在冷却过程中发生变形、开裂。淬火后需进行三次回火才能使残留奥氏体减少到最低量。后一次回火能够消除前一次回火时由于奥氏体转变为马氏体所产生的内应力。回火后形成由回火马氏体、少量残留奥氏体和碳化物组成的复相组织。高速工具钢是比较理想的刃具材料。

常用高速工具钢的牌号、化学成分及热处理规范见表6-7。

表6-7　常用高速工具钢的牌号、化学成分及热处理规范

牌号	化学成分 $w_{Me}\times100$						热处理温度/℃			回火后HRC ≥
	C	W	Mo	Cr	V	其他	预热	淬火	回火	
W18Cr4V	0.70～0.80	17.5～19.0	≤0.30	3.80～4.40	1.00～1.40		820～870	1270～1285	550～570	63
W12Cr4V5Co5	1.50～1.60	11.75～13.0	≤1.00	3.75～5.00	4.50～5.25	Co:4.75～5.25	820～870	1220～1240	530～550	65
W6Mo5Cr4V2	0.80～0.90	5.50～6.75	4.50～5.50	3.80～4.40	1.75～2.20		820～840	1210～1230	540～560	64
W9Mo3Cr4V	0.77～0.87	8.50～9.50	2.70～3.30	3.80～4.40	1.30～1.70		820～870	1210～1230	540～560	64

注：牌号、化学成分、热处理及硬度摘自GB/T 9943—2008《高速工具钢》。

第四节　特殊性能钢

常用的特殊性能钢有不锈钢、耐磨钢和耐热钢等。

一、不锈钢

在腐蚀性介质中工作的零件应具有耐蚀性。腐蚀是指金属受到外部作用而逐渐被破坏的现象。按腐蚀的性质进行分类，腐蚀可分为化学腐蚀和电化学腐蚀。化学腐蚀是指金属与外部介质发生化学作用而引起的腐蚀；电化学腐蚀是指金属与电解质溶液接触时伴有电流产生的腐蚀。金属的腐蚀主要是电化学腐蚀。为此，设计制造了抵抗电化学腐蚀的不锈钢。

要说明的是，当两种电极电位不同的金属相互接触并且有电解质溶液存在时，将形成微电池。微电池的作用将使电极电位较低的金属成为阳极并不断被腐蚀，而电极电位较高的金属成为阴极不会被腐蚀。在合金中也会有微电池作用。例如，钢中的铁素体比渗碳体的电极电位低，当有电解质溶液存在时，铁素体将成为阳极而被腐蚀，渗碳体将成为阴极而不会被腐蚀。不锈钢的设计应考虑阳极溶解（腐蚀）问题。

不锈钢的成分设计要点是：加入合金元素使钢中基本相电极电位提高，从而提高不锈钢的耐蚀能力；或是使钢在室温下呈单相组织，避免形成微电池；或使其表面形成致密牢固的氧化薄膜，与周围介质隔绝，如常加入合金元素铬、镍、硅、铝等。不锈钢中碳的质量分数应尽可能少，以减少电极电位较高的碳化物的相对量。但有时为了保证要求的力学性能，不锈钢还必须具有一定的碳的质量分数。

常用的奥氏体型不锈钢的热处理工艺是固溶处理。即将钢加热到1050～1150℃，使碳化物溶解于奥氏体中，然后迅速冷却得到单相奥氏体组织。固溶处理后得到过饱和状态的奥氏体，没有晶格类型的变化。由于碳化物相消失，钢的耐蚀性提高，但钢的强度、硬度有所降低。

常用不锈钢按组织特点进行分类，可分为马氏体不锈钢、铁素体不锈钢和奥氏体不锈钢。典型的马氏体不锈钢如40Cr13钢，常用于制作弹性元件和医疗器械等；典型的铁素体不锈钢如10Cr17钢，常用于制作硝酸或食品工厂的设备；典型的奥氏体不锈钢如12Cr18Ni9钢，常用于制作耐硝酸、有机酸、盐、碱等溶液腐蚀的设备。

二、耐磨钢

坦克、拖拉机的履带板一类零件在巨大压力及冲击载荷下工作，要求心部具有良好的韧性和塑性，表层具有高硬度和高耐磨性。为此，设计制造了耐磨钢。

耐磨钢的成分设计要点是：以高碳（$w_C=0.9\%\sim1.3\%$）保证其高的硬度和耐磨性；加入合金元素锰（$w_{Mn}=11.0\%\sim14.0\%$），保证获得塑性、韧性良好的单相奥氏体组织。

耐磨钢的热处理工艺设计是水韧处理。即将钢加热到1060～1100℃，使碳化物全部溶入奥氏体中，在水中迅速冷却得到单相奥氏体组织。耐磨钢经水韧处理后强度、硬度不高，塑性、韧性良好，但受到强烈冲击、巨大压力和摩擦后，表面会因塑性变形而明显强化，同时诱发奥氏体向马氏体转变，因此表面硬度大大提高，心部却保持塑性、韧性良好的奥氏体状态。

耐磨钢因含有大量锰元素而称为高锰耐磨钢，难以切削加工，多采用铸造方法成形。因此，高锰耐磨钢铸件的牌号由“铸钢”二字的汉语拼音字首“ZG”、锰元素符号及其名义质量百分数、序号表示。例如，ZGMn13-3表示$w_{Mn}=13\%$的3号高锰耐磨钢。

三、耐热钢

许多在高温下使用的机械零件，要求具有高温强度和在高温下抗氧化的综合性能。为此，设计制造了耐热钢。

为了提高钢的抗氧化性能，钢中应加入铬、硅、铝等合金元素。这些元素与氧的亲和力较强，常常优先被氧化并形成一层致密的、高熔点氧化膜（Cr_2O_3、SiO_2、Al_2O_3）覆盖在钢的表面上，从而将钢与外界的氧化性介质隔开，避免钢被氧化。例如，当钢中$w_{Cr}=20\%\sim25\%$时，钢的抗氧化温度可达1100℃。在高温下具有较好抗氧化能力的钢称为抗氧化钢。抗氧化钢一般为低碳钢。典型的抗氧化钢如16Cr25N钢，在1082℃以下不产生易剥落的氧化皮，常用于制作在1050℃以下工作的炉用构件。

为了提高钢的高温强度，钢中应加入钛、铌等合金元素，形成稳定又弥散分布的碳化物和氮化物等（它们在较高温度下也不易聚集长大），从而起到提高钢的高温强度的作用。还要特别提出的是，采用较粗晶粒的钢也可以获得较好的高温强度。在高温下具有较高强度的钢称为热强钢。典型的热强钢如06Cr18Ni11Ti钢，在600℃时仍然有足够的强度。

常用耐热钢按正火组织进行分类，可分为珠光体钢、马氏体钢和奥氏体钢。典型的珠光体耐热钢如15CrMo钢，常用于制作介质温度小于550℃的热能装置构件如蒸汽管路等；典型的马氏体耐热钢如42Cr9Si2钢，常用于制作发动机排气阀等；典型的奥氏体耐热钢如07Cr18Ni11Ti钢，常用于制作610℃以下长期工作的过热蒸汽管道及锅炉、汽轮机构件。

作 业 六

一、基本概念解释

1. 合金钢 2. 合金元素 3. 耐回火性 4. 二次硬化

二、填空题

1. 钢中常加入的合金元素有锰、硅、______、______钼、钨、钒、钛、硼、稀土等。

2. 合金钢的种类繁多，按合金元素的质量分数进行分类，可分为______合金钢、中合金钢和______合金钢。

3. 合金钢按主要用途进行分类，可分为合金______钢、合金______钢和特殊性能钢。

4. 低合金高强度结构钢的牌号由代表屈服强度的汉语拼音字首“Q”、屈服强度______、______等级符号（A、B、C、D、E）三个部分按顺序排列。

5. 合金工具钢按用途进行分类，可分为量具______钢、______钢。

6. 根据工作条件不同，模具钢可分为______作模具钢和______作模具钢。

7. 常用的特殊性能钢有不锈钢、______钢和______钢。

8. 常用不锈钢按组织特点进行分类，可分为______不锈钢、______不锈钢和奥氏体不锈钢。

9. 常用耐热钢按正火组织进行分类，可分为______钢、______钢和奥氏体钢。

三、判断题

1. 大多数合金元素（钴、铝除外）溶入奥氏体后，会使马氏体转变温度降低。（　　）

2. 在相同的回火温度下，合金钢具有较低的硬度。（　　）

3. 60Si2Mn 钢是典型的合金弹簧钢。（　　）

4. 5CrNiMo 钢是典型的冷作模具钢。（　　）

5. 耐磨钢难以切削加工，多采用铸造方法成形。（　　）

四、简答题

1. 淬火钢产生二次硬化的主要原因是什么？

2. 刃具钢的热处理工艺设计要点是什么？

3. 高速工具钢的成分设计要点是什么？

五、课外活动

同学之间相互合作，列表比较低合金高强度结构钢、合金渗碳钢、合金调质钢、合金弹簧钢、高碳铬轴承钢、量具刃具钢的成分设计要点、热处理工艺设计要点、使用性能特点及其主要应用场合等。

第七章　铸　　铁

铸铁是指一系列由铁、碳和硅组成的合金的总称。在这些合金中，碳的质量分数超过了在共晶温度时能保留在奥氏体固溶体中的量。在机械产品中，铸铁件的质量约占一半以上。

第一节　铸铁的石墨化

铸铁的使用价值与铸铁中碳的存在形式有密切关系。铸铁中的碳以石墨形式存在时，才能被广泛地应用。铸铁中石墨的形成过程称为石墨化。石墨常用符号 G 表示。

一、铸铁的石墨化过程

在铁碳合金中，碳有两种存在形式，即化合态渗碳体和游离态石墨。如果对渗碳体形式存在的铁碳合金进行加热和保温，其中的渗碳体将分解为铁和石墨。可见，渗碳体只是一种亚稳定的相，石墨才是一种稳定的相。

通常在铁碳合金的结晶过程中，从液相中结晶出一次渗碳体，从奥氏体中析出二次渗碳体，而不是石墨。这是因为渗碳体的成分更接近合金的成分，析出渗碳体时原子扩散量小，形成渗碳体晶核较容易。在具有充分扩散时间的条件下，应该从液相或奥氏体中结晶或析出石墨，而不是渗碳体。因此，铁碳合金有 $Fe\text{-}Fe_3C$ 相图和 Fe-G 相图。为便于比较和分析，通常把两个相图画在一起，称为铁碳合金双重相图，如图 7-1 所示。

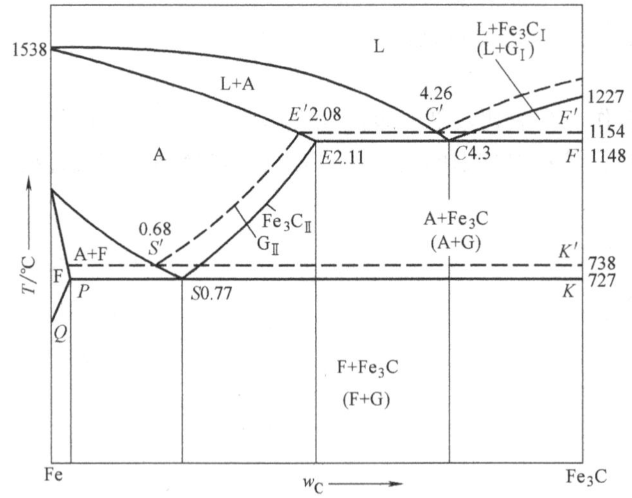

图 7-1　铁碳合金双重相图

在铁碳合金双重相图中，实线部分是 $Fe\text{-}Fe_3C$ 相图，而虚线取代相应的实线组成 Fe-G 相图。按 Fe-G 相图分析，合金的石墨化过程可以分为高温、中温和低温三个阶段。高温石墨化阶段是指在共晶温度以上结晶出一次石墨 G_{I} 和共晶反应结晶出共晶石墨 $G_{晶}$ 的阶段；中温石墨化阶段是指在共晶温度至共析温度范围内，从奥氏体中析出二次石墨 G_{II} 的阶段；

低温石墨化阶段是指在共析温度析出共析石墨 $G_{析}$ 的阶段。

在高温、中温阶段，碳原子的扩散能力强，石墨化过程比较容易进行；在低温阶段，碳原子的扩散能力弱，石墨化过程进行困难。

二、铸铁的分类

在高温、中温和低温阶段，石墨化过程都没有实现，碳以 Fe_3C 形式存在的铸铁，称为白口铸铁。

在高温、中温阶段，石墨化过程得以实现，碳主要以 G 形式存在的铸铁，称为灰铸铁。

在高温阶段石墨化过程得以实现，而中温、低温阶段石墨化过程没有实现，碳以 G 和 Fe_3C 两种形式存在的铸铁，称为麻口铸铁。

在白口铸铁和麻口铸铁的组织中，Fe_3C 相的相对量较多，难以切削加工，从而限制了它们的使用。生产中广泛使用的是灰铸铁。

低温石墨化过程得以充分进行，获得的铸铁具有铁素体基体，称为铁素体灰铸铁。

低温石墨化过程没有进行，获得的铸铁具有珠光体基体，称为珠光体灰铸铁。

低温石墨化过程没有充分进行，获得的铸铁具有铁素体和珠光体的基体，称为铁素体-珠光体灰铸铁。

三、影响石墨化的因素

1. 化学成分

化学成分是影响石墨化过程的本质因素。铸铁中的碳属于石墨化元素，而硅是强烈促进石墨化的元素，硫是强烈阻止石墨化的元素。调整碳、硅等合金元素的质量分数，是控制石墨化过程和铸铁件组织性能的基本措施之一。

2. 冷却速度

冷却速度是影响石墨化过程的工艺因素。若铁碳合金的冷却速度较大，碳原子来不及充分扩散，则石墨化过程难以充分进行，容易形成白口铸铁组织；若冷却速度较小，碳原子有充分扩散时间，则有利于石墨化过程的充分进行，容易形成灰铸铁组织。例如，薄壁铸铁件在冷却过程中因冷却速度较大，容易形成白口铸铁组织；而厚壁铸铁件在冷却过程中因冷却速度较小，容易形成灰铸铁组织。

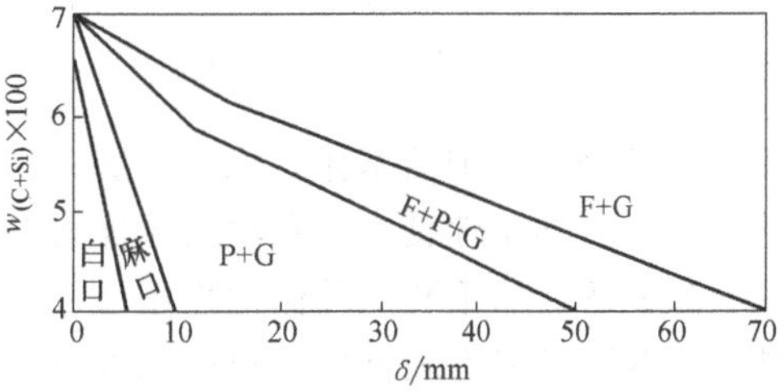

图 7-2　碳硅的质量分数与铸铁件壁厚对石墨化过程的影响

碳硅的质量分数与铸铁件壁厚对石墨化过程的影响如图 7-2 所示。不难看出，只要碳和硅的质量分数高，薄壁铸铁件也能获得灰铸铁组织；只要铸铁件的壁厚足够大，碳和硅的质量分数低也能获得灰铸铁组织。

第二节　常用铸铁

一、灰铸铁

1. 灰铸铁的组织和性能

灰铸铁是指碳主要以片状石墨形式出现的铸铁，其片状石墨是在正常的铸造条件下形成的。在室温下灰铸铁的组织由铁素体与石墨组成（铁素体灰铸铁），或者由铁素体、珠光体与石墨组成（铁素体-珠光体灰铸铁），或由珠光体和石墨组成（珠光体灰铸铁）。灰铸铁的组织特征是在钢的基体上分布着粗片状形态的石墨。图7-3所示为铁素体基体灰铸铁的显微组织。

石墨具有简单六方晶格，如图7-4所示。其基面上的原子间距为0.142nm，原子间的结合力较强；而相邻两基面的间距为0.340nm，原子间的结合力较弱。石墨的结晶形态常呈片状，其强度、塑性、韧性均接近于零，硬度约为3HBW。因此，灰铸铁的力学性能可以认为是基体的性能。灰铸铁的基体就是钢，石墨相分布在钢的基体上相当于孔洞和裂纹。换言之，灰铸铁可以看成是一块充满孔洞和裂纹的钢。灰铸铁组织中的粗大片状石墨严重地割裂了钢的基体，破坏了基体的连续性。另外，石墨片的尖角处会导致应力集中。因此，灰铸铁的抗拉强度、疲劳强度很差，塑性、韧性接近于零。但是在压应力作用下，石墨对基体的力学性能影响不大。灰铸铁的抗压强度和硬度较好，几乎相当于基体组织相应的钢。

图7-3　铁素体基体灰铸铁的显微组织

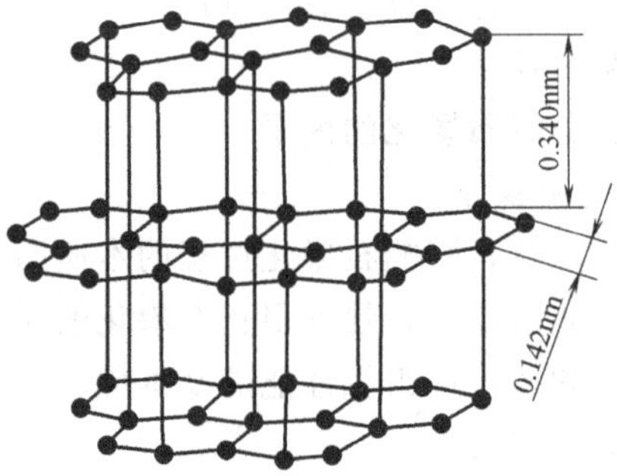

图7-4　石墨的晶格结构

石墨相分布在钢的基体上也能对灰铸铁产生有益的影响。例如，石墨对基体的割裂作用使灰铸铁的可加工性良好；石墨的减振缓冲作用使灰铸铁具有良好的减振性；石墨的润滑作用及石墨剥落后留下孔洞的储油作用使灰铸铁自身具有良好的减摩性；石墨片阻止了裂纹的延伸，使灰铸铁具有较低的缺口敏感性（灰铸铁件上有键槽等缺口时，因石墨的割裂作用，不易造成应力集中）。另外，石墨的密度较小，碳以石墨形式结晶或析出，明显地降低了灰铸件的收缩程度，从而特别适于铸造成形。

灰铸铁广泛用于制作承受压应力及有减振要求的零件，如床身、机架、立柱等；另外，由于灰铸铁铸造性好，也适于制造形状复杂但力学性能要求不高的箱体、壳体类零件。

2. 灰铸铁的变质处理

为了提高灰铸铁的力学性能，可以适当降低其碳、硅的质量分数，控制石墨化程度，保证获得珠光体为基体的组织，但这样做会增加形成白口铸铁的倾向性。为此，在浇注前向铁液中加入少量的变质剂（如硅铁或硅钙合金）进行变质处理，既可以防止白口倾向，又能显著地细化石墨片，得到较高强度的变质铸铁。变质铸铁也称孕育铸铁。

变质处理使得结晶过程几乎在整个铸件型腔内同时进行，各个部位获得均匀一致的组织。变质处理常用于力学性能要求高、截面尺寸变化大的铸铁件的生产。变质处理后的铸铁件的塑性和韧性也有一定的提高。

3. 灰铸铁的热处理

灰铸铁力学性能的决定因素是片状石墨对基体的破坏程度，而热处理不能改变铸铁中石墨的形态及其分布情况。因此，灰铸铁的热处理主要是用于消除内应力及改善其可加工性。

铸铁件在成形后的冷却过程中，由于各部位的冷却速度不同等原因将产生内应力。内应力将引起铸铁件的变形，甚至产生裂纹。铸铁件经切削加工后内应力会重新分布，产生新的变形，丧失加工精度。因此，铸铁件在切削加工之前应进行去应力退火。

当铸铁件的表层或薄壁处出现白口铸铁组织时，应进行石墨化退火使渗碳体分解，以改善其可加工性。

灰铸铁的牌号以“灰铁”二字的汉语拼音字首“HT”与一组数字表示。数字表示最小抗拉强度 R_m 值。例如，HT150 表示最小抗拉强度 R_m 为 150MPa 的灰铸铁。常用灰铸铁的类别、牌号、不同壁厚铸件的力学性能及用途见表 7-1。

表 7-1 灰铸铁的类别、牌号、力学性能及用途

铸铁类别	牌号	铸件壁厚/mm	力学性能		用途举例
			R_m/MPa≥	HBW	
铁素体灰铸铁	HT100	2.5～10	130	110～166	适用于载荷小、对摩擦和磨损无特殊要求的不重要零件，如防护罩、盖、油盘、手轮、支架、底板、重锤、小手柄等
		10～20	100	93～140	
		20～30	90	87～131	
		30～50	80	82～122	
铁素体-珠光体灰铸铁	HT150	2.5～10	175	137～205	承受中等载荷的零件，如机座、支架、箱体、刀架、床身、轴承座、工作台、带轮、法兰、泵体、阀体、管路、飞轮等
		10～20	145	119～179	
		20～30	130	110～166	
		30～50	120	105～157	
珠光体灰铸铁	HT200	2.5～10	220	157～236	承受较大载荷和要求一定的气密性或耐蚀性等较重要零件，如气缸、齿轮、机座、飞轮、床身、气缸体、气缸套、活塞、变速器壳、联轴器盘、中等压力阀体等
		10～20	195	148～222	
		20～30	170	134～200	
		30～50	160	129～192	
	HT250	4.0～10	270	175～262	
		10～20	240	164～247	
		20～30	220	157～236	
		30～50	200	150～225	
孕育铸铁	HT300	10～20	290	182～272	承受高载荷、耐磨和高气密性的重要零件，如重型机床、剪床、压力机、自动车床的床身、机座、机架，高压液压件，活塞环，受力较大的齿轮、凸轮、衬套，大型发动机的曲轴、气缸体、缸套、气缸盖等
		20～30	250	168～251	
		30～50	230	161～241	
	HT350	10～20	340	199～298	
		20～30	290	182～272	
		30～50	260	171～257	

二、球墨铸铁

灰铸铁经变质处理细化了石墨片，但未能改变石墨的形态。改善石墨形态是大幅度提高铸铁力学性能的根本途径。球状石墨是最理想的一种石墨形态。为此，在浇注前向铁液中加入球化剂（如金属镁、稀土镁合金）进行球化处理。经球化处理可以获得呈球状形态石墨的铸铁，这种铸铁称为球墨铸铁。

1. 球墨铸铁的组织和性能

在室温下，球墨铸铁的组织特征是在钢的基体上分布着球状形态的石墨。图 7-5 所示为铁素体基体球墨铸铁的显微组织。

球墨铸铁可以有铁素体基体和珠光体基体，也可以有铁素体-珠光体基体和贝氏体基体。由于球状形态的石墨最大限度地减少了石墨对基体的破坏作用，减少了引起应力集中的倾向，故球墨铸铁的力学性能较灰铸铁有大幅度提高。石墨球直径越小、分布越均匀、形状越圆整，则铸铁的力学性能越好。珠光体为基体的球墨铸铁的抗拉强度、屈服强度和疲劳极限等力学性能指标甚至高于正火状态的45钢；铁素体为基体的球墨铸铁的断后伸长率达到18%。因此，在生产中可以采用球墨铸铁代替铸钢和锻钢，制造一些受力情况复杂、力学性能要求较高的零件，如曲轴、连杆、凸轮轴、齿轮等。

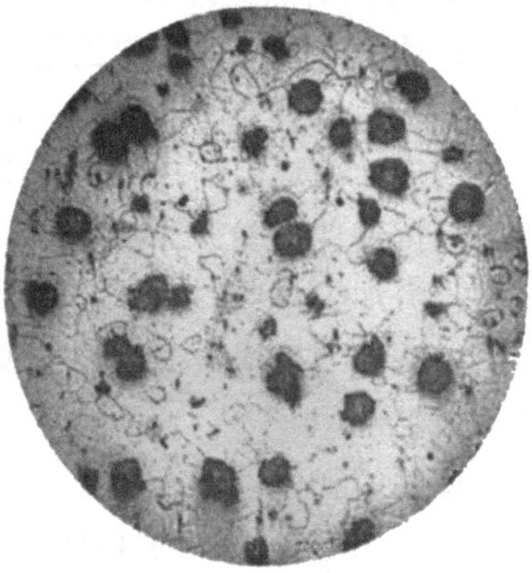

图7-5　铁素体基体球墨铸铁的显微组织

2. 球墨铸铁的热处理

球墨铸铁的基体利用率达70%～90%，采用热处理工艺改善基体的组织性能，对于提高球墨铸铁的性能有重要意义。

球墨铸铁经退火处理可以获得铁素体基体，经正火处理可以获得珠光体基体，经调质处理可以获得回火索氏体基体，经等温淬火可以获得下贝氏体基体。

球墨铸铁的牌号以“球铁”二字的汉语拼音字首“QT”与两组数字表示。两组数字分别表示抗拉强度 R_m 与断后伸长率 $A_{11.3}$ 的最小值。例如，QT400-18表示 $R_m \geqslant 400\text{MPa}$、$A_{11.3} \geqslant 18\%$ 的球墨铸铁。常用球墨铸铁的牌号、力学性能及用途见表7-2。

表7-2　常用球墨铸铁的牌号、力学性能及用途

牌　号	基体组织	力学性能				用途举例
		R_m/MPa	$R_{r0.2}$/MPa	$A_{11.3}$×100	HBW	
		不小于				
QT400-18	铁素体	400	250	18	130～180	承受冲击、振动的零件，如汽车、拖拉机的轮毂、驱动桥壳、差速器壳、拨叉、农机具零件，中低压阀门，上、下水及输气管道，压缩机上的高、低压气缸，电动机机壳，变速器壳，飞轮壳等
QT400-15	铁素体	400	250	15	130～180	
QT450-10	铁素体	450	310	10	160～210	
QT500-7	铁素体＋珠光体	500	320	7	170～230	机器座架、传动轴、飞轮、电动机架、内燃机的机油泵齿轮、铁路机车车辆轴瓦等
QT600-3	珠光体＋铁素体	600	370	3	190～270	载荷大、受力复杂的零件，如汽车、拖拉机的曲轴、连杆、凸轮轴、气缸套，部分磨床、铣床、车床的主轴，机床蜗杆、蜗轮，轧钢机轧辊、大齿轮，小型水轮机主轴、气缸体，桥式起重机大、小滚轮等
QT700-2	珠光体	700	420	2	225～305	
QT800-2	珠光体或回火组织	800	480	2	245～335	
QT900-2	贝氏体或回火马氏体	900	600	2	280～360	高强度齿轮，如汽车后桥螺旋锥齿轮和大减速器齿轮，内燃机曲轴、凸轮轴等

三、可锻铸铁

将白口铸铁在高温下经长时间的石墨化退火或氧化脱碳处理，可以获得团絮状形态石墨的高韧性铸铁件，这种铸铁件称为可锻铸铁件。

1. 可锻铸铁的生产

这里只介绍采用石墨化退火方法生产可锻铸铁。首先，必须铸成完全的白口铸铁，然后将白口铸铁进行石墨化退火。如果铸铁中有片状石墨，则退火过程中析出的石墨将聚集在原石墨片上，得不到团絮状石墨。为此，合金中的碳、硅含量应比较低，以防止石墨呈片状结晶。白口铸铁的石墨化退火工艺曲线如图 7-6 所示。

将白口铸铁加热至 900～980℃，经长时间保温，使 Fe_3C 分解，在其组织中形成团絮状石墨。在随后缓慢冷却的过程中，奥氏体相将析出二次石墨，并聚集在团絮状石墨的表面。冷却至共析温度时，进入低温石墨化阶段。若把冷却速度控制得十分缓慢，将得到铁素体基体的可锻铸铁（即黑心可锻铸铁）；若相当于正火的冷却速度，将得到珠光体基体的可锻铸铁。

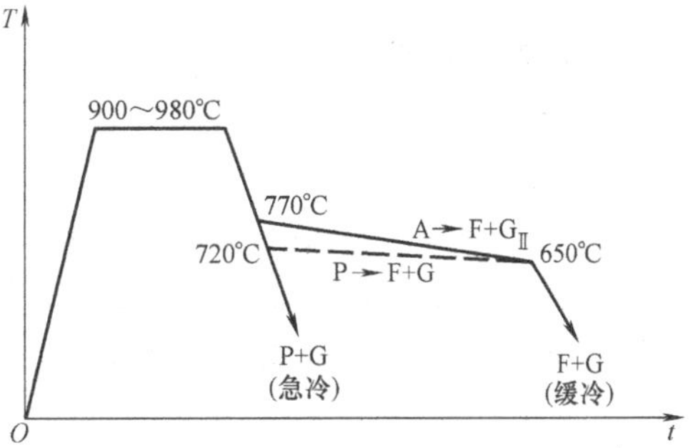

图 7-6　白口铸铁的石墨化退火工艺曲线

2. 可锻铸铁的组织和性能

在室温下可锻铸铁的组织特征是在钢的基体上分布着团絮状形态的石墨。图 7-7 所示为铁素体基体可锻铸铁的显微组织。

由于团絮状石墨对基体的破坏作用不大，并且有低碳低硅的成分特点（石墨相的相对量较小），故可锻铸铁具有较高的强度和韧性。可锻铸铁常用于制造承受冲击振动的薄壁小零件，如汽车、拖拉机的后桥壳，管接头、低压阀门等。

黑心可锻铸铁的牌号以“可铁黑”三字的汉语拼音字首“KTH”与两组数字表示。两组数字分别表示抗拉强度 R_m 和断后伸长率 $A_{11.3}$ 的最小值。例如，KTH300-06 表示 $R_m \geqslant 300MPa$、$A_{11.3} \geqslant 6\%$ 的黑心可锻铸铁。珠光体可锻铸铁的牌号前面以“可铁珠”三字的汉语拼音字首“KTZ”表示。例如，KTZ450-06 表示 $R_m \geqslant 450MPa$、$A_{11.3} \geqslant 6\%$ 的珠光体可锻铸铁。常用可锻铸铁的牌号、力学性能及用途见表 7-3。

为了满足各种使用条件对铸铁的性能要求，在生产中对合金进行蠕墨化处理后能得到蠕虫状形态石墨的蠕墨铸铁；合金中加入一定量的合金元素，还可以制成耐磨铸铁、耐热铸铁和耐蚀铸铁等。

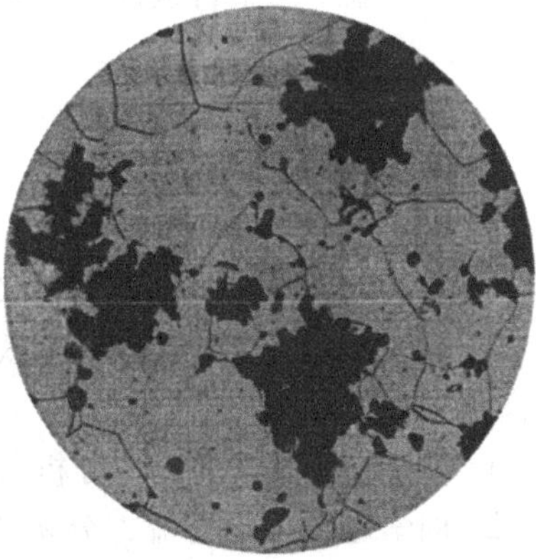
图 7-7　铁素体基体可锻铸铁的显微组织

表 7-3　常用可锻铸铁的牌号、力学性能及用途

种类	牌号	试样直径/mm	力学性能				用途举例
			R_m/MPa ≥	$R_{r0.2}$/MPa ≥	$A_{11.3}$×100 ≥	HBW	
黑心可锻铸铁	KTH300-06	12 或 15	300		6	≤150	弯头、三通管件，中低压阀门等
	KTH330-08		330		8		扳手、犁刀、犁柱、车轮壳等
	KTH350-10		350	200	10		汽车、拖拉机前后轮壳、减速器壳、转向节壳、制动器及铁道零件等
	KTH370-12		370		12		
珠光体可锻铸铁	KTZ450-06	12 或 15	450	270	6	150～200	载荷较高和耐磨损零件，如曲轴、凸轮轴、连杆、齿轮、活塞环、轴套、耙片、万向接头、棘轮、扳手、传动链条等
	KTZ550-04		550	340	4	180～250	
	KTZ650-02		650	430	2	210～260	
	KTZ700-02		700	530	2	240～290	

作　业　七

一、基本概念解释

1. 铸铁　2. 灰铸铁　3. 球墨铸铁　4. 可锻铸铁

二、填空题

1. 在铁碳合金中，碳有两种存在形式，即化合态______和游离态______。

2. 灰铸铁的组织特征是在钢的基体上分布着粗片状形态的______。

3. 球墨铸铁可以有铁素体基体和______基体，也可以有铁素体-珠光体基体和______基体。

4. 球墨铸铁经退火可以获得______基体。

三、判断题

1. 冷却速度是影响石墨化过程的工艺因素。　(　　)

2. 热处理能改变铸铁中石墨的形态及其分布情况。　(　　)

3. 当铸铁件的表层或薄壁处出现白口铸铁组织时，应进行石墨化退火，使渗碳体分解，以改善其可加工性。　(　　)

4. 在室温下球墨铸铁的组织特征是在钢的基体上分布着球状形态的石墨。　(　　)

四、简答题

1. 影响铸铁石墨化的因素有哪些?

2. 灰铸铁有哪些应用?

3. 简述下列铸铁牌号的含义。

①HT200；②QT700-2；③KTZ450-06。

4. 列表比较灰铸铁、球墨铸铁和可锻铸铁的石墨形态、工艺特点和应用范围。

五、课外活动

1. 同学之间相互交流，分析灰铸铁经变质处理后，为什么能提高力学性能。

2. 同学之间相互交流，分析力学性能要求较高的曲轴等工件为什么常选用球墨铸铁制造。

第八章　非铁金属材料

钢铁材料通常称为黑色金属，其他金属材料则称为非铁金属材料。非铁金属材料的产量和使用量远不及钢铁材料，但由于其独特的性能，而成为现代工业技术中不可缺少的金属材料。

第一节　铝及其合金

一、铝

铝是一种银白色金属，具有面心立方晶格，塑性好（$A_{11.3}=50\%$，$z=80\%$），适合于形变加工。铝的熔点为660℃，密度为$2.7g/cm^3$，是一种轻金属材料。

铝与氧的亲和力强，在空气中铝表面生成一层致密的Al_2O_3薄膜，保护了金属内部不被腐蚀。

铝的导电性、导热性好，仅次于银、铜和金。室温下铝的导电能力约为铜的62%，但按单位质量的导电能力计算，则为铜的200%。铝的强度低（$R_m=80\sim100MPa$），经冷塑性变形之后其强度会明显提高（$R_m=150\sim200MPa$）。

工业纯铝很少用于制造机械零件，多用于制作电线、电缆及要求导热、耐蚀且承受轻载的用品或器皿。

二、铝合金的分类及热处理

1. 铝合金的分类

二元铝合金一般具有共晶相图，如图8-1所示，*E*点是共晶点，*D*点代表合金元素在α相中的最大溶解度，*DF*线是合金元素因温度下降从α相中脱溶的脱溶线。

*D*点左边的合金Ⅲ，加热时能形成单相固溶体组织，适合于形变加工，称为变形铝合金；*D*点右边的合金Ⅳ、在常温下具有共晶组织，适合于铸造成形，称为铸造铝合金。*F*点左边的变形铝合金Ⅰ，冷却过程中不产生脱溶现象，不能采用热处理的方法强化，故称为不能热处理强化的变形铝合金；*F*点右边的变形铝合金Ⅱ，冷却过程中产生脱溶现象，能采用热处理的方法强化，故称为能热处理强化的变形铝合金。

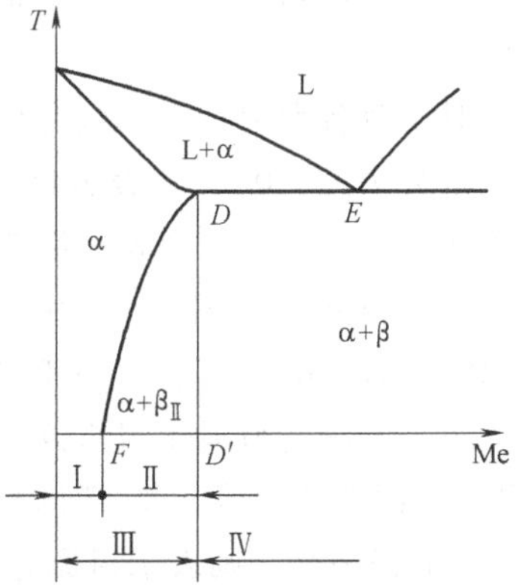

图8-1　铝合金相图

2. 铝合金的热处理

将能热处理强化的变形铝合金加热到单相α区，保温获得均匀一致的α固溶体后在水中急冷下来，使α固溶体来不及发生脱溶反应，会获得过饱和状态的α固溶体。这样的热处理工艺，称为铝合金的固溶处理。

常温下经固溶处理的铝合金，α固溶体处于不稳定的过饱和状态，具有析出第二相过渡到稳定的非过饱和状态的倾向。该合金在室温下放置足够的时间后，伴随着其向稳定状态的转变会出现强度、硬度升高的现象，称为自然时效强化。$w_{Cu}=4\%$ 的铝合金自然时效曲线如图 8-2 所示。

铝铜合金的时效强化与铜从 α 固溶体中脱溶的过程密切相关。起初，脱溶的铜原子与溶剂晶格仍然保持着共格联系。当大量铜原子脱溶但仍然与铝的晶格结构有共格联系时，由此而造成的晶格严重畸变将导致合金的强度、硬度大幅度提高。但时效时间过长或时效温度过高，会使过饱和的铜原子全部脱溶并且与铝晶格之间失去共格联系，从而又使强度、硬度明显下降，这就是所谓“过时效”。

对固溶处理的铝合金工件，若采用超过室温的温度进行时效处理，则称为人工时效处理。人工时效处理的效果不及自然时效，并且时效的温度越高，时效的效果越差。$w_{Cu}=4\%$ 的铝合金在不同温度下的人工时效曲线如图 8-3 所示。

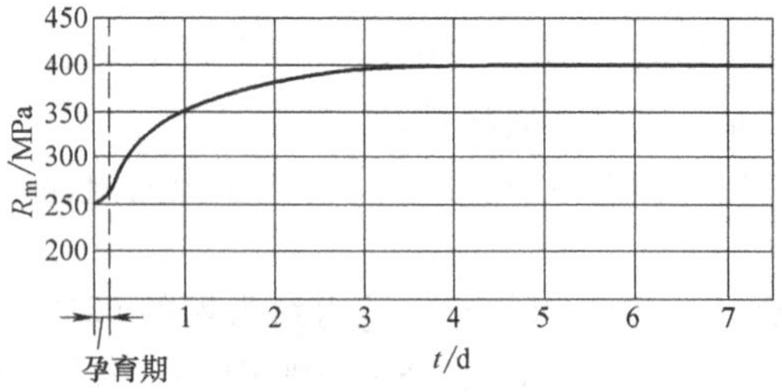

图 8-2　$w_{Cu}=4\%$ 的铝合金自然时效曲线

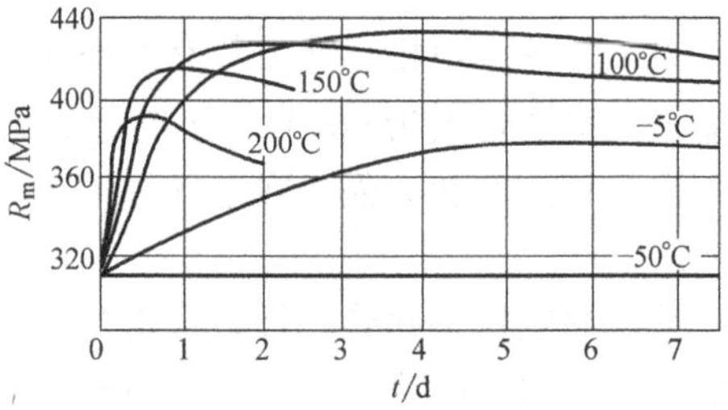

图 8-3　$w_{Cu}=4\%$ 的铝合金人工时效曲线

三、铝及铝合金的牌号

1. 纯铝的牌号

根据 GB/T 16474—2011《变形铝及铝合金牌号表示方法》的规定，我国纯铝牌号用 1××× 四位数字或四位字符表示，牌号的最后两位数字表示最低铝的质量分数。当最低铝的质量分数精确到 0.01% 时，牌号的最后两位数字就是最低铝的质量分数中小数点后面的两位。

对于命名为国际四位数字体系牌号的纯铝，牌号中的第二位数字表示对杂质范围的修改。该数字为“0”，则表示该工业纯铝的杂质范围为生产中正常范围；该数字为“1～9”中的任一个自然数，则表示生产中应对某一种或几种杂质或合金元素加以专门控制。例如，1350 工业纯铝是一种 $w_{Al}\geqslant 99.50\%$ 的电工铝，其中有 3 种杂质应受到控制，即 $w_{V+Ti}\leqslant 0.02\%$、$w_{B}\leqslant 0.05\%$、$w_{Ca}\leqslant 0.03\%$。

对于未命名为国际四位数字体系牌号的纯铝，牌号中的第二位字母表示原始纯铝的改型情况。如果牌号的第二位字母是“A”，则表示原始纯铝；如果牌号的第二位字母是“B～Y”中的任一个，则表示对原始纯铝的改型，与原始纯铝相比，其元素含量略有改变。例如，1A99（原 LG5），其 $w_{Al}=99.99\%$；1A97（原 LG4），其 $w_{Al}=99.97\%$。

2. 变形铝合金的牌号

根据 GB/T 16474—2011《变形铝及铝合金牌号表示方法》的规定，对于命名为国际四位数字体系牌号的变形铝合金，应采用四位数字体系，其牌号采用“2×××～8×××”的形式表示。其中第一位数字表示变形铝及铝合金的组别，见表 8-1；第二位数字表示对铝合金的修约，如果该数字是“0”，则表示原始合金，如果该数字是“1～9”中的任一个自然数，则表示对铝合金的修约次数；牌号中的最后两位数字无特殊意义，仅表示同一系列中的不同铝合金。

表 8-1　铝及铝合金的组别分类

组　　别	牌号系列
纯铝(铝的质量分数不小于 99.00%)	1×××
以铜为主要合金元素的铝合金	2×××
以锰为主要合金元素的铝合金	3×××
以硅为主要合金元素的铝合金	4×××
以镁为主要合金元素的铝合金	5×××
以镁和硅为主要合金元素并以 Mg_2Si 为强化相的铝合金	6×××
以锌为主要合金元素的铝合金	7×××
以其他合金元素为主要合金元素的铝合金	8×××
备用合金组	9×××

根据 GB/T 16474—2011《变形铝及铝合金牌号表示方法》的规定，对于未命名为国际四位数字体系牌号的变形铝及铝合金，应采用四位字符体系，其牌号的第一、三、四位是阿拉伯数字，第二位是英文大写字母（除字母 C、I、L、N、O、P、Q、Z 外）。牌号中的第一位数字表示变形铝及铝合金的组别，见表 8-1；牌号中的第二位字母表示原始纯铝或铝合金的改型情况，如果字母是“A”，则表示原始合金，如果字母是“B～Y”中的任一个，则表示对原始合金的改型合金；牌号中的最后两位数字无特殊意义，仅表示同一系列中的不同铝合金。

四、常用变形铝合金

变形铝合金能承受压力加工，可加工成各种形态、规格的铝合金型材（板、带、箔、管、线、型及锻件等），主要用于制造航空器材、建筑装饰材料、交通车辆材料、舰船用材、各种人造地球卫星和空间探测器的主要结构材料等。变形铝合金主要包括防锈铝、硬铝、超硬铝、锻铝。

1. 防锈铝

防锈铝主要是指 Al-Mn 系和 Al-Mg 系合金，它属于热处理不能强化的变形铝合金，一般只能通过冷压力加工提高其强度。防锈铝具有比纯铝更好的耐蚀性，具有良好的塑性及焊接性，强度较低，易于成形和焊接。防锈铝主要用于制造要求具有较高耐蚀性的油罐、油箱、导管、生活用器皿、窗框、车辆、铆钉及防锈蒙皮等，常用牌号有 5056、5083、5A02、3A21 等。

2. 硬铝

硬铝是指 Al-Cu-Mg 系合金，它属于热处理能强化的变形铝合金，具有很强的时效硬化能力，在室温下具有较高的强度和耐热性，但其耐蚀性比纯铝差，尤其是耐海洋大气腐蚀的性能较低，焊接性也较差，所以有些硬铝的板材常在其表面包覆一层纯铝后使用。硬铝主要用于制作中等强度的构件和零件，如铆钉、螺栓，航空工业中的一般受力结构件（如飞机翼肋、翼梁、螺旋桨叶片等），常用牌号有 2219、2A11、2A12 等。

3. 超硬铝

超硬铝是指 Al-Cu-Mg-Zn 系合金，它属于热处理能强化的变形铝合金，是在硬铝的基础上再添加锌元素形成的。超硬铝经固溶处理和人工时效后，可以获得在室温条件下强度最高的铝合金，但应力腐蚀倾向较大，热稳定性较差。超硬铝主要用于制作受力大的重要构件及高载荷零件，如飞机大梁、桁架、翼肋、活塞、加强框、起落架、螺旋桨叶片等，常用牌号有 7003、7A04、7A09 等。

4. 锻铝

锻铝是指 Al-Cu-Mg-Si 系合金、Al-Cu-Mg-Ni-Fe 系合金，它属于热处理能强化的变形铝合金，具有良好的冷热加工性能、焊接性和耐蚀性，力学性能与硬铝相近，适于采用压力加工（如锻压、冲压等），用来制作各种形状复杂的零件或棒材，如叶片、叶轮、内燃机活塞、锻件、冲压件等，常用牌号有 6061、6063、2A50、2A70 等。

五、铸造铝合金

铸造铝合金按其所加合金元素的不同，可分为 Al-Si 系、Al-Cu 系、Al-Mg 系、Al-Zn 系合金等。铸造铝合金的牌号由铝和主要合金元素的化学符号，以及表示主要合金元素名义质量百分数的数字组成，并在其牌号前面冠以“铸”字的汉语拼音字母的字首“Z”。例如，ZAlSi12 表示 $w_{Si}=12\%$，$w_{Al}=88\%$ 的铸造铝合金。

1. 铝硅合金

ZAlSi12 是典型的铸造用铝硅合金。在 Al-Si 合金相图上，ZAlSi12 位于共晶点附近。其铸态组织如图 8-4a 所示，粗大针状的硅晶分布在 α 固溶体上，力学性能不好（$R_m=130\sim140\text{MPa}$）。为此，通常在浇注前向合金中加入 2%～3% 的变质剂（如冰晶石），使硅晶得到明显的细化，从而使合金的力学性能显著提高（$R_m=180\text{MPa}$，$z=8\%$）。变质处理后的铝合金组织如图 8-4b 所示，其组织特征是在极细的共晶体基体上均匀分布着卵块状的 α 固溶体。

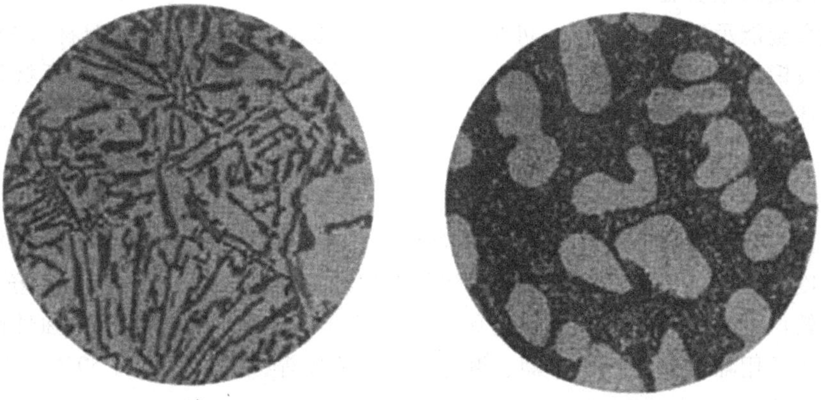

a)　　b)

图 8-4　ZAlSi12 铸态组织示意图

a）变质前　b）变质后

ZAlSi12 铝硅合金经变质处理后能得到极细的共晶组织组分，是由于变质剂中钠元素有促进硅的晶核形成并能阻碍硅晶粒长大的作用。变质处理后组织中分布有卵块状的 α 固溶体，表明已成为亚共晶组织。这是由于变质剂中的钠元素还有使共晶点向右下方移动的作用，如图 8-5 所示。

仅含有硅元素的铝硅合金（如 ZAlSi12）通常称为硅铝明。

2. 铝铜合金

铝铜合金具有较高的耐热强度，适合于制作内燃机气缸盖、活塞等在高温（300℃以下）条件下工作的零件，其中 ZAlCu5Mn 是典型的铸造用铝铜合金。

3. 铝镁合金

铝镁合金具有较好的耐蚀性，适合于制作泵体、船舰配件或在海水中工作的构件，其中 ZAlMg10 是典型的铸造用铝镁合金。

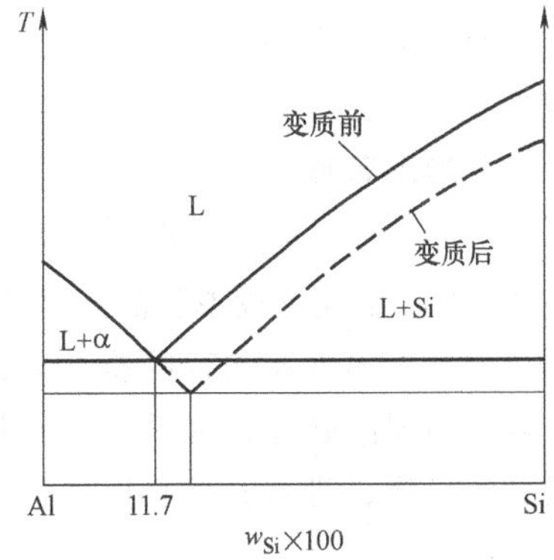

图 8-5　变质剂对 Al-Si 合金相图的影响

4. 铝锌合金

铝锌合金具有较高的强度，适合于制作汽车、飞机上形状复杂的零件，其中 ZAlZn11Si7 是典型的铸造用铝锌合金。

常用铸造铝合金的牌号和用途见表 8-2。

表 8-2　常用铸造铝合金的牌号和用途

类别	牌　号	用途举例
铝硅合金	ZAlSi7Mg	形状复杂的零件，如飞机仪器零件、抽水机壳体等
	ZAlSi12	仪表、水泵壳体，工作温度在 200℃以下的高气密性和低载荷零件
	ZAlSi9Mg	在 200℃以下工作的零件，如气缸体、机体等
	ZAlSi5Cu1Mg	形状复杂、工作温度为 250℃以下的零件，如风冷发动机的气缸盖，机匣，油泵壳体
铝铜合金	ZAlCu5Mn	内燃机气缸盖、活塞等零件
	ZAlCu10	高温下工作不受冲击的零件和要求硬度较高的零件
	ZAlCu4	中等载荷、形状较简单的零件，如托架和工作温度不超过 200℃并要求可加工性好的小零件
铝镁合金	ZAlMg10	在大气或海水中工作的零件，承受大振动载荷、工作温度不超过 150℃的零件，如氨用泵体、船舰配件等
	ZAlMg5Si1	腐蚀介质作用下的中等载荷零件，在严寒大气中以及工作温度不超过 200℃的零件，如海轮配件和各种壳体
铝锌合金	ZAlZn11Si7	结构形状复杂的汽车、飞机仪器零件，工作温度不超过 200℃，也可制作日用品

第二节　铜及其合金

一、纯铜

纯铜具有玫瑰色，表面氧化后呈紫色。铜具有面心立方晶格，塑性好（$A_{11.3}=50\%$，$z=70\%$），适合于形变加工。纯铜的熔点为 1083℃，密度为 8.9g/cm^3。

铜的化学稳定性好，在大气、水中有优良的耐蚀性。铜的导电性、导热性仅次于银。

铜的强度低（$R_m=240MPa$），经冷塑性变形之后其强度会明显提高（$R_m=400\sim$

500MPa)，而塑性明显下降（$A_{11.3}=5\%$）。

工业纯铜很少用于制作机械零件，常作为导电、导热、耐蚀材料使用，如制作电线和蒸发器等。

二、加工黄铜

黄铜是以锌为主要添加元素的铜合金。图 8-6 所示为铜锌合金相图的一部分。当 $w_{Zn}<39\%$ 时，合金中能形成单相的 α 固溶体；当 $w_{Zn}>32.5\%$ 时，固态合金中将出现 β 化合物相。

黄铜的力学性能与锌的质量分数的关系如图 8-7 所示。在单相区域随锌的质量分数的增加，合金因固溶强化，强度呈上升趋势；出现了强化相 β 相后，强度进一步提高，塑性则呈迅速下降趋势；进入 β 单相区后，因合金失去固溶体基体，强度迅速降低。

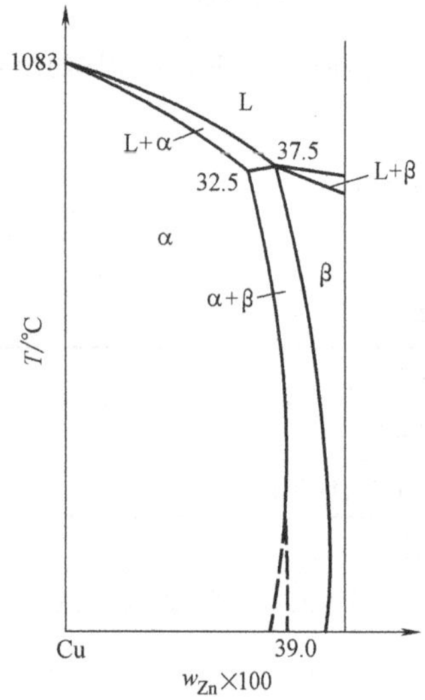

图 8-6　部分 Cu-Zn 合金相图

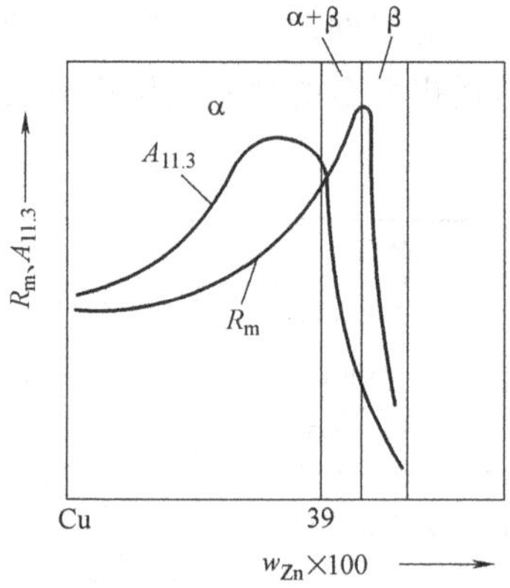

图 8-7　黄铜的力学性能与锌的质量分数的关系

单相 α 固溶体组织具有良好的塑性，适于冷、热形变加工；含有 α 固溶体和 β 相的双相组织在高温下具有良好的塑性，只适合于热形变加工。适合于形变加工的黄铜称为加工黄铜。仅含锌元素的加工黄铜，称为普通加工黄铜。

普通加工黄铜的牌号用“黄”字的汉语拼音字首“H”与一组数字表示。数字表示合金中铜的名义百分数，如 H70 表示 $w_{Cu}=70\%$ 的黄铜。H70 是典型的单相黄铜，H62 是典型的双相黄铜。常用普通加工黄铜的牌号、化学成分、力学性能及用途见表 8-3。

表 8-3　常用普通加工黄铜的牌号、化学成分、力学性能及用途

牌号	化学成分 $w\times100$		加工状态	力学性能			用途举例
	Cu	Zn		R_m/MPa	$A_{11.3}\times100$	HBW	
H96	95.0~97.0	余量	退火 形变加工	240 450	50 2		导管、冷凝管、散热管、散热片及导电零件
H80	79.0~81.0	余量	退火 形变加工	320 640	52 5	53 145	造纸网、薄壁管、波纹管及建筑用品
H70	68.5~71.5	余量	退火 形变加工	320 660	53 3	 150	弹壳、热变换器、造纸用管、机械和电器用零件

（续）

牌号	化学成分 $w\times100$		加工状态	力学性能			用途举例
	Cu	Zn		R_m/MPa	$A_{11.3}\times100$	HBW	
H68	67.0～70.0	余量	退火 形变加工	320 660	55 3	 150	复杂的冲压件和深冲件、散热器外壳、导管及波纹管
H62	60.5～63.5	余量	退火 形变加工	330 600	49 3	56 164	销钉、铆钉、螺母、垫圈、导管、夹线板、环形件、散热器等
H59	57.0～60.0	余量	退火 形变加工	390 500	44 10	 163	机械、电气用零件、焊接件及热冲压件

为了改善黄铜的力学性能、耐蚀性或某些工艺性能，可以在铜锌合金的基础上加入其他元素制成特殊黄铜。例如，加入镍制成镍黄铜，加入铅制成铅黄铜等。

三、青铜

青铜是指黄铜、白铜（铜镍合金）以外的其他铜合金。其中铜锡合金称为锡青铜，其他青铜称为特殊青铜。

图 8-8 所示为铜锡合金的一部分相图，当 $w_{Sn}<13.5\%$ 时能形成单相的 α 固溶体。实际上，由于锡原子在铜中扩散比较困难，在生产条件下只有 $w_{Sn}<6\%$ 时才能获得单相组织。若 $w_{Sn}>6\%$，则有硬脆的化合物 δ 相出现。

锡青铜的力学性能与锡的质量分数的关系如图 8-9 所示。在单相区域随锡的质量分数的增加，合金因固溶强化，强度呈上升趋势；出现了强化相 δ 相后强度进一步提高，而塑性呈迅速下降趋势；当 w_{Sn} 达到 20% 时，因硬脆的化合物 δ 相占优势，使强度迅速下降。

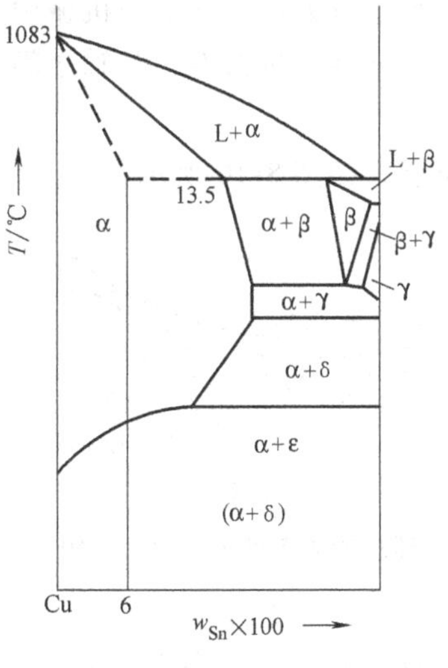

图 8-8　部分 Cu-Sn 合金相图

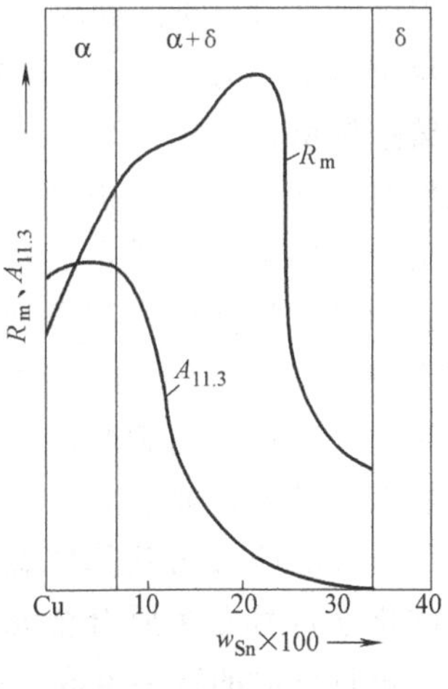

图 8-9　锡青铜的力学性能与锡的质量分数的关系

单相锡青铜组织具有良好的塑性，适合于冷、热形变加工，称为加工锡青铜。

以铝为主要合金元素的铜合金，称为铝青铜。铝青铜具有高的强度、耐蚀性和耐磨性，适合于制作蜗轮等零件。以铍为主要合金元素的铜合金，称为铍青铜。铍青铜具有高的规定塑性延伸强度，主要用于制作各种精密仪器、仪表的重要弹性元件。常用加工青铜的牌号、成分、力学性能及用途见表 8-4。

表 8-4　常用加工青铜的牌号、成分、力学性能及用途

组别	牌号	主要成分 $w\times100$			制品种类	力学性能		用途举例
		Sn	Cu	其他		R_m/MPa	$A\times100$	
加工锡青铜	QSn4-3	3.5~4.5	余量	Zn2.7~3.3	板、带、棒、线	350	40	弹簧、管配件和化工机械中的耐磨及抗磁零件
	QSn6.5-0.4	6.0~7.0	余量	P 0.26~0.40	板、带、棒、线	750	9	耐磨及弹性零件
	QSn4-4-2.5	3.0~5.0	余量	Zn3.0~5.0 Pb1.5~3.5	板、带	650	3	轴承和轴套的衬垫等

四、铸造铜合金

适合于铸造成形的铜合金，称为铸造铜合金。铸造铜合金的牌号由铜和主要合金元素的化学符号及表示主要合金元素名义质量百分数的数字组成，并在牌号的前面冠以“铸”字的汉语拼音字首“Z”。例如，ZCuZn38 表示 $w_{Zn}=38\%$ 的铸造黄铜；ZCuSn10Zn2 表示 $w_{Sn}=10\%$，$w_{Zn}=2\%$ 的铸造锡青铜。

ZCuZn25Al6Fe3Mn3 是典型的铸造铝黄铜，ZCuAl10Fe3 是典型的铸造铝青铜。ZCuPb30 是典型的铸造铅青铜，常用于制造滑动轴承。

第三节　铸造轴承合金与粉末冶金材料

一、铸造轴承合金

滑动轴承因承压面积大，承载能力强，工作平稳无噪声，且检修方便，在动力机械中广泛使用。为保证轴承对贵重的轴磨损最小，轴承应具有良好的磨合性、抗振性，与轴之间的摩擦因数应尽可能小。为此，设计制造了铸造轴承合金。

理想的铸造轴承合金的组织应该是在软基体上分布着硬质点，如图 8-10 所示。

轴承工作时，软基体很快被磨下去，硬质点因耐磨而凸出。凸出来的硬质点起到支承轴的作用，而凹下去的基体处能储存润滑油，从而形成近乎理想的摩擦条件。另外，软基体还有抗冲击能力和磨合能力，并且在超载时使硬质点可以被压入基体，从而能避免轴被划伤。

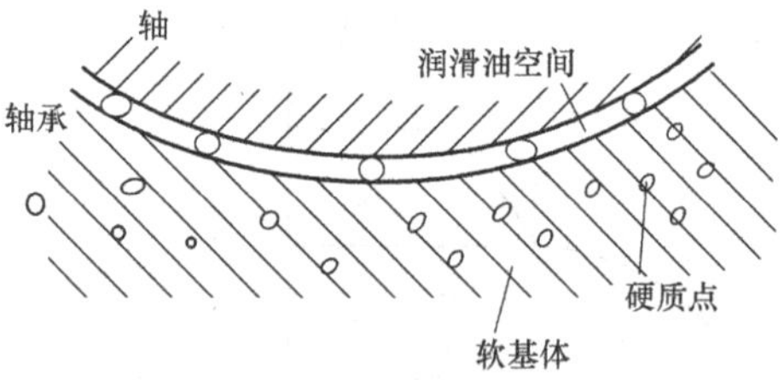

图 8-10　理想的铸造轴承合金的组织

铸造轴承合金的牌号由其基体金属元素、主要合金元素的化学符号及主要合金元素后面跟有表示其名义质量百分数的数字组成。如果合金元素的名义质量百分数的数字不小于 1，该数字用整数表示；如果其数字小于 1，一般不标数字。牌号前冠以“铸”字汉语拼音字首“Z”，表示属于铸造合金。例如，ZSnSb11Cu6 表示 $w_{Sb}=11\%$，$w_{Cu}=6\%$，余量为 Sn 的铸造轴承合金。合金中以锑溶于锡的 α 固溶体为软基体，以锡与锑的化合物为硬质点，构成比较理想的铸造轴承合金组织。

如果在硬基体上分布有软质点也能构成轴承合金的理想组织。例如，常用的铅青铜 ZCuPb30，因铅不溶于铜，其室温组织是铅的颗粒分布在铜的基体上，铅颗粒为软质点，铜

是硬基体。这类轴承合金的磨合性较差，但承载能力较强。铅青铜常作为铸造轴承合金广泛用于制作航空发动机和高速柴油机的轴承。

二、粉末冶金材料

粉末冶金材料是指不经熔炼和铸造，直接用金属粉末或金属与非金属粉末做原料，通过配料、压制成形、烧结和后处理等制成的材料。

1. 粉末冶金过程

（1）配料及压制成形　将配制的粉末原料放入模具中加压使之变形甚至颗粒破碎，借助粉末原子间的吸引力与颗粒间的机械咬合作用，成为一定强度的整体制件。

（2）烧结及后处理　将压制成形的制件放入闭式炉中加热，可以不形成液相，也可以部分形成液相。压制件的粉末通过塑性流动、原子扩散、表面氧化物还原等复杂的变化，彼此紧密结合成一体，并获得需要的性能。烧结后的压制件孔隙减少，但仍然有孔隙。

经烧结的制件，其性能一般能够满足使用要求。但有特殊要求时，还需要进行后处理。例如，为了提高制件的密度和形状尺寸精度，应进行精压处理；为了改善铁基粉末冶金制件的力学性能，应进行淬火或表面淬火处理；为改善制件的润滑性能或耐蚀性，应进行浸油或浸渍处理；为提高制件的塑性、韧性，应进行熔渗处理。熔渗处理是指将熔融状态的低熔点金属渗入粉末冶金制件的工艺过程。

粉末冶金法常用于制造硬质合金材料、减摩材料、难熔金属材料和特殊结构材料等。

2. 硬质合金

硬质合金是以一种或几种难熔碳化物（如 WC、TiC 等）粉末为主要成分，以金属钴作为粘结剂，经粉末冶金制成的材料。硬质合金是重要的刀具材料。

硬质合金按用途不同，可分为切削工具用硬质合金，地质、矿山工具用硬质合金，耐磨零件用硬质合金。

（1）切削工具用硬质合金　根据 GB/T 18376.1—2008 的规定，切削工具用硬质合金牌号按使用领域的不同可分为 P、M、K、N、S、H 六类，见表 8-5。各个类别为满足不同的使用要求，以及根据切削工具用硬质合金材料的耐磨性和韧性的不同，分成若干个组，用 01、10、20……两位数字表示组号。必要时，可在两个组号之间插入一个补充组号，用 05、15、25……表示。

表 8-5　切削工具用硬质合金的分类和使用领域

类别	使　用　领　域
P	长切屑材料的加工，如钢、铸钢、长切屑可锻铸铁等的加工
M	通用合金，不锈钢、铸钢、锰钢、可锻铸铁、合金钢、合金铸铁等的加工
K	短切屑材料的加工，如铸铁、冷硬铸铁、短切屑可锻铸铁、灰铸铁等的加工
N	非铁金属、非金属材料的加工，如铝、镁、塑料、木材等的加工
S	耐热和优质合金材料的加工，如耐热钢，含镍、钴、钛的各类合金材料的加工
H	硬切削材料的加工，如淬硬钢、冷硬铸铁等材料的加工

（2）地质、矿山工具用硬质合金　GB/T 18376.2—2014 规定，地质、矿山工具用硬质合金用 G 表示，并在其后缀以两位数字组 10、20、30……构成组别号，如 G20、G30、G40 等，根据需要还可在两个组别号之间插入一个中间代号，以中间数字 15、25、35……表示；需要再细分时，则可在组代号后加一位阿拉伯数字 1、2、3……或英文字母作为细分号，并

用小数点“.”隔开，以区别组别中的不同牌号。地质、矿山工具用硬质合金的代号和用途见表 8-6。

表 8-6　地质、矿山工具用硬质合金的代号和用途

分类分组代号	用途(作业条件)	性能提高方向
G05	适应于单轴抗压强度小于 60MPa 的软岩或中硬岩	↑耐磨性↑　↓韧性↓
G10	适应于单轴抗压强度为 60～120MPa 的软岩或中硬岩	
G20	适应于单轴抗压强度为 120～200MPa 的中硬岩或硬岩	
G30	适应于单轴抗压强度为 120～200MPa 的中硬岩或硬岩	
G40	适应于单轴抗压强度为 120～200MPa 的中硬岩或坚硬岩	
G50	适应于单轴抗压强度大于 200MPa 的坚硬岩或极坚硬岩	

(3) 耐磨零件用硬质合金　GB/T 18376.3—2001 规定，耐磨零件用硬质合金用 LS、LT、LQ、LV 分别表示金属线、棒、管拉制用硬质合金、冲压模具用硬质合金、高温高压构件用硬质合金和线材轧制辊环用硬质合金，并在其后缀以两位数字组 10、20、30……构成组别号，如 LS20、LT30、LQ30、LV40 等，根据需要还可在两个组别号之间插入一个中间代号，以中间数字 15、25、35……表示；需要再细分时，则可在组代号后加一位阿拉伯数字 1、2、3……或英文字母作为细分号，并用小数点“.”隔开，以区别组别中的不同牌号。耐磨零件用硬质合金的代号和用途见表 8-7。

表 8-7　耐磨零件用硬质合金的代号和用途

分类分组代号		用途(作业条件)
LS	10	适用于金属线材直径小于 6mm 的拉制用模具、密封环等
	20	适用于金属线材直径小于 20mm，管材直径小于 10mm 的拉制用模具、密封环等
	30	适用于金属线材直径小于 50mm，管材直径小于 35mm 的拉制用模具
	40	适用于大应力、大压缩力的拉制用模具
LT	10	M9 以下小规格标准紧固件冲压用模具
	20	M12 以下中、小规格标准紧固件冲压用模具
	30	M20 以下大、中规格标准紧固件、钢球冲压用模具
LQ	10	人工合成金刚石用顶锤
	20	人工合成金刚石用顶锤
	30	人工合成金刚石用顶锤、压缸
LV	10	适用于高速线材高水平轧制精轧机组用辊环
	20	适用于高速线材较高水平轧制精轧机组用辊环
	30	适用于高速线材一般水平轧制精轧机组用辊环
	40	适用于高速线材预精轧机组用辊环

作　业　八

一、基本概念解释

1. 自然时效　2. 人工时效　3. 黄铜　4. 青铜　5. 硬质合金

二、填空题

1. 变形铝合金主要包括防锈铝、__________铝、超硬铝、__________铝等。

2. 铸造铝合金按其所加合金元素的不同，可分为__________系、__________系、Al-Mg系、Al-Zn 系合金等。

3. 理想的铸造轴承合金的组织应该是在__________基体上分布着硬__________。

4. 粉末冶金法常用于制造__________材料、__________材料、难熔金属材料和特殊结构材料等。

5. 硬质合金按用途范围不同，可分为__________工具用硬质合金，地质、矿山工具用硬质合金，__________零件用硬质合金。

三、判断题

1. 适合于变形加工的黄铜称为铸造黄铜。　　(　　)

2. 单相锡青铜组织具有良好的塑性，适合于冷、热变形加工，称为加工锡青铜。　　(　　)

3. 如果在硬基体上分布着软质点，也能构成轴承合金的理想组织。　　(　　)

四、简答题

1. 简述铝合金的时效强化原理。

2. 简述软基体加硬质点铸造轴承合金的性能特点。

五、课外活动

1. 同学之间相互合作，分组调研铝合金的应用情况。

2. 同学之间相互合作，分组调研铜合金的应用情况。

第九章　非金属材料

现代科学技术中，非金属材料的开发和应用最为突出。其中高分子材料的应用日益广泛。由于陶瓷材料的特殊性能，使之成为最有希望的高温结构材料和各种功能材料；复合材料由于其各种组成材料保持各自的最佳特性，从而能够最有效地利用材料。高分子材料、陶瓷材料与金属材料已经成为工程材料的三大支柱。

第一节　高分子材料

高分子材料是指以高分子化合物为主要组分的材料。高分子化合物是指相对分子质量很大（500 以上）的化合物。高分子化合物的化学组成一般并不复杂，都是由一种或几种较简单的低分子化合物重复连接组成的。这类能组成高分子化合物的低分子化合物，称为单体。将单体转变为高分子化合物的过程，称为聚合。因此，高分子化合物也称为高聚物。例如，典型的高聚物聚乙烯是由单体乙烯 $CH_2=CH_2$ 经聚合反应获得的，即

$$nCH_2=CH_2 \xrightarrow{\text{聚合}} \cdots CH_2-CH_2 \vdots CH_2-CH_2 \vdots \cdots$$

一、高聚物的结构

1. 高聚物的大分子链结构

高聚物的结构呈链形，称为大分子链。例如，聚乙烯的大分子链是由许多结构相同的基本单元（$-CH_2-CH_2-$）重复连接而成的。这种特定的结构单元称为链节。

（1）线型高分子的结构　线型高分子的结构如图 9-1 所示，其整个分子呈细长链状，或蜷曲成不规则的线团状，或直链上带一些小支链。

a)　　b)　　c)

图 9-1　线型高分子的结构

a）直链　b）蜷曲链　c）带支链

线型结构的高分子化合物具有良好的弹性和塑性，加热时易软化并呈熔融状态，冷却后能固化。此过程可以反复进行，即具有热塑性。

（2）体型高分子的结构　体型高分子的结构可以看成是由线型高分子通过支链交联而构成的，如图 9-2 所示。其空间形态呈网状，也称网状结构。

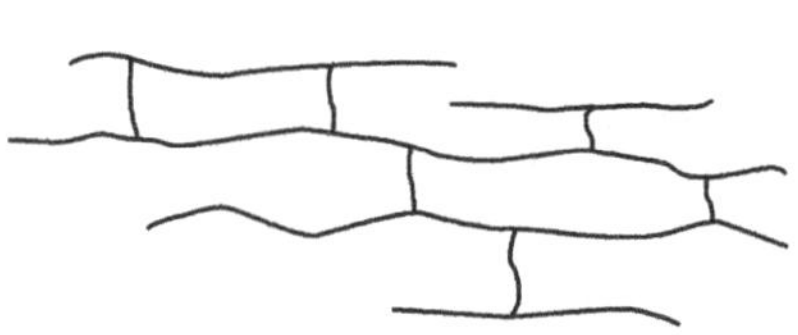

图 9-2　体型高分子的结构

网状结构的高分子化合物脆性大，弹性、塑性差，成型后不能再通过加热软化，即具有

热固性。

2. 高聚物的大分子聚集态结构

高聚物的大分子聚集态结构是指高聚物材料大分子链之间的几何排列状况。高聚物的大分子链通常聚集成液态或固态，不能形成气态。

（1）无定形高聚物的结构　线型大分子链很长，固化时分子链之间很难实现规则排列，多呈无序状态，形成无定形结构，如图 9-3 所示。无定形结构可以看成是冷冻的液态结构。体型大分子链存在着大量交联，不可能有序排列，也是无定形结构。

（2）晶态高聚物的结构　线型结构的高聚物和交联不多的网状结构的高聚物，固化时也可能实现规则排列，即结晶。但因分子链运动困难，不可能完全结晶，相当多的部分保持着冷冻的液态结构。因此，晶态高聚物实际上由两相组成：晶区中大分子做有规则的紧密排列；非晶区中大分子间排列松散且混乱，如图 9-4 所示。

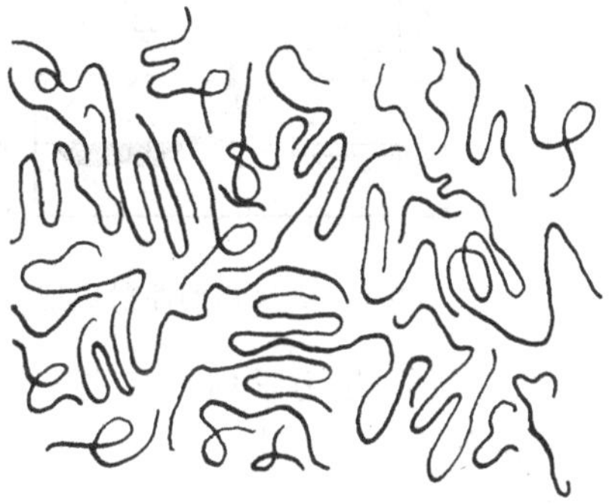

图 9-3　无定形高聚物结构示意图

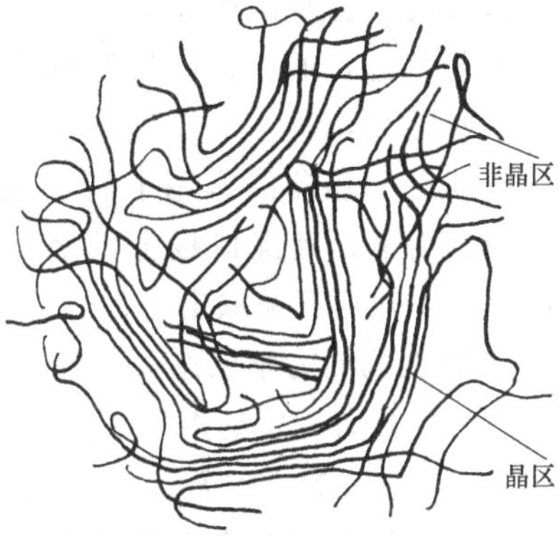

图 9-4　晶态高聚物的结构示意图

晶态高聚物的强度、硬度较高，耐热性、耐蚀性也较好，但弹性、塑性、韧性不如无定形高聚物。

二、高聚物的力学状态

高聚物的结构是决定高聚物力学性能的基础。在温度变化时，因其分子的运动单元各不相同而表现出不同的力学状态。

1. 线型无定形高聚物的力学状态

线型无定形高聚物在恒定载荷作用下，各个状态的力学行为随温度不同而不同，其热-力学曲线如图 9-5 所示。线型无定形高聚物在不同的温度范围内具有玻璃态、高弹态和粘流态等不同的力学状态。

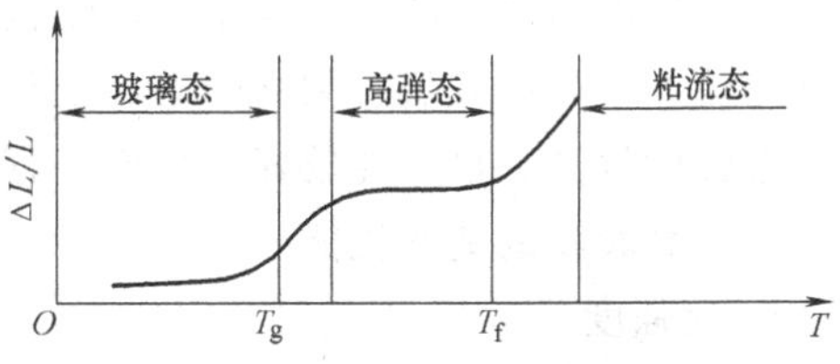

图 9-5　无定形高聚物的热-力学曲线

（1）玻璃态　在较低的温度 T_g 以下，大分子链及其链段都不能运动。线型无定形高聚物的变形量与所受力之间的关系基本上符合弹性变形规律，受外力作用时链段有微量的伸缩，去除外力后变形立即消失。高聚物的这种刚硬的非晶相固态，称为玻璃态。高聚物呈现玻璃态的最高温度 T_g，称为玻璃化温度。

在常温下处于玻璃态的高聚物通常称为塑料。塑料的强度较高，刚度较好，常作为结构材料使用。刚度主要是指材料抵抗弹性变形的能力。

（2）高弹态　当温度超过 T_g 后，分子具有较大的动能，虽然大分子链不能整体运动，但链段则有了运动的可能性。受外力作用时，物体缓慢变形；外力去除后，变形消失，表现出很好的弹性。高聚物这种独特的状态，称为高弹态。

在常温下处于高弹态的高聚物，通常称为橡胶。橡胶是很好的弹性材料，可以制作各种弹性构件。

（3）粘流态　当温度超过 T_f 后，分子的动能可以使整个大分子链产生运动。受外力作用时，变形急剧增大；外力去除后，变形不能消失，成为不可逆的流动状态。高聚物的这种状态，称为粘流态。由高弹态转变为粘流态的温度 T_f，称为粘流化温度。

在常温下处于粘流态的高聚物，通常称为流动树脂。流动树脂可以作为胶粘剂胶接各种构件。

高聚物的玻璃态和高弹态属于使用状态，而粘流态属于工艺状态。通常，高聚物的成型加工在粘流态进行。如图 9-6 所示的注射成型，将原料送入加料室，使其在加热器的作用下转变成粘流态，然后在压头的作用下，经浇口板上的竖浇口将其压入凹模的内腔，固化后开模取出工件。

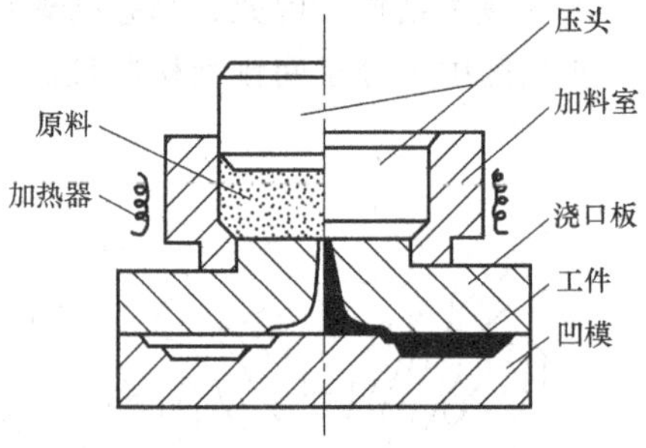

图 9-6　高聚物的注射成型

2. 晶态高聚物的力学状态

晶态高聚物具有确定的熔点 T_m。一般分子量晶态高聚物的热-力学曲线如图 9-7 所示，其在 T_m 以下处于晶态，在 T_m 以上处于粘流态，没有高弹态。

一般分子量晶态高聚物中通常含有相当数量的非晶区，如图 9-4 所示。在 $T_g \sim T_m$ 范围内，高聚物的晶区强度、硬度较高，而非晶区则处于高弹态。这种在整体上表现出既硬又韧的力学状态，称为皮革态。皮革态的高聚物通常称为韧性塑料。韧性塑料的使用上限温度是熔点 T_m。晶态高聚物在玻璃化温度 T_g 以下硬度较高，刚度较好，通常称为硬性塑料。硬性塑料的使用上限温度是 T_g。

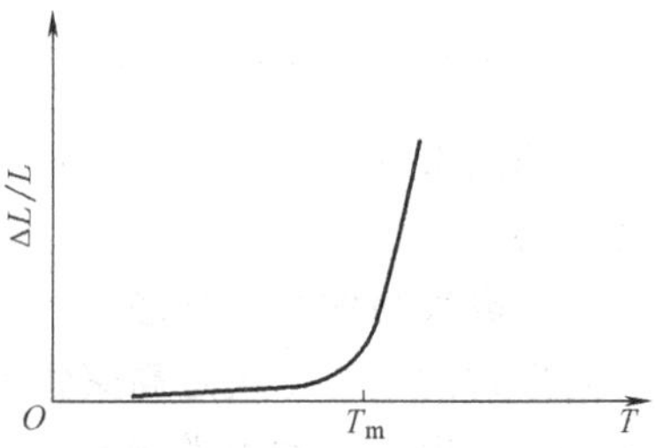

图 9-7　晶态高聚物的热-力学曲线

3. 体型高聚物的力学状态

因为体型高聚物的分子链呈交联结构，大分子链间不能产生相对滑动。所以体型高聚物没有粘流态，只有玻璃态和高弹态，受热时仍保持坚硬状态，达到一定温度即发生分解。体型高聚强度较高，耐热性较好，属于工程结构材料。

三、高聚物的基本性能

1. 比强度

高聚物的强度低，但比强度很高。因此，高聚物适合于制作车厢、船体等运输机械的结构件。

2. 弹性

高聚物的弹性变形量可以达到 100% ～1000%，而一般金属材料只有 0.1% ～1.0%。高聚物的高弹性是其大分子链的结构特点和链段运动特点所决定的。

3. 滞弹性

橡胶一类的高聚物，特别是在低温或老化状态，高弹性表现出强烈的时间依赖性，应变不仅决定于应力，而且决定于应力作用的时间。高聚物的这种应变平衡滞后于应力平衡的特性称为滞弹性，如图 9-8 所示。高聚物的滞弹性主要表现为蠕变现象和应力松弛现象。

（1）蠕变　蠕变是指在一定应力的作用下，物体的变形量随时间增加而增加的现象。金属材料在较高温度下才有蠕变行为，而高聚物的蠕变行为则在常温下发生。高聚物的蠕变行为可以认为是在外力长时间作用下，其大分子链由蜷曲、缠结状态转变成较为伸直的状态，最终导致不可逆的塑性变形。

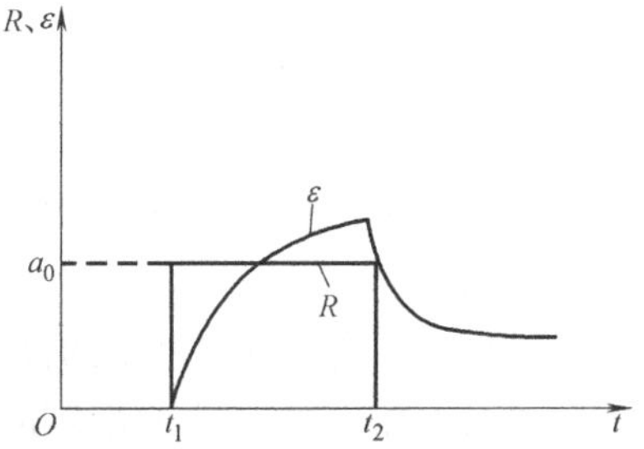

图 9-8　高聚物的滞弹性

（2）应力松弛　应力松弛是指高聚物在保持一定弹性变形的状态下，其内部应力随着时间的延长而逐渐衰减的现象。橡胶密封垫经长时间工作后出现的渗漏现象，就是因应力松弛所致。应力松弛可以认为是大分子链在长时间受力作用下发生位移的结果。

4. 减摩耐磨性

高聚物的减摩耐磨性优于金属。例如，聚四氟乙烯对自身的静摩擦因数仅有 0.04，在所有固体材料中几乎最低。表 9-1 列出了几种摩擦副的静摩擦因数。

表 9-1　几种摩擦副的静摩擦因数

摩擦副材料	静摩擦因数	摩擦副材料	静摩擦因数
软钢-软钢	0.30	软钢-软钢（油润滑）	0.08
硬钢-硬钢	0.15	聚四氟乙烯-聚四氟乙烯	0.04

另外，塑料的自润滑性能也较好，适合于制造凸轮、轴承等承受摩擦磨损的零件，特别是在不允许润滑或少润滑的摩擦条件下，更是金属材料所无法比拟的。

5. 绝缘性

高聚物的绝缘性与陶瓷相当，是电力、电子工业不可缺少的材料。

6. 耐蚀性

一般高聚物都具有较好的化学稳定性，是良好的耐蚀材料。特别是聚四氟乙烯，在强碱、强酸中，甚至在沸腾的王水中也很稳定。

7. 老化

老化是指高聚物的性能随时间逐渐恶化，甚至丧失使用价值的过程，如变硬、变脆、变软、变粘、脱色等。老化的主要原因，通常认为是在物理、化学等因素的作用下，高聚物的结构发生了变化。这种不可逆的性能衰退现象是高聚物的主要缺点。

四、常用高分子材料

高分子材料按其主要组分高聚物的性质进行分类，可分为塑料和橡胶。

1. 塑料

塑料是以合成树脂为主要原料，加入各种改善性能的添加剂，在一定温度和压力的条件下塑制成型的高分子材料。合成树脂是由低分子化合物经聚合反应得到的高分子化合物，其含量占塑料的40%～100%，从而决定着塑料的基本性能，又起着粘结剂的作用。常用的合成树脂有聚乙烯、聚苯乙烯树脂和酚醛树脂等，添加剂包括填料、增塑剂、固化剂、稳定剂等。填料可增强塑料的力学性能；增塑剂可提高树脂的可塑性；固化剂使聚合物通过分子交联形成体型网状结构，从而获得坚硬和稳定的性能；稳定剂可防止塑料在加工或使用过程中过早老化。

具有热塑性的塑料如聚乙烯和聚氯乙烯等，具有较好的力学性能，但耐热性和刚度较差。

具有热固性的塑料如酚醛和环氧等，具有较好的耐热性，但力学性能较差。

2. 橡胶

橡胶也是以高聚物为基础的高分子材料。橡胶的主要成分是生胶，它决定着橡胶的基本性能。生胶中加入硫化剂可使线型结构的橡胶分子相互交联成网状结构，以提高其强度和弹性；还常常加入软化剂增加橡胶的塑性；加入补强剂提高橡胶的耐磨性。

橡胶具有极好的弹性，广泛用作弹性材料、密封材料和减振材料。典型的橡胶材料如综合性能较好的天然橡胶，主要用于制造轮胎；气密性好的丁基橡胶，主要用于制造内胎。

第二节　其他非金属材料

一、陶瓷材料

陶瓷材料是无机非金属材料的统称，包括陶器、瓷器、玻璃、搪瓷和耐火材料等。

1. 陶瓷材料的晶体结构

陶瓷是由金属和非金属元素的化合物构成的多晶固体材料，其结构比金属晶体复杂得多。金属以金属键为结合键，即靠金属正离子与共有的自由电子间的静电引力结合而构成晶体。陶瓷材料大多是由离子键为主要结合键构成的离子晶体，也有以共价键为主要结合键构成的共价晶体。陶瓷材料一般为两种或两种以上不同结合键构成的晶体。

2. 陶瓷材料的显微组织

陶瓷材料的显微组织非常复杂又不均匀，通常认为由晶体相、玻璃相和气相三部分组成。

（1）晶体相　晶体相是陶瓷中的主要组成相。陶瓷材料的晶体相往往不止一个，而是多相多晶体，其主要晶体相决定着陶瓷材料的性能。常见的氧化物晶体结构是以较大的氧离子做紧密排列，金属阳离子则位于一定的间隙中。例如，常见的硅酸盐晶体结构是由四个氧离子组成四面体，而硅离子位于四面体的中心。

（2）玻璃相　玻璃相是一种非晶态低熔点固体相。它是陶瓷材料在烧结过程中产生的氧化物熔融液相被冷冻下来形成的。玻璃相填充了晶体相间的空隙，提高了材料的致密程度，并使陶瓷材料获得一定程度的玻璃特性。工业陶瓷中玻璃相的含量需要控制在20%～40%的范围内。

（3）气相　气相或气孔是由于工艺方面的原因，在陶瓷材料中不可避免地残存下来的相。气孔将降低材料的强度，除多孔陶瓷外，都必须加以限制。普通陶瓷的气孔率应控制在5%～10%；特种陶瓷的气孔率应控制在5%以下。

3. 陶瓷材料的基本性能

(1) 力学性能　在各类材料中，陶瓷材料的刚度最好，硬度最高。但是其强度较低，韧性很差。

(2) 耐热性　陶瓷材料在1000℃仍能保持其在室温时的强度，而多数金属材料在此温度早已丧失强度。陶瓷是工程上常用的耐高温材料。

(3) 绝缘性　陶瓷材料中无自由电子，是传统的绝缘材料。

(4) 耐蚀性　陶瓷材料组织稳定，对酸、碱、盐有很强的耐蚀能力。

4. 常用陶瓷材料

(1) 普通陶瓷　普通陶瓷是指黏土类陶瓷、日用陶瓷、建筑卫生瓷、电工瓷和化学瓷等。

(2) 特种陶瓷　特种陶瓷是指具有某种独特性能的陶瓷。例如，氧化铝陶瓷的耐蚀性和介电性能好，且耐高温，常用于制造热电偶绝缘套、内燃机的火花塞等；氮化硅陶瓷的化学稳定性好，常用于制造耐蚀水泵的密封环和阀门等；氮化硼陶瓷的自润滑性能好，常用于压制成金属切削刀具。

二、复合材料

复合材料是指用两种或更多种物理或化学性质不同的材料，以宏观或微观的形式由人工制成的多相固体材料。复合材料克服了单一材料的某些不足，实现了使用对材料的综合性要求。例如，钢筋混凝土是钢筋与水泥、砂、石的人工复合材料；木材可以看成是纤维素和木质素的天然复合材料。

1. 复合材料的组织结构

复合材料属于多相体系，其基体相起粘接作用，而增强相起提高强度或韧性的作用。因为基体相和增强相是性能完全不同的两种材料，所以复合材料具有非均质连续和各向异性的特点。

2. 复合材料的基本性能

复合材料的性能比其组成材料要好得多。例如，玻璃纤维的断裂能为$7.5J/m^2$，常用树脂的断裂能为$226J/m^2$，而两者复合成玻璃钢后的断裂能为$176\times10^3J/m^2$。可见，复合工艺是改善材料性能的重要手段。另外，按照构件的结构和受力要求，可以对复合材料进行最佳设计，以最大限度地发挥材料的潜力。这是复合材料的又一个突出优点。

纤维增强复合材料的比强度和比刚度在各种材料中最高，这对高速运转的结构零件和要求减轻自重的运输机械零件使用价值极高。比刚度指材料的刚度与密度之比。

另外，疲劳强度与抗拉强度之比是材料的一项重要性能指标。碳纤维增强复合材料的这项指标是0.7~0.8，而金属材料的这项指标是0.3~0.5。

复合材料还具有良好的减摩性、耐磨性和自润滑性，常用于制造滑动轴承等零件。

3. 常用纤维增强复合材料

(1) 玻璃钢　玻璃纤维树脂复合材料俗称玻璃钢，是目前机械工业中应用最广的一类复合材料。玻璃钢以合成树脂为基体相，以玻璃纤维为增强相制成。玻璃纤维是由熔化的玻璃液以极快的速度抽拉成的细丝状玻璃，其直径一般为5~9μm，比强度、比刚度高，耐热性、化学稳定性好；主要缺点是脆性大。玻璃钢具有优越的使用性能，目前国外各式各样的小船、游艇等基本上都采用玻璃钢材料制造，车身、车厢、驾驶室也广泛采用玻璃钢代替钢材制造。

(2) 其他纤维增强复合材料　玻璃钢有许多优点，但刚度较低。碳纤维、硼纤维的复合材料克服了玻璃钢的缺点。例如，碳纤维增强塑料的强度、刚度高，耐磨性好，自润滑性好，可以代替钢材制造耐磨零件如齿轮、轴承等。硼纤维复合材料还具有优良的抗疲劳性能，目前主要在航空航天工业中广泛使用。

作　业　九

一、基本概念解释

1. 高分子材料　2. 高分子化合物　3. 塑料　4. 陶瓷　5. 复合材料

二、填空题

1. 线型无定形高聚物在不同的温度范围内具有__________态、__________态和粘流态等不同的力学状态。

2. 蠕变是指在一定的应力作用下，物体的变形量随着时间增加而__________的现象。

3. 应力松弛是指高聚物在保持一定弹性变形的状态下，其内部应力随着时间的延长而逐渐__________的现象。

4. 老化是指高聚物的性能随着时间逐渐__________，甚至丧失使用价值的过程，如变硬、变脆、变软、变粘、脱色等。

5. 高分子材料按其主要组分高聚物的性质进行分类，可分为__________和__________。

6. 橡胶具有极好的弹性，广泛用作__________材料、__________材料和减振材料。

7. 陶瓷材料是无机非金属材料的统称，包括陶器、__________、__________和耐火材料等。

8. 陶瓷材料的显微组织非常复杂又不均匀，通常认为由__________相、__________相和气相三部分组成。

9. 复合材料属于多相体系，其基体相起__________作用，而增强相起提高__________或韧性的作用。

三、判断题

1. 将单体转变为高分子化合物的过程，称为聚合。　(　)

2. 线型结构的高分子化合物具有良好的弹性和塑性。　(　)

3. 网状结构的高分子化合物脆性大，弹性、塑性差。　(　)

4. 刚度主要指材料抵抗弹性变形的能力。　(　)

5. 高聚物的耐蚀性较差。　(　)

6. 复合材料具有各向同性的特点。　(　)

四、简答题

1. 高聚物老化的主要原因是什么？

2. 陶瓷材料的基本性能有哪些？

五、课外活动

1. 同学之间相互合作，分组调研塑料的应用情况。

2. 同学之间相互合作，分组调研复合材料的应用情况。

第二篇

毛坯成形及其选择（金属热加工基础）

- 第十章　铸造成形
- 第十一章　锻压成形
- 第十二章　焊接与胶接成形
- 第十三章　毛坯分析与选择

第十章　铸造成形

第一节　铸造概述

铸造是指熔炼金属、制造铸型，并将熔融金属浇入铸型，凝固后获得一定形状和性能的铸件的成形方法。铸件是指用铸造方法得到的金属件。铸型是指形成铸件形状的工艺装置。铸造成形实质上是利用熔融金属的流动性能实现成形。铸造成形具有以下主要特点：

1. 成形方便且适应性强

铸造成形方法对工件的尺寸形状几乎没有任何限制。只要能把金属熔炼成熔融状态并浇入铸型，就能生产出铸件。因此，形状复杂的或大型的机械零件，一般采用铸造方法初步成形。

铸件的材料可以是铸铁、铸钢、铸造铝合金、铸造铜合金等各种金属材料，也可以是高分子材料和陶瓷材料；铸件的尺寸可大可小，铸件的形状可简单可复杂。在单件小批量和大批量生产中，铸造都是不可缺少的成形方法。

2. 铸件的组织性能较差

铸件晶粒粗大（铸态组织）、化学成分不均匀，是其力学性能较差的主要原因。因此，受力不大或承受静载荷的机械零件，如箱体、床身、支架等，常采用铸件毛坯。

3. 成本较低

铸造成形方便，铸件毛坯与零件形状相近，能节省金属材料和切削加工工时；铸造原材料来源广泛，可以利用废件、废料等；铸造设备通常比较简单，投资较少。因此，铸件的成本较低。

第二节　金属的铸造性能

金属的铸造性能主要指金属的流动性和收缩性。金属铸造性能的优劣影响着金属铸造成形的难易程度。

一、金属的流动性

流动性是指熔融金属的流动能力。在实际生产中，流动性是指熔融金属充满铸型的能力。为了评定金属的流动性，通常将金属浇注成螺旋形试样，如图 10-1 所示。浇注的试样越长，则其流动性越好。

常见合金的流动性见表 10-1。由表可以看出：灰铸铁的流动性最好，硅黄铜、硅铝合金次之，铸钢的流动性最差。

1. 影响流动性的因素

（1）化学成分　化学成分是影响合金流动性的本质因素。合金的化学成分与其流动性的关系如图 10-2c 所示。显然，共晶成分的合金比远离共晶成分的合金的流动性好。

共晶成分合金的结晶过程如图 10-2a 所示。熔融金属在充满铸型的过程中，由下而上逐层凝固。由于共晶成分的合金在恒温下结晶，合金在结晶过程中液相与固相的界面始终是光滑的，对尚未凝固的熔融金属流动阻力很小，容易充满型腔。

远离共晶成分的合金的结晶过程如图 10-2b 所示。由于合金在一定的温度范围内结晶，初生的先晶相在液相与固相的界面上以树枝状生出，参差不齐，阻碍了熔融金属的流动，不容易充满型腔。

从图 10-2c 还可以看出，纯金属的流动性也不如共晶成分的合金。这是因为纯金属的热导性较好，散热较快，使其充满型腔的能力受到影响。

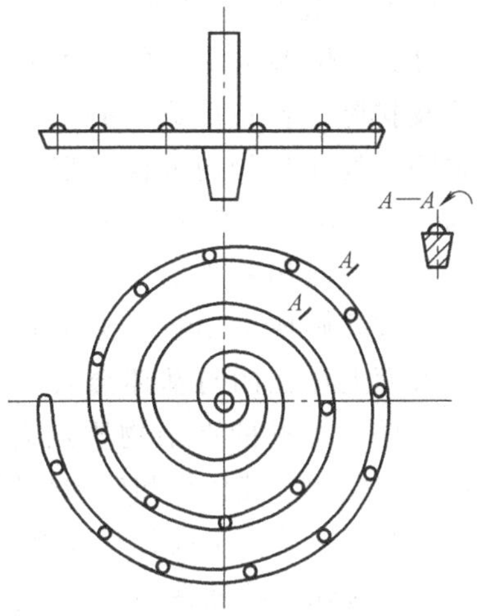

图 10-1 螺旋形试样

(2) 工艺条件 较高的浇注温度能延长金属的熔融态保持时间，并且能降低熔融金属的黏度，从而提高流动性。例如，铸铁的浇注温度每提高 10℃，螺旋试样长度增加 100mm 左右。

表 10-1 常用合金的流动性

合金	造型材料	浇注温度/℃	螺旋线长度/mm
灰铸铁 $w_{(C+Si)}=6.2\%$	砂型	1300	1800
$w_{(C+Si)}=5.2\%$	砂型	1300	1000
$w_{(C+Si)}=4.2\%$	砂型	1300	600
铸钢 $w_C=0.4\%$	砂型	1600	100
	砂型	1640	200
锡青铜	砂型	1040	420
硅黄铜	砂型	1100	1000
硅铝合金	金属型	680~720	700~800

金属在干砂型中的流动性优于湿砂型；在砂型中的流动性优于金属型。因此，金属型铸造适合于生产壁厚的铸件。

2. 流动性对铸件质量的影响

金属的流动性好，才能获得形状完整、轮廓清晰的铸件；若流动性不好，将出现铸件缺陷。

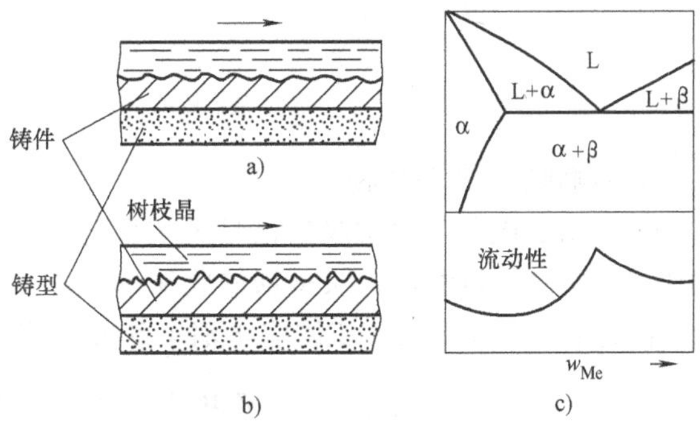

图 10-2 化学成分与流动性
a) 共晶成分 b) 远离共晶成分 c) 成分与流动性

(1) 浇不到与冷隔 浇不到是指铸件残缺或轮廓不完整，或可能出现铸件完整但边角圆且光亮等缺陷。浇不到缺陷常出现在远离浇口的部位及薄壁处，如图 10-3a 所示。浇不到缺陷出现时，铸型的浇注系统是充满的。

冷隔是指在铸件上穿透或不穿透，边缘呈圆角状缝隙的一类缺陷。冷隔多出现在远离浇口的宽大上表面或薄壁处、金属流汇合处和激冷部位等，如图 10-3b 所示。

（2）气孔与夹杂物　合金的流动性差，则黏度大，熔融金属中的气体和夹杂物不便上浮及排除，容易形成气孔、夹杂物一类铸件缺陷。气孔是指内表面一般比较光滑，主要为梨形、圆形、椭圆形的孔洞类铸件缺陷。气孔通常不露出铸件表面。大气孔常孤立存在，小气孔则成群出现。夹杂物是指在铸件内或表面上存在的与基体金属成分不同的质点类缺陷。常见的夹杂物质点有渣、砂、涂料层、氧化物、硫化物和硅酸盐等。

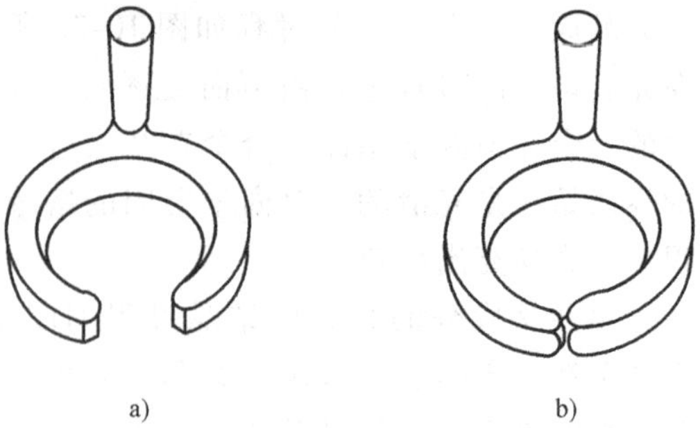

图 10-3　浇不到与冷隔
a）浇不到　b）冷隔

调整合金的化学成分和改善铸造工艺条件是防止产生上述铸件缺陷的主要途径。

二、金属的收缩性

收缩性是指浇注后的熔融金属逐渐冷却至室温时将伴随着体积和尺寸缩小的特性。金属浇注后的收缩分为液态收缩、凝固收缩和固态收缩，如图 10-4 所示。液态收缩是指金属在液态时由于温度降低而发生的体积收缩，如图 10-4a 所示；凝固收缩是指熔融金属在凝固阶段的体积收缩，如图 10-4b 所示。纯金属及恒温结晶的合金，其凝固收缩单纯由于液-固相变引起；具有一定结晶温度范围的合金，则除有因液-固相变引起的收缩之外，还有因凝固阶段温度下降产生的收缩。固态收缩是指金属在固态由于温度降低而产生的体积收缩，如图 10-4c 所示。固态体积收缩表现为三个方向线尺寸的缩小，即三个方向的线收缩。但线收缩并非从金属的固相线温度开始，而是从析出的枝晶搭成的骨架开始。

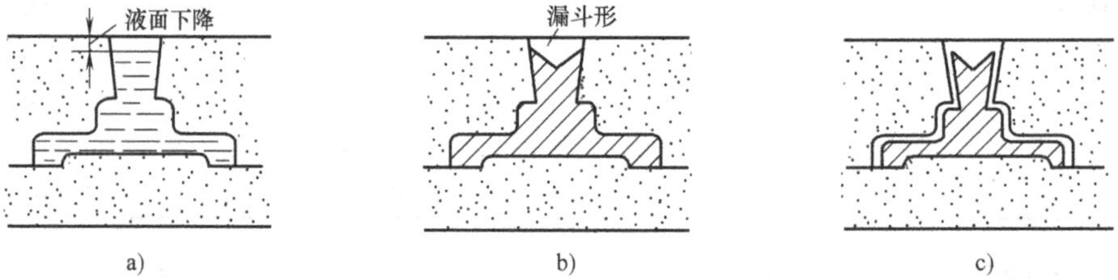

图 10-4　金属的收缩过程
a）液态收缩　b）凝固收缩　c）固态收缩

1. 影响收缩性的因素

（1）化学成分　化学成分也是影响合金收缩性的本质因素。几种常见合金的收缩率见表 10-2。由表可以看出，灰铸铁的收缩率最小。这是因为合金在冷却过程中结晶出密度较小的石墨相时，产生的体积膨胀抵消了部分收缩。

表 10-2　几种常见合金的收缩率

合金种类	灰铸铁	铸钢	铝合金	铜合金
线收缩率(%)	0.9～1.3	2.0～2.4	0.9～1.5	1.4～2.3
体收缩率	体收缩率约等于线收缩率的 3 倍			

（2）工艺条件　合金的浇注温度越高，液态收缩越大。实践表明，浇注温度每提高 100℃，体积收缩率增加 1.6%左右。合金在铸型中冷却时的收缩会受到铸型甚至铸件本身

的影响，使实际收缩量小于自由收缩量。铸型的强度越高，铸件的结构越复杂，对自由收缩的影响越大。

2. 收缩性对铸件质量的影响

金属的收缩率小，才能获得尺寸准确、组织致密的铸件；若收缩率大，可能导致产生许多铸件缺陷。

（1）缩孔与缩松 缩孔是指铸件在凝固过程中，由于补缩不良产生的孔洞。缩孔的形状极不规则，孔壁粗糙并带有枝状晶，常出现在铸件最后凝固的部位。缩松是指铸件断面上出现的分散而细小的缩孔，有时借助放大镜才能发现。铸件有缩松的部位，在气密性试验时可能产生渗漏。

缩孔的形成过程如图 10-5 所示。熔融金属充满型腔之后，沿内壁形成一层硬壳，成为一个密闭的容器。在进一步冷却的过程中，由于硬壳内金属的液态收缩和凝固收缩远远大于硬壳的固态收缩，使液面下降，形成真空。在大气压力的作用下，硬壳可能向内凹陷。在继续凝固的过程中，硬壳增厚，真空增大，凝固结束时形成缩孔。在凝固后的冷却过程中，铸件形状基本不变，其固态收缩表现为三维尺寸的减少。

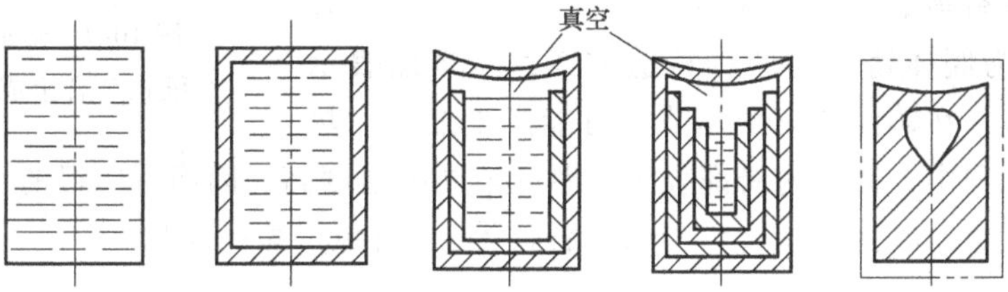

a) b) c) d) e)

图 10-5 圆柱形铸件中缩孔的形成

a）充满金属液 b）形成硬壳 c）形成真空 d）真空增大 e）形成缩孔

纯金属和靠近共晶成分的合金，因结晶温度范围窄，流动性好，在铸件凝固成形的过程中易形成集中缩孔。

远离共晶成分的合金，结晶温度范围宽，其凝固过程如图 10-6 所示。初生的先晶相树枝晶在凝固层内表面呈锯齿形。锯齿形凝固前沿将最后凝固的部位分隔成许多封闭的液体小区。这些被封闭的液体小区凝固后将形成许多分散的小缩孔，称为缩松。

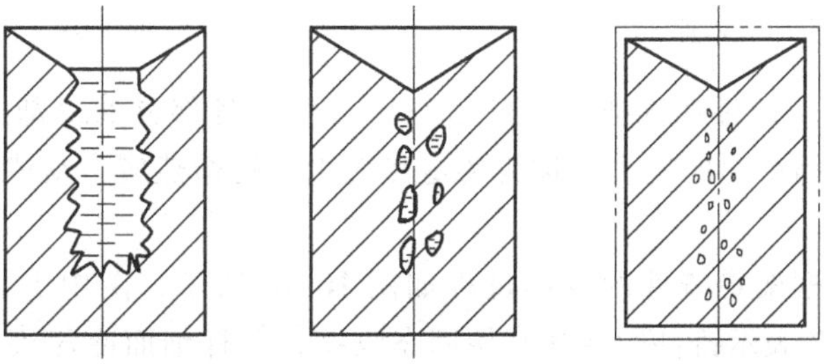

a) b) c)

图 10-6 圆柱形铸件缩松的形成

a）锯齿形凝固前沿 b）形成液体小区 c）形成缩松

形成的缩孔、缩松与合金成分的关系如图 10-7 所示。

缩孔是危害很大的铸件缺陷。防止铸件上产生缩孔的根本措施是采用定向凝固原则，即将缩孔转移到冒口中。冒口是指铸型内储存供补缩铸件用熔融金属的空腔，也指该空腔中填充的金属。冒口有时还起到排气与集渣的作用。“定向凝固”是指使铸件按规定方向从一部分到另一部分逐渐凝固的过程，通常是向着冒口的方向凝固。

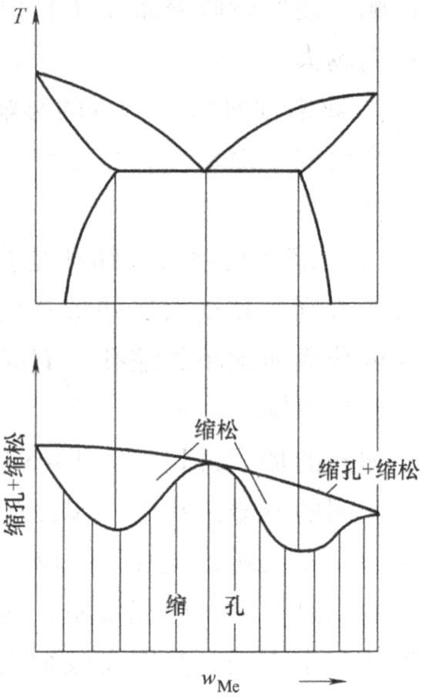

图 10-7　形成的缩孔、缩松与合金成分的关系

定向凝固原则如图 10-8 所示。将浇口开设在铸件上较厚的部位，使铸件上较薄的部位远离冒口或在远离冒口的部位设置冷铁（为增加铸件局部的冷却速度，在砂型、砂芯表面或型腔中安放的金属物）。在铸型中，远离冒口的部位先凝固，靠近冒口的部位后凝固，冒口最后凝固。在整个凝固过程中，液态收缩和凝固收缩引起的体积减小，总是能得到熔融金属的补充，最终把缩孔转移到冒口中。切除冒口就得到组织致密的铸件。凝固收缩率大的铸钢件、可锻铸铁件等，常采用定向凝固的方法铸造成形。如图 10-9 所示为阀体铸件的两种铸造方案，左半图表示未采用工艺措施，在铸件的三个热节处可能产生缩孔。热节是指在凝固过程中，铸型内局部金属的温度较周围温度高，因而凝固慢的节点或区域。右半图表示采用了定向凝固措施（设冷铁、冒口等），避免了缩孔缺陷。

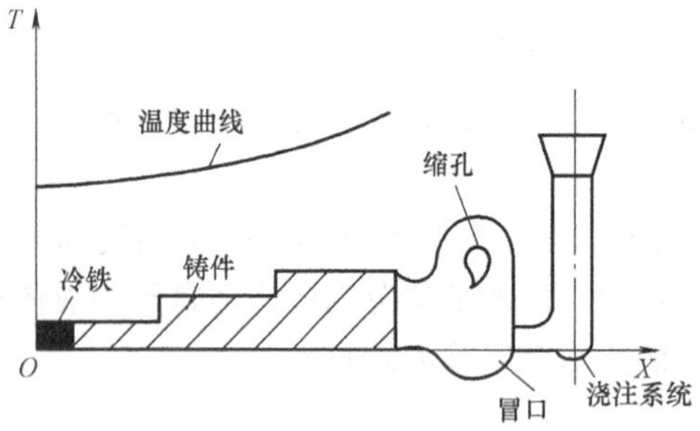

图 10-8　定向凝固原则

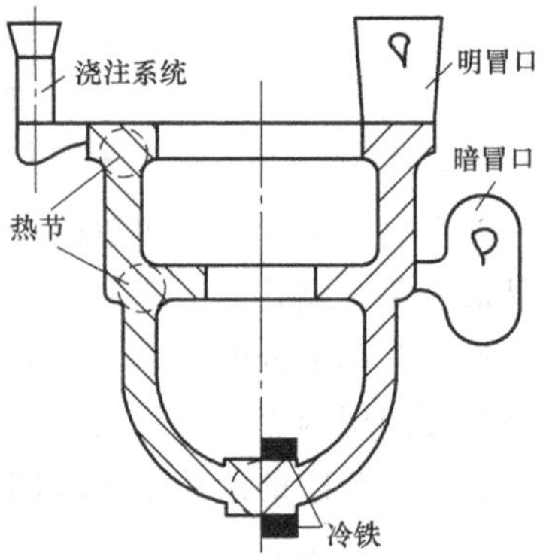

图 10-9　阀体的两种铸造方案

（2）变形与裂纹　铸件在固态收缩的过程中，由于各部分的冷却速度不同，将引起不均衡收缩。不均衡收缩产生的应力，称为铸造热应力。铸造热应力是铸件产生变形和裂纹的主要原因。

铸造热应力引起框架式铸件的变形过程如图 10-10 所示，图中 1 表示铸件处于高温固态，尚无应力产生；2 表示铸件因冷却开始固态收缩，侧杆细而冷却快，收缩早，受到较粗中杆的限制，把上、下梁拉弯，此时中杆处于压应力状态，侧杆处于拉应力状态；3 表示中杆温度尚比较高，强度较低而塑性较好，产生压缩塑性变形使热应力消失；4 表示侧杆冷至室温，收缩终止，而中杆冷却慢，继续收缩又受到侧杆的限制，此时中杆处于拉应力状态，侧杆处于压应力状态并产生弯曲；5 表示中杆承受的拉应力超过抗拉强度而断裂。

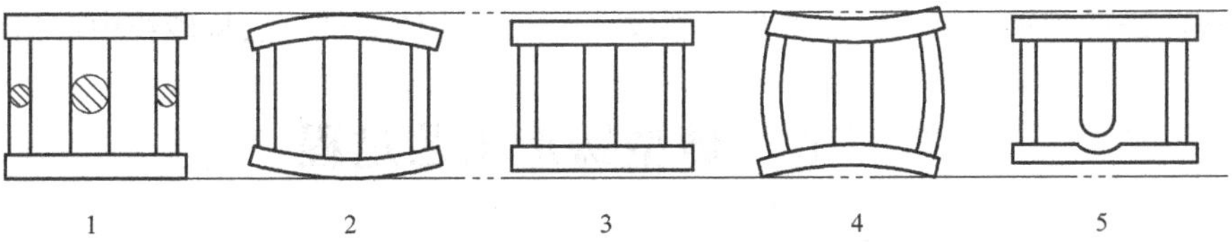

图 10-10　铸造热应力与变形

1—无应力　2—产生应力　3—应力消失　4—又产生应力　5—断裂

可见，凝固后的铸件在继续冷却过程中冷却快的表层首先达到室温，受心部收缩的压迫而处于压应力状态；冷却慢的心部后达到室温，受表层的制约不能充分收缩而处于拉应力状态。同样的道理，铸件上较薄的部分处于压应力状态，较厚的部分处于拉应力状态。

图 10-11a 所示床身铸件在凝固后冷却的过程中，导轨部分截面厚大，冷却慢而后达到室温。导轨受床腿的制约不能充分收缩，处于拉应力状态；床腿较薄而冷却快，先达到室温，受导轨收缩的压迫处于压应力状态；最终铸件产生了上凹下凸的变形。

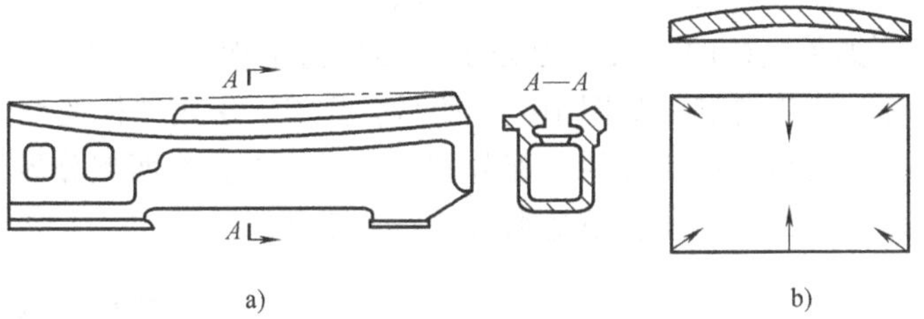

图 10-11　床身和平板的变形

a）床身　b）平板

图 10-11b 所示平板铸件在凝固后的冷却过程中，心部较边缘冷却慢，下表面较上表面冷却慢，故心部和下表面处于拉应力状态，边缘和上表面处于压应力状态，最终平板铸件产生了上凸下凹的变形。

减少铸件热应力的根本措施是采用同时凝固原则，如图 10-12 所示。将浇口开设在铸件上较薄的部位，而在较厚的部位设置冷铁。铸件在整个冷却过程中各部分的温差较小，铸造热应力较小，从而减少了产生变形、裂纹的倾向。

采用同时凝固原则不必设置冒口，节省了金属材料，又简化了工艺，但铸件内部容易产生缩松缺陷。收缩率小的灰铸铁件常常采用同时凝固原则铸造成形。

铸件在固态收缩时，因受到铸型、砂芯、浇冒口等方面的阻碍而产生的应力，称为收缩应力。如果收缩应力超过材料的抗拉强度，铸件在铸型中就会产生裂纹。图 10-13 所示铸件

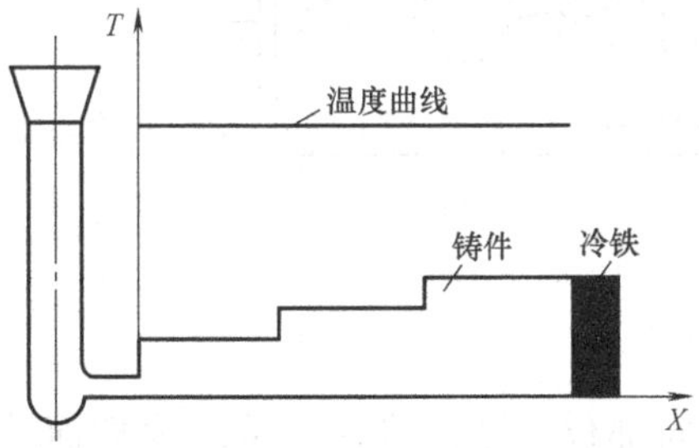

图 10-12　同时凝固原则

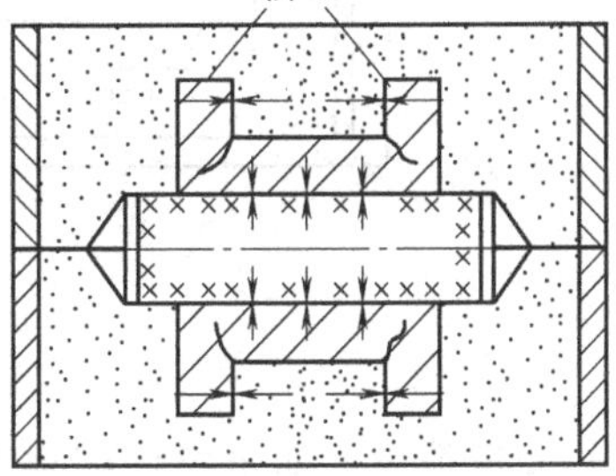

图 10-13　收缩应力

法兰的轴向收缩受到型砂的阻碍而产生了裂纹。因此，铸件应早一点从砂箱中取出。

第三节　砂型铸造工艺过程

砂型铸造是指用型砂紧实成形的铸造方法。砂型铸造使用的造型材料包括砂、黏土、有机或无机粘结剂及其他附加物。将各种造型材料按一定比例配备，混合成造型或制芯的型砂或芯砂。砂型铸造工艺过程如图 10-14 所示。

一、造型

造型是指用型砂及模样等工艺装备制造铸型的过程。造型通常分为手工造型和机器造型。

1. 手工造型

手工造型是指全部用手工或手动工具完成的造型工序。手工造型按起模特点进行分类，可分为整模、挖砂、分模、活块、三箱等造型方法。

（1）整模造型　如果模样的最大截面处于一端且为平面，使该端位于分型面处即可起模。这种造型方法称为整模造型，如图 10-15 所示。显然，采用整模造型方法起模方便，不会产生错型铸件缺陷。错型是指铸件的一部分相对于另一部分在两型分界处相互错开的铸件缺陷。齿轮、轴承座等零件常采用整模造型方法铸造毛坯。

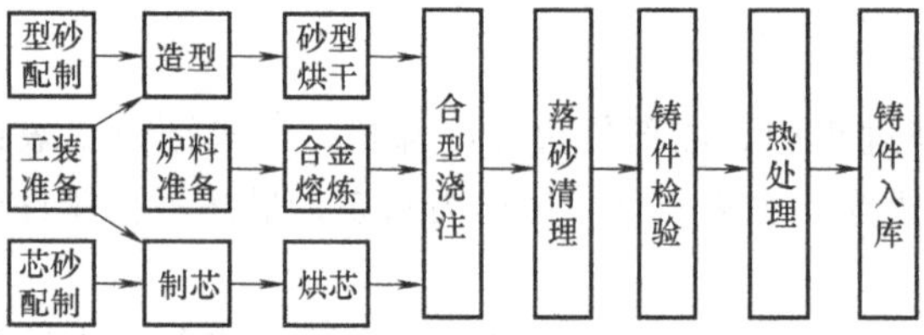

图 10-14　砂型铸造工艺过程

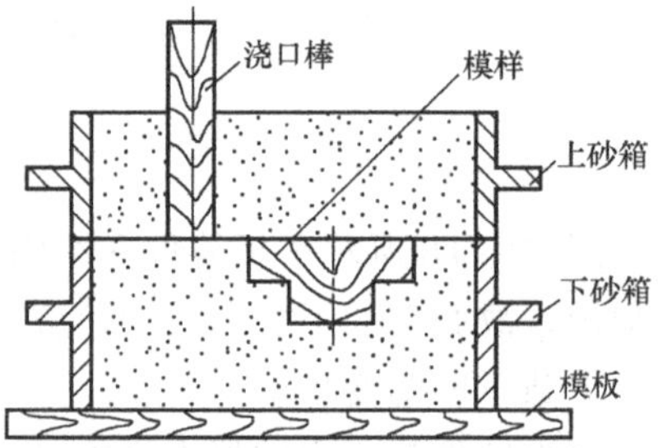

图 10-15　整模造型

（2）挖砂造型　如果模样的一端为台阶面或曲面，则必须先挖去阻碍起模的型砂，这种造型方法称为挖砂造型，如图 10-16 所示。显然，挖砂造型的生产率低，劳动强度大，只有在单件小批量生产时，对于端面不平又不便分型的带轮、手轮等零件，才采用挖砂造型铸造毛坯。

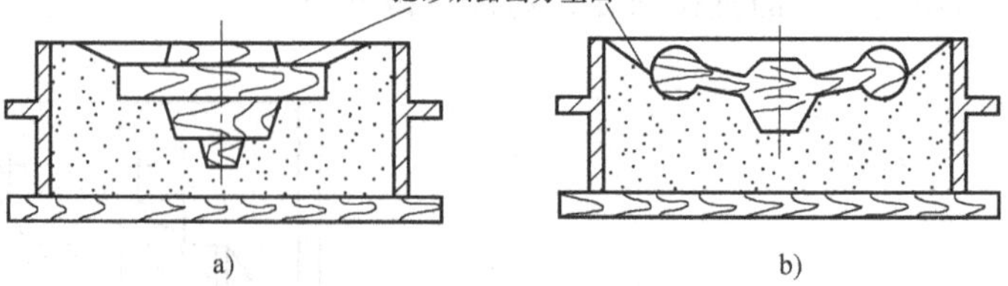

图 10-16　挖砂造型

a）带轮　b）手轮

（3）分模造型　如果模样的最大截面处于中间部位，可以将模样从最大截面处分开，在上砂箱和下砂箱中分别造出上半型和下半型，这种造型方法称为分模造型，如图 10-17 所示。显然，采用分模造型方法铸造回转体类零件的毛坯非常方便，但上型、下型定位不准时将产生错型铸件缺陷。

（4）活块造型 如果模样上有妨碍起模的部分，应将这部分做成活块，造型时先取出模样的主体部分，如图10-18a所示；再从旁侧小心地取出活块，如图10-18b所示。这种造型方法称为活块造型。显然，采用活块造型方法操作难度较大。在单件小批量生产中，常用活块造型来铸造凸台类零件的毛坯。

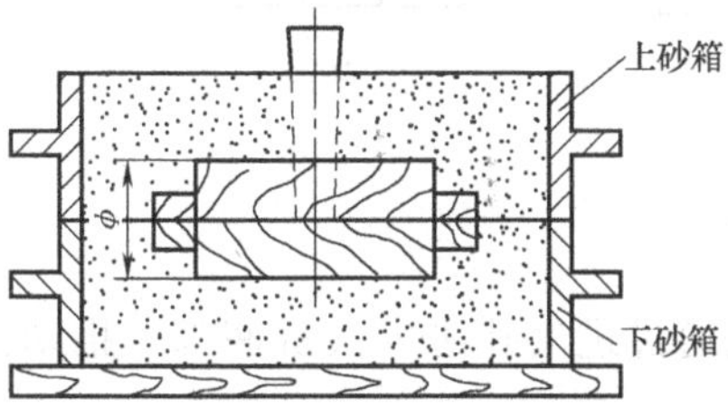

图10-17 分模造型

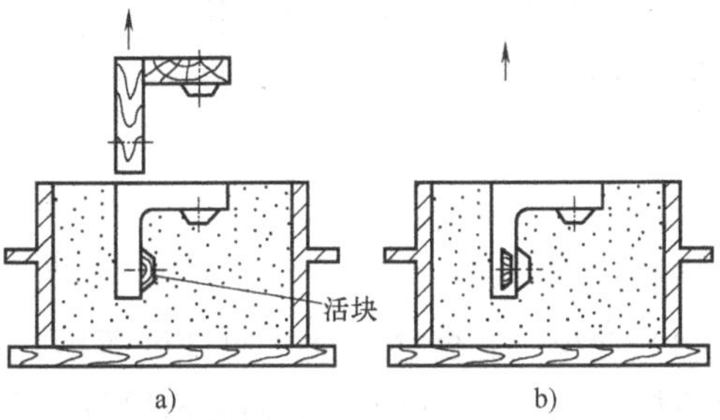

图10-18 活块造型

s）取主体 b）取活块

（5）三箱造型 如果模样两端面大而中间截面小，可以将模样沿最小截面切开，从两个分型面分别取出两半模样，这种造型方法称为三箱造型，如图10-19所示。显然，采用三箱造型方法操作复杂，生产率低，且要求中砂箱的高度与模样的高度基本相当。在单件小批量生产中，三箱造型常用于铸造两端截面较大类零件的毛坯。

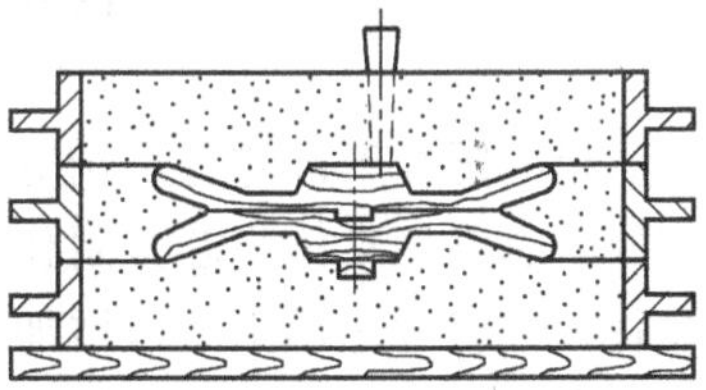

图10-19 三箱造型

总体来说，手工造型方法比较灵活，适应性较强，生产准备时间短；但生产率低、劳动强度大，铸件质量较差。因此，手工造型多用于单件小批量生产。在大批量生产中，普遍采用机器造型方法。

2. 机器造型

机器造型是指用机器完成全部或至少完成紧砂操作的造型工序。常见的震实造型机如图10-20所示，通过填砂、震实、压实和起模等步骤完成造型工作。

（1）填砂 填砂过程如图10-20a所示，将砂箱放在模板（模样与造型底板的组合体）上，由输送带送来的型砂通过漏斗（图上未画出）填满砂箱。

（2）震实 震实过程如图10-20b所示，使压缩空气经震击活塞、压实活塞中的通道进入震击活塞的底部，顶起活塞、模板及砂箱。当活塞上升到出气孔位置时，就将气体排入大气。震击活塞、模板、砂箱等因自重一起下落，发生撞击震动。然后，压缩空气再次进入震击活塞底部，如此循环进行，连续撞击震动，使砂箱下部型砂被震实。

（3）压实 压实过程如图10-20c所示。将压头转到砂箱上方，然后使压缩空气通过进气孔进入压实气缸的底部，使活塞上升将型砂压实。压实终了，压实活塞退回原位，压头转到一边。

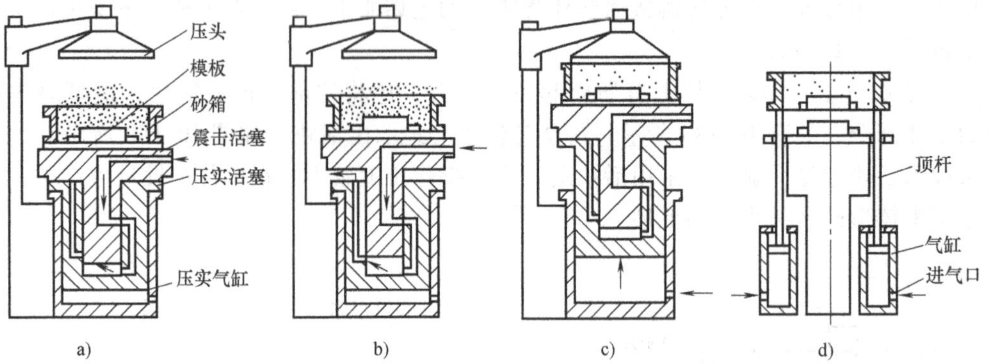

图 10-20　震实造型机
a）填砂　b）震实　c）压实　d）起模

（4）起模　起模过程如图 10-20d 所示，使压缩空气通过进气孔进入气缸底部，推动活塞及顶杆上升，使砂箱被顶起而脱离模板，实现起模。

显然，机器造型必须使用模板造型，通过模板与砂箱机械地分离而实现起模。模板不易更换，通常使用两台造型机分别造上型和下型。因此，机器造型只能实现两箱造型。

3. 制芯

砂芯主要用于形成铸件的内腔及尺寸较大的孔。最常用的制芯方法是用芯盒制芯，如图 10-21 所示。

短而粗的圆柱形砂芯宜采用分开式芯盒制作，如图 10-21a 所示。形状简单且有一个较大平面的砂芯宜用整体式芯盒制作，如图 10-21b 所示。无论哪种制芯方法，都要在砂芯中放置芯骨，并将砂芯烘干，以增加砂芯的强度。通常还在砂芯中扎出通气孔或埋入蜡线形成通气孔。在大批量生产中，应采用机器制芯。

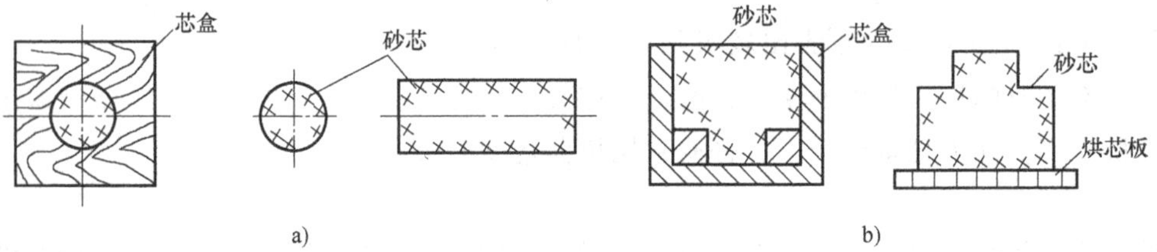

图 10-21　芯盒制芯
a）分开式芯盒　b）整体式芯盒

4. 开设浇注系统

浇注系统是指为填充型腔和冒口而开设于铸型中的一系列通道。浇注系统通常由浇口杯、直浇道、横浇道和内浇道组成，如图 10-22 所示。浇口杯承接浇注的熔融金属；直浇道以其高度产生的静压力，使熔融金属充满型腔的各个部分，并能调节熔融金属流入型腔的速度；横浇道将熔融金属分配给各个内浇道；内浇道的方向不应对着型腔壁和砂芯，以免铸型或砂芯被熔融金属冲坏。

5. 合型

合型是指将铸型的各个组元如上型、下型、砂芯等组合成一个完整铸型的操作过程。合型后即可准备浇注。

二、熔炼与浇注

1. 熔炼

熔炼是指使金属由固态转变成熔融状态的过程。熔炼的任务是提供化学成分和温度都合格的熔融金属。

2. 浇注

浇注是指将熔融金属从浇包注入铸型的操作。浇注时，浇注温度应尽可能低些，以减少气体的熔解量及液态收缩量，从而减少气孔、缩孔等铸件缺陷。但熔融金属出炉的温度应尽可能高些，以利于熔渣上浮，从而便于清渣和减少夹杂物类铸件缺陷。

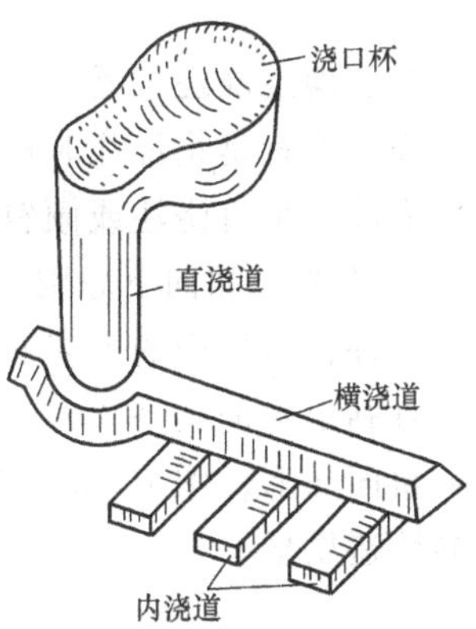

图 10-22　浇注系统

三、落砂与清理

落砂是指用手工或机械使铸件与型砂、砂箱分开的操作。落砂时间过早可能导致灰铸铁铸件表层产生白口铸铁组织，难以进行切削加工；落砂时间过晚，则可能由于收缩应力使铸件产生裂纹。因此，浇注后应合理地控制落砂时间。

清理是指落砂后从铸件上清除表面粘砂、型砂、多余金属（包括浇冒口、氧化皮）等过程的总称。落砂后应及时清理铸件。

清理后应根据技术要求仔细检验铸件，判断铸件是否合格，技术条件允许焊补的铸件缺陷应焊补。合格的铸件应进行去应力退火或自然时效，变形的铸件应矫正。

第四节　砂型铸造工艺设计简介

铸件的工艺设计主要包括选择分型面、确定浇注位置、确定主要工艺参数和绘制铸造工艺图等。

一、选择分型面

分型面是指铸型组元间的接合面。选择分型面的基本原则是简化铸造工艺。

1. 便于起模原则

起模是指使模样或模板与铸型分离以及砂芯与芯盒分离的操作。为了便于起模，分型面总是选择在零件的最大截面处。

2. 简单最少原则

选择平直的分型面使造型工艺简单。若只选择一个分型面，则可以采用简便的两箱造型方法。在大批量生产中，可增加砂芯以减少分型面，也可采用机器造型。图 10-23 所示绳轮铸件增设环形外砂芯，可使分型面减为一个。

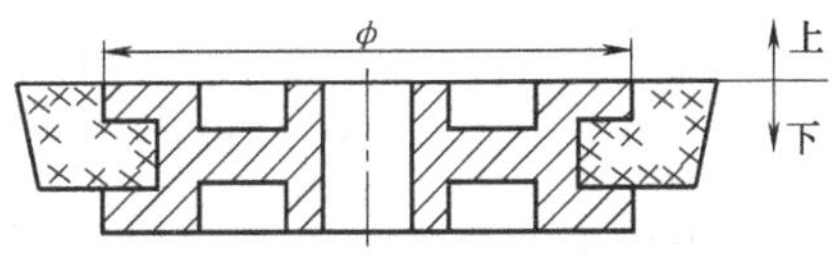

图 10-23　增砂芯减少分型面

选择分型面时，还应考虑尽量使铸件的全部或大部分处于同一砂箱中，以保证铸件上各表面之间的位置精度。如图 10-24 所示水管堵头铸件，采用 b 图方案比 a 图方案较为优越。

砂芯最好位于下砂箱，以便降低上砂箱的高度，从而使起模和安放砂芯时翻箱操作比较方便。

二、确定浇注位置

浇注位置是指浇注时铸型分型面所处的位置。分型面为水平、垂直或倾斜时，分别称为水平浇注、垂直浇注或倾斜浇注。确定浇注位置的基本原则如下：

1. 重要表面向下原则

铸件在铸型中的上表面容易出现砂眼、气孔、夹杂物类缺陷。铸件的重要表面在铸型中向下有利于保证其平整光洁和组织性能优良。如图 10-25a 所示床身铸件的浇注位置使重要的导轨面向下；图 10-25b 所示锥齿轮铸件的浇注位置使重要的锥面向下，均可保证重要表面的铸造质量。

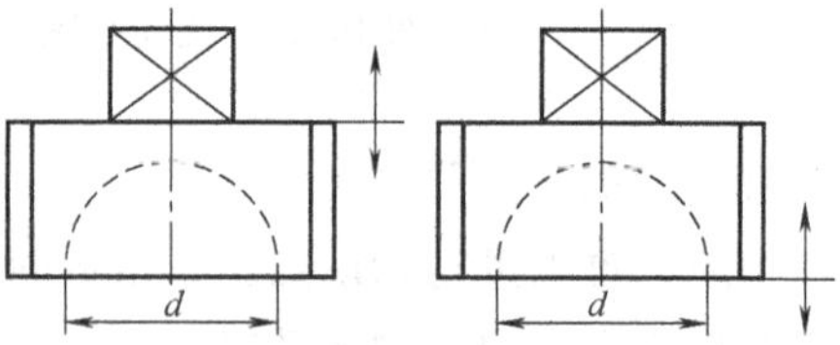

图 10-24　水管堵头的分型面

a）位于中间　b）位于一端

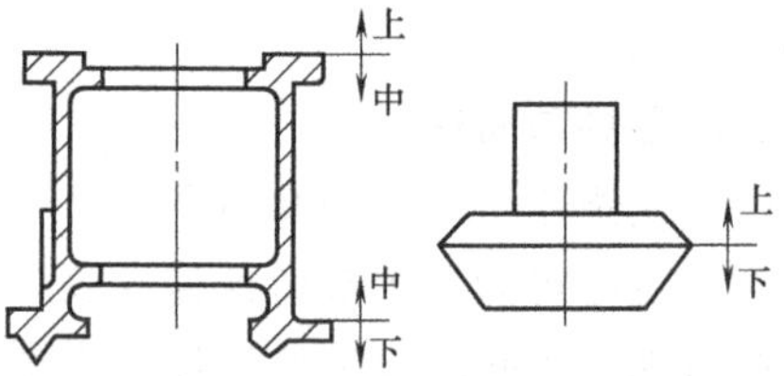

图 10-25　重要表面向下原则

a）床身铸件　b）锥齿轮铸件

如果铸件上有几个重要表面，则优先选其中最大的表面在浇注时向下，而向上的重要表面必须加大加工余量以保证质量。对于圆筒形铸件，通常采用垂直浇注方案，使铸件的圆周表面在浇注时处于侧立位置，以便使圆周表面的质量较好并且均匀一致。

重要表面（特别是大平面）向下的原则还可以用图 10-26 说明。在浇注过程中，熔融金属对型腔的顶面有强烈的热辐射作用，顶面的型砂可能因热膨胀而拱起，甚至开裂，如图 10-26a 所示。金属凝固后，铸件在铸型中的上表面将产生夹砂缺陷，如图 10-26b 所示。因此，平板类铸件在浇注时，其大平面应尽可能向下，如图 10-26c 所示。

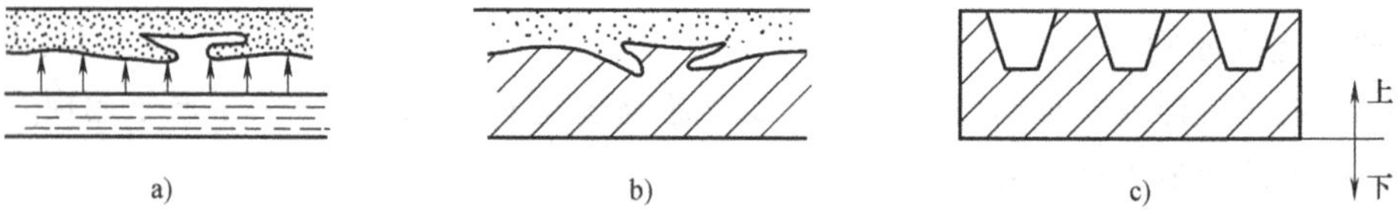

图 10-26　大平面在浇注时的位置

a）顶面拱起开裂　b）夹砂缺陷　c）大平面向下的浇注位置

2. 上厚下薄原则

铸件的薄壁部分在浇注时应处于下部或垂直、倾斜位置，以免出现浇不到、冷隔等缺陷。图 10-27 所示油盘类铸件的浇注位置有利于熔融金属充满型腔。铸件上厚的部分容易产生缩孔，使其位于上部便于设置冒口，实现定向凝固。

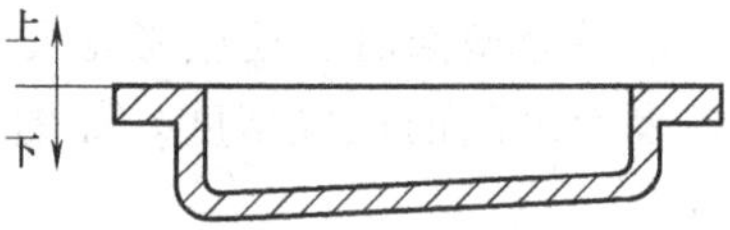

图 10-27　上厚下落原则

选择分型面和确定浇注位置的各项原则，对于一个具体铸件往往很难同时满足，有时甚至互相矛盾。如图 10-28 所示的曲轴铸件沿对称平面分型，工艺简便，但不能保证重要表面轴颈的质量；若采用垂直位置浇注，能保证轴颈表面的质量，但工艺上又比较复杂。在实际生产中常采用“平做立浇”的铸造方案，先用分模两箱造型满足工艺简便的要求，合型后再翻转90°垂直浇注，满足轴颈表面的质量要求。一般来说，对于质量要求高的铸件，应优先考虑浇注位置，兼顾简化工艺；对质量无特殊要求的一般铸件，应优先考虑简化工艺，兼顾浇注位置。

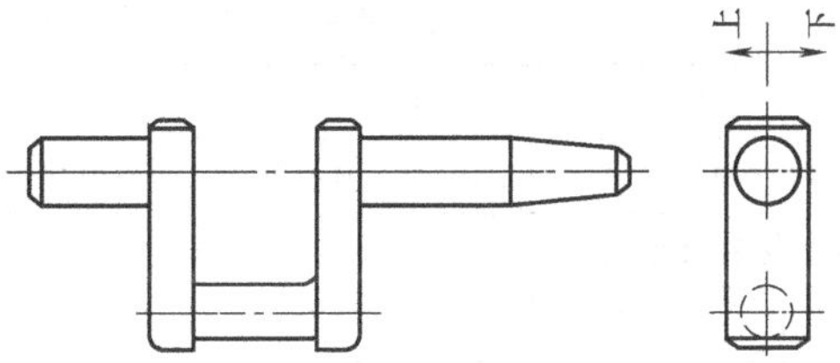

图 10-28 曲轴的“平做立浇”

三、确定主要工艺参数

1. 加工余量

加工余量是指为保证铸件加工面尺寸和零件精度，在铸件工艺设计时预先增加而在切削加工时切去的金属层厚度。铸铁件的切削加工余量，通常依据实际生产条件和有关资料确定。

加工余量的代号用字母 MA 表示。确定加工余量大小程度的级别，称为加工余量等级。加工余量等级由精到粗分为 A、B、C、D、E、F、G、H、J 9 个等级。

铸件尺寸公差是指对铸件尺寸规定的允许变动量，其代号用字母 CT 表示。铸件的尺寸公差等级由高到低分为 1、2、3、…、16，共 16 个等级。

当铸件尺寸公差等级和加工余量等级确定后，按铸件的公称尺寸在表 10-3 中查出铸件尺寸公差数值，在表 10-4 中查出铸件的切削加工余量数值。铸件的公称尺寸是指有加工要求的表面上最大尺寸和该表面距它的加工基准间尺寸两尺寸中的较大者，加工基准是指铸件在切削加工时用于定位的表面。

表 10-3 铸件尺寸公差数值（摘自 GB/T 6414—1999） （单位：mm）

铸件公称尺寸		公差等级 CT							
大于	至	9	10	11	12	13	14	15	16
—	10	1.5	2.0	2.8	4.2	—	—	—	—
10	16	1.6	2.2	3.0	4.4	—	—	—	—
16	25	1.7	2.4	3.2	4.6	6	8	10	12
25	40	1.8	2.6	3.6	5.0	7	9	11	14
40	63	2.0	2.8	4.0	5.6	8	10	12	16
63	100	2.2	3.2	4.4	6	9	11	14	18
100	160	2.5	3.6	5.0	7	10	12	16	20
160	250	2.8	4.0	5.6	8	11	14	18	22
250	400	3.2	4.4	6.2	9	12	16	20	25
400	630	3.6	5	7	10	14	18	22	28
630	1000	4.0	6	8	11	16	20	25	32

注：表中 CT13 ~ CT16，并小于或等于 16mm 的铸件公称尺寸，其公差值需单独标注，可提高 2 ~ 3 级。

在单件小批量生产中，按造型材料及铸铁材料确定铸件尺寸公差等级。例如，采用干、湿型砂及灰铸铁材料铸出的铸件尺寸公差等级为 CT15 ~ CT13；在大批量生产中，按铸造工艺方法及铸件材料确定铸件的尺寸公差等级。例如，采用砂型手工造型方法及灰铸铁材料铸出的铸件尺寸公差等级为 CT13 ~ CT11。

表 10-4 铸件的切削加工余量（摘自 GB/T 6414—1999） （单位：mm）

CT		11		12			13			14		15	
MA		G	H	G	H	J	G	H	J	H	J	H	J
公称尺寸		加工余量数值											
大于	至												
—	100	4.0 3.0	4.5 3.5	4.5 3.0	5.0 3.5	6.0 4.5	6.0 4.0	6.5 4.5	7.5 5.5	7.5 5.0	8.5 6.0	9.0 5.5	10 6.5
100	160	4.5 3.5	5.5 4.5	5.5 4.0	6.5 5.0	7.5 6.0	7.0 4.5	8.0 5.5	9.0 6.5	9.0 6.0	10 7.0	11 7.0	12 8.0
160	250	6.0 4.5	7.0 5.5	7.0 5.0	8.0 6.0	9.5 7.5	8.5 6.0	9.5 7.0	11 8.5	11 7.5	13 9.0	13 8.5	15 10
250	400	7.0 5.5	8.5 7.0	8.0 6.0	9.5 7.5	11 9.0	9.5 6.5	11 8.0	13 10	13 9.0	15 11	15 10	17 12
400	630	7.5 6.0	9.5 8.0	9.0 6.5	11 8.5	14 11	11 7.5	13 9.5	16 12	15 11	18 13	17 12	20 14

注：表中每栏有两个加工余量数值，上面数值是一侧为基准，另一侧进行单侧加工的加工余量值；下面数值是进行双侧加工的加工余量值。

铸件的加工余量等级与铸件的尺寸公差等级应配套使用。在单件小批量生产中，采用干、湿型砂及灰铸铁材料铸出的铸件的 CT 与 MA 的配套关系是（CT13 ~ CT15）/H；在大批量生产中，采用砂型手工造型方法及灰铸铁材料铸出的铸件的 CT 与 MA 的配套关系是（CT11 ~ CT13）/H。

2. 铸件的线收缩率

线收缩率是指铸件从线收缩起始温度冷却至室温的收缩率。线收缩率通常以模样与铸件的长度差除以模样长度的百分比表示。即

$$\varepsilon = \frac{L_m - L_j}{L_m} \times 100\%$$

式中 ε——铸件的线收缩率；

L_m、L_j——分别表示模样、铸件的同一线性量的尺寸。

灰铸铁件的线收缩率 $\varepsilon \approx 1\%$；非铁金属铸件的线收缩率 $\varepsilon \approx 1.5\%$；铸钢件的线收缩率 $\varepsilon \approx 2\%$。

3. 起模斜度

起模斜度是指为使模样容易从铸型中取出或砂芯从芯盒中脱出，平行于起模方向模样或芯盒壁上的斜度。起模斜度通常为 15′ ~ 3°。一般来说，壁越高，斜度越小；机器造型、制芯的起模斜度比手工造型、制芯要小一些；金属型的斜度比木模要小一些。模样内壁的起模斜度应比外壁大一些。内壁的起模斜度通常取 3° ~ 10°。图 10-29 所示 a、b、c 分别表示上、下、侧三表面的切削加工余量；α 表示外壁的起模斜度；β 和 γ 表示内壁的起模斜度。

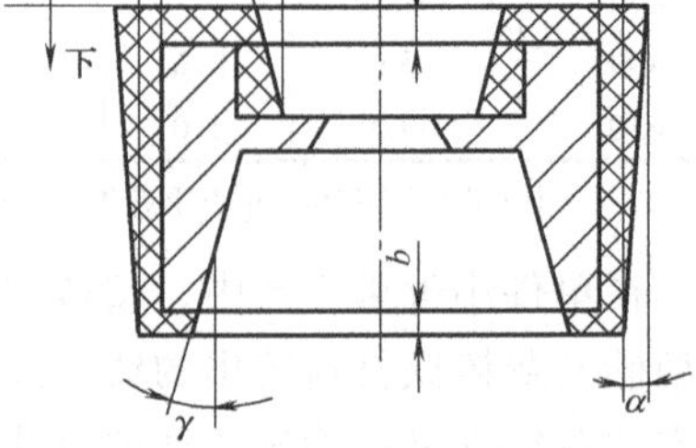

图 10-29 起模斜度与加工余量

4. 铸造圆角

设计制作模样时，其壁间连接或拐角处应做成圆弧过渡，习惯上称为铸造圆角。铸造圆角有内圆角与外圆角之分，如图 10-30 所示。对于中小型铸件，外圆角的圆角半径一般取 2～8mm，内圆角的圆角半径一般取 4～16mm。

5. 芯头

芯头是指砂芯的外伸部分。芯头不形成铸件的轮廓，只是落入芯座内来定位和支承砂芯。如图 10-31 所示。芯座是指铸型中专门放置芯头的空腔。

设计芯头时应考虑砂芯定位准确、安放牢固和装配、排气、清理等方便。芯头有垂直芯头和水平芯头。垂直芯头一般有上、下芯头，如图 10-31a 所示。但粗短的砂芯可以不制作上芯头。通常，下芯头高度应稍大一些，斜度稍小一些，以增加砂芯的稳定性；上芯头高度应小一些，斜度应大一些，以便合型。水平芯头的尺寸主要取决于砂芯的长度和直径，如图 10-31b 所示。芯座端部应留有斜度，以便下芯和合型。芯头与芯座之间应有间隙，以便装配。

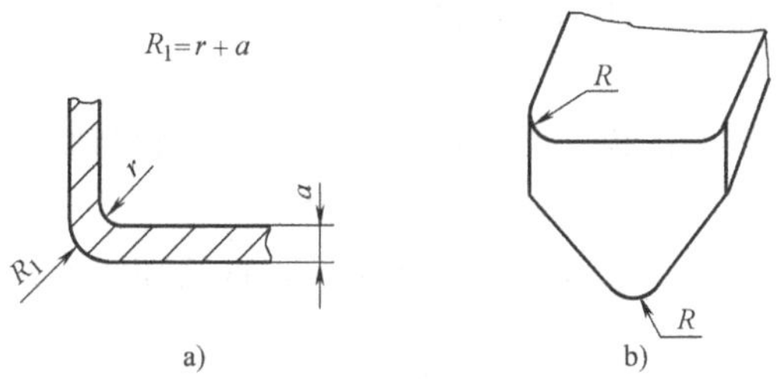

图 10-30 铸造圆角

a）内圆角 b）外圆角

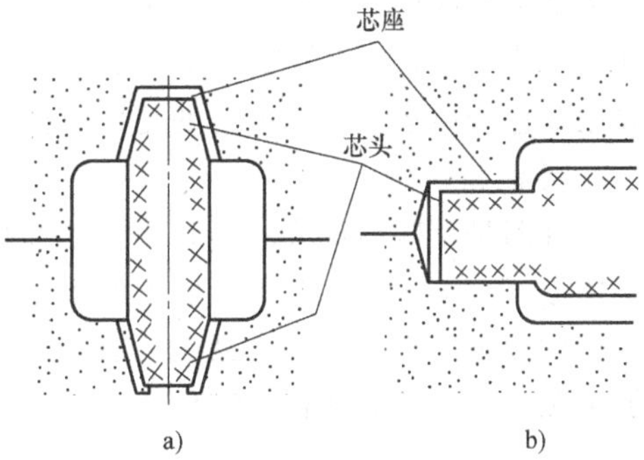

图 10-31 芯头

a）垂直芯头 b）水平芯头

四、绘制铸造工艺图和铸件图

1. 绘制铸造工艺图

铸造工艺图是指表示铸型分型面、浇注位置、砂芯结构、浇冒口系统、控制凝固措施等的图样，是指导铸造生产的主要技术文件。

例 图 10-32 所示为支承台零件图，承受中等静载荷，生产 40 件。试选材并绘制其铸造工艺图。

解：

（1）选材 支承台承受中等载荷，起支承作用，处于压应力状态，宜选 HT150 铸铁材料。

（2）选造型方法 支承台零件具有法兰、锥度、内腔等，结构形状复杂，宜铸造成形。支承台是一个回转体构件，宜采用分模两箱造型方法。由于支承台的生产批量小，宜采用砂型铸造手工造型方法。

（3）选择分型面 选择通过轴线的纵向剖面为分型面，工艺简便。

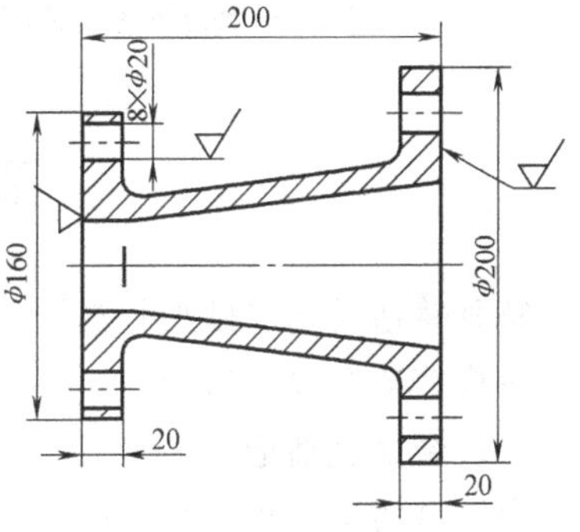

图 10-32 支承台零件图

（4）确定浇注位置　水平浇注使两端加工表面侧立，有利于保证铸件质量。

（5）确定主要工艺参数　采用干、湿型砂铸型铸出的灰铸铁件的尺寸公差等级为 CT13～15，与加工余量等级 MA 的配套关系是（CT13～CT15）/H。若取 CT14/H，公称尺寸为 200mm（大于 160～250mm，双侧切削加工），查表 10-4 可知，支承台两侧面的加工余量为 7.5mm。查表 10-3 可知，铸件尺寸公差数值为 14mm。

灰铸铁材料通常取线收缩率 $\varepsilon=1\%$；中小型铸件通常取起模斜度 3°，铸造圆角的圆角半径 $R=5\text{mm}$。

支承台具有锥形孔，宜设计整体砂芯，芯头、芯座的尺寸及装配间隙应根据有关资料确定。

（6）浇注系统　将内浇道开设在下型的分型面上，并分两道将熔融金属分配给两端法兰处注入，有利于法兰冷却过程中补缩；将横浇道开设在上型分型面上，有集渣排气的作用；在上型开设直浇道，以形成必要的静压力；在上型顶面开设浇口杯，以便于浇注。

（7）绘制铸造工艺图　省略浇注系统的支承台铸造工艺图如图 10-33 所示。在生产使用的铸造工艺图中，分型线、加工余量、浇注系统等均用红色线条表示；分型线的两侧用红色标出"上""下"字样表示上、下型，不要求铸出的 8 个孔用红色线条打叉表示；芯头的边界用蓝色线条表示，在砂芯的轮廓线内沿轮廓走向标注出蓝色打叉符号。

2. 绘制铸件图

铸件图是反映铸件实际形状、尺寸和技术要求的图样，是铸造生产、铸件检验与验收的主要依据。根据铸造工艺图可以方便地绘出铸件图。支承台铸件图如图 10-34 所示。

铸件图是铸造生产的产品图，对于零件的切削加工过程则是毛坯图。根据毛坯图安排切削加工工艺，最终制成机械零件。

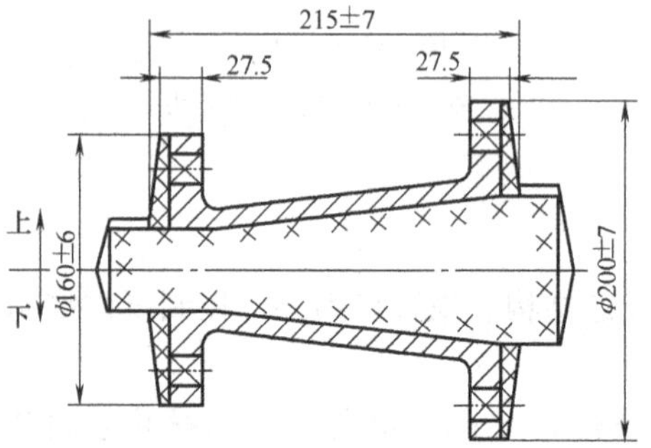

图 10-33　支承台铸造工艺图

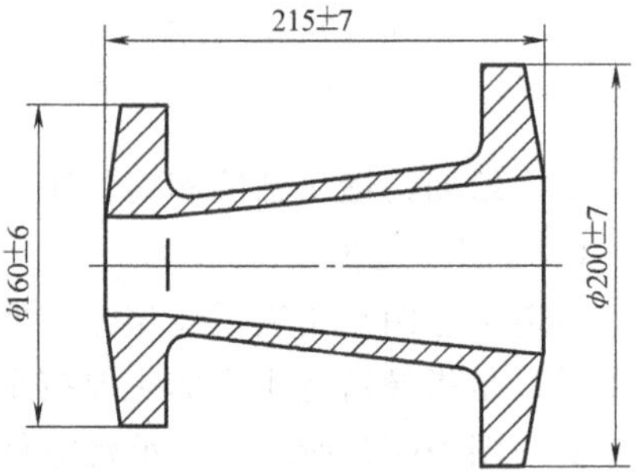

图 10-34　支承台铸件图

第五节　特种铸造

特种铸造是指与砂型铸造方法不同的其他铸造方法。这里只介绍金属型铸造、压力铸造、熔模铸造和离心铸造。

一、金属型铸造

金属型铸造是指用重力将熔融金属浇注入金属铸型获得铸件的方法。金属型是指由金属材料制成的铸型，不能称作金属模。

1. 金属型铸造过程

常见的垂直分型式金属型如图 10-35 所示，由定型和动型两个半型组成，分型面位于垂直位置。浇注时先使两个半型合紧，凝固后利用简单的机构使两半型分离，取出铸件。

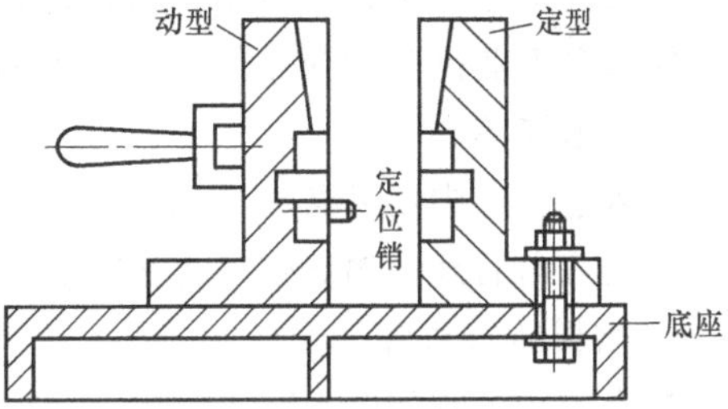

图 10-35　垂直分型式金属型

2. 金属型铸造特点及应用

金属型铸造实现了“一型多铸”，从而克服了砂型铸造用“一型一铸”而导致的造型工作量大、占地面积大、生产率低等缺点。

金属型的精度较砂型高得多，因此，金属型铸件的精度高。金属型灰铸铁件的精度可以达到CT9～CT7，而手工造型砂型铸件只能达到CT13～CT11。另外，金属型导热性好，过冷度较大，铸件组织较细密。金属型铸件的力学性能比砂型铸件要提高 10%～20%。但是，熔融金属在金属型中的流动性较差，容易产生浇不到、冷隔等缺陷。另外，使用金属型铸出的灰铸铁件容易出现局部的白口铸铁组织。

在大批量生产中，常采用金属型铸造方法铸造非铁金属铸件，如铝合金活塞、气缸体和铜合金轴瓦等。

二、压力铸造

压力铸造是指将熔融金属在高压下高速充型，并在压力下凝固的铸造方法。

1. 压力铸造过程

压力铸造使用的压铸机如图 10-36a 所示，由定型、动型、压室等组成。首先使动型与定型合紧，用活塞将压室中的熔融金属压射到型腔，如图 10-36b 所示；凝固后打开铸型并顶出铸件，如图 10-36c 所示。

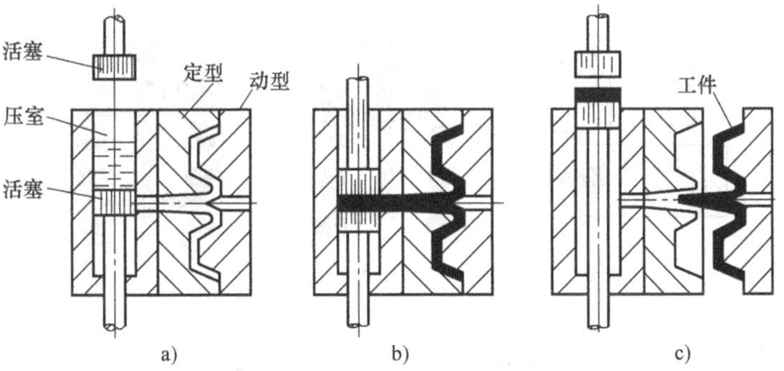

图 10-36　压力铸造

a）合型浇注　b）压射　c）开型顶件

2. 压力铸造的特点及应用

压力铸造以金属型铸造为基础，又增加了在高压下高速充型的功能，从根本上解决了金属的流动性问题。压力铸造可以直接铸出零件上的各种孔眼、螺纹、齿形等。压铸铜合金铸件的尺寸公差等级可以达到 CT8～CT6。

压力铸造使熔融金属在高压下结晶，铸件的组织更细密。压力铸造铸件的力学性能比砂型铸造提高 20%～40%。但是，由于熔融金属的充型速度快，排气困难，常常在铸件的表皮下形成许多小孔。这些皮下小孔充满高压气体，受热时因气体膨胀而导致铸件表皮产生突起缺陷，甚至使整个铸件变形。因此，压力铸造铸件不能进行热处理。

在大批量生产中，常采用压力铸造方法铸造铝、镁、锌、铜等非铁金属件。在汽车、电子、仪表等工业部门中使用的均匀薄壁而且形状复杂的壳体类零件，常采用压力铸造。

三、熔模铸造

在铸造生产中用易熔材料如蜡料制成模样；在模样上包覆若干层耐火材料，制成型壳；模样熔化流出后经高温焙烧成为铸型，采用这种壳型浇注的铸造方法称为熔模铸造。

1. 熔模铸造过程

熔模铸造过程如图 10-37 所示。

（1）压铸蜡模　首先根据铸件的形状尺寸制成比较精密的母模；然后根据母模制出比较精密的压型；再用压力铸造的方法将熔融状态的蜡料压射到压型中，如图 10-37a 所示。蜡料凝固后从压型中取出蜡模。蜡模实际上是一种压力铸造铸件。

（2）组合蜡模　为了提高生产率，通常将许多蜡模粘在一根金属棒上，成为组合蜡模，如图 10-37b 所示。

（3）粘制型壳　在组合蜡模表面上浸挂涂料（多用水玻璃和石英粉配制）后，放入硬化剂（通常为氯化铵溶液）中固化。如此重复涂挂 3 ~ 7 次，至结成 5 ~ 10mm 的硬壳为止，即制成如图 10-37c 所示的型壳。再将型壳浸泡在 85 ~ 95℃ 的热水中，使蜡模熔化而脱出，即制成铸型，如图 10-37d 所示。

（4）浇注　为提高铸型的强度，防止浇注时变形或破裂，常将铸型放入铁箱中，在其周围用砂填紧。为提高熔融金属的流动性，防止浇不到缺陷，常将铸型在 850 ~ 950℃ 焙烧，并趁热进行浇注，如图 10-37e 所示。

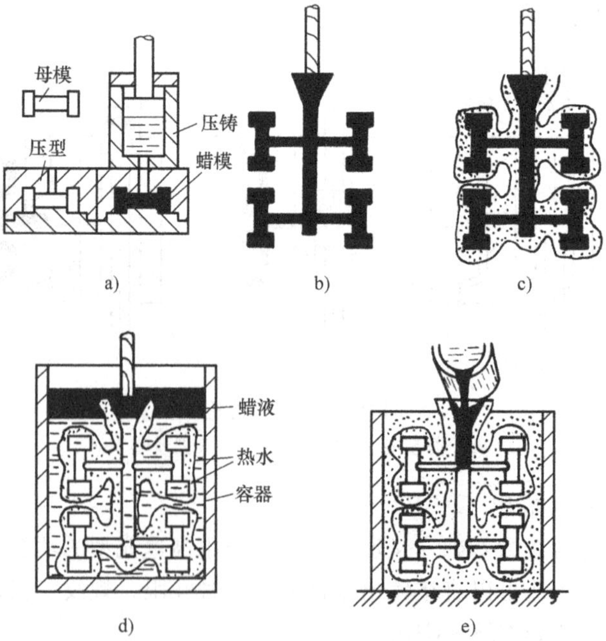

图 10-37　熔模铸造过程

a）压铸蜡模　b）组合蜡模　c）粘制型壳　d）脱蜡　e）浇注

2. 熔模铸造的特点及应用

熔模铸造使用的压型经过精细加工，压铸的蜡模又经逐个修整，造型过程无起模、合型等操作，因此熔模铸造铸出的铸钢件的尺寸公差等级可达 CT7 ~ CT5。熔模铸造通常称为精密铸造。

熔模铸造的铸型由石英粉等耐高温材料制成。因此，各种金属材料都可采用熔模铸造。但目前熔模铸造主要用于生产高熔点合金（如铸钢）及难切削合金的小型铸件。

四、离心铸造

离心铸造是指将熔融金属浇入绕着水平、倾斜或立轴回转的铸型中，在离心力的作用下凝固成形的铸造方法。其铸件轴线与铸型回转轴线重合。这类铸件多是简单的圆筒形，铸造时不用砂芯就可形成圆筒的内孔。

1. 离心铸造过程

离心铸造过程如图 10-38 所示。当铸型绕垂直轴线回转时，浇注入铸型中的熔融金属的自由表面呈抛物线形状，如图 10-38a 所示，因此不宜铸造轴向长度较大的铸件。当铸型绕水平轴回转时，浇注入铸型中的熔融金属的自由表面呈圆柱形，如图 10-38b 所示，因此常用于铸造要求均匀壁厚的中空铸件。

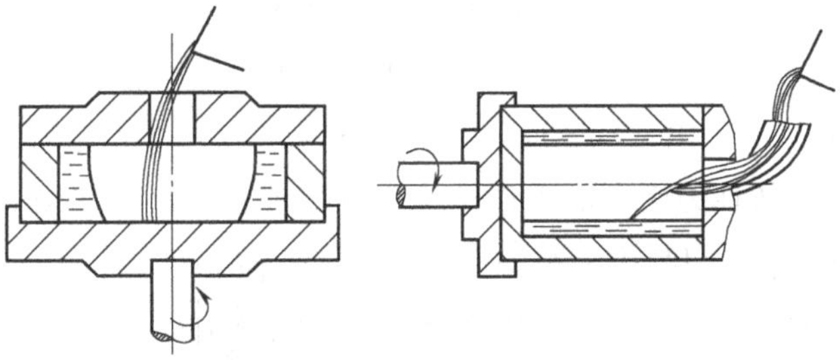

a)　　b)

图 10-38　离心铸造过程

a）垂直轴线　b）水平轴线

2. 离心铸造的特点及应用

离心铸造时，熔融金属受离心力的作用容易充满型腔；在离心力的作用下结晶能获得组织致密的铸件，但是铸件的内表面质量较差，尺寸也不准确。

离心铸造主要用于铸造钢、铸铁、非铁金属等材料的各类管状零件的毛坯。

第六节　零件结构的铸造工艺性

零件结构的铸造工艺性，是指所设计的零件在满足使用性能要求的前提下铸造成形的可行性和经济性，即铸造成形的难易程度。良好的铸件结构应与金属的铸造性能和铸件的铸造工艺相适应。

一、铸造性能对结构的要求

1. 壁厚合理且均匀

壁厚合理是指按合金流动性设计铸件壁厚。常用铸件的最小允许壁厚见表 10-5。

表 10-5　常用铸件的最小允许壁厚　　（单位：mm）

铸件尺寸	铸钢	灰铸铁	球墨铸铁	可锻铸铁	铝合金	铜合金	镁合金
<200×200	6~8	5~6	6	5	3	3~5	—
200×200~500×500	10~12	6~10	12	8	4	6~8	3
>500×500	15	15	—	—	5~7	—	—

壁厚均匀指铸件具有冷却速度相近的壁厚，如内壁（隔墙）冷却慢应薄一点，外壁冷却快应厚一点。壁厚均匀有利于减少应力、变形和产生裂纹的倾向，并避免因金属局部聚集而产生缩孔缺陷。显然，铸件的厚度应包括加工余量。如图 10-39a 所示壁厚不均匀铸件在其厚大部分易形成许多小缩孔；图 10-39b 所示的改进设计结构则壁厚均匀，避免了产生缩孔缺陷。

a)　　b)

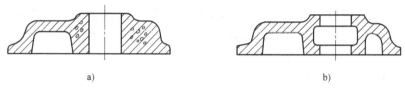

图 10-39　铸件的壁厚

a）不均匀壁厚　b）均匀壁厚

2. 逐步过渡连接

（1）结构圆角　以铸件为毛坯的零件结构应尽可能把壁间连接设计成结构圆角，以免局部金属聚集产生缩孔、应力集中等缺陷。如图 10-40a 所示结构直角处可以画一个较大的内接圆，表明金属在这里聚集，可能产生缩孔，直角处的线条表示应力分布情况，靠近内直角的线条密集表示应力集中，可能产生裂纹；而图 10-40b 所示结构圆角处则没有金属聚集及应力集中的现象。

结构圆角是铸件结构的基本特征之一。

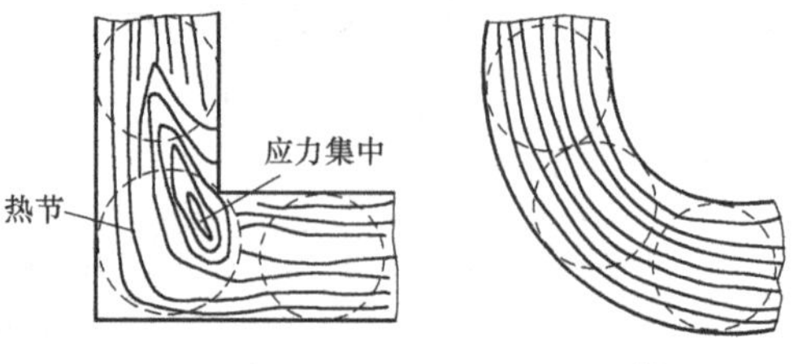

a)　　b)

图 10-40　结构圆角

a）结构直角　b）结构圆角

（2）过渡接头　铸件各部分之间的连接都要考虑逐步过渡。如图 10-41a 所示肋的交叉接头在交叉处有金属聚集，可能形成缩孔。小型铸件的肋应设计成图 10-41b 所示的交错接头，大型铸件的肋应设计成图 10-41c 所示的

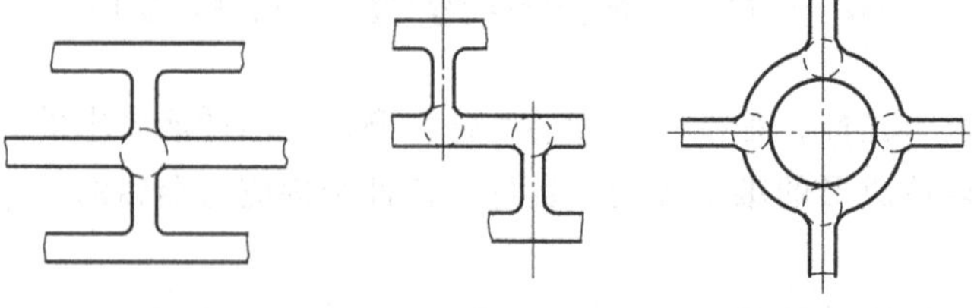

a)　　b)　　c)

图 10-41　肋的连接

a）交叉　b）交错　c）环状

环状接头，以改善金属的分布。

铸件壁间连接应避免形成锐角。如图 10-42a 所示锐角连接容易形成金属聚集；图 10-42b所示大角度连接改善了金属的分布。

铸件的薄、厚壁之间的连接可采用圆角过渡、倾斜过渡、复合过渡等形式，如图 10-43 所示。过渡连接可防止因壁间突然变化而产生应力、变形和裂纹。

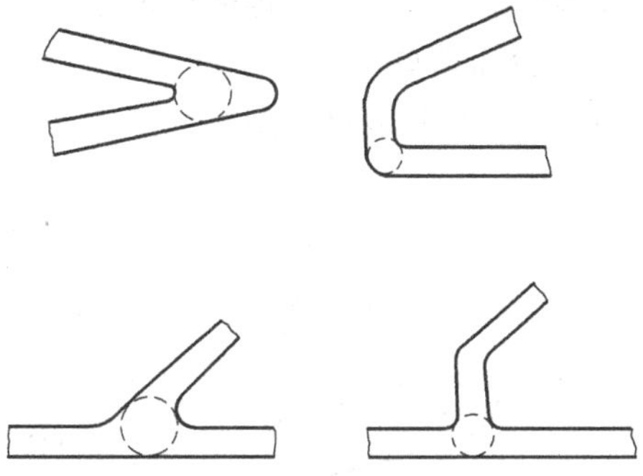

a)　　b)

图 10-42　壁间连接

a）锐角连接　b）大角度连接

3. 大平面倾斜

铸件的大平面设计成倾斜结构形式，有利于熔融金属填充和气体、夹杂物排除。如图 10-44 所示大带轮的倾斜式辐板可以避免产生浇不到、气孔、夹渣等铸件缺陷。

4. 减少变形

壁厚均匀的细长铸件和面积较大的平板类铸件容易产生变形，通常设计成对称结构或增设加强筋，以防止变形。如图 10-45a 所示工字梁铸件常设计成对称结构；图 10-45b所示平板铸件底面上增设了加强筋。

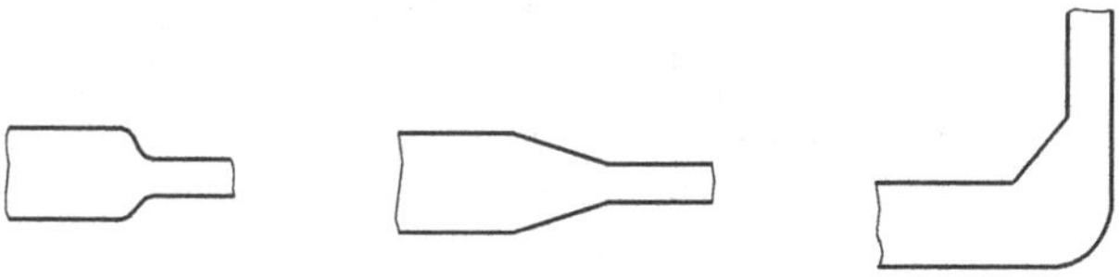

a)　　b)　　c)

图 10-43　薄壁与厚壁的连接

a）圆角过渡　b）倾斜过渡　c）复合过渡

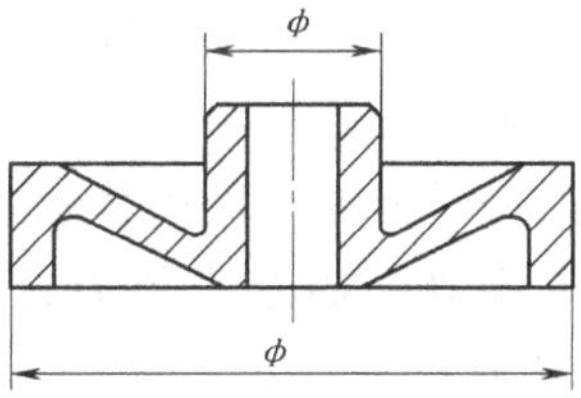

图 10-44　大平面倾斜结构

5. 自由收缩

铸件在冷却过程中，固态收缩受阻是产生应力、变形和裂纹的根本原因。设计铸件结构应尽可能使其各部分能自由收缩。如图 10-46a 所示弯曲轮辐设计可使轮辐在冷却时能够产生一定的自由收缩；图 10-46b 所示奇数轮辐设计可使轮缘在冷却过程中也能产生一定的自由收缩。

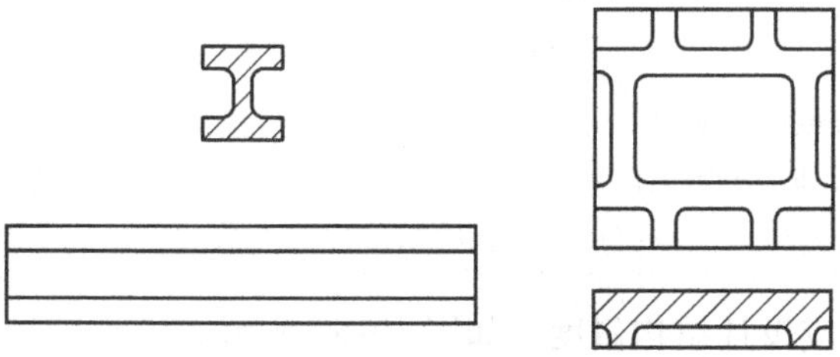

a)　　b)

图 10-45　防变形铸件结构

a）对称结构　b）加强筋结构

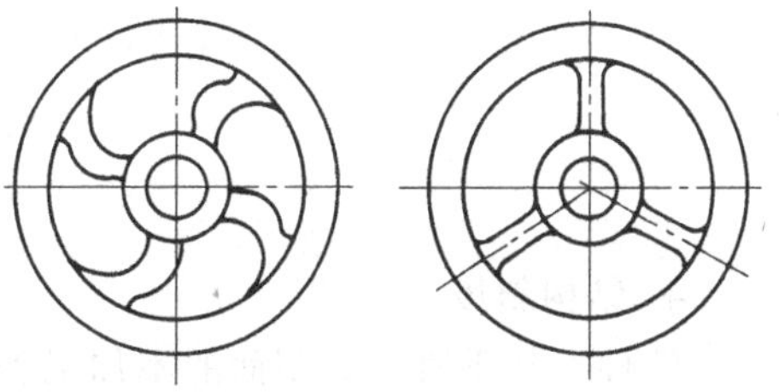

a)　　b)

图 10-46　自由收缩结构

a）弯曲轮辐　b）奇数轮辐

二、铸造工艺对结构的要求

1. 分型面少而简单

设计铸件结构时应考虑铸造工艺方便，使其尽可能具有一个简单的平直分型面。

2. 芯型少而简单

芯型形状简单且数量少是简化铸造工艺的另一重要方面。为此，设计铸件结构时应尽量采用省芯结构。

（1）开式结构　图10-47a所示悬臂支架的内腔，必须制作一个具有较大芯头的悬壁砂芯才能铸出。若改进设计成图10-47b所示具有开式结构的悬臂支架，就省去了砂芯。

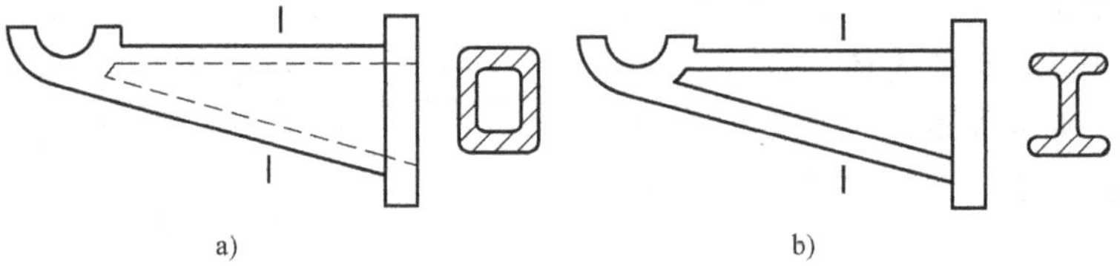

图10-47　悬臂支架

a）闭式结构　b）开式结构

（2）凸缘外伸结构　图10-48a所示零件的内腔下端有向内伸的凸缘，只能使用砂芯铸出。若将向内伸的凸缘用向外伸的凸缘代替，如图10-48b所示，则造型时可以砂垛代替砂芯，但这时的砂芯高 H 与砂芯直径 D 之比应小于1，即 $H/D<1$。

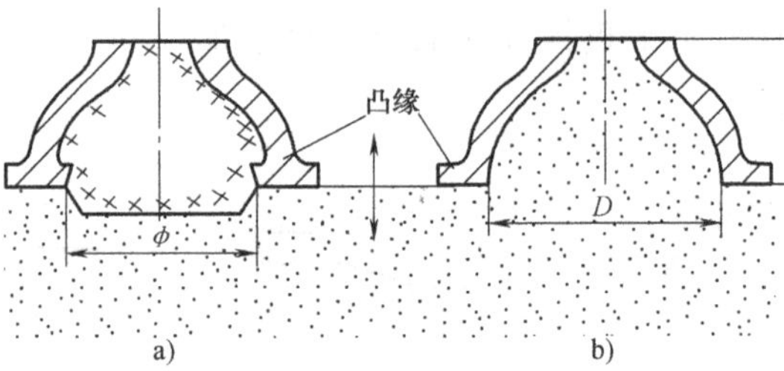

图10-48　以砂垛代替砂芯

a）凸缘内伸　b）凸缘外伸

3. 避免使用活块

在与铸件分型面相垂直的表面上具有凸台时，通常采用活块造型，如图10-49a所示。若凸台距离分型面较近，则可将凸台延伸到分型面。这样造型时就可以省掉活块，如图10-49b所示。

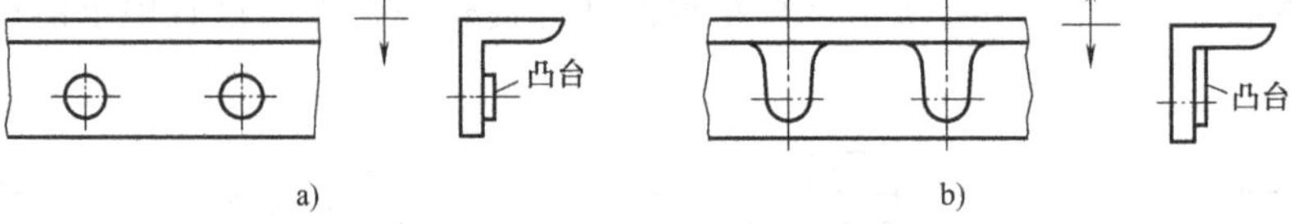

图10-49　避免使用活块

a）未延伸凸台　b）延伸凸台

4. 结构斜度

铸件上凡垂直于分型面的不加工表面，均应设计结构斜度，如图10-50所示。

设计结构斜度不仅可使起模方便，而且零件也更加美观；具有结构斜度的内腔常常可以采用砂垛代替型芯。零件上垂直于分型面的不加工表面高度越低，结构斜度应设计得越大。如凸台的结构斜度常设计成30°～45°。

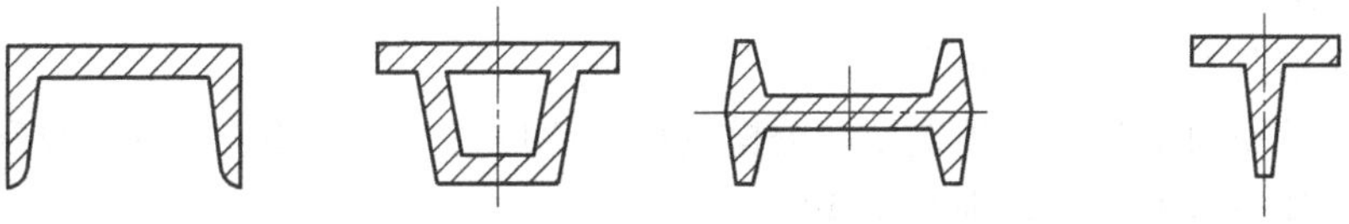

图 10-50 结构斜度

作 业 十

一、基本概念解释

1. 铸造 2. 流动性 3. 收缩性 4. 砂型铸造 5. 造型 6. 浇注系统 7. 分型面

二、填空题

1. 金属的铸造性能主要指金属的__________性和__________性。

2. 金属浇注后的收缩分为__________收缩、__________收缩和固态收缩。

3. 常见的夹杂物质点有渣、__________、涂料层、__________、硫化物和硅酸盐等。

4. 防止铸件上产生缩孔的根本措施是采用__________凝固原则，即将缩孔转移到__________中。

5. 铸造热应力是铸件产生__________和__________的主要原因。

6. 砂型铸造使用的造型材料包括__________、__________、有机或无机粘结剂及其他附加物。

7. 造型通常分为__________造型和__________造型。

8. 手工造型按起模特点进行分类，可分为__________造型、挖砂造型、__________造型、活块造型、三箱造型等造型方法。

9. 浇注系统通常由__________杯、__________道、横浇道和内浇道组成。

10. 合型是指将铸型的各个组元如__________型、__________型、砂芯等组合成一个完整铸型的操作过程。

11. 分型面为水平、垂直或倾斜时，分别称为__________浇注、__________浇注或倾斜浇注。

12. 铸造工艺图是指表示铸型__________面、__________位置、砂芯结构、浇冒口系统、控制凝固措施等的图样，是指导生产的主要技术文件。

三、判断题

1. 灰铸铁的流动性最好。 ( )

2. 共晶成分的合金比远离共晶成分的合金的流动性好。 ( )

3. 灰铸铁的收缩率最大。 ( )

4. 减少铸件热应力的根本措施是采用同时凝固原则。 ( )

5. 为了便于起模，分型面总是选择在零件的最小截面处。 ( )

6. 模样内壁的起模斜度应比外壁小一些。 ( )

7. 铸件的大平面设计成倾斜结构形式，有利于熔融金属填充和气体、夹杂物排除。 ( )

四、简答题

1. 铸造成形具有哪些主要特点？
2. 列表比较整模造型、挖砂造型、分模造型、活块造型、三箱造型的特点和应用范围。
3. 确定浇注位置的基本原则有哪些？
4. 简述离心铸造的特点及应用。
5. 试对图 10-51 所示轴承盖选择两个可能的分型面，并指出其优缺点及造型方案。

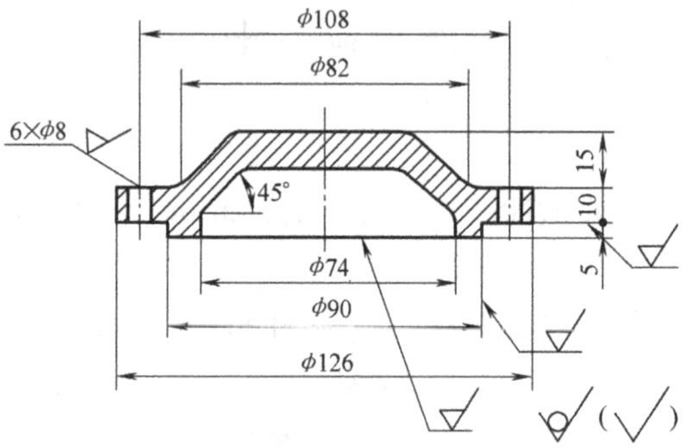

图 10-51　轴承盖

五、课外活动

1. 同学之间相互合作，分组调研铸造成形方法出现于什么时代。
2. 观察生活中的某些金属工具和金属用品，分析其是用何种铸造成形方法制造的。

第十一章　锻压成形

锻压是指对坯料施加外力，使其产生塑性变形，改变尺寸、形状及改善性能，用以制造机械零件或毛坯的成形加工方法。锻压是锻造和冲压的总称。

第一节　锻造概述

锻造是指在加压设备及工（模）具的作用下，使坯料或铸锭产生局部或全部的塑性变形，以便获得一定几何尺寸、形状和质量的锻件的加工方法。锻件是指金属材料经锻造变形而得到的工件或毛坯。锻造本质上是利用固态金属的塑性变形能力实现成形加工。锻造成形具有以下主要特点。

1. 锻件的组织性能好

锻造不仅是一种成形加工方法，还是一种改善材料性能的加工方法。锻造时金属的形变和相变都会对锻件的组织结构造成影响。如果在锻造过程中对锻件的形变、相变加以控制，通常可以获得组织性能好的锻件。因此，大多数受力复杂、承载大的重要零件，均采用锻件毛坯。

2. 成形困难且适应性差

锻造时金属的塑性流动类似于铸造时熔融金属的流动，但固态金属的塑性流动必须在施加外力的条件下，通常还必须采取加热等措施才能实现。因此，塑性差的金属材料如灰铸铁等不能进行锻造，形状复杂的零件也难以锻造成形。

3. 成本较高

由于锻造成形困难，锻件毛坯与零件的形状相差较大，材料利用率较低，锻造设备也比较贵重，故锻件的成本通常比铸件高。

第二节　金属的可锻性

金属的可锻性主要指金属的塑性变形能力和变形抗力。金属可锻性的优劣影响着金属材料锻造成形的难易程度。

一、金属塑性变形

金属在外力的作用下将产生变形，变形过程包括弹性变形阶段和弹-塑性变形阶段。弹性变形是可逆的，不能用于成形加工，只有在弹-塑性变形阶段的塑性变形部分才能用于成形加工。

1. 塑性变形的实质

实际金属中存在着大量的位错，金属材料在外力作用下产生塑性变形时，实际上是位错在运动。位错运动的情况如图 11-1 所示，图中符号“⊥”表示位错中心。

金属晶体在切应力 τ 的作用下，位错中心上面的两列原子（实际上为两个半原子面）

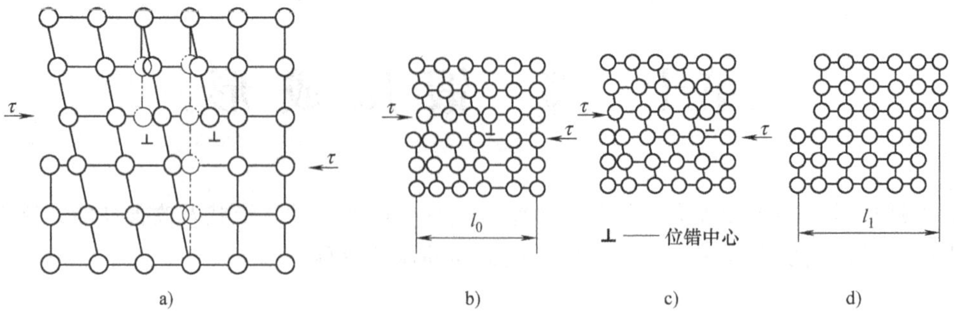

图 11-1　位错运动的情况
a）位错中心右移　b）、c）位错运动　d）塑性变形

向右移动，而位错中心下面的一列原子（实际为一个半原子面）向左移动，于是位错中心便会发生一个原子间距的位移，如图 11-1a 所示。位错中心在切应力作用下继续向右移动，将可能使位错中心按原子间距逐个地向右运动，如图 11-b、c 所示。这样一个位错中心的运动结果将使位错从晶体的一侧移动到晶体的另一侧，从而使晶体最终产生了一个原子间距的塑性伸长量，如图 11-1d 所示。通常把位错在切应力的作用下沿受力方向移动的现象，称为位错运动。金属的塑性变形过程实质上是位错运动的过程。大量位错运动的宏观表现就是金属的塑性变形。位错运动的观点认为，晶体缺陷阻碍位错运动，导致金属强化。

2. 冷变形强化

随着金属冷变形程度的增加，金属材料的强度、硬度都有所提高，但塑性、韧性有所下降，这种现象通常称为冷变形强化或加工硬化。经冷变形的金属，其晶格畸变严重，晶粒被压扁或拉长，甚至被破碎成许多小晶块。晶体中位错密度很高，甚至能达到 $10^{12}/cm^3$，这种组织通常称为加工硬化组织。低碳钢材料冷塑性变形时力学性能与变形程度的关系如图 11-2 所示，强度、硬度随变形程度增加而上升，塑性、韧性随变形程度增加而下降，加工硬化使金属的可锻性恶化。

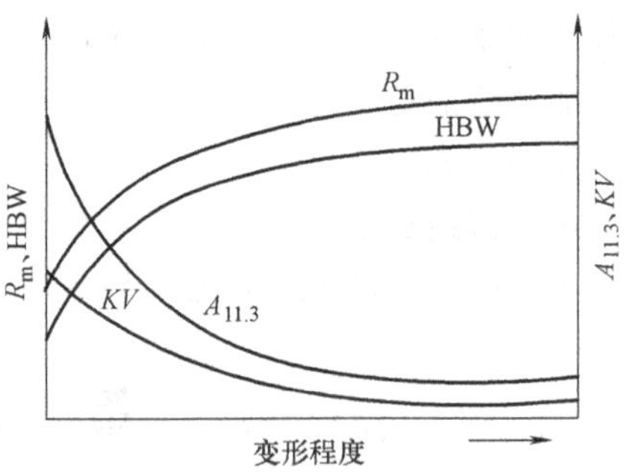

图 11-2　低碳钢的冷变形强化

加工硬化组织是一种不稳定的组织状态，具有向稳定状态自发地转化的趋势。但在常温下，多数金属的原子扩散能力很低，使得加工硬化组织能够长期维持，并不发生明显的变化，因此加工硬化得以广泛应用。加工硬化不仅提高了金属材料的强度，而且使各种加工产品的形变均匀一致。

例如，各种规格的冷拉钢材就是利用加工硬化现象得到了强化；图 1-7 所示拉丝的加工方法，也是应用加工硬化现象获得强度及尺寸均匀一致的线材。

二、回复与再结晶

对冷变形金属进行加热，加工硬化组织将相继发生回复、再结晶和晶粒长大三个阶段的变化，如图 11-3 所示。

1. 回复

当加热温度较低时，原子的活动能力较小，冷变形金属的显微组织无显著变化，强度、硬度略有下降，塑性、韧性有所回升，内应力明显减小，这种变化过程称为回复。例如，将弹簧钢丝冷卷弹簧后进行低温退火（也称定性处理），就是利用回复基本保持冷拔钢丝的高强度，同时又消除了冷卷弹簧时产生的内应力。

2. 再结晶

当加热温度较高时，冷变形金属的显微组织将发生显著变化，破碎的及被拉长的晶粒将转变成均匀细小的等轴晶粒，力学性能得到恢复。冷变形金属的加工硬化组织经重新生核、结晶，变成等轴晶粒组织的过程，称为再结晶。冷变形金属经再结晶，将恢复可锻性。

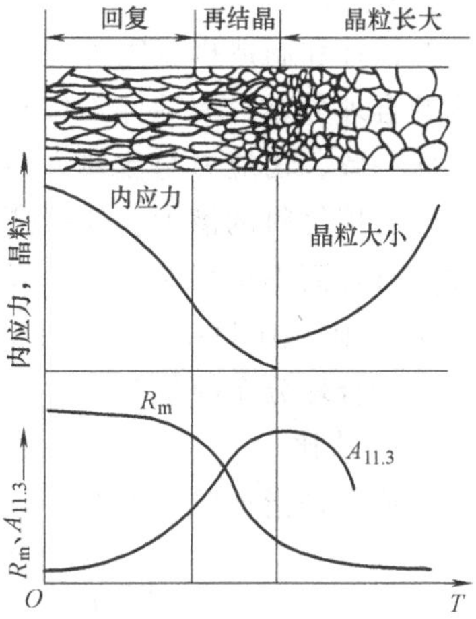

图 11-3 冷变形金属加热时的变化

开始产生再结晶现象的最低温度，通常称为再结晶温度。纯金属的再结晶温度 $T_{再}$ 与其熔点 $T_{熔}$ 的大致关系可表示为

$$T_{再} \approx 0.4T_{熔}$$

金属的熔点（热力学温度）越高，其再结晶温度也越高。但金属中的微量杂质常常能显著提高其再结晶温度。例如，铁的再结晶温度应为 450℃，而低碳钢的再结晶温度则为 540℃左右。为了缩短生产周期，实际生产中的再结晶退火温度通常比再结晶温度要高 100 ~ 200℃。在热强钢中常常加入钛、铌等合金元素，就是为了利用合金元素阻止原子扩散，延缓再结晶过程，提高再结晶温度，从而提高钢的热强性。

若加热时间过长，或者加热温度过高，细小均匀的再结晶组织将产生晶粒长大现象，最终转变成粗晶粒组织。粗晶粒组织的性能不好，将导致可锻性恶化。因此，在生产中，再结晶退火的加热温度和保温时间都必须有严格的控制。

从金属学的观点划分冷、热加工的界限是再结晶温度。在再结晶温度以上进行的塑性变形加工，称为热加工；在再结晶温度以下进行的塑性变形加工，称为冷加工。在冷加工过程中，由于加工硬化现象使金属的可锻性趋于恶化；在热加工过程中，金属再结晶过程能抵消其加工硬化过程，从而逐步实现成形加工。金属经热加工将获得再结晶组织，综合力学性能较好。金属在热轧过程中组织的变化如图 11-4 所示：连铸钢坯的铸态粗晶粒组织热轧后首先转变成加工硬化组织；由于温度比较高，很快转变成回复组织，继而又转变成再结晶组织。轧制产品具有再结晶组织。

三、锻造流线与锻造比

1. 锻造流线

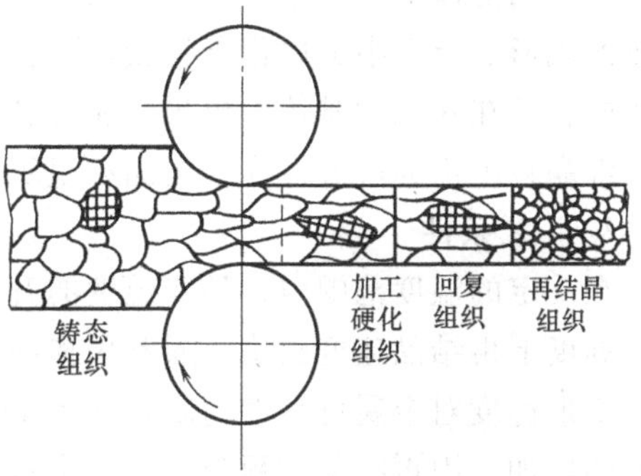

图 11-4 金属在热轧过程中组织的变化

在锻造时，金属的脆性杂质被打碎，顺着金属的主要伸长方向呈碎粒状或链状分布；塑性杂质随着金属变形沿主要伸长方向呈带状分布。因此，热锻后的金属组织具有一定的方向性，通常称为锻造流线。锻造流线使金属的性

能呈现异向性。

在设计和制造机械零件时，必须考虑锻造流线的合理分布，使零件工作时的正应力与流线方向一致，切应力与流线方向垂直，这样能够充分发挥材料的潜力。使锻造流线与零件的轮廓相符合而不被切断，是锻件成形工艺设计的一条原则。图 11-5 所示为螺钉头和曲轴的锻造流线合理分布的状态。

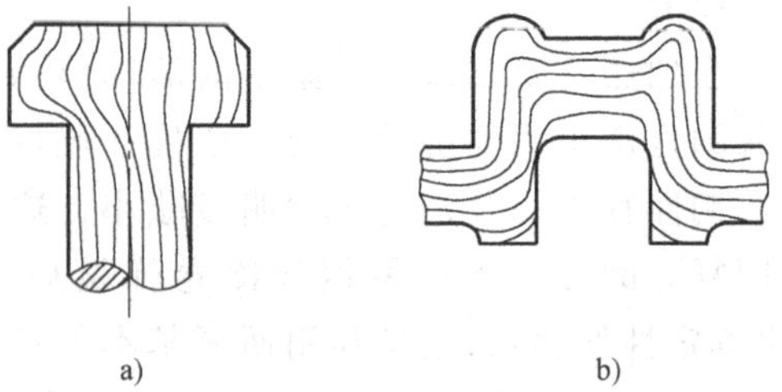

图 11-5　锻造流线的合理分布
a）螺钉头　b）曲轴

2. 锻造比

锻造比是指被锻造工件在变形前后的截面面积比、长度比或高度比，通常用符号 y 表示

$$y=\frac{F}{F_0}=\frac{H_0}{H}\ （镦粗）\ 或\ y=F_0/F=L/L_0\ （拔长）$$

式中　F_0、F——工件变形前、后的截面面积；
L_0、L——工件变形前、后的长度；
H_0、H——工件变形前、后的高度。

生产实践表明，当锻造比 $y=2$ 时，原始铸态组织中的疏松、气孔被压合，组织得到细化，工件在各个方向的力学性能均有显著提高。当 $y=2\sim5$ 时，工件组织中的锻造流线明显，呈各向异性，沿锻造流线方向的力学性能略有提高，但垂直于锻造流线方向的力学性能开始下降。当 $y>5$ 时，工件沿锻造流线方向的力学性能不再提高，而沿垂直于锻造流线方向的力学性能急剧下降。因此，以钢锭为坯料进行锻造时，应按零件的力学性能要求选择锻造比。对于主要在流线方向受力的零件，如拉杆等，选择的锻造比应稍大一些；对于主要在垂直于锻造流线方向受力的零件，如吊钩等，锻造比选取 2 ~ 2.5 即可。若以钢材为坯料进行锻造，因钢材在轧制过程中已经产生了锻造流线，一般不考虑锻造比。

四、影响金属可锻性的因素

金属的塑性变形能力决定了能否对它进行锻造成形加工。金属的塑性变形抗力决定了锻造设备的吨位。在锻造生产中，必须控制各项因素，改善金属的可锻性。

1. 化学成分及组织

一般来说，纯金属的可锻性优于其合金的可锻性；金属中合金元素的质量分数越高，成分越复杂，其可锻性越差。例如，高碳钢不如低碳钢可锻性好。

单相固溶体组织一般具有良好的可锻性。例如，钢在高温下具有单相奥氏体组织，常采用热锻成形。合金中金属化合物相增多会使其可锻性迅速恶化。例如，单相加工黄铜的可锻性较好，而在 α 相的基体上出现金属化合物 β 相之后，可锻性迅速下降，不能进行冷形变加工。细晶粒组织的可锻性优于粗晶粒组织。

2. 工艺条件

在一定的温度范围内，随着温度的升高，金属的变形能力增加，变形抗力减小，而且在较高温度下再结晶速度较快，通常用提高加热温度的方法改善可锻性。

变形速度对金属可锻性的影响如图 11-6 所示。当变形速度低于临界值 C 时，随着变形速度的增加，因再结晶过程难以充分进行，金属的可锻性趋于恶化。由于常规锻造难以达到 C 值，生产中总是用减缓变形速度的方法保证锻透，防止锻裂。因此，使用压力机锻造比锤锻容易成形。当变形速度高于临界值 C 时，随着变形速度的增加，塑性变形时的热效应会使金属温度升高，从而使可锻性得到改善。因此，采用高速锻锤锻造，也能使锻件顺利成形。

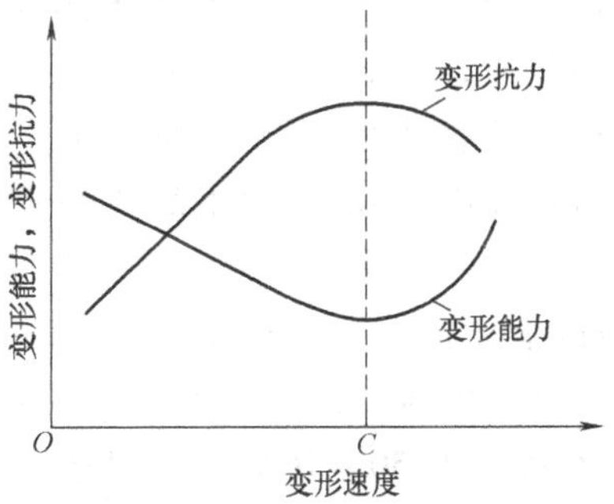

图 11-6　变形速度对金属可锻性的影响

当金属材料处于拉应力状态时，金属内部的缺陷处会产生应力集中，使缺陷有扩大的趋势，容易锻裂；当金属材料处于压应力状态时，金属内部缺陷有缩小的趋势，甚至被焊合，不易锻裂，因此应尽可能在压应力状态下实现成形加工。图 11-7a 所示挤压加工使坯料处于三向压应力状态，不易产生裂纹；图 11-7b 所示拉丝加工，沿轴向坯料处于拉应力状态，容易产生裂纹；图 11-7c 所示锻造加工，坯料内部处于三向压应力状态，而侧面水平方向处于拉应力状态，容易产生上、下方向的裂纹。

金属在压应力状态下具有较好的塑性变形能力，但由于变形时内部摩擦增加，会使变形抗力增加，需要采用较大吨位的锻造设备。

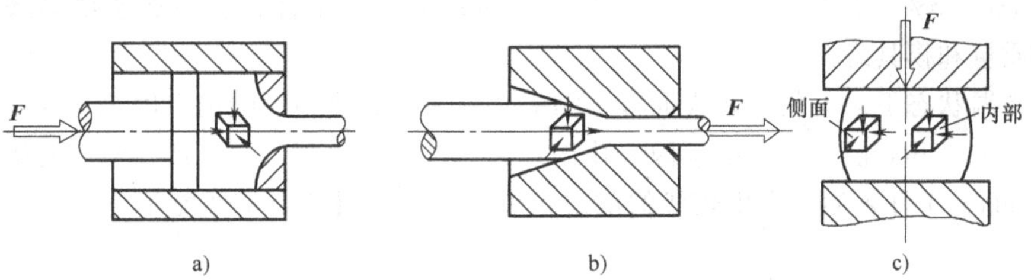

图 11-7　变形时的应力状态

a）挤压　b）拉丝　c）锻造

第三节　锻造工艺过程

一、加热

1. 锻造温度范围

锻造温度范围是指锻件由始锻温度到终锻温度的间隔。始锻温度是指各种金属材料锻造时所允许的最高温度。钢的始锻温度通常低于固相线 100～200℃。终锻温度是指各种金属材料必须停止锻造的温度。钢的终锻温度一般在 800℃ 左右。各类钢的锻造温度范围见表 11-1。

表 11-1　各类钢的锻造温度范围

钢的类别	始锻温度/℃	终锻温度/℃	钢的类别	始锻温度/℃	终锻温度/℃
碳素结构钢	1280	700	碳素工具钢	1100	770
优质碳素结构钢	1200	800	合金工具钢	1050～1150	800～850
合金结构钢	1150～1200	800～850	耐热钢	1100～1150	850

碳钢锻造时，应在单相奥氏体区进行，因为奥氏体组织具有优良的塑性。但是，为了扩大锻造温度范围，争取更多的操作时间，低碳钢的终锻温度一般可以降低到 *GS* 线以下的两相区。先析出相铁素体不会降低钢的可锻性。对于过共析钢，如果在 *ES* 线以上停止锻造，冷却至室温时锻件中会出现网状二次渗碳体，影响锻件的力学性能。为此，应在 *PSK* 线以上 50 ~70℃ 停止锻造，以便把刚刚析出的网状二次渗碳体击碎。碳钢的锻造加热温度范围如图 11-8 所示。

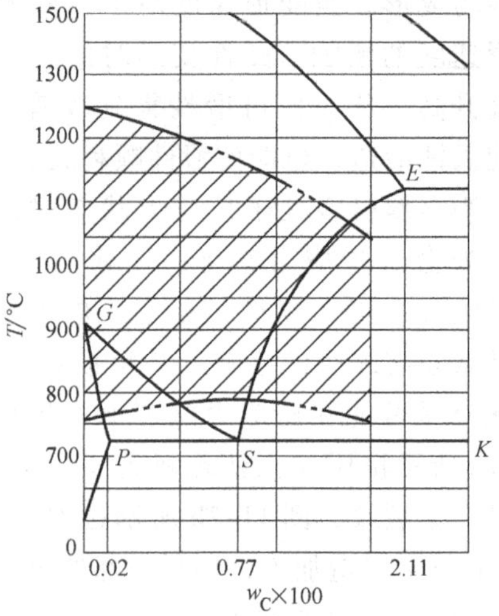

图 11-8　碳钢的锻造加热温度范围

2. 烧损与脱碳

钢在加热时，铁元素与炉气中的氧化性介质会发生氧化反应，生成氧化皮。大锻件的氧化皮厚度可达 7 ~8mm。钢料在加热过程中因氧化皮脱落而造成的损失，称为烧损。每次加热的烧损量可达钢料质量的 1% ~3%。另外，氧化皮的硬度高，可能被压入工件，也会加速模具磨损，从而影响锻件质量和模具寿命。

钢在高温状态下，不仅金属表面被强烈氧化，表层金属中的碳也会因氧化而损失。钢料在加热过程中，其表层金属中的碳因氧化而损失通常称为脱碳。脱碳严重时，脱碳层厚度可达 1.5 ~2mm，工件表面会产生较浅的龟纹状裂纹。脱碳层的力学性能不好，应当在切削加工中切除。

加热时必须控制温度、时间和炉气成分，防止出现严重的氧化烧损及脱碳现象。

3. 过热与过烧

过热是指将金属加热到过高温度或高温下保持时间过长而引起晶粒粗大的现象。过热的坯料可锻性不好，锻出的锻件力学性能也较差。生产中常常采用退火处理使钢的过热组织细化。

过烧是指加热温度超过始锻温度过多，使晶粒边界出现氧化及熔化的现象。过烧金属的塑性完全丧失，一锻即碎。过烧是一种无法挽救的加热缺陷。

锻造生产中必须严格控制加热温度和保温时间，以防止金属坯料发生过热和过烧。

二、成形

1. 自由锻成形

自由锻是指只用简单的通用性工具，或在锻造设备的上、下砧间，直接使坯料变形而获得所需的几何形状及内部质量的锻件锻造方法。锻造时，被锻金属能够向没有受到锻造工具工作表面限制的各方向流动。自由锻使用的工具主要是平砧铁、成形砧铁（V 形砧）及其他形式的垫铁。用自由锻方法生产的锻件，称为自由锻件。自由锻件的形状尺寸主要由工人的操作技术控制，通过局部锻打逐步成形，需要的变形力较小。自由锻的基本工序如下：

（1）镦粗　镦粗是指使毛坯高度减小，横断面积增大的锻造工序，如图 11-9 所示。镦粗常用于锻造圆饼类零件的毛坯。镦粗时，坯料的两个端面与上、下砧铁间产生的摩擦力具有阻止金属流动的作用，故圆柱形坯料经镦粗之后呈鼓形。坯料高度 H_0 与直径 D_0 的比值不能太大，当 $H_0/D_0>2.5$ 时，不仅难以锻透，而且容易镦弯或出现双鼓形。

将坯料的一部分进行镦粗，称为局部镦粗。图 11-10a 所示为使用辅助工具镦粗坯料的头部；图 11-10b 所示为使用辅助工具镦粗坯料的中部。

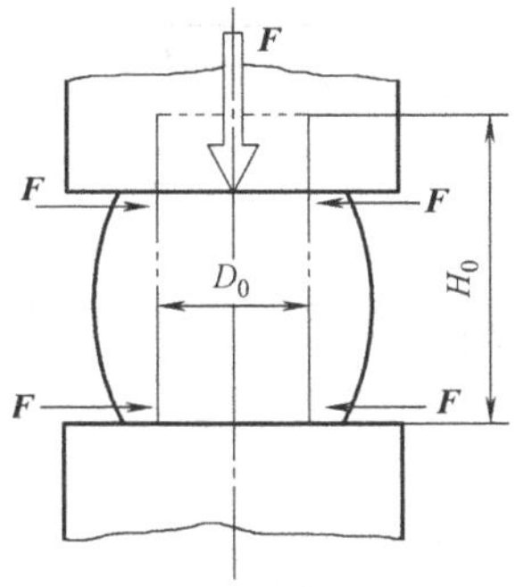

图 11-9　镦粗

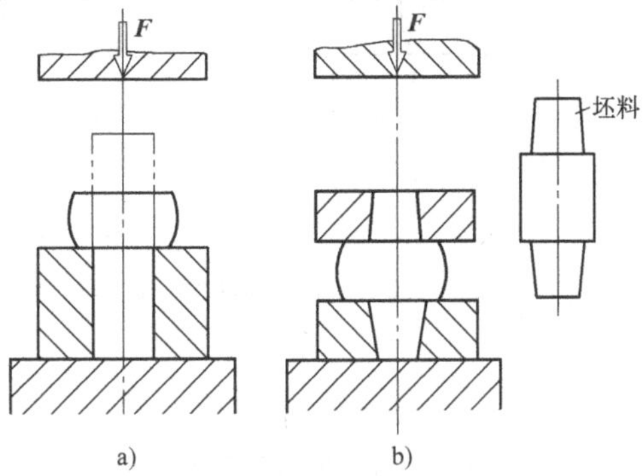

图 11-10　局部镦粗

a）一端镦粗　b）中部镦粗

（2）拔长　拔长是指使毛坯横截面积减小、长度增加的锻造工序，如图 11-11 所示。拔长常用于锻造杆轴类零件的毛坯。拔长时，每次锻打可以看成是局部镦粗。拔长空心轴坯料时，先把芯棒插入坯料孔中，再按实心坯料拔长。

当拔长量不大时，通常采用平砧拔长，如图 11-11a 所示；当拔长量较大时，则常用赶铁拔长，如图 11-11b 所示；对于空心的套类工件，必须使用芯棒拔长，如图 11-11c 所示。

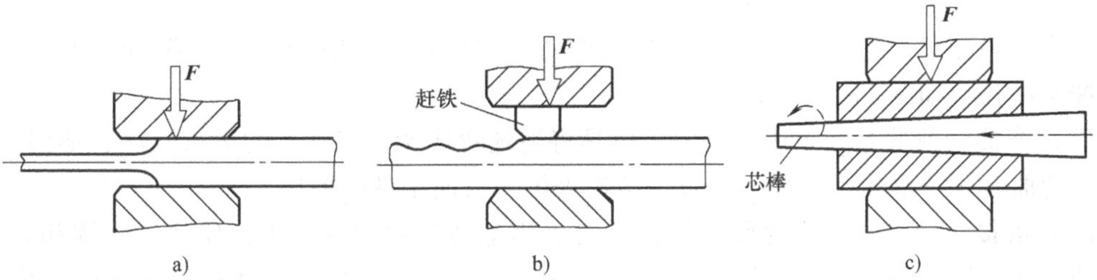

图 11-11　拔长

a）平砧拔长　b）赶铁拔长　c）芯棒拔长

（3）切割　切割是指将坯料分成两部分的锻造工序，如图 11-12 所示。切割常用于切除锻件的料头和钢锭的冒口等。局部切割常用作拔长的辅助工序，以提高拔长效率。但局部切割会损伤锻造流线，影响锻件的力学性能。

对于厚度不大的工件，常采用剁刀进行单面切割，如图 11-12a 所示；对于厚度较大的工件，需先从一面切，不切断，再将工件翻过来切断，称为双面切割，如图 11-12b 所示；图 11-12c 所示为先在工件上切口，然后再拔长，以提高拔长效率。

（4）冲孔　冲孔是指在坯料上冲出通孔或盲孔的锻造工序，如图 11-13 所示。冲孔常用于锻造环套类零件的毛坯。冲盲孔可以看成是局部切割并镦粗；冲通孔可以看成是沿封闭轮廓切割。对于薄的坯料，常采用实心冲头单面冲通孔，如图 11-13a 所示；对于厚的坯料，

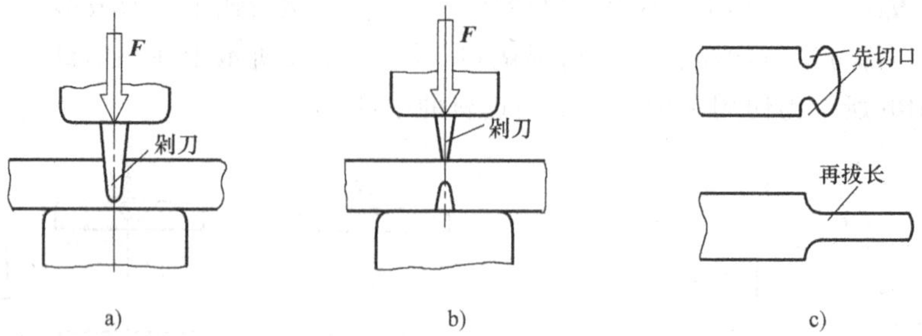

图 11-12　切割

a）单面切割　b）双面切割　c）局部切割后拔长

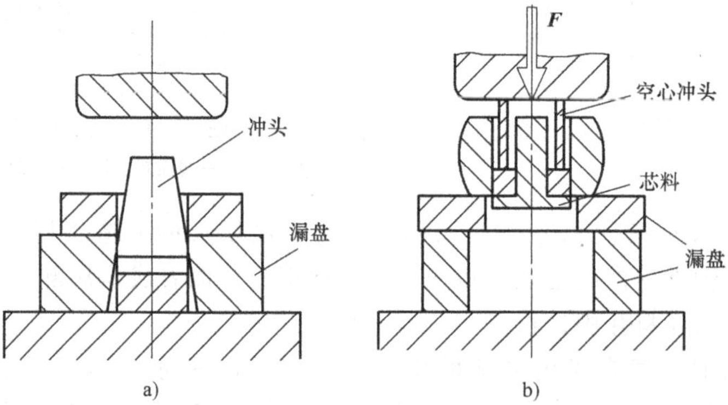

图 11-13　冲孔

a）实心冲头冲孔　b）空心冲头冲孔

可以采用实心冲头先从一面冲盲孔，再反转从另一面冲透；当孔径大于400mm时，常采用空心冲头冲孔，如图11-13b所示。

（5）弯曲　弯曲是指采用一定的工模具将毛坯弯成所规定外形的锻造工序，如图11-14所示。弯曲常用于锻造直角尺、弯板、吊钩等轴线弯曲零件的毛坯。

（6）锻接　锻接是指将两块坯料在炉内加热至高温后用锤快击，使两者在固相状态下结合的方法。锻接时把准备好的咬接接口或搭接接口放在加热炉中加热到较高的温度（黄白色），取出来摔掉氧化皮，放在砧铁上快速锻打实现连接，如图11-15所示。锻接后的接缝强度可达被连接材料强度的70%～80%。夹钢也属于锻接的范畴，锄头的刃与体、菜刀的刃与体等均通过夹钢实现连接。

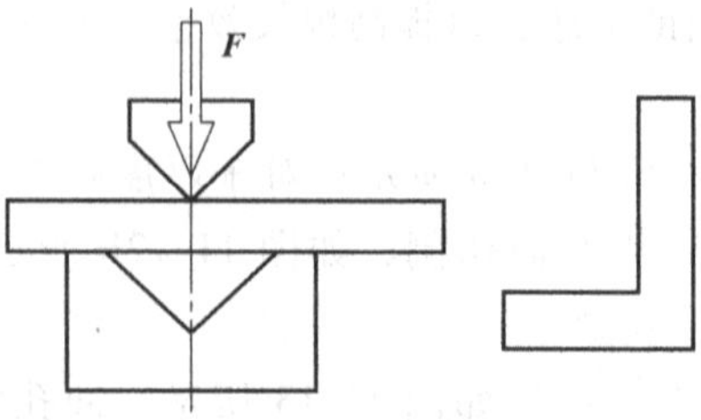

图 11-14　弯曲

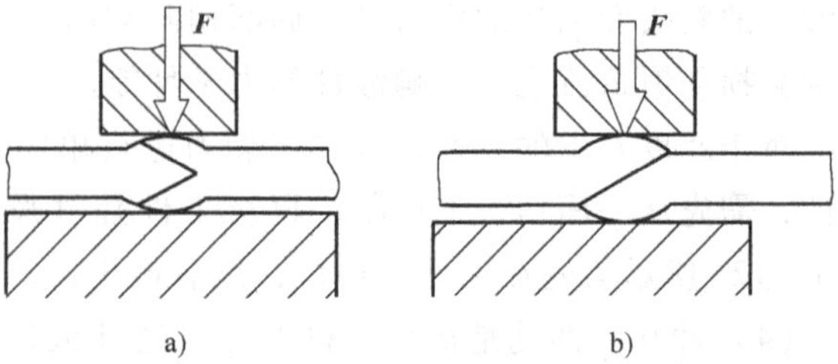

图 11-15　锻接

a）咬接　b）搭接

(7) 错移　错移是指将坯料的一部分相对另一部分平移错开，但仍保持轴线平行的锻造工序，如图 11-16 所示。错移时先对坯料进行局部切口，如图 11-16a 所示；再在切口的两侧分别加以大小相等、方向相反，且垂直于轴线的冲击力或挤压力 $\boldsymbol{F}$，使坯料的两部分之间实现错移，如图 11-16b 所示。错移常用于锻造曲轴类零件的毛坯。

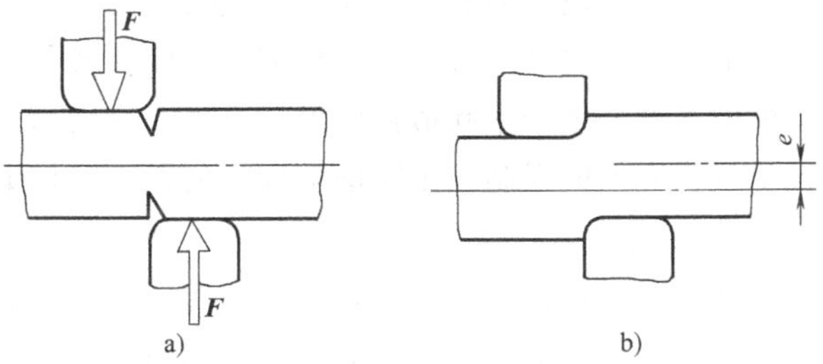

图 11-16　错移

a) 切口　b) 错移

综上所述，自由锻方法灵活，能够锻出不同形状的锻件；自由锻所需的变形力较小，是锻造大型零件的唯一方法。但是，自由锻方法生产率较低，加工精度也较低，多用于单件小批量生产。

2. 模锻成形

模锻是指利用模具使坯料变形而获得模锻件的锻造方法。模锻件的形状尺寸主要由锻模控制。通过锻模使坯料整体锻打成形，需要的变形力较大。模锻通常分为开式模锻和闭式模锻。

(1) 开式模锻　开式模锻是指两模间间隙的方向与模具运动的方向相垂直，在模锻过程中间隙不断减小的模锻方式，如图 11-17 所示。开式模锻的特点是：在坯料的变形过程中，固定模与活动模之间的间隙逐渐缩小；变形开始时，部分金属会流入模膛与飞边槽之间的狭窄通道（过桥）中，因冷变形强化堵住了模膛的出口，迫使坯料充满模膛；变形后期模膛内多余的金属仍然会因变形力加大流入飞边槽形成飞边；在变形过程中因坯料的质量比较富裕，不会出现固定模与活动模直接撞击的现象；出膛的模锻件带有飞边，必须采用切边模切除。

(2) 闭式模锻　闭式模锻是指两模间间隙的方向与模具运动方向相平行，在模锻过程中间隙大小不变化的模锻方式，如图 11-18 所示。闭式模锻的特点是：在坯料的变形过程中，模膛始终保持封闭状态；模锻时固定模与活动模之间的间隙是固定的，而且很小，不会形成飞边。因此，闭式模锻必须严格遵守锻件与坯料体积相等的原则。否则，若坯料不足，模膛的边角处得不到填充；若坯料有余，则锻件的高度将大于要求的尺寸。

闭式模锻最主要的优点是没有飞边，减少了金属的消耗，并且模锻件流线分布与锻件轮

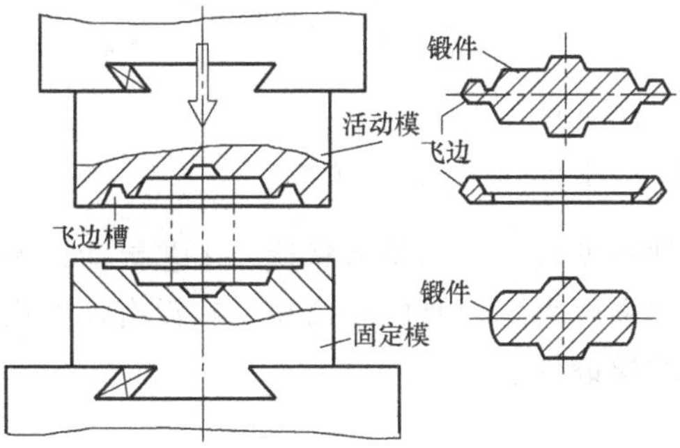

图 11-17　开式模锻

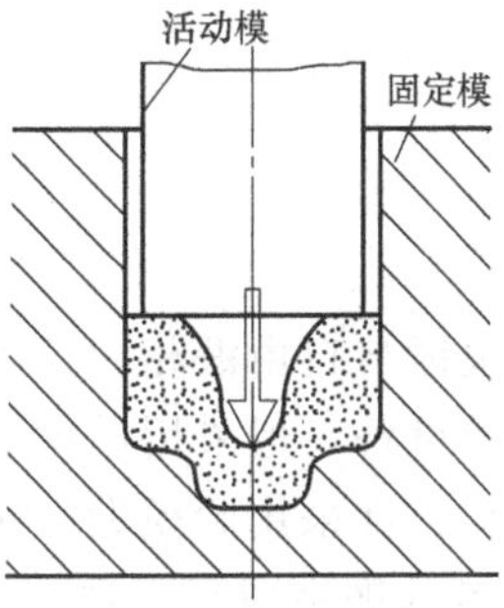

图 11-18　闭式模锻

廓相符合，具有较好的宏观组织；模锻时金属坯料处于三向不均匀压应力状态，产生各向不均匀压缩变形，提高了金属的变形能力。闭式模锻适于模锻低塑性合金材料。

模锻成形的生产率和锻件精度比自由锻高得多，但每套锻模只能锻造一种规格的锻件，并且受设备吨位的限制，不能锻造较大的锻件。模锻方法主要用于大批量生产。

3. 胎模锻成形

胎模锻成形是指在自由锻设备上使用可移动模具生产模锻件的锻造方法。通常先采用自由锻方法使坯料预锻，再将预锻坯放入胎模，把胎模放在砧座上，锤击胎模使锻件成形。例如，图 11-19 所示的胎模锻过程，首先将坯料镦粗成预锻坯，再在胎模中锻成模锻件。

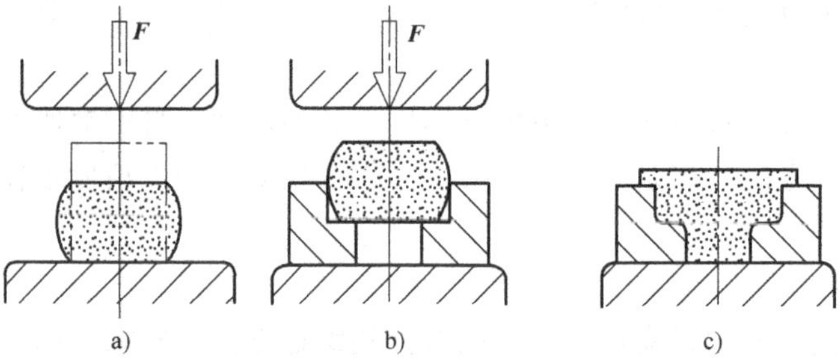

图 11-19　胎模锻过程

a）镦粗　b）放入胎模　c）胎模锻成形

胎模有扣模和套模之分。图 11-20a 所示为由上扣和下扣组成的扣模，主要用于锻造非回转体类零件。图 11-20b 所示为只有下扣的扣模，其上扣由上砧代替。使用扣模锻造，锻件不翻转，锻件成形后转 90°，用上砧平整锻件侧面。因此，扣模用于锻造侧面平直的锻件。

套模一般由套筒及上、下模垫组成。图 11-20c 所示套模主要用于锻造端面有凸台或凹坑的回转体锻件。图 11-20d 所示套模无上模垫，由上砧代替上模垫，锻造成形后，锻件上端面为平面，并且形成横向小毛边。

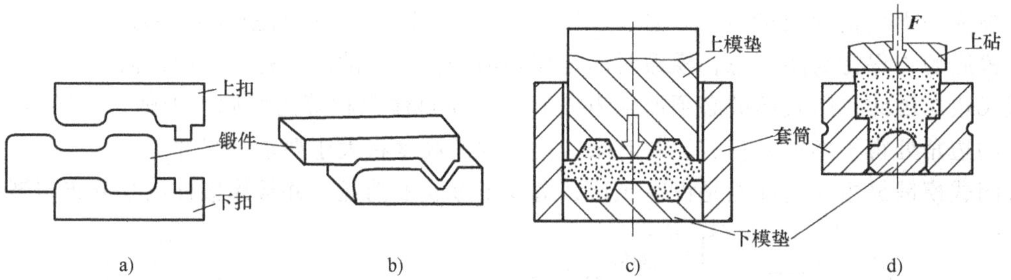

图 11-20　胎模

a）扣模　b）无上扣扣模　c）套模　d）无上模垫套模

胎模锻与自由锻相比，生产率较高，锻件精度较高；与模锻相比，工艺灵活，不需要较大吨位的设备。但采用胎模锻方法工人的劳动强度大，模具的寿命短。在没有模锻设备的中小型工厂，常采用胎模锻方法生产批量不大的模锻件。

4. 其他锻造成形方法

（1）精密锻造成形　精密锻造是指在一般模锻设备上锻造高精度锻件的锻造方法，其主要特点是使用两套不同精度的锻模。锻造时，先使用粗锻模锻造，留有0.1～1.2mm的精锻余量，然后切下飞边并酸洗，重新加热到700～900℃，再使用精锻模锻造。

提高锻件精度的另一条途径是采用中温或室温精密锻造，但只限于锻造小锻件及非铁金属锻件。

（2）辊锻成形　辊锻是指用一对相向旋转的扇形模具使坯料产生塑性变形，从而获得所需锻件或锻坯的锻造工艺，如图11-21所示。辊锻本质上是把轧制工艺应用于制造锻件的锻造方法。辊锻时，坯料被扇形模具挤压成形，常作为模锻前的制坯工序，也可直接制造锻件。

（3）挤压成形　挤压是指坯料在三向不均匀压应力作用下从模具的孔口或缝隙挤出，使之横截面积减少，长度增加，成为所需制品的加工方法，如图11-22所示。挤压的生产率很高，锻造流线分布合理，但变形抗力大，多用于锻造非铁金属件。

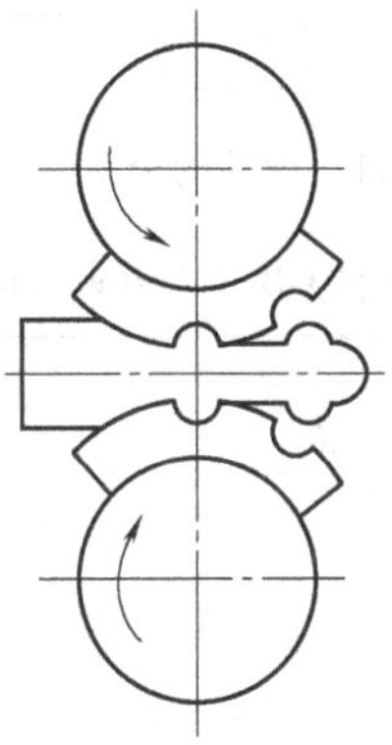

图11-21　辊锻成形

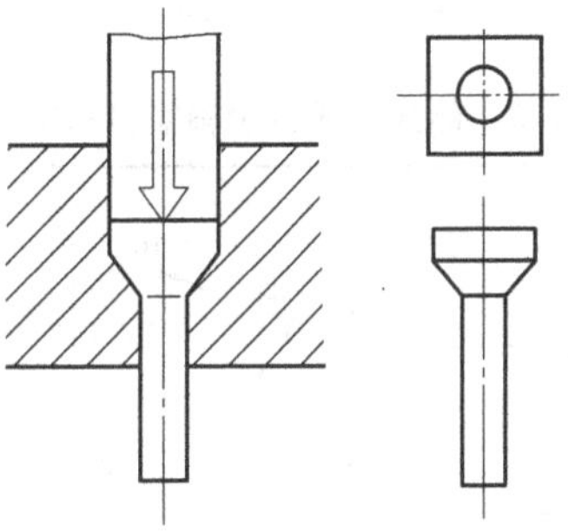

图11-22　挤压成形

三、锻后处理

热锻成形的锻件锻后通常要根据其化学成分、尺寸、形状复杂程度等来确定相应的冷却方法。低、中碳钢小型锻件锻后常单个或成堆放在地上空冷；低合金钢锻件及截面宽大的锻件则需要放入坑中，埋在砂、石灰或炉渣等填料中缓慢冷却；高合金钢锻件及大型锻件的冷却速度更要缓慢，通常要随炉缓冷。冷却方式不当，会使锻件产生内应力、变形甚至裂纹。冷却速度过快，还会使锻件表面产生硬皮，难以切削加工。

锻件冷却后应仔细进行质量检验，合格的锻件应进行去应力退火或正火或球化退火，准备切削加工，变形较大的锻件应校正，技术条件允许补焊的锻件缺陷应补焊。

第四节　自由锻造工艺设计简介

自由锻件的锻造工艺设计主要包括绘制锻件图、计算坯料的质量及尺寸、确定变形工序、确定锻造温度范围及锻后处理规范等。

一、绘制锻件图

锻件图是指在零件图的基础上，考虑加工余量、锻件公差、工艺余块等所绘制的图样。锻件的轮廓用粗实线表示；零件的轮廓用双点画线表示；锻件的公称尺寸与公差标注在尺寸线的上面或左面；零件的公称尺寸标注在尺寸线的下面或右面，并用圆括号括住。图11-23

所示为台阶轴的锻件图。锻件图是锻造生产、锻件检验与验收的主要依据。

1. 锻件的加工余量及公差

锻件加工余量是指为使零件具有一定精度和表面质量，在锻件表面需要加工的部分提供切削加工用的一层金属，如图 11-24 所示。锻件公差是指规定的锻件尺寸的允许变动量。锻件的加工余量与公差可根据 GB/T 21469—2008 确定。部分钢质台阶轴类自由锻件的加工余量及公差（锻造精度为 F 级）见表 11-2。

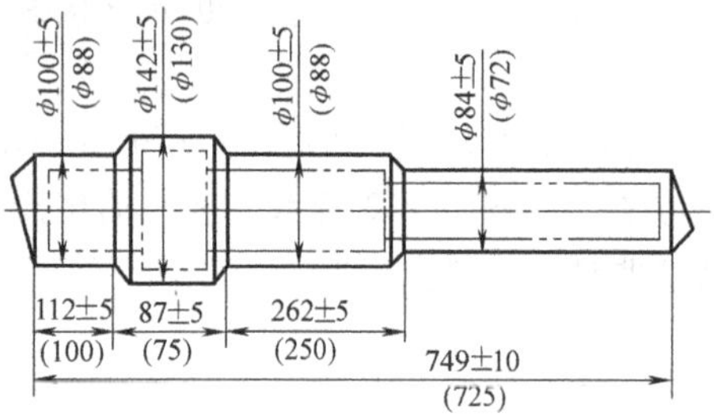

图 11-23　台阶轴的锻件图

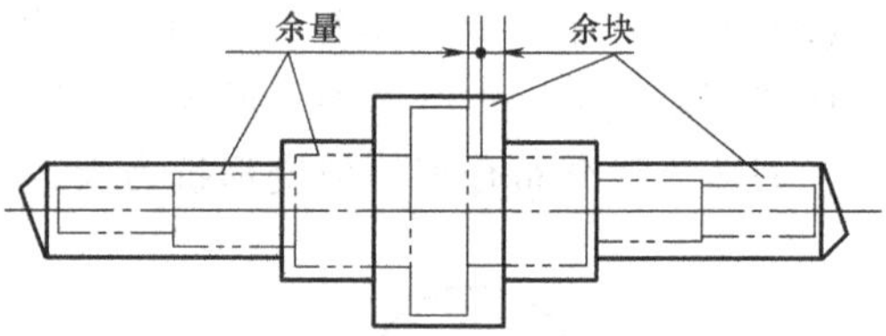

图 11-24　锻件的余量和余块

表 11-2　部分钢质台阶轴类自由锻件的加工余量与公差（摘自 GB/T 21469—2008）

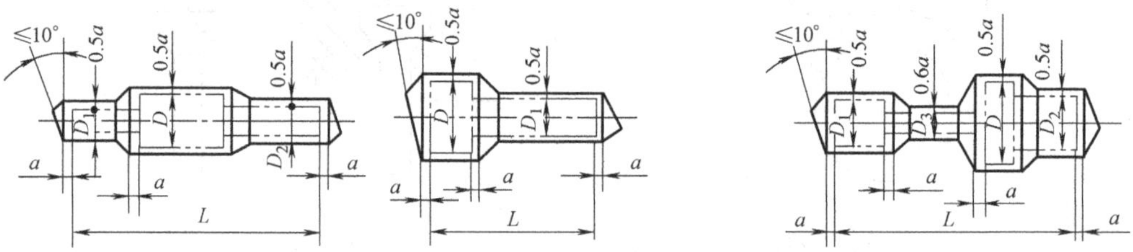

零件总长 L/mm		零件直径 D/mm							
		大于 0	50	80	120	160	200	250	315
		至 50	80	120	160	200	250	315	400
		余量 a 与极限偏差							
大于	至	锻造精度等级 F							
0	315	7 ±2	8 ±3	9 ±3	10 ±4	—	—	—	—
315	630	8 ±3	9 ±3	10 ±4	11 ±4	12 ±5	13 ±5	—	—
630	1000	9 ±3	10 ±4	11 ±4	12 ±5	13 ±5	14 ±6	16 ±7	—
1000	1600	10 ±4	12 ±5	13 ±5	14 ±6	15 ±6	16 ±7	18 ±8	19 ±8
1600	2500	—	13 ±5	14 ±6	15 ±6	16 ±7	17 ±7	19 ±8	20 ±8
2500	4000	—	—	16 ±7	17 ±7	18 ±8	19 ±8	21 ±9	22 ±9
4000	6000	—	—	—	19 ±8	20 ±8	21 ±9	23 ±10	—

2. 余块

余块是指为简化锻件的外形及锻造过程，在锻件的某些地方加添的一些大于余量的一块金属，如图 11-24 所示。增设余块方便了锻件成形，但增加了切削加工工时和金属的消耗量。是否添加工艺余块应根据实际情况综合考虑。

二、计算坯料的质量及尺寸

坯料质量 = 锻件质量 + 氧化损失 + 截料损失

锻件质量可以按锻件的密度和体积计算。金属的氧化损失与加热炉的种类有关。钢料在火焰炉中加热时，首次加热的损失按锻件质量的 2% ~3% 计算，以后每次加热的损失按 1.5% ~2% 计算。截料损失是指冲孔、修正锻件形状等截去的金属。截料损失的多少与锻件形状的复杂程度有关。用钢材做坯料时，截料损失通常按锻件质量的 2% ~4% 计算；如果用钢锭做坯料，切除的钢锭头部、底部也应列入截料损失。

锻件的坯料尺寸与所选用的锻造工序有关。如果第一锻造工序是镦粗，为避免镦弯及下料方便，坯料的高度 H_0 与圆截面坯料的直径 D_0 或方截面坯料的边长 L_0 之间，应满足下面不等式的要求

$$1.25D_0 \leqslant H_0 \leqslant 2.5D_0$$

$$1.25L_0 \leqslant H_0 \leqslant 2.5L_0$$

将上述关系代入坯料体积 V 的计算公式，可以计算出 D_0 或 L_0。对于圆截面坯料

$$V = \frac{\pi}{4}D_0^2H_0$$

$$D_0 = (0.8 \sim 1.0)\sqrt[3]{V}$$

对于方截面坯料

$$V = L_0^2H_0$$

$$L_0 = (0.74 \sim 0.93)\sqrt[3]{V}$$

如果第一锻造工序为拔长，应当根据锻件的最大横截面积 S_{max} 和要求的锻造比 y 计算出坯料的横截面积 S，从而确定出坯料尺寸。对于圆截面坯料

$$S = yS_{max} = \frac{\pi D_0^2}{4}$$

$$D_0 = \sqrt{\frac{4S}{\pi}}$$

对于方截面坯料

$$S = yS_{max} = L_0^2$$

$$L_0 = \sqrt{S}$$

按上述方法初步算出坯料的直径或边长后，还应按照钢材的标准尺寸加以修正，再计算出坯料的长度。表 11-3 为热轧圆钢的标准直径。

表 11-3　热轧圆钢的标准直径　（单位：mm）

热轧圆钢的标准直径	数值									
D_0	5	5.5	6	6.5	7	8	9	10	11	12
	13	14	15	16	17	18	19	20	21	22
	23	24	25	26	27	28	29	30	31	32
	33	34	35	36	38	40	42	45	48	50
	52	55	56	58	60	63	68	70	75	80
	85	90	95	100	105	110	115	120	125	130
	140	150	160	170	180	190	200	210	220	

三、确定变形工序

选择变形工序的主要依据是锻件的结构形状。例如，圆盘、齿轮等饼块类锻件的主要变形工序是镦粗或局部镦粗；传动轴等轴杆类锻件的主要变形工序是拔长；圆环等空心类锻件的主要变形工序是镦粗及冲孔；吊钩等弯曲类锻件的主要变形工序是弯曲；曲轴类锻件的主要变形工序是拔长及错移；吊环等复杂形状类锻件的变形工序常常是前几类锻件锻造工序的组合。

四、确定锻造温度范围及锻后处理规范

坯料的锻造温度范围和加热方式、锻件的冷却方式、热处理工艺、检验标准和检验方法，都应根据技术要求和实际生产条件确定，并填写在工艺卡片上。

例　分析图11-23所示锻件图的绘制过程。设锻件材料选用45钢，生产5件，锻造精度要求达到F级，拟定锻件的锻造工艺过程。

解：

1. 分析该锻件图的绘制过程

根据零件图的尺寸查表11-2知，零件总长630～1000mm，零件最大直径为120～160mm，F级精度锻件的余量及公差为12±5mm。该锻件形状简单，不必增设工艺余块。于是，根据零件图及余量、公差可以绘出锻件图。

2. 计算坯料的质量及尺寸

锻件的质量可以根据锻件图计算。自左向右将锻件分为四个圆柱体，设它们的质量分别为m_1、m_2、m_3、m_4，坯料的密度按7.8kg/dm^{3}计算，则

$$m_1=\frac{\pi}{4}\times(1.00)^2\times1.12\times7.8\text{kg}=6.86\text{kg}$$

$$m_2=\frac{\pi}{4}\times(1.42)^2\times0.87\times7.8\text{kg}=10.74\text{kg}$$

$$m_3=\frac{\pi}{4}\times(1.00)^2\times2.62\times7.8\text{kg}=16.04\text{kg}$$

$$m_4=\frac{\pi}{4}\times(0.84)^2\times(7.49-1.12-0.87-2.62)\times7.8\text{kg}=12.44\text{kg}$$

锻件质量

$$\begin{aligned}m&=m_1+m_2+m_3+m_4\\&=(6.86+10.74+16.04+12.44)\text{kg}=46.08\text{kg}\end{aligned}$$

设锻件一火锻成，并在火焰炉中加热。加热烧损量按锻件质量的3%计算，即为1.38kg。截料损失按锻件质量的4%计算，即为1.84kg。则坯料的质量为49.3kg。

该锻件以钢材为坯料，可不考虑锻造比，按锻件的最大截面选用ϕ142mm圆钢。但表11-3所列热轧圆钢的标准直径中没有ϕ142mm，则只能选用ϕ150mm的热轧圆钢。

根据钢材的密度可以算出坯料的体积为6320.5cm^3，再除以ϕ150mm圆钢的截面积，可算出坯料的长度为358mm。

3. 确定变形工序

图11-23所示锻件属于轴杆类，其主要变形工序是拔长。但为了提高锻造生产率，还采

用压肩、切割等变形工序。压肩是指用局部切割方法以加速拔长的变形工序，如图 11-25a 所示。拔长后应按长度尺寸要求切掉料头，如图 11-25b 所示。台阶轴锻件一端成形后应调头压肩、按尺寸 ϕ100mm 拔长，如图 11-25c、d 所示。最后，再根据台阶长度拔长右端 ϕ84mm 部分，并根据右端台阶长度尺寸切掉料头得到锻件，如图 11-25e 所示。

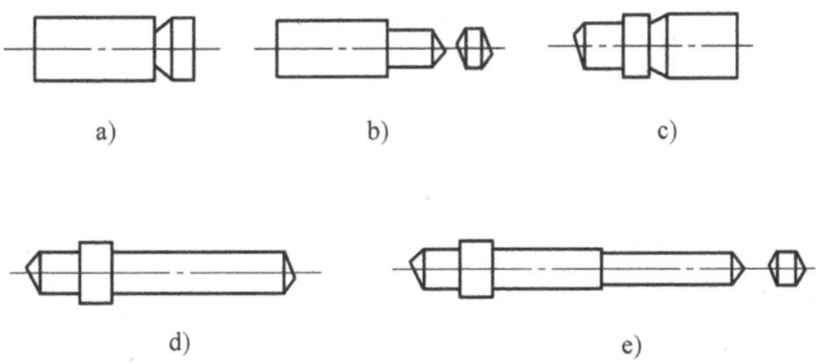

图 11-25　台阶轴锻造工序

a）压肩　b）一端拔长并切料头　c）调头压肩

d）拔长　e）右端拔长并切料头

4. 确定锻造温度范围及锻后处理规范

参照图 11-8 及表 11-1 可知，45 钢始锻温度定为 1200℃，终锻温度定为 800℃。采用火焰炉加热，以适应单件生产条件。

锻件质量为 46kg，属中小件。45 钢塑性较好，故无须采用特殊冷却方式，堆放空冷即可。

为消除锻造过程中产生的内应力，应进行去应力退火。粗加工后可进行调质处理，保证获得良好的综合力学性能。要求不高时，可以用正火代替调质，以降低成本。

第五节　零件结构的锻造工艺性

零件结构的锻造工艺性，是指所设计的零件在满足使用性能要求的前提下锻造成形的可行性和经济性，即锻造成形的难易程度。良好的锻件结构应与材料的可锻性和锻件的锻造工艺相适应。

一、可锻性对结构的要求

不同金属材料的可锻性不同，对结构的要求也不同。例如，$w_C \leqslant 0.65\%$ 的碳素钢塑性好，变形抗力较小，锻造温度范围宽，能够锻出形状较复杂、肋较高、腹板较薄、圆角较小的锻件；高合金钢的塑性较差，变形抗力较大，锻造温度范围窄，若采用一般锻造工艺，锻件的结构形状应较简单，其截面尺寸的变化应较平缓。

二、锻造工艺对结构的要求

1. 自由锻件的设计原则

（1）形状简单　为减少锻造难度，又不增加过大的余量和余块，以锻件为毛坯的零件的结构应设计得尽量简单。如图 11-26a 所示的锥形、楔形等倾斜结构锻造困难；图 11-26b 所示改进的圆柱形、方槽形结构具有较好的锻造工艺性。

（2）避免曲面交接　如图 11-27a 所示圆柱面与圆柱面的相贯结构难以锻出；图 11-27b 所示的改进结构（圆柱面与平面交接）具有较好的锻造工艺性。

（3）避免锻肋　如图 11-28a 所示有加强筋的连杆结构难以锻出；图 11-28b 所示改进的无加强筋连杆结构具有较好的锻造工艺性。

（4）凹坑代凸台　锻件上的凸台锻出困难，应设计成凹坑。如图 11-29a 所示有凸台的底座锻造困难；图 11-29b 所示改进的有凹坑的底座具有较好的锻造工艺性。

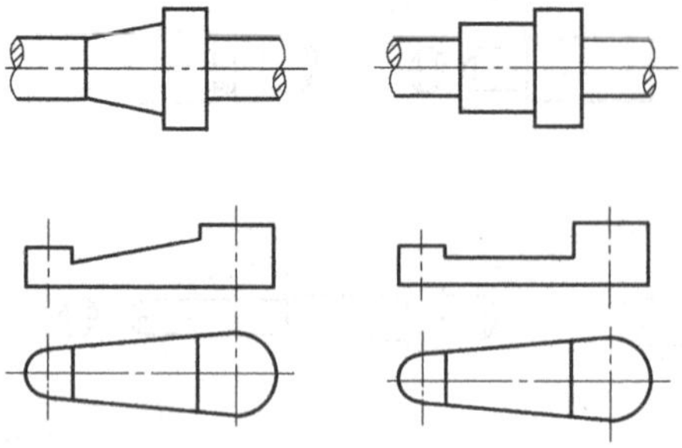

a)　　b)

图 11-26　避免倾斜结构

a）倾斜结构　b）不倾斜结构

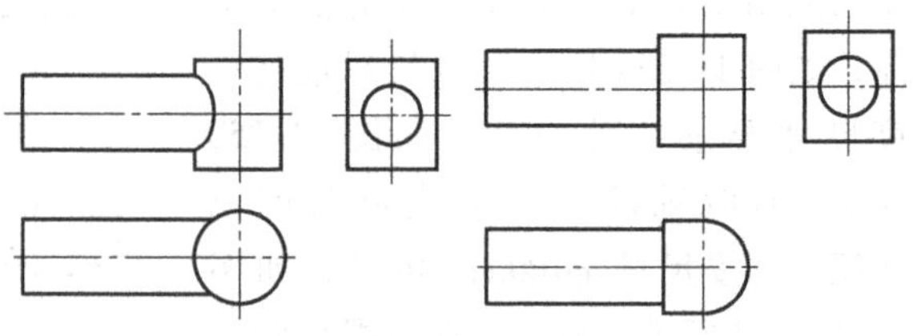

a)　　b)

图 11-27　避免曲面交接

a）圆柱面与圆柱面交接　b）圆柱面与平面交接

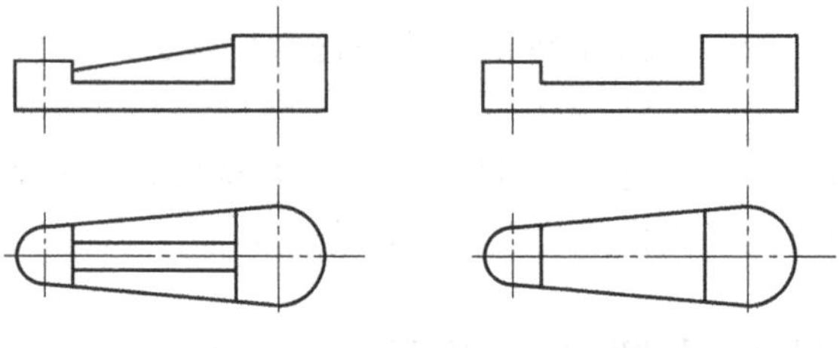

a)　　b)

图 11-28　避免锻筋

a）有加强筋　b）无加强筋

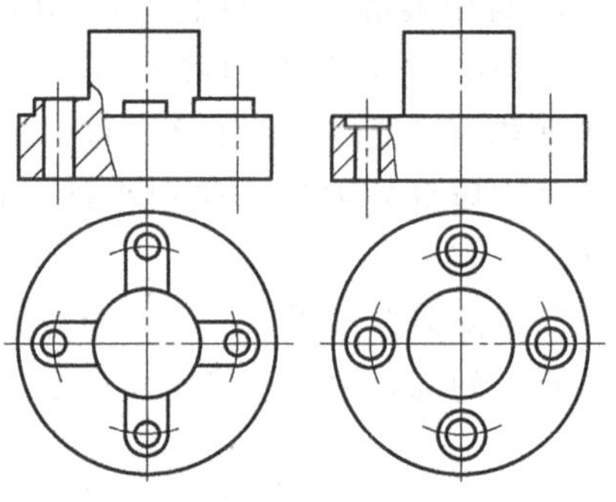

a)　　b)

图 11-29　避免凸台结构

a）有凸台　b）有凹坑

2. 模锻件的设计原则

模锻件由模膛控制成形，然后从模膛中取出。因此，设计以模锻件为毛坯的零件时应考虑便于金属充满模膛，便于锻件出模，便于制模及有利于延长锻模的寿命等。

如图 11-30a 所示模锻件分型面的选择都不合理（涂黑处是切削加工时要去除的部分）。其中，分型面 1、2、3、4 使制模的切削加工工作量太大；分型面 4、5 使上模膛因较深而加工困难。图 11-30b 所示模锻件分型面 6、7、8 的选择都比较合理。

模锻件的结构应尽可能对称，以便锻造时锻模及设备受力均匀。

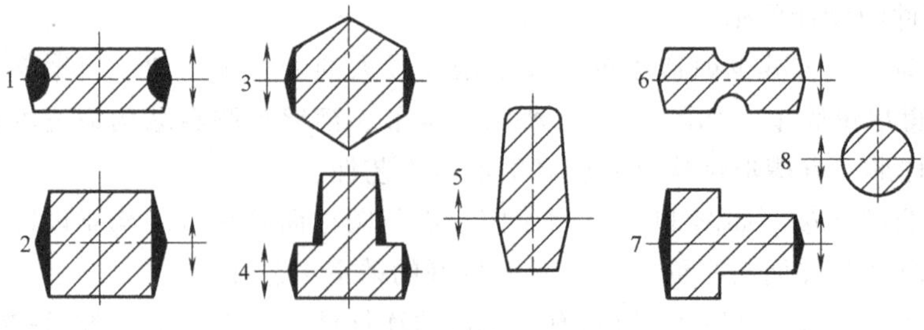

a)　　b)

图 11-30　分型面的设计

a）不合理分型面　b）合理分型面

第六节 板料冲压成形

板料冲压是指使板料经分离或成形而得到制件的工艺。冲压一般在室温下进行。冲压与锻造都属于金属塑性加工。

一、冲压成形概述

冲压使用的坯料是轧制板料、成卷的条料及带料，其厚度一般不超过10mm。板料冲压时仅使坯料上的某个或某几个部分产生塑性变形。冲压的生产率高，冲压件的质量轻，精度高，表面质量好，但必须使用塑性优良的板材。

采用冲压方法可以加工各种平板类和空心类零件。小零件的质量可以不到1g、尺寸不到1mm，如手表的秒针；大零件的质量可以达数万克、尺寸达数米，如汽车的厢板、外壳等。板料冲压广泛应用于汽车、飞机、仪表、电器等工业中。

二、冲压成形的基本工序

1. 冲裁工序

冲裁是指利用冲模将板料以封闭的轮廓与坯料分离的一种冲压方法。冲模是指通过加压将金属、非金属板料或型材分离、成形或接合而得到制件的工艺装备。落料和冲孔都属于冲裁工序。落料是指利用冲裁取得一定外形制件的冲压方法；冲孔是指将冲压坯料内的材料以封闭的轮廓分离开来，得到带孔制件的一种冲压方法，其冲落部分为废料。

（1）冲裁过程　板料的冲裁过程如图11-31所示。凸模和凹模都具有锋利的刃口，二者之间有一定的间隙。当凸模压下后，凸凹模刃口附近的材料将产生变形，如图11-31a所示；凸模继续下压时，凸凹模刃口的作用板料将产生裂纹，如图11-31b所示；当板料的上、下裂纹汇合时，冲裁件实现与坯料的分离，如图11-31c所示。冲裁件的断口主要由光亮带和剪裂带组成。无论是冲孔件还是落料件，实际测量的尺寸或图样标注的尺寸均指光亮带的尺寸，如图11-32所示。

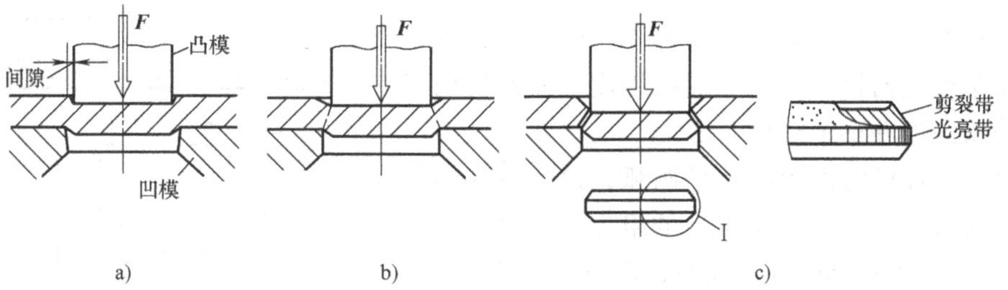

图11-31　板料的冲裁过程

a）变形　b）产生裂纹　c）断裂

光亮带是在变形开始阶段由刃口切入并挤压形成的，较光洁；剪裂带则是在变形后期由裂纹扩展形成的，较粗糙。设计落料模时，应使凹模的尺寸等于落料件的尺寸，而凸模的尺寸等于落料件（产品）的尺寸减去两个间隙；设计冲孔模时，应使凸模的尺寸等于孔的尺寸，而凹模的尺寸等于孔的尺寸加上两个间隙。

（2）冲裁件的质量　冲裁模的间隙合适时能使上、下裂纹自然汇合，断口质量较好。

形成的光亮带约为板厚的 1/3。间隙过大时，光亮带较窄，断口较粗糙；间隙过小时，则光亮带较宽，断口较光洁，但刃口极易钝化。冲裁软钢、铝合金、铜合金等板料时，间隙常取板厚的 6% ~8%；冲裁硬钢板料时，间隙取板厚的 8% ~12%。

冲裁件的尺寸精度主要靠冲裁模保证。高精度的冲裁件常需要在专用修整模上修整。图 11-33a所示为采用修整模对落料件进行修整；图 11-33b 所示为采用修整模对冲孔件进行修整。修整模的间隙比冲裁模小。修整后冲裁件的尺寸公差等级可达 IT7 ~ IT6，断口的表面粗糙度值 Ra 可达 1.6 ~ 0.8μm。

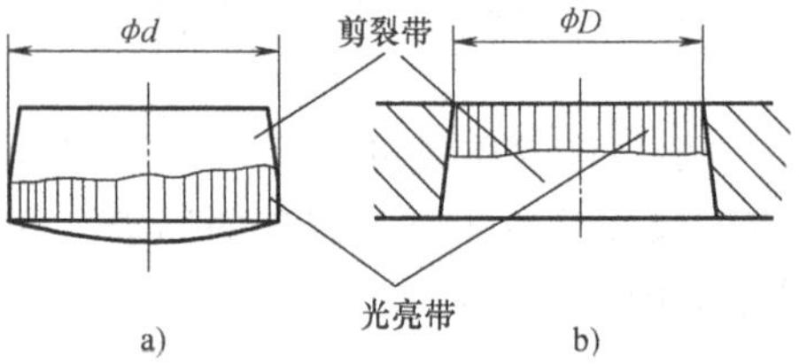

图 11-32　冲裁件的尺寸标注

a）落料件　b）冲孔件

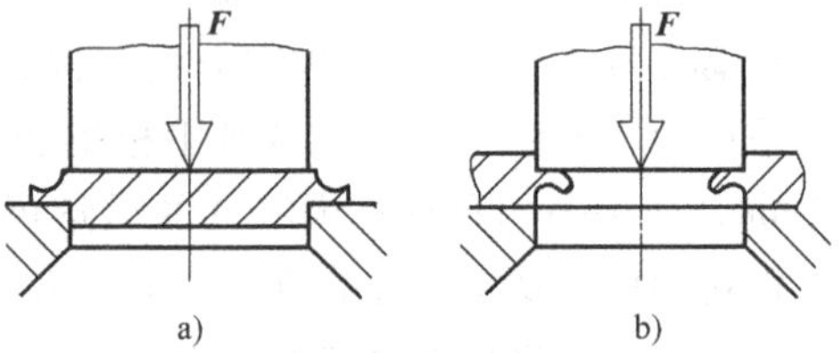

图 11-33　冲裁件的修整

a）落料件　b）冲孔件

2. 变形工序

（1）拉深　拉深是指变形区在一拉一压的应力状态作用下，使板料（浅的空心坯）成为空心件（深的空心件）而厚度基本不变的加工方法。板料的拉深过程如图 11-34 所示。当凸模将坯料向凹模中压下时，与凸模底部接触的板料在拉深过程中基本上不变形，最后成为空心件的底；其余环形部分的坯料经变形成为空心件的侧壁。

坯料被拉深时的变形如图 11-35 所示。凸模周围的环形坯料在拉深时被强制地逐步拉入凹模，如同强迫环形坯料上每一个小扇形部分通过一个“楔形通道”一样，使环形坯料上承受着相当大的径向拉应力和切向压应力，从而产生了严重的塑性变形。为使拉深过程正常进行，必须使径向拉应力小于屈服强度，而使切向压应力大于屈服强度并小于抗拉强度。

显然，拉深模的顶角必须呈圆弧，以免对坯料构成损伤，并能减少变形时金属流动的阻力。凹模的顶角圆弧半径 R_d 常取 5 ~30δ，δ 为板厚；凸模顶角的圆弧半径 R_p 应不小于 R_d。

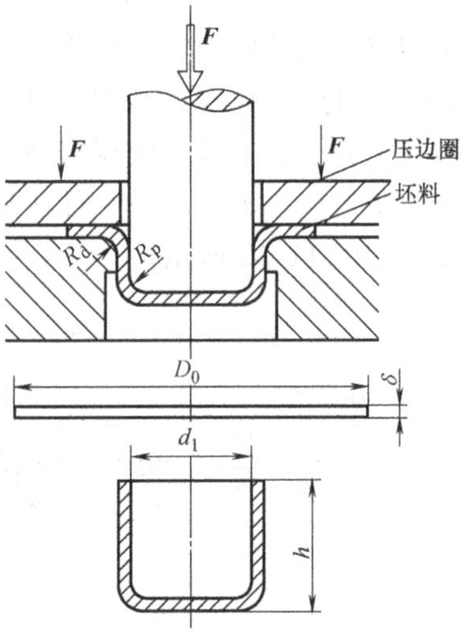

图 11-34　板料的拉深过程

拉深模的模具间隙比冲裁模大得多，常取 1.1 ~ 1.5δ。拉深前应在坯料上涂油。涂油有利于拉深过程正常进行。

为防止拉深时坯料的变形区皱褶，必须用压边圈把坯料压住，如图 11-34 所示。压力的大小应以工件不起皱为宜。压力过大可能导致拉裂，成为废品。

拉深时坯料的变形程度通常以拉深系数 m 表示。拉深系数是指拉制件的直径 d_1 与其毛坯直径 D_0 之比，即 $m = d_1/D_0$。拉深系数越小，变形程度越大。制订拉深工艺时，必须使实际拉深系数 m 不小于极限拉深系数 m_{min}。极限拉深系数大小与材料的性质、板料的相对

厚度 δ/D_0 及拉深次数有关。例如，低碳钢板料相对厚度为 0.001～0.02 时，第一次拉深的极限拉深系数 $m_{\min}$ 为 0.63～0.50；第二次拉深的极限拉深系数 $m_{\min}$ 为 0.82～0.75；以后每增加一次拉深，$m_{\min}$ 约增加 0.02～0.03。

（2）弯曲　弯曲是指将板料、型材或管材在弯矩作用下弯成一定曲率和角度的制件的成形方法。弯曲过程如图 11-36 所示。当凸模压下时，板料的内侧产生压缩变形，处于压应力状态；板料的外侧产生拉伸变形，处于拉应力状态。板料外表面的拉应力值最大。当拉应力超过材料的抗拉强度时，将产生弯裂现象。为防止弯裂，弯曲模的弯曲半径要大于限定的最小弯曲半径 $r_{\min}$，通常取 $r_{\min}=(0.25\sim1)\delta$。

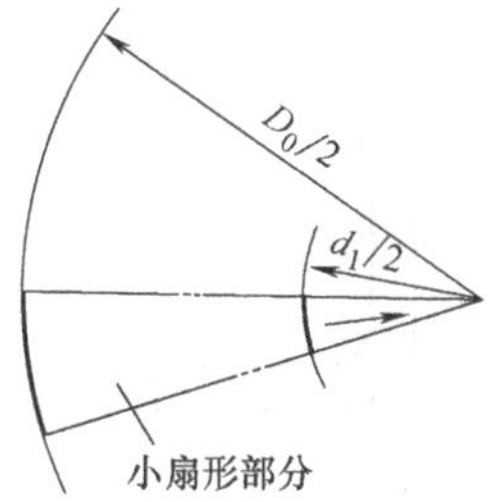

图 11-35　拉深时的变形

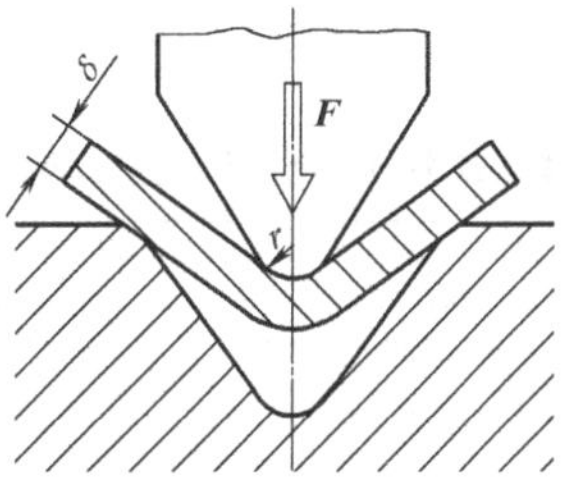

图 11-36　弯曲过程

塑性弯曲时，材料产生的变形由塑性变形和弹性变形两个部分组成。外载荷去除后，塑性变形保留下来，弹性变形消失，使形状和尺寸发生与加载时变形方向相反的变化，从而抵消了一部分弯曲变形的效果，该现象称为回弹。为抵消回弹现象对弯曲件的影响，弯曲模的角度应小于弯曲制件的角度。

板料弯曲时要注意其锻造流线（轧制时形成）方向应与弯曲圆弧方向一致，如图 11-37a所示。控制流线方向不仅能防止弯裂，也有利于提高制件的使用性能。图 11-37b 所示板料流线方向与制件弯曲圆弧方向垂直，容易弯裂。

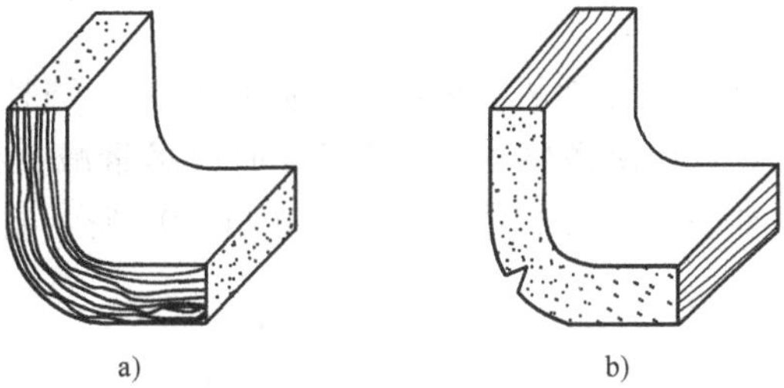

图 11-37　弯曲制件的流线

a）方向合理　b）方向不合理

三、零件结构的冲压工艺性

零件结构的冲压工艺性是指所设计的零件在满足使用性能要求的前提下冲压成形的可行性和经济性，即冲压成形的难易程度。良好的冲压制件结构应与材料的冲压性能和冲压工艺相适应。冲压性能主要指材料的塑性。

1. 冲压性能对结构的要求

正确选材是保证冲压成形的前提。如平板冲裁件要求金属材料的断后伸长率 $A_{11.3}$ 应为 1%～5%；结构复杂的拉深件要求 $A_{11.3}$ 达到 33%～45%。冲压件对材料的具体要求可查阅有关技术资料。

2. 冲压工艺对结构的要求

（1）冲裁件的冲裁最小尺寸　为保证冲裁模的寿命和冲裁件的质量，对冲裁件的有关尺寸都有具体的要求。图 11-38 所示孔径、孔间距、孔与边之间距离等，用板厚 δ 表示了对冲裁件的冲裁最小尺寸要求。

（2）弯曲件的最小弯曲半径　最小弯曲半径是指板料最外层流线濒于拉裂的弯曲半径。设计弯曲件必须考虑材料的最小弯曲半径。以板厚 δ 表示的不同材料的最小弯曲半径见表 11-4。

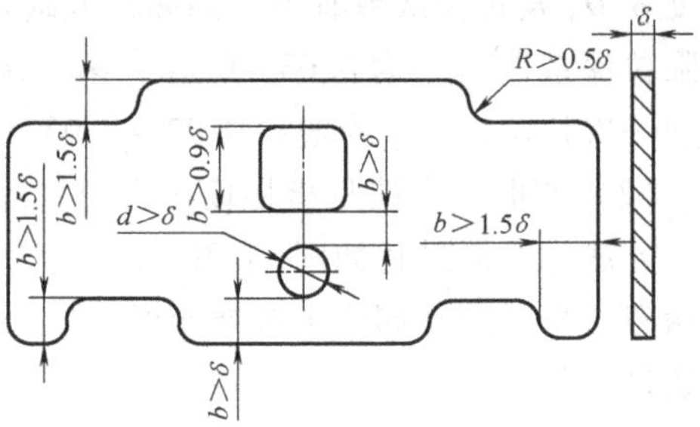

图 11-38　冲裁件的冲裁最小尺寸

（3）最小弯边高度　对坯料进行 90° 弯曲时，弯边的直线高度 H 应大于板厚 δ 的两倍，即 $H>2\delta$，如图 11-39a 所示；如果最小弯边的直线高度 $H<2\delta$，则应在弯曲处先压槽再弯边，如图 11-39b 所示；也可以先加高弯曲，再切除多出部分的高度。

表 11-4　弯曲件的最小弯曲半径

材料	退火或正火状态	
	弯曲线垂直于轧制方向	弯曲线平行于轧制方向
08、10、Q195A	0	0.4δ
15、20、Q235A	0.1δ	0.5δ
25、30	0.2δ	0.6δ
35、40	0.3δ	0.8δ
45、50	0.5δ	1.0δ
55、60	0.7δ	1.3δ
铝	0	0.3δ
纯铜	0	0.3δ

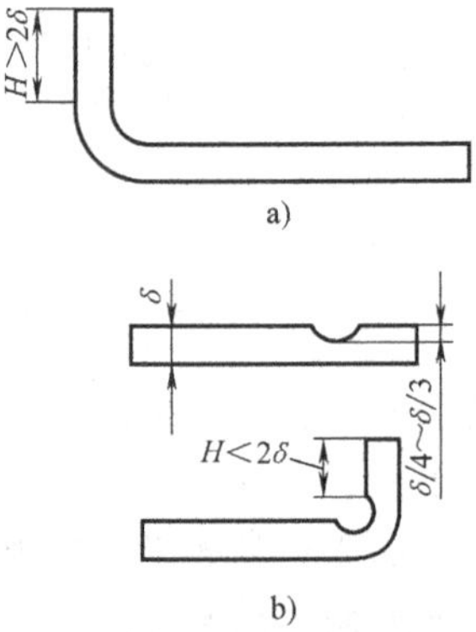

图 11-39　弯边最小高度

a）$H>2\delta$　b）$H<2\delta$

（4）拉深件的结构形状应简单对称　圆柱、圆锥、球、非回转体等形状的拉深件，其拉深难度依次增加。设计拉深件时应尽量减少拉深工艺的难度。如图 11-40a 所示制件具有锥形部分，拉深工艺复杂；而图 11-40b 所示制件具有圆柱形部分，较易拉深。

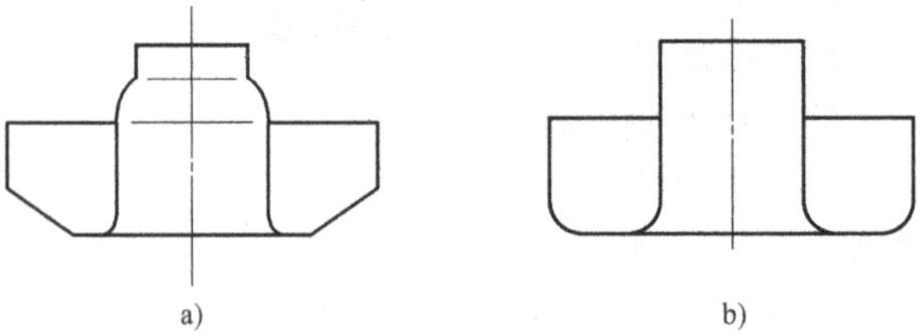

图 11-40　拉深件形状宜简单

a）形状较复杂　b）形状较简单

四、冲压工艺举例

冲压件的变形工序应根据零件的结构形状、尺寸及每道工序所允许的变形程度确定。如图 11-41a 所示多角形弯曲制件，其变形过程采用了八次弯曲变形工序；图 11-42a 所示汽车消声器零件，其冲压加工工艺由三次拉深、一次冲孔、两次翻边和一次切槽七个工序组成。

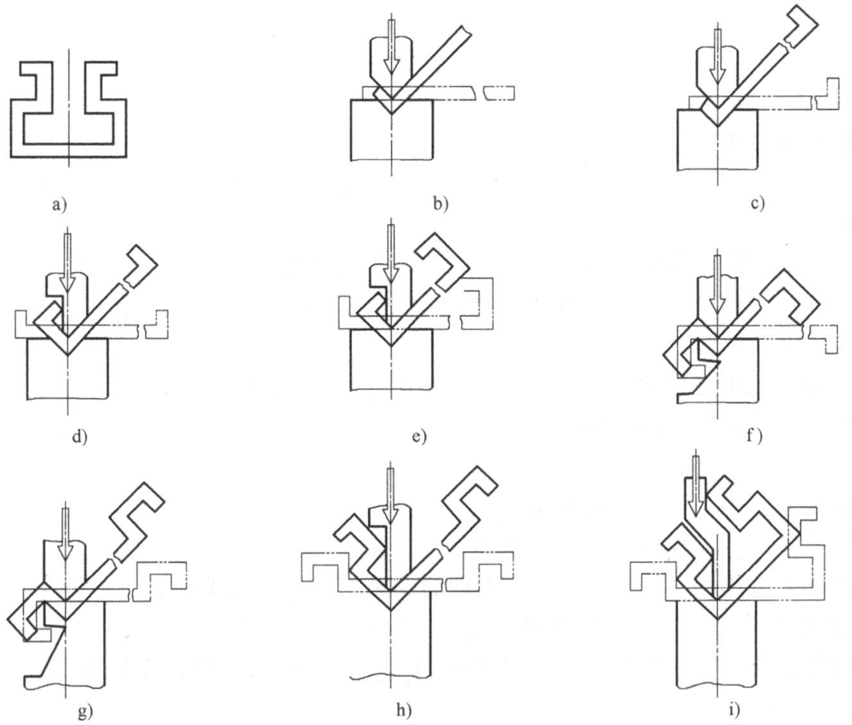

图 11-41　多角形弯曲制件的变形工序

a）零件　b）一次弯曲　c）二次弯曲　d）三次弯曲　e）四次弯曲
f）五次弯曲　g）六次弯曲　h）七次弯曲　i）八次弯曲

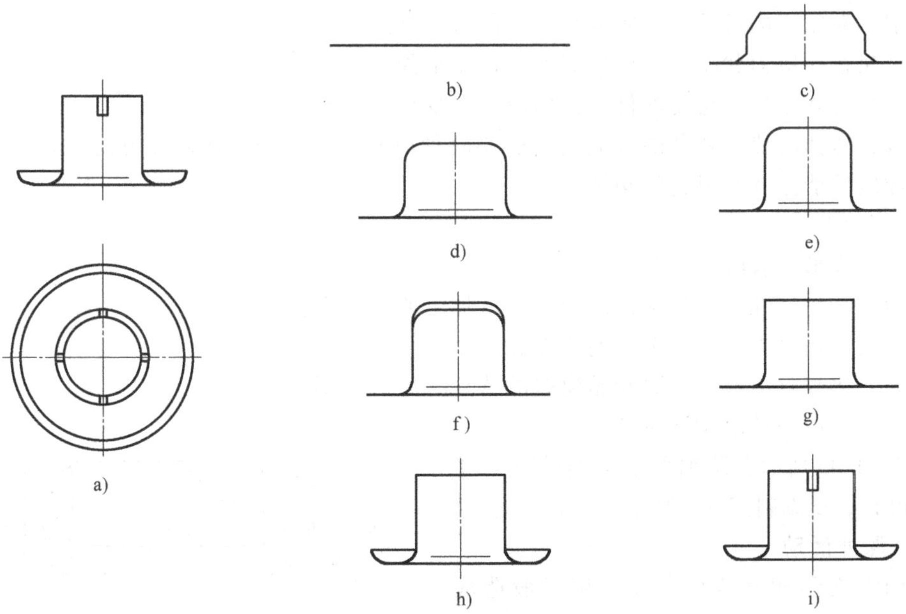

图 11-42　汽车消声器的冲压工艺

a）零件　b）坯料　c）一次拉深　d）二次拉深　e）三次拉深
f）冲孔　g)、h）翻边　i）切槽

作业十一

一、基本概念解释

1. 锻压　2. 自由锻　3. 模锻　4. 胎模锻　5. 余块　6. 板料冲压　7. 冲裁

二、填空题

1. 金属的可锻性主要指金属的________变形能力和变形________。

2. 对冷变形金属进行加热，加工硬化组织将相继发生________、________和晶粒长大三个阶段的变化。

3. 锻造温度范围是指锻件由________温度到________温度的间隔。

4. 锻造生产中必须严格控制________温度和________时间，以防止金属坯料发生过热和过烧。

5. 模锻通常分为________模锻和________模锻。

6. 胎模有________模和________模之分。

7. 锻件的轮廓用________线表示；零件的轮廓用________线表示。

8，造型通常分为________造型和________造型。

9. 锻件的公称尺寸与公差标注在尺寸线的________面或左面；零件的公称尺寸标注在尺寸线的________面或右面。

10. 圆环等空心类锻件的主要变形工序是________及________。

三、判断题

1. 金属的熔点越高，其再结晶温度也越高。（　）

2. 一般来说，纯金属的可锻性优于其合金的可锻性。（　）

3. 细晶粒组织的可锻性比粗晶粒组织的可锻性差。（　）

4. 金属在压应力状态下具有较好的塑性变形能力。（　）

5. 冷却方式不当，会使锻件产生内应力、变形甚至裂纹。（　）

6. 板料弯曲时要注意其锻造流线（轧制时形成）方向应与弯曲圆弧方向一致。（　）

7. 冲压性能主要指材料的塑性。（　）

四、简答题

1. 锻造成形具有哪些主要特点？

2. 为什么热塑性变形加工比冷塑性变形加工要容易得多？

3. 列表比较自由锻基本工序的特点和应用范围。

4. 列表比较自由锻、模锻和胎模锻的特点和应用范围。

5. 简述自由锻件的设计原则。

6. 图 11-43 所示台阶轴采用 45 钢制造，生产数量为 10 件，试编制其自由锻件的主要工艺过程。

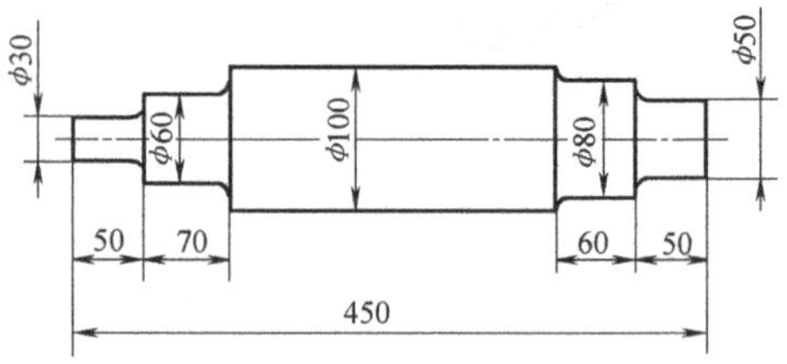

图 11-43　台阶轴

五、课外活动

1. 同学之间相互合作，分组调研锻造成形方法出现于什么时代。

2. 观察生活中的某些金属工具和金属用品，分析其是用何种锻压成形方法制造的。

第十二章　焊接与胶接成形

把两个或更多个零件连接起来，形成所需要的结构，往往是最经济的成形方法。有时，连接是唯一的成形方法。焊接与胶接是常见的永久性连接方法。

第一节　焊接概述

焊接是指通过加热或加压，或两者并用，并且用或不用填充材料，使焊件达到原子结合的一种加工方法。焊件是焊接对象的统称。焊接生产的产品是各种各样的焊接结构。焊接结构指用焊接方法将焊件连接起来而得到的金属结构。

为使焊件之间达到原子结合，生产上采用的焊接方法有几十种之多，大致可分为熔焊、压焊和钎焊三类。

熔焊是指焊接过程中将焊件接头加热至熔化状态，不加压力完成焊接的方法。熔焊时利用电能或化学能使焊件接头局部熔化成熔融状态，然后冷却结晶，连接成一体。

压焊是指焊接过程中必须对焊件施加压力（加热或不加热），以完成焊接的方法。压焊时加压使焊件接头产生塑性变形，连接成一体。

钎焊是指采用比母材熔点低的金属材料做钎料，将母材和钎料加热到高于钎料熔点、低于母材熔点的温度，利用液态钎料润湿母材，填充接头间隙并与母材相互扩散，实现连接焊件的方法。母材是被焊接材料的统称。

1930年以前，焊接在生产上应用很少。船舶、飞机、锅炉等基本上采用铆接方法制造。铆接过程如图12-1所示，先将铆接件平整地互相重叠在一起钻孔，然后把铆钉插入孔中，锤击铆钉的长度余量，形成永久性的连接。铆接费工费料，工艺复杂。与铆接相比，焊接成形具有以下主要特点。

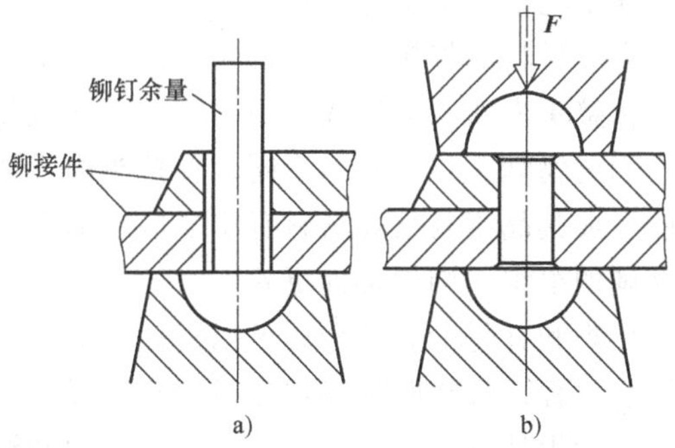

图12-1　铆接过程

a）插入铆钉　b）锤击铆钉

1. 成形方便且适应性强

焊接工艺简便。焊件可以是板材、型材、管材，也可以是铸件、锻件、冲压件。采用拼小成大的方法逐次焊接装配，不仅解决了大型结构、复杂结构的成形问题，也扩大了企业的生产能力。因此，船体、车架、桁架、锅炉、容器等广泛采用焊接结构。在各种生产类型中，广泛采用焊接成形方法。

2. 生产成本较低

将图12-2所示铆接接头与焊接接头进行比较可知，焊接结构不仅省料，也比较简单。据统计，以焊代铆省料15%～20%。目前以焊代铸、以焊代锻的实例也越来越多。例如，在20世纪60年代，我国自行设计制造的120000kN水压机的焊接结构下横梁只有260t，而另一台同吨位的水压机的铸钢结构下横梁却有470t。如果焊接结构按使用要求来配置材料，在相应的部位选用强度、耐磨性、耐高温性不同的材料，生产成本可以大幅度地降低。

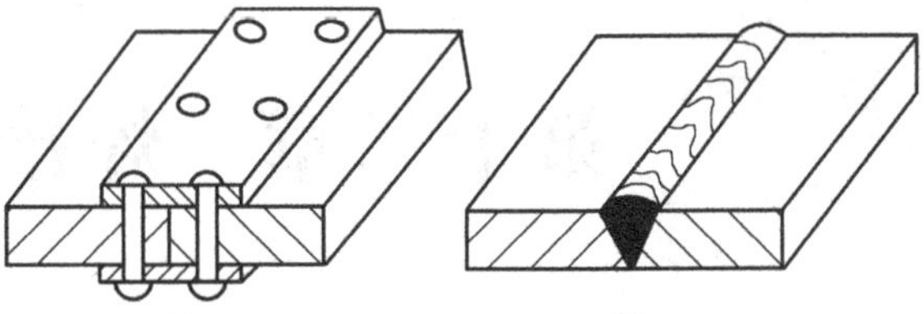

图 12-2　铆接接头和焊接接头
a）铆接接头　b）焊接接头

3. 焊接接头组织性能不均匀

焊接是一个不均匀的加热和冷却过程，焊接接头组织性能的不均匀程度远远超过了铸件和锻件，焊接产生的应力和变形也远远超过了铸造和锻造，从而影响了焊接结构的精度和承载能力。

焊接生产在机械制造和建筑工程中占有很重要的地位。据估计，钢产量的一半左右是经过各种形式的焊接之后投入使用的。焊接方法常用于制造各种金属结构，修补铸件和锻件缺陷，修复损坏了的机器零件，也用于制造机械零件或毛坯。

第二节　金属的焊接性

一、金属焊接性的概念

金属材料的焊接性是指金属材料对焊接加工的适应性，主要指在一定的焊接工艺条件下，金属获得优良焊接接头的难易程度。它包括两方面的内容：其一是接合性能，即在一定的焊接工艺条件下，一定的金属形成焊接缺陷的敏感性（主要是对产生裂纹的敏感性）；其二是使用性能，即在一定的焊接工艺条件下，一定金属的焊接接头对使用要求的适应性。例如，镍铬奥氏体不锈钢的接合性能良好，但当工艺选择不当时，焊接接头的耐蚀性将下降。在腐蚀介质中通常沿晶界引起腐蚀，稍受拉应力，就可沿晶界发生断裂，即使用性能不好。在上述情况下，就不能说该金属的焊接性好。

金属材料的焊接性与焊接时焊接接头中产生的组织及其性能有关。焊接同种金属和合金时，在接头内通常会形成一种与焊件相同或相近的组织，焊接性较好；焊接异种材料时，由于它们的物理、化学性能不同，在接头内可能形成其晶格与某一被焊材料相同的固溶体，也可能形成其晶格与被焊材料有明显区别的金属化合物，焊接性较差；如果焊接接头中形成又脆又硬的组织，则焊接性更差。

熔焊和钎焊的焊缝金属可以近似看成是经历了铸造过程，压焊接头可以近似看成是经历了锻造过程，焊接时局部加热后冷却可以近似看成是焊接接头经历了热处理过程。因此，焊接过程中焊件内将产生热应力、形变应力和组织应力，它们的矢量和称为焊接应力。焊接应力将导致焊接接头产生裂纹倾向和焊件变形。如果被焊材料的塑性（包括高温时的塑性）好，将可能通过塑性变形减缓应力，从而减少产生热裂纹、冷裂纹的倾向性。因此，材料的塑性是影响其焊接性的重要因素。

二、钢材的焊接性

生产中经常根据钢材的化学成分判断其焊接性。钢的碳的质量分数对其焊接性的影响最明显。通常把钢中合金元素（包括碳）的质量分数，按其作用换算成碳的相当含量，称为碳当量，用符号 C_{eq} 表示。碳当量可作为评定钢材焊接性的一种参考指标。国际焊接学会

(IIW) 推荐碳素结构钢、低合金高强度结构钢计算碳当量的公式为

$$C_{eq} = C + \frac{Mn}{6} + \frac{Cr + Mo + V}{5} + \frac{Ni + Cu}{15}$$

式中，各合金元素符号表示其在钢中质量分数的上限。实践证明，碳当量越高，钢材的焊接性越差。

当 $C_{eq} < 0.4\%$ 时，钢材的塑性好，焊接性良好。焊接这类材料一般不需要采用工艺措施就能获得优良的焊接接头。因此，低碳钢、低合金高强度结构钢如10钢、20钢、Q195A、Q235A、Q345A等，常选为焊接结构用钢，只有在工件较厚大、结构刚度较大时才考虑焊前预热。但沸腾钢中氧的质量分数较高，硫、磷等杂质分布也不均匀，焊接性不好，应避免选用。

当 $C_{eq} = 0.4\% \sim 0.6\%$ 时，钢材的塑性较差，易出现淬硬组织，产生裂纹，焊接性较差，焊接时需要采用预热、缓冷等工艺措施。例如，中碳钢焊接时一般要预热到150～250℃。

当 $C_{eq} > 0.6\%$ 时，钢材的塑性差，淬硬和冷裂倾向严重，焊接性很差，焊接时需要采用严格的工艺措施。例如，高碳钢焊接前常需要预热到250～350℃。若焊件刚度大，则焊接过程中应当保持此温度，并且应焊后缓冷，进行去应力退火处理。通常高碳钢的焊接仅进行补焊。

应当指出，用碳当量 C_{eq} 评定钢材的焊接性是粗略的，因为没有考虑焊件的结构刚度、使用条件等重要因素的影响。钢材的实际焊接性，应该根据焊件的具体情况通过试验测定。

三、铸铁的焊接性

铸铁的焊接性很差，它不能以较大的塑性变形减缓焊接应力，容易产生焊接裂纹，并且在焊接过程中由于碳、硅等元素的烧损，冷却速度又较大，容易产生白口铸铁组织，给铸件进一步进行切削加工带来困难。因此，铸铁的焊接仅进行修补缺陷和修复局部损坏。

铸铁的焊接有热焊和冷焊之分。热焊时，需将铸铁件预热到400～700℃，在补焊过程中焊件温度应不低于400℃，焊后应缓冷。这样，才能避免白口铸铁组织及裂纹。热焊法主要用于需要进一步进行切削加工的铸铁件。冷焊时，焊前不预热或预热温度较低，容易产生白口铸铁组织。冷焊法只用于焊接铸铁件的非加工表面。

四、铝及铝合金的焊接性

采用一般的焊接方法时，铝及铝合金的焊接性不好。铝极易被氧化形成难熔的氧化铝薄膜，其熔点为2050℃。氧化铝薄膜包覆着熔化的铝滴，阻碍熔化的铝滴相互之间的熔合及铝滴与母材的熔合，并且氧化铝的密度大，容易残存在焊缝中形成夹渣。

焊缝中的气孔倾向大，主要是因为熔融态铝能溶解大量的氢，而固态铝中氢的溶解度又很小，凝固时来不及逸出的氢残存在焊缝中，形成气孔。氢的来源主要是焊件、焊丝表面上的氧化铝膜吸附的空气中的水分。因此，必须仔细清理焊件、焊丝表面的氧化铝膜，并使之干燥。

铝及铝合金焊接接头形成裂纹的倾向性大，主要是因为铝焊缝的铸态组织晶粒粗大。另外，焊缝中若含有少量的硅，还会导致在晶界处形成易熔共晶体。因此，必须控制焊丝的化学成分，如增加能细化晶粒的合金元素并限制硅的质量分数。

五、铜及铜合金的焊接性

采用一般的焊接方法时，铜及铜合金的焊接性不好，焊缝中的气孔倾向大，主要是因为

熔融态铜能溶解大量的氢，而固态铜中氢的溶解度又很小，凝固时来不及逸出的氢残存在焊缝中而形成气孔。

铜及铜合金焊接接头形成热裂纹的倾向也较大，主要是因为氧在铜中以氧化亚铜（Cu_2O）的形式存在。氧化亚铜能与铜形成易熔共晶体，沿晶界分布易导致热裂纹。另外，残存在固态铜中的氢与氧化亚铜发生反应生成水蒸气。水蒸气不溶于铜，以很高的压力分布在显微空隙中，引起所谓氢脆。冷却过程中的氢脆现象，也是产生裂纹的原因。

铜具有很高的热导率，焊件厚度超过 4mm 时就必须预热到 300℃ 才能达到焊接温度。

焊接黄铜的主要困难是锌在焊接过程中会蒸发。锌的蒸发不仅会使焊缝强度及耐蚀性下降，而且锌蒸气有毒，施焊场所要注意通风。

第三节　焊条电弧焊

焊条电弧焊是用手工操作焊条进行焊接的电弧焊方法。电弧焊是利用电弧作为热源的熔焊方法。焊条电弧焊的焊接过程如图 12-3 所示。

焊接时，夹持焊条的焊钳与工作台分别接焊接回路的负极和正极。电弧在焊芯与焊件之间燃烧，焊芯熔化形成的熔滴不断滴入熔池中。焊条上的药皮熔化后形成保护气体和熔渣。保护气体充满熔滴和熔池的周围，熔渣从熔池中浮起后覆盖在熔融金属上。保护气体和熔渣使熔融金属与周围介质隔绝。焊条向右移动不断形成新的熔池，原来的熔池脱离电弧热的作用而迅速凝固，形成焊缝。熔渣凝固后覆盖在焊缝上形成坚硬的渣壳。渣壳的导热性差，起到使焊缝缓冷的作用。

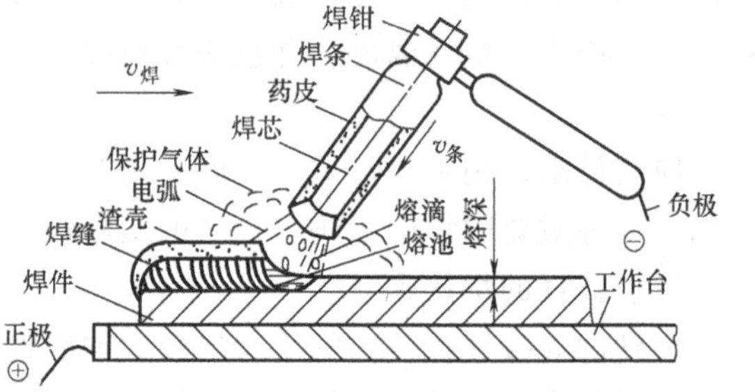

图 12-3　焊条电弧焊的焊接过程

一、焊接电弧

焊接电弧是指由焊接电源供给的，具有一定电压的两电极间或电极与焊件间，在气体介质中产生的强烈而持久的放电现象，如图 12-4 所示。当焊条的一端与焊件接触时，将造成短路而产生高温，使相接触的金属很快熔化并产生金属蒸气。当焊条迅速提起 2～4mm 时，在电场力的作用下阴极表面将产生电子发射。向阳极高速运动的电子与气体分子和金属蒸气中的原子相碰撞，将造成介质和金属的电离。因电离产生的电子也奔向阳极，正离子则奔向阴极。这些带电质点在运动途中及到达电极表面时，将不断发生碰撞与复合。碰撞与复合时将产生强烈的光和大量的热。其宏观表现是强烈而持久的放电现象，即电弧。

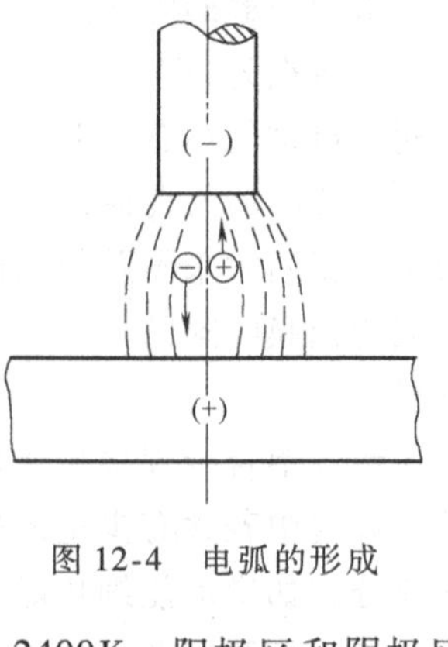

图 12-4　电弧的形成

实践证明，电弧区域中各点的温度不同。电弧中心的温度高达 5000～8000K；阳极区的温度约为 2600K；阴极区的温度约为 2400K。阳极区和阴极区的温度与焊条及焊件的材料有关。这里提供的数据是测定碳钢焊条焊接碳钢焊件时获得的。

由于焊接电弧的阳极区产生的热量比阴极区多，采用直流弧焊机进行焊接时，就有正接与反接之分。焊件接正极而焊条接负极的接线方式，称为正接。正接时焊件获得的热量多，容易焊透，常用于焊接较厚的焊件。焊件接负极而焊条接正极的接线方式，称为反接。反接时焊件不易烧穿，常用于焊接较薄的焊件。

二、焊接冶金过程特点

在焊接冶金过程中，焊接熔池可以看成是一座微型的冶金炉，进行着一系列的冶金反应。但焊接冶金过程与一般冶炼过程有几点不同：一是冶炼温度高，容易造成合金元素的蒸发与烧损；二是冶炼过程短，焊接熔池从形成到凝固的时间只有10s左右，难以达到平衡状态；三是冶炼条件差，有害气体难免侵入熔池，形成脆性的氧化物、氮化物和气孔，使焊缝金属的塑性、韧性显著下降。因此，焊前必须对焊件进行清理，在焊接过程中必须对熔池金属进行机械保护和冶金处理。机械保护是指利用熔渣、保护气体（如二氧化碳、氩气）等机械地把熔池与空气隔开。冶金处理是指向熔池中添加合金元素，以便改善焊缝金属的化学成分和组织。

三、焊条

1. 焊条的组成及作用

焊条是指涂有药皮供焊条电弧焊用的熔化电极，它由焊芯和药皮两部分组成，如图12-3所示。

（1）焊芯　焊条中被药皮包覆的金属芯称为焊芯。焊芯的主要作用是导电、产生电弧以形成焊接热源，并且作为焊缝的填充金属。为了保证焊缝的质量，焊芯必须由专门生产的金属丝制成，这种金属丝称为焊丝。焊丝的牌号由“焊”字的汉语拼音字首“H”与一组数字及化学元素符号组成。数字与符号的意义与合金结构钢牌号中数字、符号的意义相同。例如，H08MnA中的“H”表示焊丝，“08”表示 $w_C = 0.08\%$，Mn表示 $w_{Mn} < 1.5\%$，“A”表示优质。

表12-1列出了几种常用焊丝的牌号和成分。

表12-1　几种常用焊丝的牌号和成分（GB/T 14957—1994）

牌号	$w_{Me} \times 100$							用途
	C	Mn	Si	Cr	Ni	S	P	
H08A	≤0.10	0.30～0.55	≤0.03	≤0.20	≤0.30	≤0.030	≤0.030	一般焊接结构
H08E	≤0.10	0.30～0.55	≤0.03	≤0.20	≤0.30	≤0.020	≤0.020	重要焊接结构
H08MnA	≤0.10	0.80～1.10	≤0.07	≤0.20	≤0.30	≤0.030	≤0.030	埋弧焊焊丝
H10Mn2	≤0.12	1.50～1.90	≤0.07	≤0.20	≤0.30	≤0.035	≤0.035	
H08Mn2SiA	≤0.11	1.80～2.10	0.65～0.95	≤0.20	≤0.30	≤0.030	≤0.030	CO_2焊焊丝

从表中可以看出，焊丝的成分特点是：低碳、低硫磷，以保证焊缝金属具有良好的塑性、韧性，减少产生焊接裂纹的倾向；具有一定量的合金元素，以改善焊缝金属的力学性能，并且弥补焊接过程中合金元素的烧损。但是，使用光焊丝焊接的焊缝金属的力学性能远不如焊芯本身的力学性能。表12-2列出了光焊丝与其焊缝金属的化学成分与力学性能。可以看出，焊缝金属中氧、氮的质量分数显著增加，碳、锰的质量分数却减少了，从而使焊缝的塑性、韧性急剧下降，这是由焊接时氧、氮侵入熔池所致。

表 12-2　光焊丝与其焊缝金属的化学成分与力学性能

项目	$w_{Me}\times100$					力学性能		
	C	Si	Mn	N	O	R_m/MPa	$A_{11.3}\times100$	K/J
光焊丝	≤0.10	≤0.03	0.30～0.55	≤0.03	≤0.02	330	33	64～96
焊缝金属	0.02～0.05	—	0.1～0.2	0.08～0.23	0.15～0.30	300	4～8	4～12

（2）药皮　药皮是指压涂在焊芯表面上的涂料层。涂料是指在焊条制造过程中由各种粉料、粘结剂等按一定比例配制的待压涂的药皮原料。药皮应当具有稳定电弧、造气、造渣以形成机械保护的作用，还应当具有改善焊缝金属化学成分的作用。通过控制药皮的成分能够有效地提高焊缝的质量，使焊接工作顺利进行。

2. 焊条的分类和编号

焊条种类繁多，常用碳钢焊条的型号是根据熔敷金属的抗拉强度、药皮类型、焊接位置和焊接电流种类划分的，用字母“E”表示焊条，用前两位数字表示熔敷金属抗拉强度的最小值，第三位数字表示焊条的焊接位置，第三和第四位数字组合表示焊接电流的种类及药皮类型。这里说的熔敷金属指完全由填充金属熔化后所形成的焊缝金属。焊接位置指熔焊时焊件接缝所处的空间位置（如平、横、立、仰等）。例如

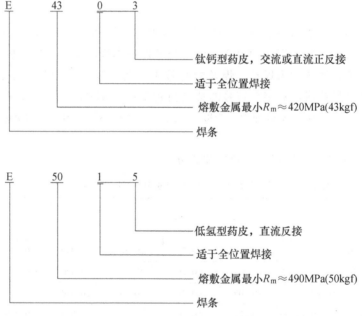

E　43　0　3

3——钛钙型药皮，交流或直流正反接

0——适于全位置焊接

43——熔敷金属最小$R_m\approx$420MPa(43kgf)

E——焊条

E　50　1　5

5——低氢型药皮，直流反接

1——适于全位置焊接

50——熔敷金属最小$R_m\approx$490MPa(50kgf)

E——焊条

根据药皮中氧化物的性质进行分类，焊条可分为酸性焊条与碱性焊条。酸性焊条指药皮中含有多量酸性氧化物（SiO_2、TiO_2、MnO 等）的焊条，如 E4303 焊条是典型的酸性焊条，焊接时有碳-氧反应，生成大量的 CO 气体，使熔池沸腾，有利于气体逸出，焊缝中不易形成气孔。另外，酸性焊条药皮中的稳弧剂多，电弧燃烧稳定，交、直流电源均可使用，工艺性能好。但是酸性药皮中含氢物质多，使焊缝金属的氢含量提高，焊接接头产生裂纹的倾向性大。

碱性焊条指药皮中含有多量碱性氧化物的焊条，如 E5015 是典型的碱性焊条。碱性焊条药皮中含有较多的 $CaCO_3$，焊接时分解为 CaO 和 CO_2，可形成良好的气体保护和渣保护；

药皮中含有萤石（CaF_2）等去氢物质，使焊缝中氢含量低，产生裂纹的倾向小。但是，碱性焊条药皮中的稳弧剂少，萤石有阻碍气体被电离的作用，故焊条的工艺性能差。碱性焊条氧化性差，焊接时无明显的碳-氧反应，对水、油、铁锈的敏感性大，焊缝中容易产生气孔。因此，使用碱性焊条焊接时，一般要求采用直流反接，并且要严格地清理焊件表面。另外，其焊接时产生的有毒烟尘较多，使用时应注意通风。

3. 选用焊条的基本原则

焊接低碳钢或低合金钢时，一般应使焊缝金属与母材等强度；焊接耐热钢、不锈钢时，应使焊缝金属的化学成分与焊件的化学成分相近；焊接形状复杂和刚度大的结构及焊接承受冲击载荷、交变载荷的结构时，应选用抗裂性能好的碱性焊条；焊接难以在焊前清理的焊件时，应选用抗气孔性能好的酸性焊条。使用酸性焊条比碱性焊条经济，在满足使用性能要求的前提下，应优先选用酸性焊条。

四、熔焊接头的组织性能

焊件经熔焊方法连接起来的接头横截面，可分为三种性质不同的部分，如图 12-5 所示：一是连接焊件的结合部分，称为焊缝；二是焊件受热（但未熔化）而发生组织性能变化的部分，称为热影响区；三是焊缝与热影响区之间的过渡部分，称为熔合区。焊缝、熔合区和热影响区组成熔焊接头。

1. 焊缝

焊缝的铸态组织如图 12-6 所示。焊接时，熔池中的熔融金属从边缘熔合区开始结晶，并向中心方向生长，焊后焊缝的组织呈柱状晶，焊件通过焊缝实现了原子的结合。显然，焊缝金属的成分主要决定于焊芯金属的成分，但也会受到焊件熔化金属及药皮成分的影响。通过选择焊条可以保证焊缝金属的力学性能。

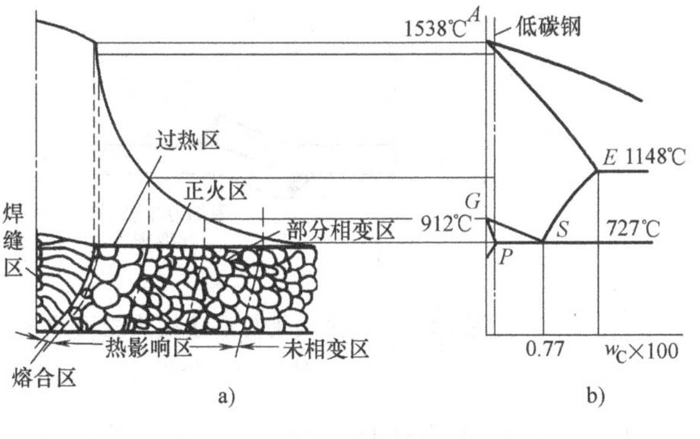

图 12-5　低碳钢的熔焊接头

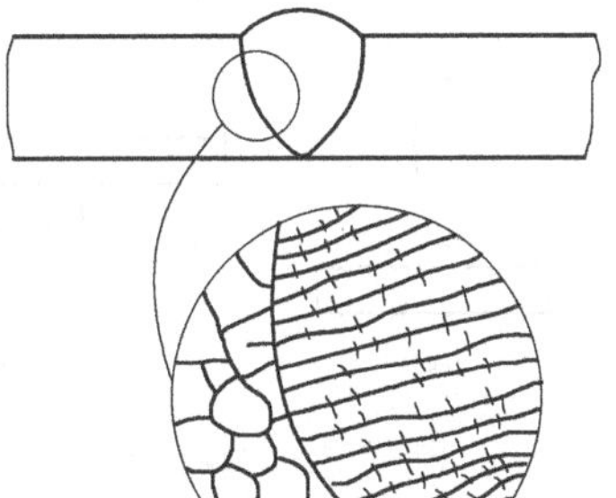

图 12-6　焊缝的铸态组织

2. 热影响区

对应 $Fe\text{-}Fe_3C$ 相图，低碳钢熔焊接头因受热温度不同，热影响区可分为过热区、正火区和部分相变区，如图 12-5 所示。

（1）过热区　过热区是指在热影响区中，温度接近于 AE 线，具有过热组织或晶粒显著粗大的区域。过热区的塑性、韧性差，容易产生焊接裂纹。

（2）正火区　正火区是指在热影响区中，温度接近于 Ac_3，具有正火组织的区域。正火区的组织性能好。

（3）部分相变区　部分相变区是指在热影响区中，温度处于 $Ac_1 \sim Ac_3$，部分组织发生相变的区域。部分相变区的晶粒大小不均匀，力学性能稍差。

3. 熔合区

熔合区在焊接时处于半熔化状态，组织成分极不均匀，力学性能不好。

熔合区和过热区是焊接接头中的薄弱环节。

焊条电弧焊设备简单，操作方便，可以焊接各种金属材料（尤其是钢铁材料），是应用最广泛的一种焊接方法。但是，焊条的载流能力有限（大电流会导致药皮剥落），生产率较低，工人的劳动强度大，不能满足对某些材料及焊接产品的质量要求。

第四节　焊条电弧焊工艺设计简介

焊条电弧焊工艺设计通常指接头形式与坡口形式的确定、焊接位置的确定、焊接工艺参数的确定、其他工艺措施的确定和绘制焊接结构图等。

一、接头形式与坡口形式的确定

1. 接头形式

焊接接头的基本形式有对接、角接、T 形接和搭接等，如图 12-7 所示。

对接接头是指两焊件端面相对平行的接头。对接接头省材料，受载时应力分布均匀，如图 12-8a 所示。但是，对接接头要求焊前准备及组装严格。重要的焊接结构如锅炉、压力容器等的受力焊缝常采用对接接头。

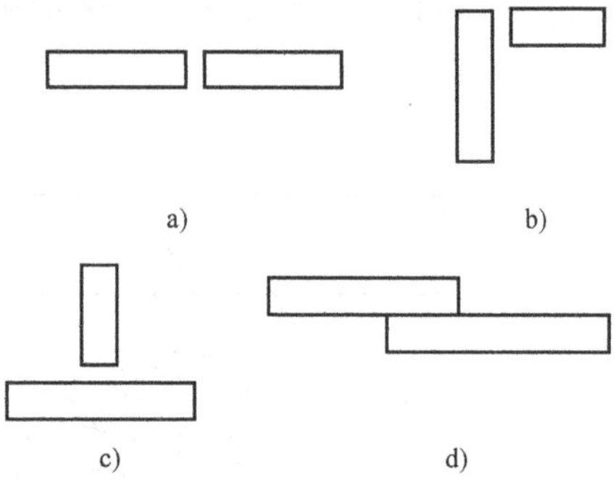

图 12-7　焊接接头的基本形式

a）对接　b）角接　c）T 形接　d）搭接

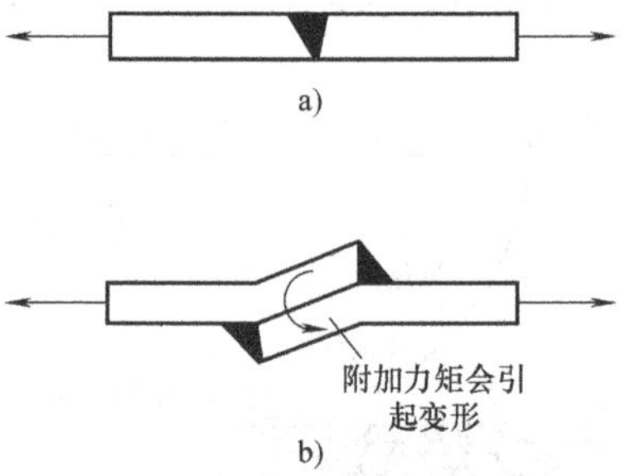

图 12-8　对接接头与搭接接头受力比较

a）对接　b）搭接

搭接接头是指两焊件部分重叠构成的接头。搭接接头受载时应力分布复杂，往往产生附加力矩引起变形，如图 12-8b 所示。但是，搭接接头要求焊前准备及组装简单。常见的桁架结构如屋架、桥梁、塔架等的连接多采用搭接接头。

角接接头是指两焊件端面间构成大于 30°、小于 135°夹角的接头；T 形接头是指一焊件端面与另一焊件端面构成直角或近似直角的接头。当焊接结构要求焊件间构成一定角度的连接时，必须采用角接接头或 T 形接头。

选择接头形式主要考虑使用性能要求、焊接结构形状和焊接生产条件等。

2. 坡口形式

坡口是指根据设计和工艺要求，在焊件待焊部位加工的一定几何形状的沟槽。坡口的基本形式有 I 形、Y 形、带钝边的 U 形和带钝边的双面 V 形等，如图 12-9 所示。

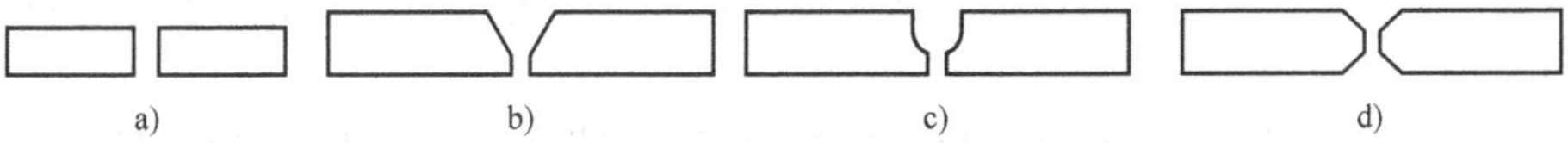

图 12-9　坡口的基本形式

a）I 形　b）Y 形　c）带钝边的 U 形　d）带钝边的双面 V 形

坡口通常采用切削加工、火焰切割、碳弧气刨等方法制成。坡口的几何形状及尺寸在国家标准中有规定。

I 形坡口实际上是不开坡口的对接接缝，主要用于厚度为 1 ~ 6mm 钢板的焊接。若焊件较厚且要求焊透，则必须在待焊部位开坡口。

Y 形坡口主要用于厚度为 3 ~ 26mm 钢板的焊接。当焊件要求焊透而焊缝的背面又无法施焊时，常采用 Y 形坡口。

带钝边的双面 V 形坡口比 Y 形坡口需要的填充金属少，省焊条，但必须双面施焊。带钝边的双面 V 形坡口主要用于厚度为 12 ~ 60mm 钢板的焊接。

U 形坡口比 Y 形坡口需要的填充金属少，省焊条，但坡口加工比较困难。Y 形、带钝边的双面 V 形坡口采用刨削、气割等简便方法即可制出，而 U 形坡口常需铣削、碳弧气刨等较复杂的方法加工。U 形坡口主要用于厚度为 20 ~ 60mm 钢板的焊接。

3. 接头断面

焊缝两侧的板厚应尽可能相同或相近，以使受热均匀。例如，厚板与薄板焊接时常将厚板接头从一侧或两侧削薄，如图 12-10a 所示；板与管焊接时常在板上开一个环形槽，如图 12-10b 所示。这样处理后的焊接接头质量容易保证。

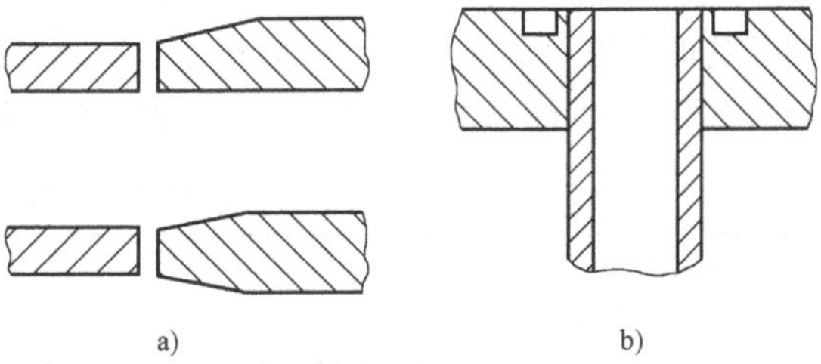

图 12-10　焊缝两侧的断面

a）厚板与薄板　b）板与管

二、焊接位置的确定

采用焊条电弧焊方法焊接时，焊件接缝所处的空间位置通常分为平焊、立焊、横焊和仰焊四种，如图 12-11 所示。

在平焊位置焊接时，熔滴受重力作用垂直下落到熔池，熔融金属不易向四周散失。因此，平焊焊接操作方便，焊缝的成形也较好。

在立焊位置焊接时，熔池中的熔融金属随时都可能往下淌。因此，立焊焊接普遍采用从

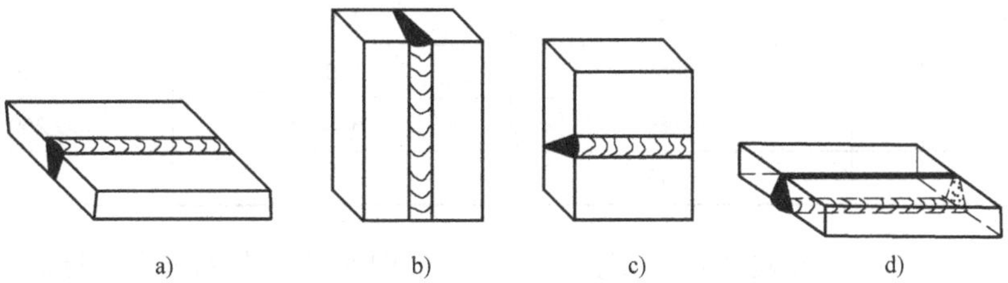

图 12-11　焊接位置

a）平焊　b）立焊　c）横焊　d）仰焊

下向上的焊接方向。

在横焊位置焊接时，熔池中的熔融金属容易流出。因此，横焊焊接的焊件接缝应留有适当的间隙。

在仰焊位置焊接时，熔池中的熔融金属随时可能滴落下来。因此，仰焊焊接常采用小电流，以缩小熔池的体积，使熔融金属能附着在母材上。

显然，仰焊位置焊接最困难，平焊位置焊接最方便。在可能的条件下，应使仰焊、立焊、横焊位置转变为平焊位置进行焊接。例如，借助翻转架等变位机构改变焊缝的焊接位置。

三、焊接参数的确定

焊接参数是指焊接时为保证焊接质量而选定的诸物理量的总称。焊条电弧焊的焊接参数是指电源种类与极性、焊条直径、焊接电流与焊接层数等。

1. 电源的种类与极性

焊接时通常根据焊条的性质选择电源。酸性焊条可采用直流电源，也可以采用交流电源。但因弧焊变压器构造简单，价格低廉，使用和维修方便，应优先选用。碱性焊条一般选用弧焊整流器或直流弧焊发电机。焊件与电源输出端正、负极的接线法，称为极性。选择极性时应考虑的问题在前一节中也做了介绍。

2. 焊条直径

焊条直径通常根据焊件厚度进行选择，厚度大的焊件应选用直径较大的焊条。另外，立焊、横焊、仰焊时，应选用比平焊时较细的焊条。对于不要求完全均匀焊透的开I形坡口的角接、T形接、搭接和背面封底的对接焊缝，焊条直径可以按表12-3选择。对于要求完全均匀焊透的开坡口的角接、T形接和背面不封底的对接焊缝，不论板厚多少，最好采用直径不超过3.2mm的焊条，避免焊不透及背面成形不良。

表12-3　焊条直径的选择

焊件厚度/mm	≤4	4～12	>12
焊条直径/mm	不超过焊件厚度	3.2～4.0	≥4.0

3. 焊接电流

焊接电流是指焊接时流经焊接回路的电流，主要根据焊条直径来选择。表12-4列出了焊接电流与焊条直径的大致关系。

表12-4　焊接电流与焊条直径的大致关系

焊条直径/mm	焊接电流/A	焊条直径/mm	焊接电流/A
1.6	25～40	4.0	160～210
2.0	40～65	5.0	200～270
2.5	50～80	6.0	260～300
3.2	100～130		

焊接电流直接影响焊接过程的稳定性及焊缝成形的质量。电流过大会造成熔融金属向熔池外飞溅；电流过小则熔池温度低，熔渣与熔融金属分离困难，焊缝中容易夹渣。另外，电流过大会使焊条温度过高，焊条剩余部分还比较多时药皮就会发红，甚至脱落，无法焊接；

电流过小则焊条温度低，易粘在焊件上。焊接电流还会影响焊缝的成形质量。电流过大会使焊缝两侧出现咬边现象，如图 12-12a 所示；电流过小则使焊缝与焊件接合不好，如图 12-12b 所示；焊接电流合适时焊缝的成形质量好，如图 12-12c 所示。因此，焊接电流不仅要按表 12-4选择，还要根据板厚、焊接位置进行适当调整。较厚的钢板散热快，应取电流值的上限；立焊、横焊、仰焊时，通常取平焊电流值的 90%。

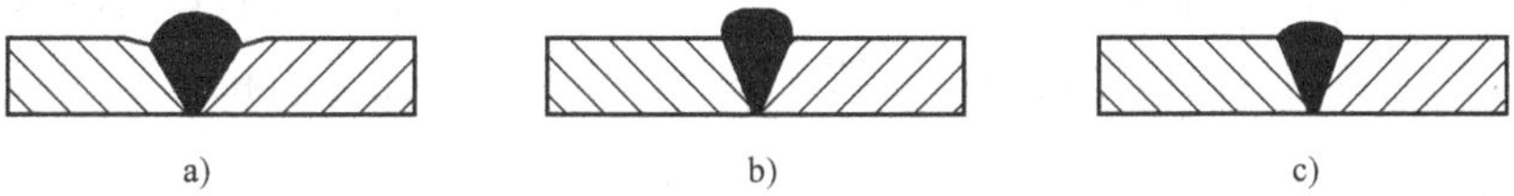

图 12-12　焊接电流对焊缝的影响
a）咬边　b）接合不好　c）成形好

4. 焊接层数

中、厚钢板焊接时必须开坡口，进行多层焊接。由于后焊的焊层对先焊的焊层有热处理作用，故多层焊有利于提高焊缝质量。但是，每层的厚度超过 4～5mm 时，热处理效果不明显。

四、其他工艺措施的确定

1. 防止焊接电弧偏吹

电弧偏吹是指焊接过程中，因气流的干扰、磁场的作用或焊条偏心的影响，使电弧中心偏离电极轴线的现象。电弧偏吹会造成电弧燃烧不稳，飞溅加大，熔滴失去保护，焊缝成形不好等。因此，在室外焊接时，电弧周围要设挡风装置，不要选择偏心焊条。采用直流电源焊接时，要设法避免电磁力作用造成的不良影响。

2. 采用合理的运条方法

电弧点燃后，焊条有三种基本运动：沿焊条轴向的送进运动；沿焊缝方向的纵向移动；垂直于焊缝方向的横向摆动。轴向送进运动影响着焊接电弧的长度，纵向移动与横向摆动影响着焊接速度与焊缝宽度。焊接工人应通过合理的运条方法控制这三种基本运动。常采用的运条方法如图 12-13 所示。

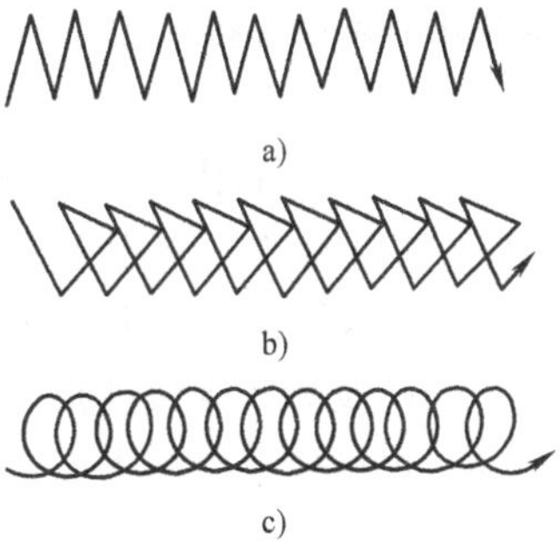

图 12-13　常用的运条方法
a）锯齿形　b）三角形　c）圆圈形

锯齿形运条法如图 12-13a 所示。焊接时焊条末端做连续摆动并向前移动，形成锯齿形轨迹。焊条摆动到两边时应稍停留片刻，其目的在于控制熔融金属的流动和焊缝宽度，并使焊缝成形良好。锯齿形运条法操作方便，常用于厚板的焊接。

三角形运条法如图 12-13b 所示。焊接时焊条末端做三角形运动并向前移动，通过对运动轨迹的控制能够焊接截面更大的焊缝。三角形运条法常用于焊接开坡口的对接焊缝、仰焊的 T 形接头焊缝及横焊焊缝。

圆圈形运条法如图 12-13c 所示。焊接时焊条末端做圆圈形运动并向前移动，通过对运动轨迹的控制能够使熔融金属的保持时间较长，气体、熔渣等容易析出，焊缝质量较好。圆圈形运条法常用于焊接较厚钢板的平焊缝。

焊接薄板时，焊条末端不须做横向摆动，只沿焊接方向直线移动，这种运条法称为直线形运条法。

3. 预防及消除焊接应力

（1）预防焊接应力的工艺措施　调整焊接结构上各个焊接接头和焊缝的焊接顺序，使焊缝的纵向收缩、横向收缩都比较自由，有利于减小焊接应力。例如，图 12-14 所示的拼焊结构应先焊两条短焊缝 1 和两条短焊缝 2，使三条拼焊钢板能够在纵向自由收缩；后焊两条长焊缝 3，又使三条钢板在横向能自由收缩。整个焊接过程避免了因相互制约而造成的焊接应力。

焊前对焊件的全部或局部进行预热，可以减少在焊接过程中焊件各部分之间的温差，从而减少焊接应力。

焊接厚大焊件时应开坡口，并进行多道多层施焊。焊道是指每一次熔敷所形成的单道焊缝，如图 12-15a 所示；焊层是指多层焊接的每一个分层，如图 12-15b 所示。每个焊层可以由一条焊道或几条并排相搭的焊道组成。

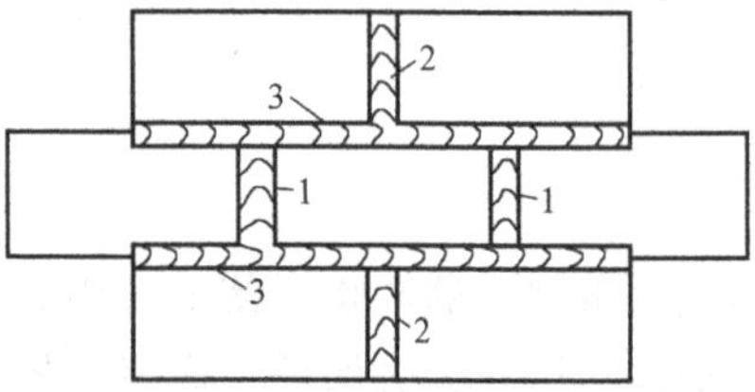

图 12-14　拼焊时的焊接顺序

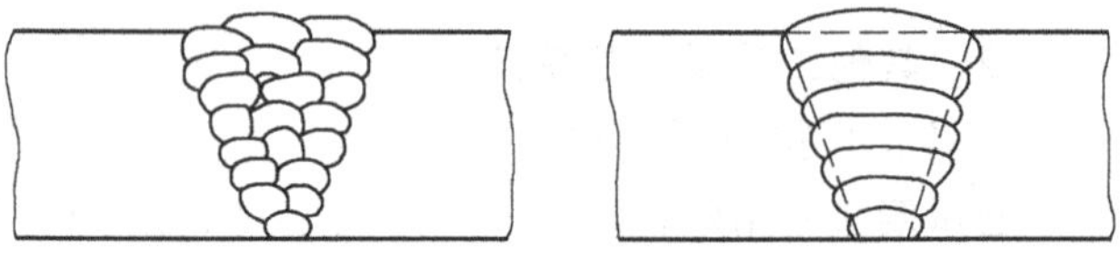

a)　b)

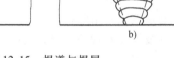

图 12-15　焊道与焊层

a）焊道　b）焊层

在多道多层焊接过程中，前一道前一层的焊接可以看成是对后一道后一层焊接的预热；而后一道后一层的焊接可以看成是对前一道前一层熔敷金属的去应力退火。因此，多道多层焊接有利于减小焊接应力。

（2）消除焊接应力的工艺措施　焊接应力是不可避免的，严重时必须设法消除。每焊完一道焊缝，立即用一定形状的锤头均匀而迅速地敲击焊缝金属，使之产生塑性变形，能够消除部分焊接应力；采用去应力退火工艺可以消除 80% 以上的焊接应力；向焊接结构容器中泵入高压水使接头产生塑性变形，也能起到消除焊接应力的作用。

4. 预防及矫正焊接变形

（1）焊接变形的基本形式　焊接变形是指焊件在焊接过程中产生的变形。常见焊接变形的基本形式如图 12-16 所示。

图 12-16a 所示缩短变形是由于焊缝金属沿纵向（焊缝方向）和横向（垂直于焊缝方向）收缩引起的；图 12-16b 所示角变形是由于 V 形坡口对接焊缝，其截面上下不对称，焊后横向收缩不均匀引起的；图 12-16c 所示 T 形梁的弯曲变形是由焊缝布置不对称、焊缝集中部位的纵向收缩引起的；图 12-16d 所示工字梁的扭曲变形是由焊接顺序不合理引起的；图 12-16e 所示薄板的波浪形变形是由于焊缝纵向收缩使焊件失稳引起的。

（2）预防焊接变形的工艺措施　图 12-17 所示反变形法的要点是在焊前组装时把焊件人为地做出与焊接变形相反的变形，以抵消焊接变形。图 12-17a 所示 Y 形坡口的对接焊缝使焊接结构产生了角变形；图 12-17b 所示焊前加垫板做出反角变形，焊后消除了变形。

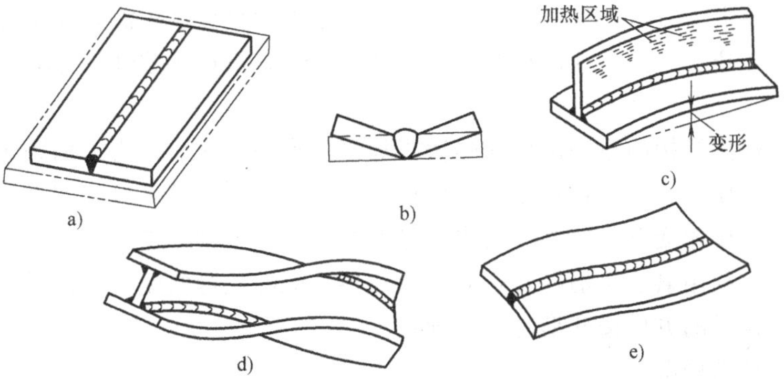

图 12-16　焊接变形的基本形式

a）缩短变形　b）角变形　c）弯曲变形　d）扭曲变形　e）波浪形变形

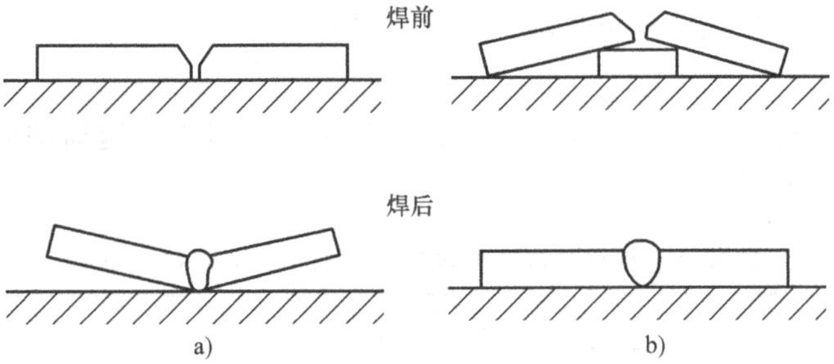

图 12-17　反变形法

a）角变形　b）反角变形

图 12-18 所示为刚性固定法，其要点是把焊件刚性夹固起来以防止产生焊接变形。实际上，刚性固定法是利用焊件在焊接过程中产生的塑性变形来抵消焊接变形。显然，焊件必须具有良好的塑性。

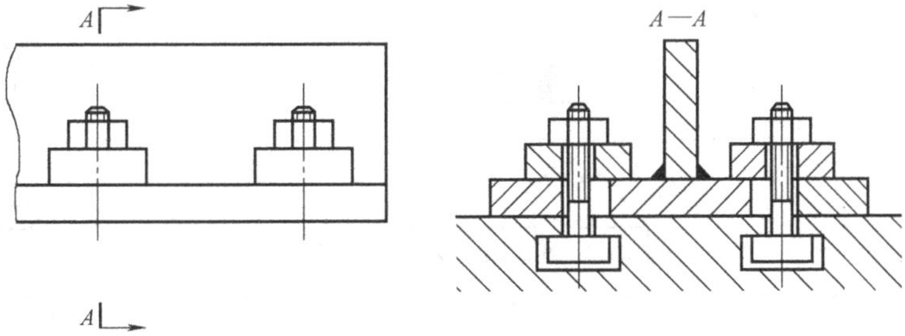

图 12-18　刚性固定法

图 12-19 所示对称截面的焊接结构梁采用对角焊接顺序，使对称焊缝产生的焊接变形能相互抵消，从而预防焊接变形。

（3）矫正焊接变形的工艺措施　焊接变形也是不可避免的，严重时必须设法矫正。矫正焊接变形的基本原理是使焊接结构产生塑性变形以抵消焊接变形。利用机械力强迫焊接结构产生塑性

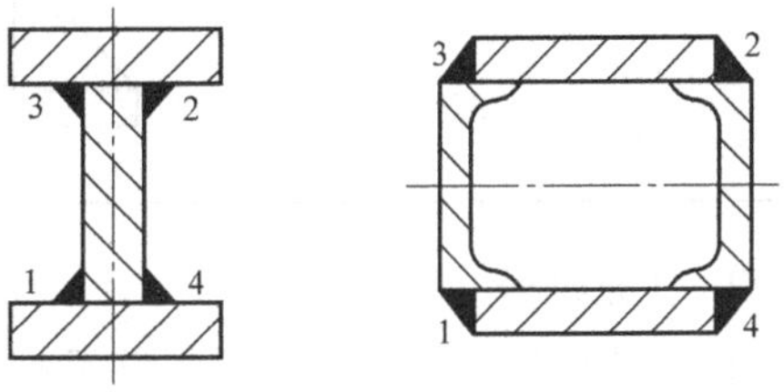

图 12-19　对称截面梁的焊接顺序

变形以抵消焊接变形的方法，称为机械矫正法。最常见的机械矫正法是锤击变形部位以消除变形。显然，机械矫正法要消耗焊接结构的一部分塑性，只适于塑性较好的焊接结构，如低碳钢焊接结构。

利用火焰在焊接结构的适当部位加热矫正焊接变形的方法，称为火焰矫正法。从原理上讲，加热的目的是使加热部位在膨胀时产生压缩塑性变形；在随后的冷却过程中又必然产生收缩变形，以利用压缩变形和收缩变形来抵消焊接变形。例如，图 12-16c 所示 T 形梁焊后产生了弯曲变形，利用氧乙炔焰在其腹板部位加热，能够把弯曲变形矫正过来。图中加热区域呈三角形，三角形的方位按变形的方向确定。

五、绘制焊接结构图

焊接结构图上的焊缝可以用技术制图的方法表示，但最好采用焊缝符号表示。焊缝符号能明确地表达要说明的焊缝，又不使图样增加过多的注解。焊缝符号一般由基本符号和指引线组成，必要时还可以加上补充符号和焊缝尺寸符号。

1. 基本符号

基本符号是表示焊缝横剖面形状的符号，常常采用近似于焊缝横剖面形状的图形表示。标准规定的焊缝基本符号举例见表 12-5。

表 12-5　焊缝基本符号举例（摘自 GB/T 324—2008）

焊缝名称	示意图	符号
I形焊缝	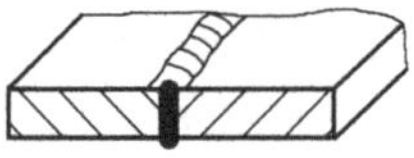	
V形焊缝	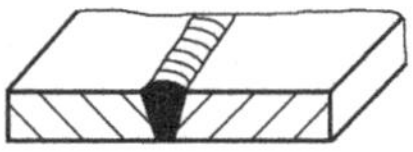	
带钝边的 V 形焊缝	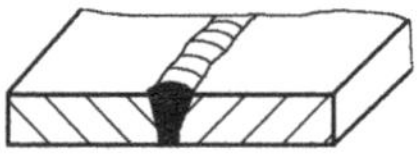	
封底焊缝	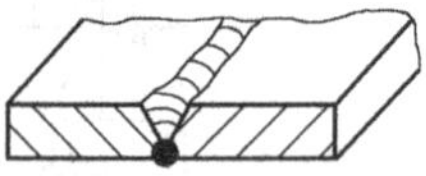	
角焊缝	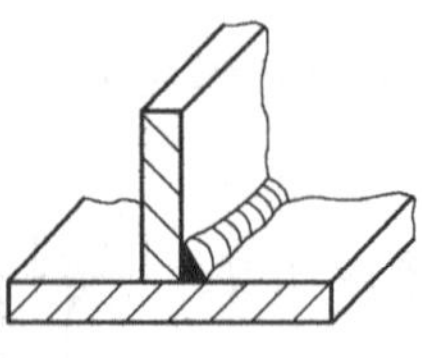	

2. 补充符号

补充符号是为了补充说明焊缝某些特征而采用的符号。标准规定的补充符号举例见表 12-6。GB/T 5185—2005 规定焊条电弧焊代号为“111”。

表 12-6　焊缝补充符号举例

符号名称	示意图	符号	说明
平面符号	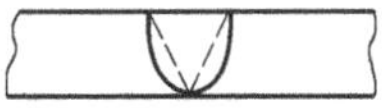	—	焊缝表面齐平(一般通过加工)
凹面符号	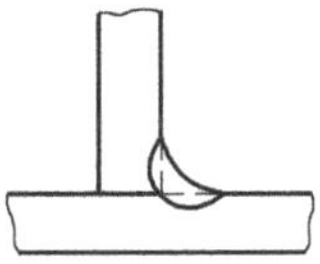	︶	焊缝表面凹陷
凸面符号		︵	焊缝表面凸起
带垫板符号	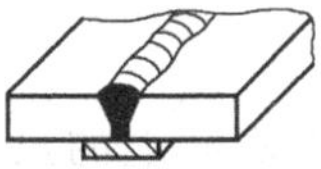	永久衬垫 [M] 或 临时衬垫 [MR]	表示焊缝底部有垫板
三面焊缝符号	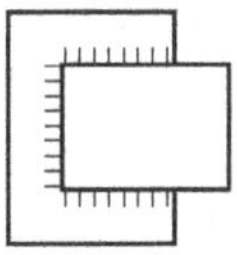	匚	表示三面带有焊缝
周围焊缝符号	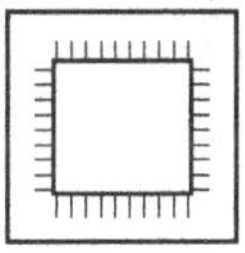	○	表示环绕工件周围有焊缝
尾部符号		<	标注焊接工艺方法等内容

3. 指引线

按 GB/T 324—2008 规定，指引线一般由带箭头的指引线（简称箭头线）和两条基准线（一条为实线，另一条为虚线）两部分组成，如图 12-20 所示。基准线一般应与图样的底边相平行。虚线基准线可以画在实线基准线的下侧或上侧。如果焊缝在接头的箭头所指一侧，应将焊缝基本符号标在基准线的实线侧；如果焊缝在接头的非箭头所指一侧，则将基本符号标在基准线的虚线侧。对于对称焊缝，可以不画虚线基准线。焊缝符号应用举例见表 12-7。

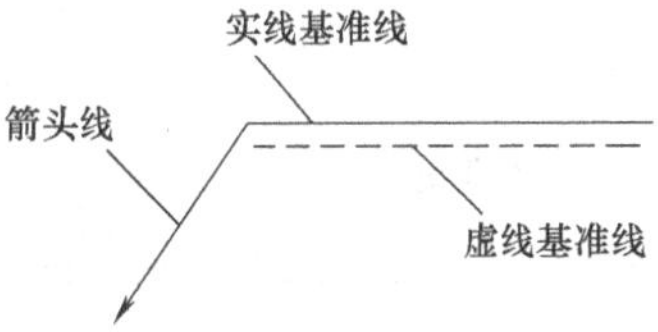

图 12-20　指引线的画法

表 12-7　焊缝符号应用举例

示意图	标注示例	说明
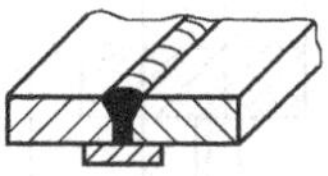	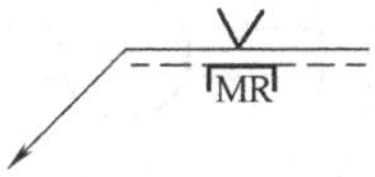	表示 V 形焊缝背面底部有临时垫板
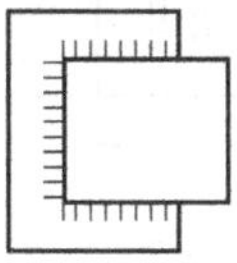		表示工件三面带有焊缝，焊接方法为焊条电弧焊

（续）

示　意　图	标 注 示 例	说　　明
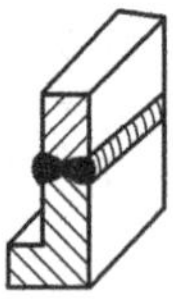	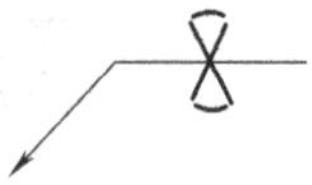	表示双面 V 形坡口
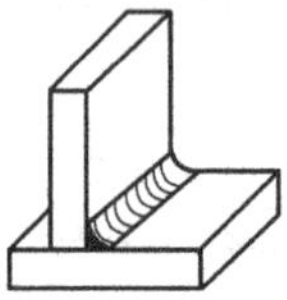	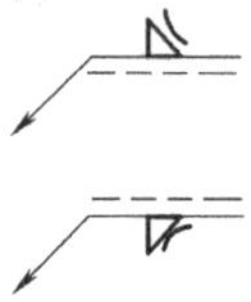	表示角焊缝并要求焊缝表面凹陷

4. 焊缝尺寸符号

标准规定的焊缝尺寸符号举例列入表 12-8。焊缝横截面上的尺寸标注在基本符号的左侧，焊缝长度方向的尺寸标注在基本符号的右侧，相同焊缝数量 n 及焊接方法标在尾部符号右侧。焊缝尺寸的标注原则如图 12-21 所示。

表 12-8　焊缝尺寸符号举例

焊 缝 名 称	示　意　图	焊缝尺寸符号及含义	示　　例
对接焊缝	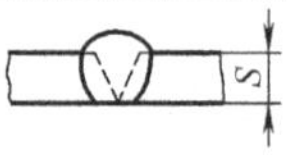	S:焊缝有效厚度	
对接焊缝	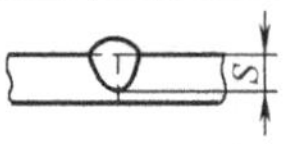	S:焊缝有效厚度	
连续角焊缝	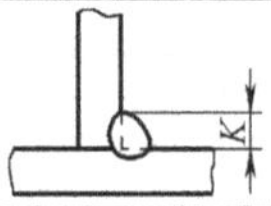	K:焊脚尺寸	
断续角焊缝	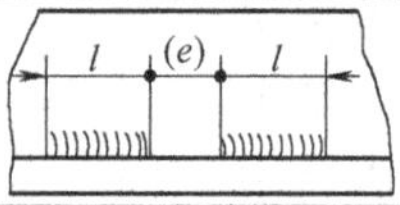	l:焊缝长度 e:焊缝间距 n:焊缝段数	

5. 焊接结构图举例

图 12-22 所示齿轮毛坯由轮缘、轮辐、轮毂三部分焊接而成。图样上的焊缝符号表示 8 条相同的环绕辐条的角焊缝，把轮缘和轮毂连接成焊接结构齿轮毛坯，焊脚为 10mm。

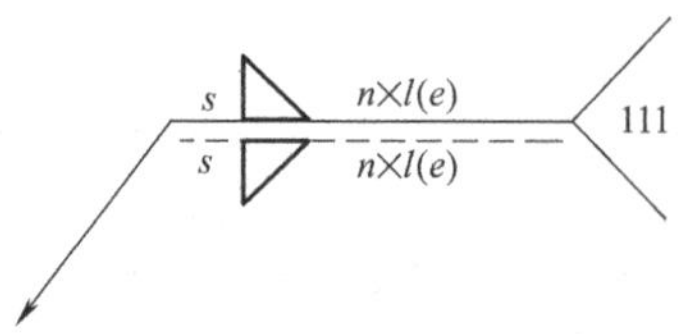

图 12-21　焊缝尺寸的标注原则

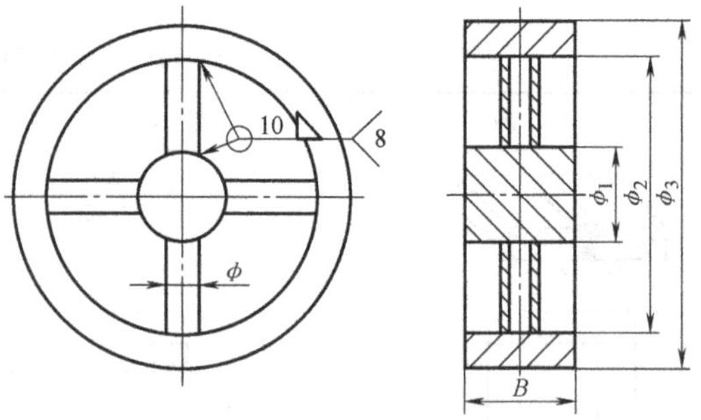

图 12-22　焊接结构的齿轮坯

第五节　其他焊接方法

一、埋弧焊

埋弧焊是指电弧在焊剂层下燃烧进行焊接的方法，如图 12-23 所示。埋弧焊使用的焊剂是指焊接时能熔化形成熔渣和气体，对熔融金属起保护和冶金处理作用的一种颗粒状物质。焊剂相当于焊条的药皮。电弧在焊剂层下燃烧不仅使熔融金属受到良好的保护，也改善了工人的劳动条件。由于沿焊件接缝撒放焊剂和向熔池送进焊丝可分别采用不同的机构实现，故埋弧焊焊接方法便于实现机械化，但立焊缝、横焊缝和仰焊缝无法施焊，短焊缝和不规则的焊缝也不便施焊。埋弧焊主要用于焊接长的直焊缝和大直径的环焊缝，在船舶、锅炉、桥梁等生产中得到了广泛应用。

二、气体保护电弧焊

气体保护电弧焊是指利用外加气体作为电弧介质并保护电弧和焊接区的电弧焊，简称气体保护焊。气体保护焊的焊接过程如图 12-24 所示。

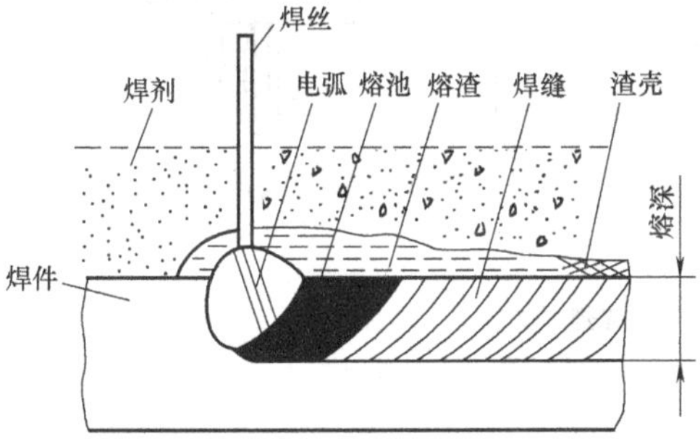

图 12-23　埋弧焊

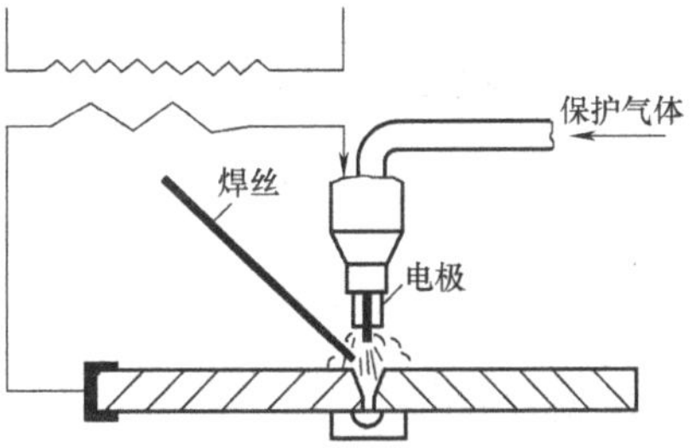

图 12-24　气体保护焊的焊接过程

通常采用 CO_2 或惰性气体（如氩气）作为保护气体。焊接时，在熔池上方的焊接区域形成一个气罩，使熔融金属与外界隔绝而得到保护。焊丝和保护气体由不同的机构连续地分别送入焊接区域，也便于实现机械化。气体保护焊对焊接位置没有特殊要求，并且透过气体介质能看到焊接的情况，比埋弧焊具有更好的适应性。但是，气体保护焊不宜在室外进行，以免空气流动或风力影响保护效果。

CO_2 气体保护焊主要用于焊接低碳钢和强度级别不高的低合金高强度结构钢。常采用细焊丝焊接薄板；采用粗焊丝焊接厚板。

以氩气为保护气体的氩弧焊主要用于焊接非铁金属（如铝、镁及其合金）、稀有金属（如钼、钛及其合金）和特殊性能钢（如不锈钢、耐热钢）等。

三、气焊

气焊是指利用气体火焰作为热源的焊接方法。常见的利用氧乙炔焰作为热源的氧乙炔焊如图 12-25 所示。

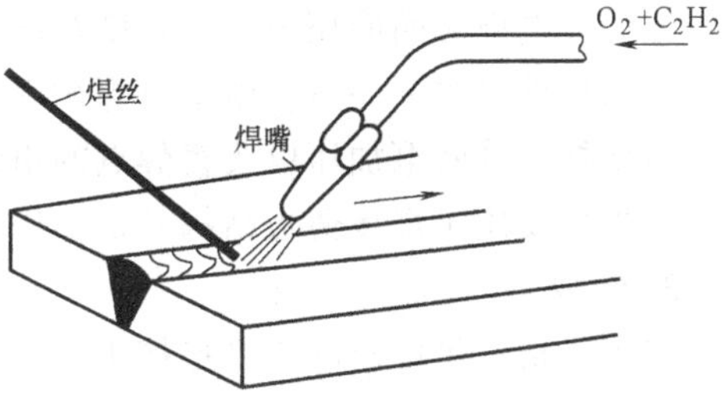

图 12-25　氧乙炔焊

焊接时，氧气与乙炔的混合气体在焊嘴中配成。混合气体点燃后加热焊丝和焊件的接边，形成熔池。移动焊嘴和焊丝，即可形成焊缝。

气焊焊丝一般选用与母材化学成分相近的金属丝，焊接时常与熔剂配合使用。气焊熔剂用以去除焊接过程中产生的氧化物，还具有保护熔池、改善熔融金属流动性的作用。

气焊的焊接温度低，对焊件的加热时间长，焊接热影响区大，过热区大；但气焊薄板时不易烧穿焊件，对焊缝的空间位置也没有特殊要求。气焊常用于焊接薄钢板、铜合金和铝合金等，也用于铸铁焊补。气焊对无电源的野外施工有特殊意义。

四、电阻焊

电阻焊是指焊件组合后通过电极施加压力，利用电流通过接头的接触面及邻近区域产生的电阻热进行焊接的方法。常用的电阻焊方法有对焊、点焊和缝焊等，如图 12-26 所示。

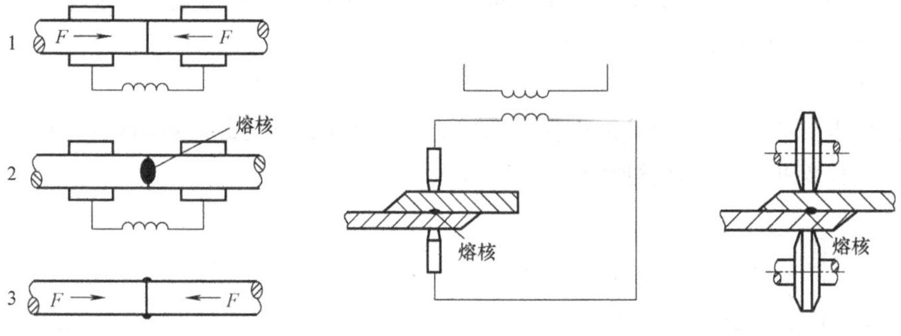

图 12-26　电阻焊

a）对焊　b）点焊　c）缝焊

1. 对焊

对焊是指将焊件装配成对接接头，使其端面紧密接触，利用电阻热将焊件加热至塑性状态，然后迅速施加顶锻力完成焊接的方法。对焊过程如图 12-26a 所示。

对焊时，将焊件对接加压并通电，使对接端面产生铸造熔核，然后趁接头处于塑性状态断电并施加顶锻力形成镦粗的接头。

对焊一般仅用于焊接截面形状简单、直径小于 20mm，且强度要求不高的杆件对接。

2. 点焊

点焊是指将焊件装配成搭接接头，并压紧在两电极间，利用电阻热熔化母材，形成焊点的电阻焊方法。点焊过程如图 12-26b 所示。

点焊时，铜合金电极中间可通水冷却，把电极与焊件之间的接触电阻热带走。靠焊件之间的接触电阻热使焊件局部熔化，形成熔核，熔核周围的金属也处于塑性状态，随后断电，保持或增大电极之间的压力，熔核则在压力作用下结晶，形成组织致密的焊点。焊完一点之后，移动焊件再焊下一点。整个点焊循环由四个阶段组成：①在电极间夹紧焊件；②通电形成铸造熔核；⑧断电加压以改善焊点的组织性能；④去除施加在电极上的压力。

点焊主要用于焊接薄板结构及钢筋构件，在汽车、仪表等的生产中应用广泛。

3. 缝焊

缝焊是指将焊件装配成搭接接头或对接接头并置于两滚轮电极之间，滚轮加压焊件并转动，连续或断续送电，形成一条连续焊缝的电阻焊方法。缝焊过程如图 12-26c 所示。

缝焊的焊接过程与点焊类似，只是以转动的圆盘状电极代替了圆柱状电极。焊缝是由许多彼此重叠的焊点连成的，具有相当好的密封性。

缝焊主要用于焊接有密封要求的薄壁结构的规则接缝，如油箱等。此工艺一般仅限于3mm以下的薄板搭接接头。

各种电阻焊方法的设备投资大，生产率高，通常只适用于大批量生产。

五、电渣焊

电渣焊是指利用电流通过液态熔渣所产生的电阻热进行焊接的方法。电渣焊焊接过程如图12-27所示。

焊接时焊缝处于垂直位置，并使接缝留出一定间隙，间隙两端有贴紧焊件的铜滑块。铜滑块具有空腔，可以通水冷却。在铜滑块与焊件围成的方形空腔内放入足够量的焊剂。通常用焊丝引弧以加热焊剂，使焊剂成为液态熔渣，形成渣池后使电弧熄灭。渣池产生的电阻热足以使焊件接缝处的边缘及焊丝熔化，并沉积于渣池之下，成为熔池。焊接过程中渣池与熔池随滑块不断上升，熔池底部则不断凝固成焊缝。

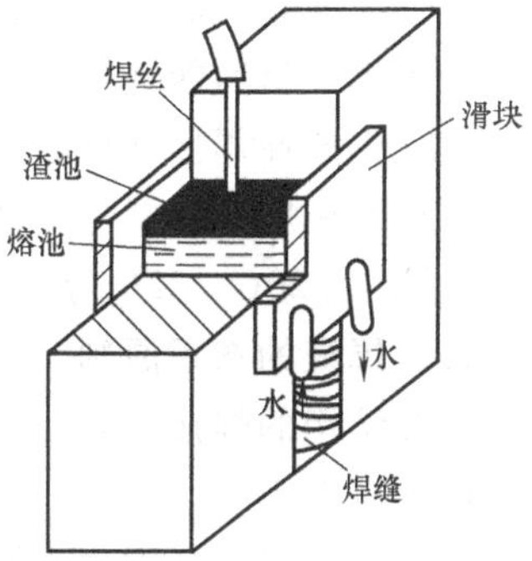

图12-27　电渣焊焊接过程

采用电渣焊能使厚大焊件的焊缝一道焊成，生产率高，且渣池的保护效果好，但焊接热影响区大，过热区大。焊缝的铸态组织和近缝区的过热组织，必须采用正火细化。

电渣焊主要用于厚度为40mm以上钢板的直焊缝或环焊缝的焊接。

六、钎焊

钎焊过程分为浸润、铺展、连接三个阶段，如图12-28所示。

（1）浸润　将钎料和焊件加热到焊接温度，钎料将熔化并浸润焊件表面，如图12-28a所示。

（2）铺展　熔融态钎料在接缝的毛细管作用下将沿接缝流动铺展，如图12-28b所示。接缝越窄，吸引钎料铺展的能力越强。接缝间隙一般为0.05～0.2mm。

（3）连接　熔融钎料充满接缝后，将沿晶界渗入母材内部。钎料与母材互相渗透，形成合金层，如图12-28c所示。合金层把焊件牢固地连接在一起。合金层的强度优于钎料。

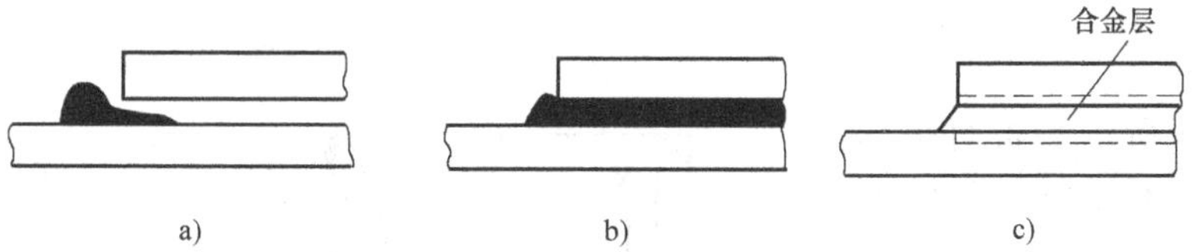

图12-28　钎焊过程
a）浸润　b）铺展　c）连接

钎焊前必须清除焊件上待焊表面的油脂和氧化物，并使用钎剂溶解已经形成的氧化物。钎剂是钎焊时使用的熔剂。

钎焊的焊接温度较低，焊接应力和焊接变形较小，容易保证焊接结构精度。钎焊时可采用整体加热，一次焊完整个结构的全部焊缝，生产率高。但钎焊接头的强度较低，焊前的准备工作要求较高。

钎料熔点低于450℃的钎焊，称为软钎焊。软钎焊主要用于受力不大或工作温度较低的焊接结构，如电子线路与元件的连接等。钎料熔点高于450℃的钎焊，称为硬钎焊。硬钎焊主要用于受力较大或工作温度较高的焊接结构，如硬质合金刀片与刀柄的连接等。

第六节　焊接结构工艺性

焊接结构工艺性是指所设计的焊接结构在满足使用性能要求的前提下焊接成形的可行性和经济性，即焊接成形的难易程度。良好的焊接结构应与焊件的焊接性和焊接工艺相适应。

一、焊件材料的选择

应优先选择焊接性良好的材料如低碳钢制作焊接结构，以便简化焊接工艺。重要的焊接结构应按照相应的材料标准选择。例如，锅炉和压力容器等要求使用专用的锅炉钢（$w_C <$ 0.25%），如 20G、22G 等。

二、焊缝的布置原则

焊接结构的焊接工艺是否简便及焊接接头是否可靠，与焊缝的布置密切相关。

1. 便于操作

焊缝的布置应考虑便于操作。例如，图 12-29 所示焊接结构应考虑必要的操作空间，保证焊条能伸到焊接部位；应避免在不大的容器内施焊；应尽量避免仰焊缝，减少立焊缝。

2. 避开应力最大或应力集中部位

焊接接头是焊接结构的薄弱环节，应避开最大应力部位或应力集中的部位。例如，图 12-30a 所示简支梁焊接结构不应该把焊缝设计在梁的中部；图 12-30b 所示改进的焊缝布置方案比较合理。

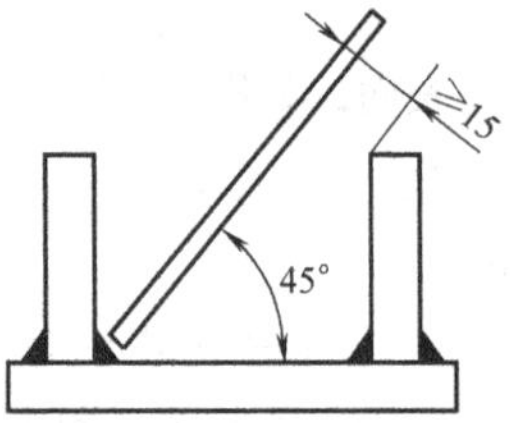

图 12-29　焊条电弧焊操作空间

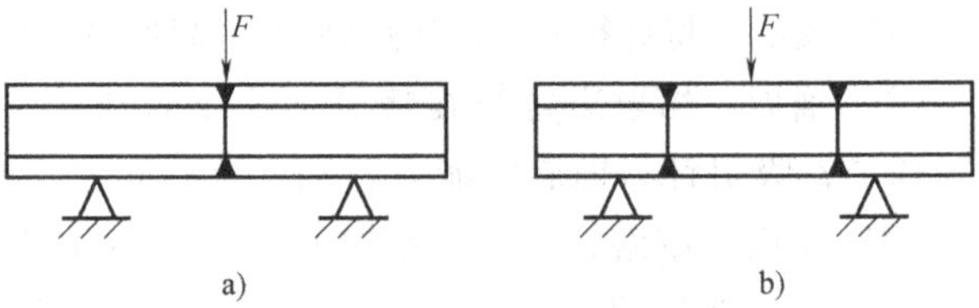

图 12-30　避开应力最大部位

a）不合理　b）合理

图 12-31a 所示平板封头的压力容器将焊缝布置在应力集中的拐角处，图 12-31b 所示无折边封头将焊缝布置在有应力集中的接头处，所以都是不合理的。图 12-31c 所示采用碟形封头（或椭圆形封头、球形封头）使焊缝避开了焊接结构的应力集中部位。

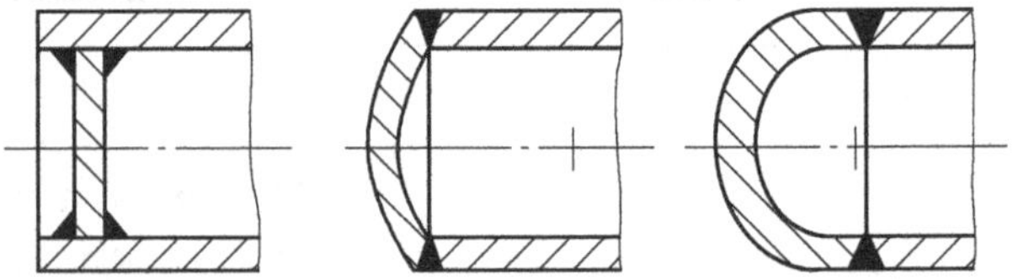

a)　b)　c)

图 12-31　避开应力集中部位

a）平板封头　b）无折边封头　c）碟形封头

3. 避免密集与汇交

多次焊接同一部位可能造成焊接应力集中和焊接缺陷集中，降低焊接结构使用过程中的可靠性。因此，布置焊缝时应力求避免密集与汇交。图 12-32a 所示拼焊结构焊缝布置密集；图 12-32b 所示改进的焊缝错开方案增加了焊接结构的使用可靠性。

图 12-33a 所示压力容器的焊缝汇交，可能在汇交处形成焊接缺陷；图 12-33b 所示为改进方案，焊缝交错布置，增加了压力容器的使用可靠性。

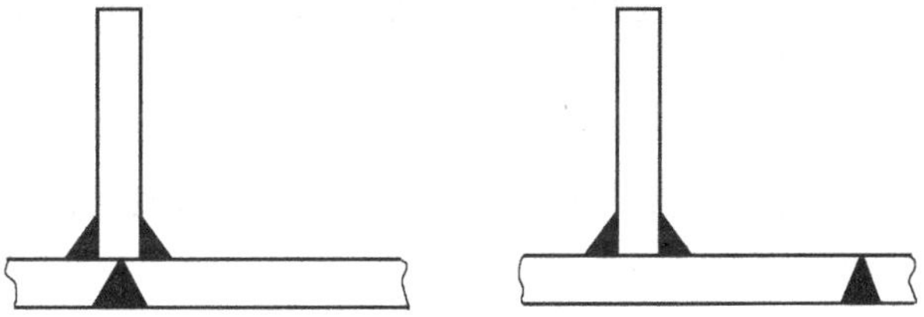

图 12-32　避免焊缝密集
a）焊缝密集　b）焊缝错开

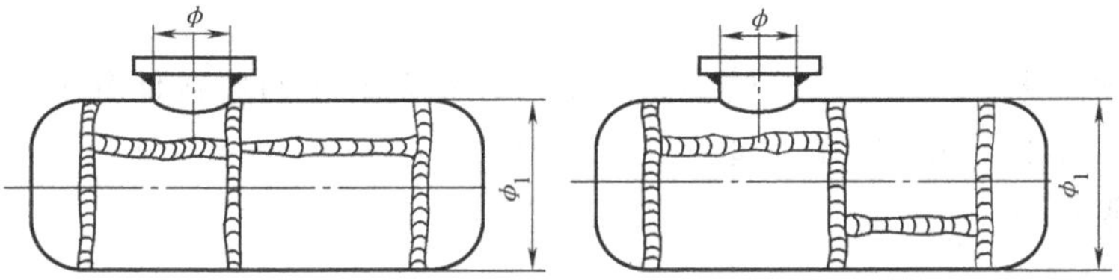

图 12-33　避免焊缝汇交
a）焊缝汇交　b）焊缝交错

第七节　胶接成形

一、胶接的概念

胶接是指利用胶粘剂把两个胶接件连接在一起的过程。胶粘剂是一种靠界面作用产生的粘合力将各种材料牢固地连接在一起的物质。

胶接是一种新型的连接工艺，不需要像焊接那样局部加热熔化或局部受压产生严重的塑性变形，也不需要像铆接那样复杂的工艺过程。胶接在室温下就能固化，实现连接；胶接接头为面际连接，应力分布均匀，大大提高了胶接件的疲劳强度，且密封作用好；胶接接头比铆接、焊接接头更为光滑、平整，如图 12-34 所示。如果以胶接代替铆接，可以使某种飞机的结构件减轻 25% ~30%。但是，胶接接头的强度通常达不到胶接件材料的强度，并且在使用过程中会因胶粘剂老化而降低强度。另外，胶粘剂的耐热性较差，胶接结构通常不能在高温下工作。

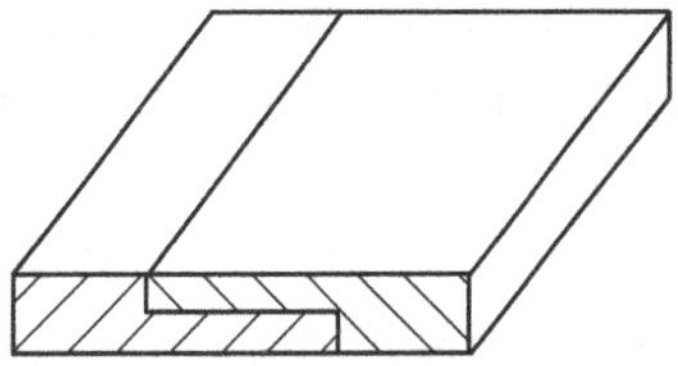

图 12-34　胶接接头

胶粘剂通常能够连接不同种类的材料，如同种或异种金属、塑料、橡胶、陶瓷、木材等。目前生产的胶粘剂有几十种。胶接技术在宇航、机械、电子、轻工及日常生活中已被广泛应用，人造卫星上数以千计的太阳能电池就是胶接在卫星表面上的。

二、胶接原理

目前对胶接的本质还没有统一的理论分析，对胶接原理的认识主要有以下四种观点。

1. 机械作用观点

机械作用观点认为，任何材料的表面都不可能是绝对平滑的，凹凸不平的材料表面接合后总会形成无数微小的孔隙。胶粘剂则相当于无数微小的“销钉”镶嵌在这些孔隙中，从而形成牢固的连接。

2. 扩散作用观点

扩散作用观点认为，在温度和压力的作用下，胶粘剂与被胶接件之间由于分子的相互扩散形成“交织”层，从而牢固地连接在一起。

3. 吸附作用观点

吸附作用观点认为，任何物质的分子紧密靠近（间距小于0.5nm）时，分子间力便能使相接触的物体相互吸附在一起。胶粘剂在压力的作用下与胶接件之间紧密接触，产生了分子间的吸附作用，从而形成牢固的结合。

4. 化学作用观点

化学作用观点认为，某些胶接的实现是由于胶粘剂分子与胶接件分子之间形成了化学键，从而把胶接件牢固地连接在一起。

三、常用胶粘剂

1. 胶粘剂的分类

胶粘剂是以某些黏性物质为基料，加入各种添加剂构成的。它按基料的化学成分进行分类，可分为有机胶粘剂和无机胶粘剂两大类。天然的有机胶粘剂有骨胶、松香、浆糊等；合成的有机胶粘剂有树脂胶、橡胶胶等。各种磷酸盐、硅酸盐类的胶粘剂属于无机胶粘剂。

胶粘剂按用途进行分类，可分为结构胶粘剂和非结构胶粘剂两大类。结构胶粘剂连接的接头强度高，具有一定的承载能力；非结构胶粘剂主要用于修补、密封和连接软质材料。

2. 常用胶粘剂的选择

选择胶粘剂主要考虑胶接件材料的种类、胶接结构受力条件和工作温度、工艺可行性等。

（1）胶接件材料的种类　胶接件材料不同，应选择不同的胶粘剂。如钢铁及铝合金材料宜选用环氧、环氧-丁腈、酚醛-缩醛、酚醛丁腈等胶粘剂；热固性塑料宜选用环氧、酚醛-缩醛类胶粘剂；橡胶宜选用酚醛氯丁、氯丁橡胶类胶粘剂。

（2）受力条件　工作时承受载荷的受力构件胶接时，宜选用胶接强度高、接头韧性好的结构胶粘剂；工作时受力不大的构件胶接时，宜选用非结构胶粘剂。非结构胶粘剂也用于工艺定位。

（3）工作温度　不同温度下工作的胶接结构，应选用不同的胶粘剂。例如，在－120℃以下工作的胶接结构，宜选用聚氨酯、苯二甲酸、环氧丙酯类胶粘剂；在150℃以下工作的胶接结构宜选用环氧-丁腈、酚醛-丁腈、酚醛-环氧类胶粘剂；在500℃以下工作的胶接结构宜选用无机胶粘剂。

（4）工艺可行性　每一种胶粘剂都有特定的胶接工艺。有的胶粘剂在室温下固化；有的胶粘剂则需加热、加压才能固化。因此，选用胶粘剂还要考虑工艺上是否可行。

四、胶接工艺过程

1. 表面处理

胶接前要对胶接面进行表面处理。金属件的表面处理包括清洗、除油、机械处理和化学处理等。非金属件一般只进行机械处理或溶剂清洗。

2. 预装

表面处理后应对胶接件进行预装检查，主要检查胶接件之间的接触情况。

3. 胶粘剂的准备

胶粘剂应按其配方配制。在室温下固化的胶粘剂，还应考虑其固化时间。

4. 涂胶方法

液体胶粘剂通常采用刷胶、喷胶等方法涂胶；糊状胶粘剂通常采用刮刀刮胶；固体胶粘剂通常先制成膜状或棒状再涂在胶接面上；粉状胶粘剂则应先熔化再浸胶。

5. 固化

固化是胶接工艺的最终工序。按胶粘剂说明书要求控制温度、时间和压力三个参数，使胶粘剂固化，实现胶接。

作业十二

一、基本概念解释

1. 焊接　2. 焊件　3. 熔焊　4. 压焊　5. 钎焊　6. 焊条电弧焊　7. 胶接

二、填空题

1. 电弧中心的温度高达5000～8000K；阳极区的温度约为__________K；阴极区的温度约为__________K。

2. 采用直流弧焊机进行焊接时，有__________接与__________接之分。

3. 焊件接__________极而焊条接__________极的接线方法，称为正接。

4. 焊件接__________极而焊条接__________极的接线方法，称为反接。

5. 焊条由__________和__________两部分组成。

6. 根据药皮中氧化物的性质进行分类，焊条可分为__________焊条和__________焊条。

7. __________、__________区和热影响区组成熔焊接头。

8. 低碳钢熔焊接头因受热问题不同，热影响区可分为__________区、__________区和部分相变区。

9. 焊接接头的基本形式有__________接、__________接、T形接和搭接等。

10. 坡口的基本形式有__________形、__________形、带钝边U形、带钝边的双面V形等。

11. 采用焊条电弧焊方法焊接时，焊件接缝所处的空间位置通常分为__________焊、立焊、__________焊和仰焊四种。

12. 焊条电弧焊的焊接工艺参数是指电源种类与__________、__________直径、焊接电流与焊接层数等。

13. 电弧点燃后，焊条有三种基本运动：沿焊条轴向的__________运动；沿焊缝方向的纵向移动；垂直于焊缝方向的__________摆动。

14. 焊缝符号一般由基本符号和__________线组成，必要时还可以加上__________符号和焊缝尺寸符号。

15. 常用的电阻焊方法有对焊、__________焊和__________焊等。

16. 钎焊过程分为浸润、__________、__________三个阶段。

17. 胶粘剂按基料的化学成分进行分类，可分为__________胶粘剂和__________胶粘剂两大类。

三、判断题

1. 实践证明，碳当量越高，钢材的焊接性越差。（　）
2. 当 $C_{eq}<0.4\%$ 时，钢材的塑性好，其焊接性良好。（　）
3. 铸铁的焊接性很好。（　）
4. 焊接黄铜的主要困难是锌在焊接过程中会蒸发。（　）
5. U 形坡口比 Y 形坡口需要的填充金属少，省焊条，但坡口加工较难。（　）
6. 仰焊位置焊接最容易。（　）
7. 锯齿形运条法操作方便，常用于厚板的焊接。（　）
8. 埋弧焊主要用于焊接长的直焊缝和大直径的环焊缝。（　）
9. 钎料熔点低于 450℃ 的钎焊，称为硬钎焊。（　）

四、简答题

1. 与铆接相比，焊接成形具有哪些主要特点？
2. 比较正接与反接的特点及应用。
3. 列表比较酸性焊条和碱性焊条的特点和应用范围。
4. 简述选用焊条的基本原则。
5. 焊缝布置的主要原则有哪些？
6. 简述胶接工艺过程。

五、课外活动

1. 同学之间相互合作，分组调研焊接成形方法出现于什么时代。
2. 观察生活中的某些金属工具和金属用品，分析其是用何种焊接方法制造的。

第十三章　毛坯分析与选择

第一节　毛 坯 分 析

毛坯是指根据零件（或产品）所要求的形状、工艺尺寸等制成的供进一步加工用的生产对象。毛坯主要通过铸造、锻造、冲压、焊接等方法获得，也可以通过直接截取各种原材料获得。这里仅对铸件、锻件、焊接结构三种毛坯进行对比分析。

一、毛坯成形原理对比分析

“流动成形”是描述工件成形原理的一个基本出发点。铸造成形本质上是利用熔融金属的流动性使其充满型腔成形；锻压成形本质上是在锻压设备及工模具的作用下，利用固态金属的塑性流动性成形；焊接是一种连接成形方法。熔焊可以看成是通过铸造方法建立起焊件之间原子的联系；压焊可以看成是通过锻造方法建立起焊件之间原子的联系；钎焊则可以看成是用铸造方法和原子扩散原理建立起焊件之间原子的联系。

铸件的形状由铸型控制；锻件的形状由工人的技术或锻模控制；焊接结构的形状由焊件及其装配方式控制。考虑温度对尺寸的影响，模样或型腔尺寸应比铸件尺寸放大一个收缩余量；模膛的尺寸应比锻件尺寸放大一个收缩余量；焊接结构的尺寸也要考虑焊后收缩变形的影响。

铸件成形方便，形状可以比较复杂；锻件成形困难，形状较简单；焊接方法比较灵活，焊接结构可以相当复杂、相当大。毛坯成形原理的比较见表 13-1。

表 13-1　毛坯成形原理的比较

成形方法		成形原理	形状控制	尺寸控制	结构特点
铸造		熔融金属流动	铸型	模样放大收缩余量	可较复杂
锻造		固态金属塑性变形	锻模，工人的技术	坯料质量、尺寸，模膛放大收缩余量	较简单
焊接	熔焊	结晶	焊件及其装配	焊件尺寸及其装配，考虑收缩变形	可特别大
	压焊	塑性变形		焊件尺寸及其装配	较简单
	钎焊	结晶及原子扩散		焊件尺寸及其装配	可特别复杂

二、毛坯内在质量对比分析

“变格改性”是描述工件改性原理的另一个基本出发点。钢的热处理是典型的改性工艺。但是，各种毛坯成形工艺对工件的组织结构都会造成影响，从而影响毛坯的内在质量。

铸件具有铸态组织，晶粒粗大，力学性能差。为改善铸件性能，常采用加大过冷度和进行变质处理等方法。锻件具有再结晶组织，晶粒细小均匀，杂质沿变形方向分布，形成锻造流线。合理利用流线能充分发挥锻件的潜力，因此锻件的力学性能好。焊接结构件的质量主要指焊接接头的质量。接头的组织性能比较复杂，熔焊接头的熔合区和过热区是接头的薄弱环节。在再结晶温度以上进行压焊能获得再结晶组织的接头，力学性能较好；在再结晶温度以下进行压焊则获得加工硬化组织的接头，强度、硬度较高，塑性、韧性较差。钎焊接头具有铸态合金组织。因钎料的强度较低，焊缝的强度低于母材的强度，靠增加接头的搭接面积来提高接头的承载能力。毛坯内在质量的比较见表 13-2。

表 13-2　毛坯内在质量的比较

成形方法		组织特征	性能特点	改善方法
铸造		铸态组织，晶粒粗大	较差	增加过冷度、变质处理等
锻造		再结晶组织，有锻造流线	较好	
焊接	熔焊	接头具有复杂的组织	不均匀	选择合适的焊条、焊丝及热处理方法
	压焊	接头具有再结晶组织或加工硬化组织	较好或不均匀	
	钎焊	接头具有合金铸态组织	不均匀	增加搭接面积，提高承载能力

三、毛坯成形工艺对比分析

工艺是指使各种原材料、半成品成为成品的方法和过程。铸件、锻件、焊接结构等毛坯都是通过一定的工艺方法获得的。

铸件主要表面的质量与浇注位置有密切关系。铸件的主要表面在浇注时向下有利于保证其质量，而向上的铸件表面容易出现气孔、夹砂等缺陷。铸型的分型面与铸造工艺有密切关系。例如，铸造一个球体，采用分模两箱造型比采用整模挖砂造型要简便得多。因此，确定浇注位置和选择分型面是铸件工艺设计的基本问题。

锻件的质量与锻造基本工序（或工步）有密切关系。因为锻造工序决定着工件的成形过程和变形程度，变形程度又影响着锻后再结晶组织的粗细程度及锻造流线的分布，从而影响锻件的力学性能。模锻件的分型面与模锻工艺有密切关系。图 13-1 所示的齿轮坯锻件，若以 *a-a* 为分型面，锻件无法取出；若以 *b-b* 为分型面，由于模膛较深，不仅锻模制造难度大，坯料也难以充满模膛，而且轴孔与锻击方向垂直，无法锻出，只能留作余块，采用刀具加工，因此这是最差的方案；若以 *c-c* 为分型面，上模与下模相对位置错动（错位是经常发生的）时，难以从锻件外观上及时发现，容易造成大量的废品；若以 *d-d* 为分型面，不仅便于制模和取出锻件，还能减少余块和及时发现错模问题，故这是最好的方案。因此，确定锻造基本工序（或工步）和选择分型面是锻件工艺设计的基本问题。

焊接接头的质量与焊件接头形式、坡口形式等有密切关系。例如，对接接头受载时应力分布均匀，容易保证焊接质量；厚焊件需要焊透时必须开坡口。另外，接头和坡口也影响焊接工艺，如搭接接头的焊接工艺简便；V 形坡口不需双面施焊就能焊透。因此，确定接头、坡口的形式是焊接工艺设计的一个基本问题。

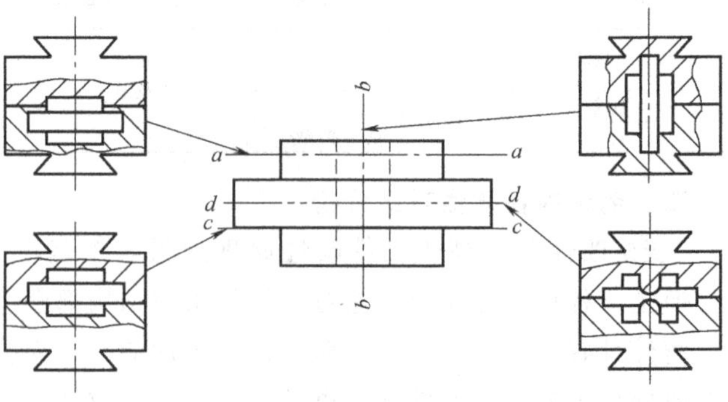

图 13-1　分型面的选择

焊接接头的质量与焊条（或焊丝）、焊剂等的选择有密切关系。例如，重要的焊接结构必须选用碱性焊条才能保证焊接质量。另外，焊条选择与焊接工艺也有密切关系，如酸性焊条焊接工艺简便，碱性焊条则要求严格的焊接工艺。因此，选择焊条（或焊丝、焊剂）是焊接工艺设计的另一个基本问题。毛坯成形工艺的比较见表 13-3。

表 13-3　毛坯成形工艺的比较

成形方法		工艺设计的基本问题	依　据
铸造		确定浇注位置,选择分型面	保证质量 简化工艺
锻造		确定锻造基本工序(或工步),确定分型面	
焊接	熔焊	确定接头、坡口形式,选择焊条或焊丝、焊剂	
	压焊	确定接头的形式	
	钎焊	确定接头的形式,选择钎料	

四、毛坯结构材料工艺性对比分析

结构材料工艺性，是指毛坯材料在满足使用性能要求的前提下采用某种工艺方法的可行性和经济性。铸件结构材料工艺性主要指熔融金属的流动性及收缩性，它们与浇不到、冷隔、缩孔、缩松、变形、裂纹等铸件缺陷密切相关；锻件结构材料工艺性主要指固态金属的变形能力（塑性）和变形抗力，它们与模锻不足、裂纹等锻件缺陷密切相关；焊接结构材料工艺性主要指接头产生裂纹的倾向性，它们与变形、裂纹等焊接结构缺陷密切相关。结构材料工艺性差时，必须采用比较严格的工艺措施。毛坯结构材料工艺性比较见表 13-4。

表 13-4　毛坯结构材料工艺性比较

成形方法	结构材料工艺性	工艺性不好引起的缺陷	相应的工艺措施
铸造	流动性、收缩性	浇不到、冷隔、缩孔、变形、裂纹	控制浇注温度和凝固顺序
锻造	变形能力、变形抗力	模锻不足、裂纹	控制锻造温度范围
焊接	产生裂纹的倾向性	裂纹	预热、缓冷等

五、毛坯结构形状工艺性对比分析

结构形状工艺性是指毛坯的结构形状在满足使用性能要求的前提下，采用某种成形工艺方法的可行性和经济性。

铸件结构形状应适应金属的铸造性，如壁厚合理均匀、壁间逐步过渡连接、大平面倾斜设计、减少变形和自由收缩设计等；铸件结构形状还必须适应铸造工艺，如尽量减少分型面、砂芯及活块，尽可能设计出结构斜度和结构圆角等。

锻件结构形状应适应金属可锻性的要求。可锻性差的锻件，其结构形状应尽量简单些，以保证锻件成形。锻件结构形状还应适应锻造工艺的要求。自由锻件结构设计应避免倾斜、曲面交接和肋及凸台等。模锻件结构设计应具有合理的分型面且简单、对称，截面避免窄、薄部分等。

焊接结构形状应适应金属焊接性的要求，优先选用焊接性好的材料，以简化焊接工艺。焊接结构还应适应焊接工艺的要求，布置焊缝应便于操作，避开应力最高部位和应力集中部位，避免焊缝密集与汇交等。毛坯结构形状工艺性的比较见表 13-5。

表 13-5　毛坯结构形状工艺性的比较

成形方法	适应金属工艺性能的结构设计原则	适应工艺方法的结构设计原则
铸造	壁厚合理均匀,壁间逐步过渡连接,大平面倾斜,减少变形和自由收缩等	尽量减少分型面、芯子、活块设计,尽可能设计出结构斜度和结构圆角
锻造	结构的复杂或简单应与金属可锻性的优劣相适应	自由锻件应避免倾斜、曲面交接、肋、凸台等设计;模锻件应具有合理的分型面,且简单、对称

（续）

成形方法	适应金属工艺性能的结构设计原则	适应工艺方法的结构设计原则
焊接	结构的复杂或简单应与金属焊接性的优劣相适应	焊缝布置应便于操作，避开应力最高部位和应力集中部位，避免焊缝密集与汇交等

六、毛坯结构形状及应用对比分析

常见机械零件按其结构形状特征和功能进行分类，可分为轴杆类、饼块盘套类、机架箱体类零件等。

轴杆类零件如图 13-2 所示，其结构特点是纵向尺寸远大于横向尺寸，其主要功能是传递运动和动力，受力情况比较复杂。

饼块盘套类零件如图 13-3 所示，其结构特点是纵向尺寸远小于横向尺寸，其主要功能是装配在轴杆上用以传递运动和动力，受力情况也比较复杂。

机架箱体类零件如图 13-4 所示，其结构特点是形状复杂且不规则，其主要功能是作为基础零件支承轴杆类零件，承受压应力且受力不大，刚度好。

铸件成形方便，结构可以相当复杂，力学性能较差，适合于制作机架箱体类零件的毛坯；锻件成形困难，结构形状一般较简单，力学性能较好，适合于制作轴杆类和饼块盘套类零件的毛坯；焊接结构成形方便，结构形状尺寸通常不受限制，其力学性能可通过选材、选焊条满足使用要求，适合于制作各种金属结构，在单件小批量生产中也用于制造零件的毛坯。

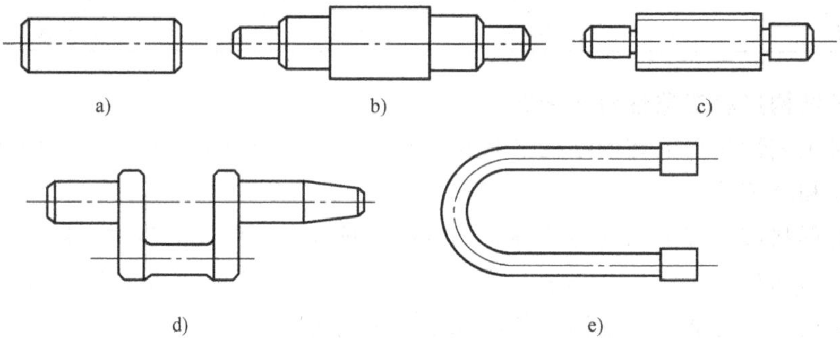

图 13-2　轴杆类零件

a）销　b）台阶轴　c）螺杆　d）曲轴　e）曲杆

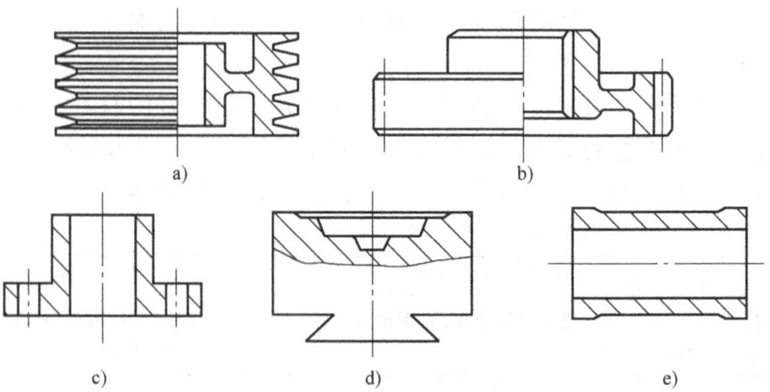

图 13-3　饼块盘套类零件

a）带轮　b）齿轮　c）联轴器　d）模块　e）套筒

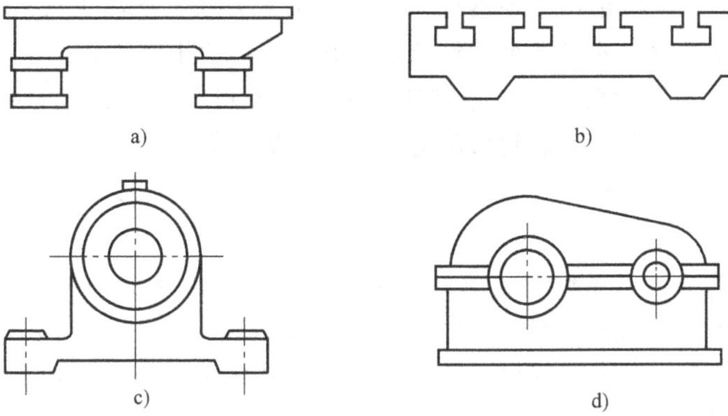

图 13-4　机架箱体类零件
a）床身　b）工作台　c）轴承座　d）减速器箱体

第二节　毛坯选择

毛坯的选择包括选择毛坯材料、毛坯类别和毛坯制造方法。

一、毛坯选择的基本原则

1. 满足使用要求原则

毛坯的使用要求是指将毛坯最终制成零件的使用要求。零件的使用要求是指零件投入使用后，实际工作条件对零件形状、尺寸及使用性能的要求。实际工作条件包括零件的工作空间、与其他零件之间的位置关系、工作时的受力情况、工作温度和接触介质等。只有满足使用要求的毛坯才有价值，因此满足使用要求是选择毛坯的首要原则。例如，常见齿轮零件由于实际工作条件不同，其毛坯的材料、类别和制造方法也不同。

（1）机床齿轮　机床齿轮有良好的润滑条件，在较稳定的受力状态下工作。工作时，通过齿面上一个狭小的接触面传递运动和动力。齿面承受很大的接触应力和摩擦力，要求齿面具有高硬度和高耐磨性。同时，轮齿相当于一根悬臂梁，齿根部分承受较大的弯曲应力，并且具有重复、交变性质，要求制造材料具有较高的疲劳强度。齿轮工作时还会遇到冲击、振动，要求制造材料具有足够的强度和韧性。总之，齿轮工作时的受力情况比较复杂，要求制造材料具有良好的综合力学性能。

低碳钢的塑性、韧性好，但强度、硬度低；高碳钢的强度、硬度高，但塑性、韧性差；中碳钢的综合力学性能好。因此，机床齿轮应选用中碳钢，如 45 钢、40Cr 钢。

铸件具有铸态组织，力学性能较差；锻件具有均匀细小晶粒的再结晶组织，并且可以合理利用流线，综合力学性能好。因此，机床齿轮应选用锻件毛坯。

中碳钢经退火处理后塑性、韧性较好，但强度、硬度不足；经淬火、低温或中温回火后强度、硬度较高，但塑性、韧性不足；经正火处理后获得正火索氏体为主的组织，综合力学性能较好；经调质处理后获得的回火索氏体组织具有良好的综合力学性能。因此，机床齿轮通常采用正火或调质处理，即可满足轮齿整体的综合力学性能要求。但是，正火组织和调质组织（回火索氏体）不能满足齿面的高硬度、高耐磨性要求，尚需对齿面进行高频感应淬火。

总之，机床齿轮毛坯应选用中碳钢材料、锻造工艺方法、整体正火或调质热处理工艺、齿面高频感应淬火处理等，才能满足工作条件对其提出的使用要求。

（2）汽车齿轮　汽车齿轮的工作条件比机床齿轮差得多。在恶劣的路面上行驶及紧急制动时轮齿要承受冲击载荷，要求轮齿制造材料具有更好的塑性和韧性。为此，汽车齿轮应选用低碳钢如合金渗碳钢 20CrMnTi 等材料制造，并采用锻造工艺方法制造毛坯，齿面进行渗碳和淬火，以满足汽车齿轮工作条件提出的使用要求。

（3）低速机械齿轮　农业机械、建筑机械上的一些低速齿轮多在开式多粉尘的环境中工作，受力不大，不必选用钢材锻造成形，也不必设计专门的热处理工艺，通常选用灰铸铁材料制造，并采用铸造工艺方法成形，就能满足低速齿轮提出的使用要求。

2. 满足经济性要求原则

在机械制造过程中，实施工艺方案之后的投入与产出关系决定着企业的兴衰。选择毛坯的材料、类别和制造方法时，应在满足使用要求的前提下对几个可供选择的方案进行经济性分析。

一般来说，在单件小批量生产中，应选择常用材料、通用设备和工具及低精度、低生产率的生产方法。这样毛坯的生产周期短，能节省生产准备时间和工艺装备的设计制造费用。虽然单件产品消耗的材料和工时较多，但总的成本还是比较低。对于铸件应优先选用灰铸铁材料和手工砂型铸造方法；对于锻件应优先选用碳素结构钢材料和自由锻造方法；在生产急需时，应优先选用低碳钢材料和焊条电弧焊方法制造焊接结构毛坯。如图 13-5 所示重型机械的大齿轮，采用焊接结构毛坯比较经济。

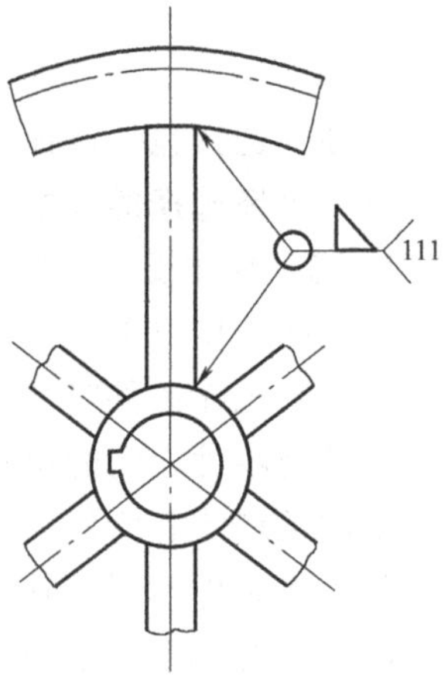

图 13-5　重型机械的大齿轮

在大批量生产中，应选择专用材料、专用设备和工具及高精度、高生产率的生产方法。这样毛坯的生产率及精度高。虽然专用的材料和工艺装备增加了费用，但材料用量和切削加工工时会大幅度下降，总的成本也比较低。对于铸件应优先选用球墨铸铁材料和机器造形的铸造方法；对于锻件应优先选用合金结构钢材料和模型锻造方法；对于焊接结构应优先选用低合金高强度结构钢材料和机械化焊接方法。

3. 适应于实际生产条件原则

根据使用要求和制造成本所确定的生产方案是否能实现，还必须考虑企业的实际生产条件。只有实际生产条件能够实现的生产方案才是合理的方案。如果本企业不能满足毛坯制造方案的要求，不能在预期内实现毛坯的制造计划，就应考虑与其他企业协作的可能性。

二、毛坯选择举例

图 13-6 所示螺旋起重器在检修车辆时经常使用。用起重器将车架顶起，以便更换轴承和轮胎等。起重器的支座上装有螺母，工作时转动手柄带动螺杆在螺母中转动，推动托杯顶起重物。起重器主要零件的毛坯选择分析如下：

1. 支座

支座是起重器的基础零件，承受静载荷压应力。支座具有锥度及内腔，结构形状较复杂，宜选用 HT200 材料及铸件毛坯。

2. 螺杆

螺杆工作时沿轴线方向承受压应力，螺纹承受弯曲应力及摩擦力，受力情况比较复杂。但螺杆结构形状比较简单，宜选用45钢材料及锻件毛坯。

3. 螺母

螺母工作时的受力情况与螺杆类似，但为了保护比较贵重的螺杆，宜选用较软的材料青铜ZCuSn10Pb1及铸件毛坯。螺母的孔直接铸出。

4. 托杯

托杯直接支持重物，承受压应力，且具有凹槽和内腔，结构形状较复杂，宜选用HT200材料及铸件毛坯。

5. 手柄

手柄工作时承受弯曲应力，受力不大且结构形状简单，可直接在Q235A圆钢上截取。

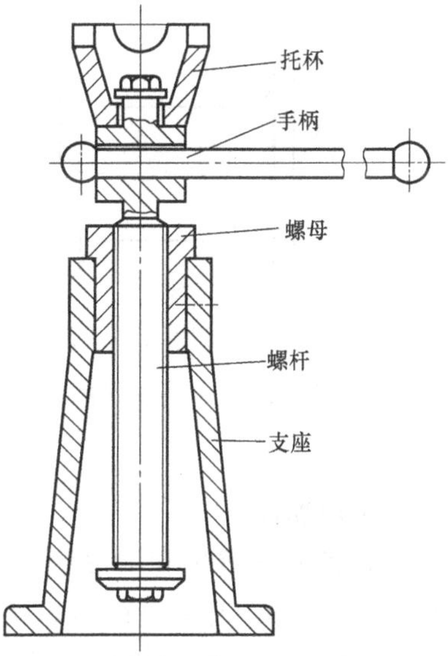

图13-6　螺旋起重器

三、同一零件毛坯选择的比较

图13-7所示承压液压缸要求选用 $w_C=0.40\%$ 的钢制造，需要200件。液压缸的工作压力为1.5MPa，要求水压试验压力为3MPa；两端法兰接合面及内孔要求切削加工，加工表面不允许有缺陷；其余外圆面等不加工。现就承压液压缸毛坯的选择做如下分析。

1. 直接选用圆钢

直接选用 ϕ150mm圆钢（40钢），经切削加工成形，能全部通过水压试验。但材料利用率低，切削加工工作量大，生产成本高。

2. 采用砂型铸造

选用ZG270-500铸钢砂型铸造成形，可以水平浇注或垂直浇注，如图13-8所示。

水平浇注时在法兰顶部安置冒口。该方案工艺简便、节省材料、切削加工工作量小，但内孔质量较差，水压试验的合格率低。

垂直浇注时在上部法兰处安置冒口，下部法兰处安置冷铁，使之定向凝固。该方案提高了内孔的质量，但工艺比较复杂，也不能全部通过水压试验。

3. 采用模锻

选用40钢模锻成形，锻件在模膛内有立放和卧放之分，如图13-9所示。

锻件立放时能锻出孔（有连皮），但不能锻出法兰，外圆的切削加工工作量大；锻件卧放时，能锻出法兰，但不能锻出孔，加工内孔的切削工作量大。

模锻件的质量好，能全部通过水压试验。

4. 采用胎模锻

胎模锻件图如图13-10所示。胎模锻件可选用40钢坯料经镦粗、冲孔、带心棒拔长等自由锻工序完成初步成形，然后在胎模内带心棒锻出法兰，最终成形。胎模锻与模锻相比较，具有既能锻出孔又能锻出法兰的优点，但生产率较低，劳动强度较大。

胎模锻件的质量好，能全部通过水压试验。

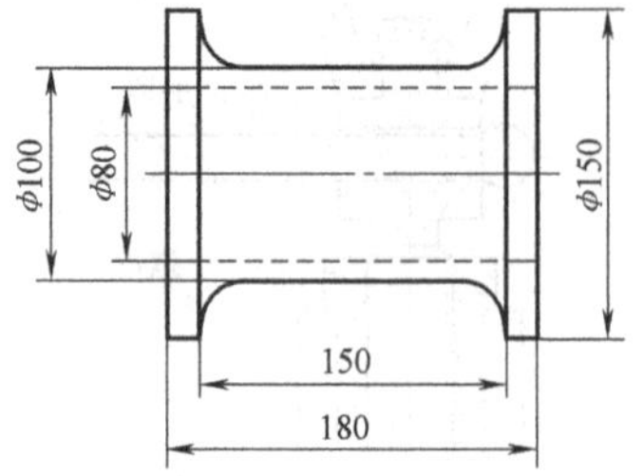

图 13-7　承压液压缸

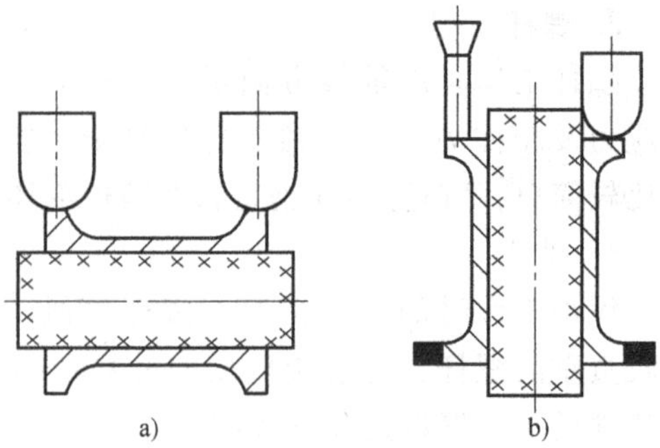

图 13-8　承压液压缸的浇注
a）水平浇注　b）垂直浇注

5. 采用焊接

选用 40 钢无缝钢管，按承压液压缸尺寸在其两端焊上 40 钢法兰得到焊接结构毛坯，如图 13-11 所示。采用焊接工艺既省材料工艺又简便，但难找到合适的无缝钢管。

综上所述，采用胎模锻件毛坯比较好，但若有合适的无缝钢管，采用焊接结构毛坯更好。

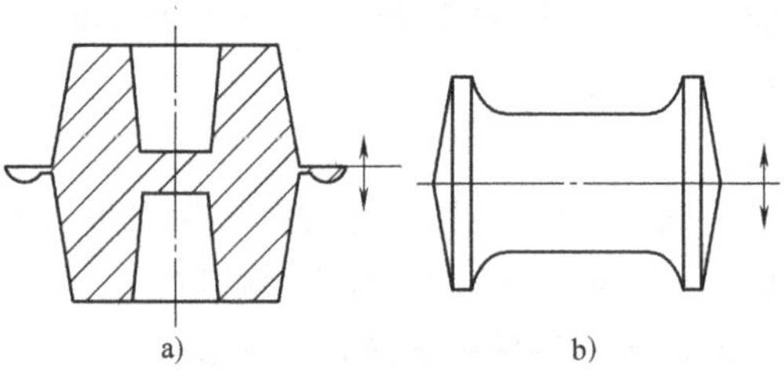

图 13-9　承压液压缸的模锻
a）立放　b）卧放

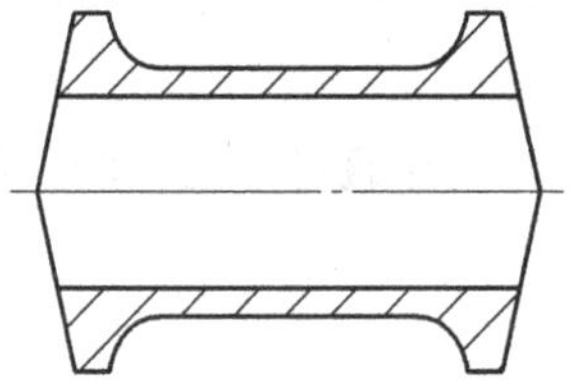

图 13-10　承压液压缸的胎模锻件图

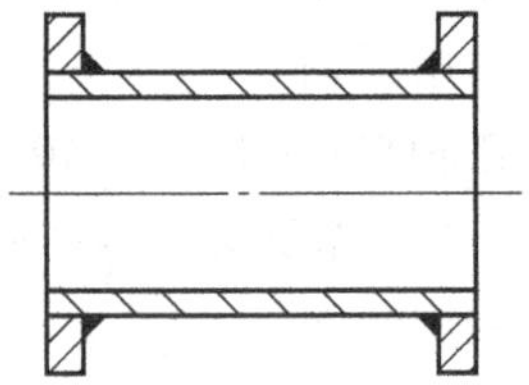

图 13-11　承压液压缸的焊接结构毛坯

作 业 十 三

一、基本概念解释

1. 毛坯　2. 工艺　3. 结构材料工艺性　4. 结构形状工艺性

二、填空题

1. 铸造成形本质上是利用熔融金属的__________性充满型腔成形。

2. 锻压成形本质上是在锻压设备及工模具的作用下，利用固态金属的__________流动性成形。

3. 确定__________位置和选择__________面是铸件工艺设计的基本问题。

4. 焊接结构材料工艺性主要指接头产生裂纹的倾向性，它与__________、__________等焊接结构缺陷密切相关。

5. 常见机械零件按其结构形状特征和功能进行分类，可分为__________类、饼块盘套类、__________箱体类零件等。

6. 轴杆类零件的结构特点是__________向尺寸远大于横向尺寸，其主要功能是传递运动和__________，受力情况比较复杂。

7. 机架箱体类零件的结构特点是形状复杂且不规则，其主要功能是作为__________零件支撑轴杆类零件，承受__________应力且受力不大，刚度好。

三、判断题

1. 锻件的质量与锻造基本工序（或工步）没有关系。 （ ）
2. 焊接接头的质量与焊件接头形式、坡口形式等有密切关系。 （ ）
3. 重要的焊接结构必须选用碱性焊条才能保证焊接质量。 （ ）
4. 可锻性差的锻件，其结构形状应尽量简单些。 （ ）

四、简答题

1. 毛坯有哪些成形方法？
2. 比较正接与反接的特点及应用。
3. 简述各类毛坯结构形状工艺性的基本要求。
4. 列表比较轴杆类零件、饼块盘套类零件、机架箱体类零件的结构特点、主要功能、受力情况及成形方法。
5. 简述选择毛坯的基本原则。

五、课外活动

同学之间相互合作，分组分析自行车各主要零件的毛坯成形方法。

第三篇

零件成形及其装配（机械加工基础）

- 第十四章　公差与配合基本知识
- 第十五章　切削成形原理
- 第十六章　刀具切削成形方法
- 第十七章　磨具切削成形方法
- 第十八章　数控加工与特种加工
- 第十九章　切削加工工艺过程
- 第二十章　机械装配

第十四章　公差与配合基本知识

从本质上讲，金属工艺学主要论述机械零件的成形设计和改性设计。通过改性设计，可以控制机械工程材料的成分及工艺（如热处理等），可以得到满意的性能；通过成形工艺设计，可以得到满意的毛坯形状与尺寸，也有改善毛坯性能的作用。

改性设计的主要指标是得到所要求的力学性能，成形设计的主要指标是得到所要求的几何精度。几何精度是指实际几何参数与理想几何参数相符合的程度。绝大多数机械零件必须通过切削加工才能满足现代机器对它的精度要求，而公差与配合标准是评定零件精度的主要依据。

第一节　互换性与公差的概念

一、互换性

互换性是指在同一规格的一批零、部件中，可以不经选择、修配或调整，任取一件都能装配在机器上，并能达到规定的使用性能要求，零部件具有的这种性能称为互换性。能够保证产品具有互换性的生产，称为遵守互换性原则的生产。

互换性广泛用于机械制造和军品生产，是机电一体化产品设计和制造过程中的重要原则，能取得巨大的经济和社会效益。

二、加工误差

要保证零件具有互换性，只要使相同规格零件的几何参数完全相同就行了。但是，零件在成形加工过程中要受到各方面因素的影响，获得绝对准确、完全一致的零件是不可能的。零件加工后的实际几何参数对理想几何参数的偏离程度，称为加工误差。加工误差包括尺寸误差、形状误差、位置误差和表面粗糙度。

1. 尺寸误差

尺寸误差是指一批零件的实际尺寸相对于理想尺寸的偏差范围。如图 14-1 所示的一批液压缸的内径尺寸在 50 ~ 50.025mm 范围内变动，一批活塞的外径尺寸在（50 - 0.066）~（50 - 0.050）mm 范围内变动，那么，液压缸内径尺寸误差为（50.025 - 50）mm = 0.025mm，活塞外径尺寸误差为（50 - 0.050）mm -（50 - 0.066）mm = 0.016mm。

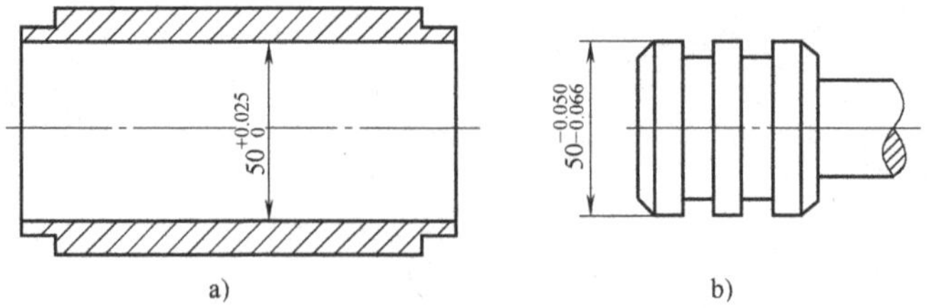

图 14-1　活塞与液压缸

a）液压缸　b）活塞

因为一批零件的某一实际尺寸常接近于其两个界限尺寸的平均尺寸，所以可以把平均尺寸看作理想尺寸。尺寸误差可以看作是实际尺寸对平均尺寸的偏离程度。

2. 形状误差

形状误差是指加工后零件的实际表面形状对于其理想形状的差异（或偏离程度）。如图14-2所示，在液压缸的纵向剖面内，左端内径尺寸 $D_1=\phi50\text{mm}$，而右端内径尺寸 $D_2=\phi50.02\text{mm}$，内腔呈锥形；在液压缸的 $A—A$ 横剖面内，$a=50.015\text{mm}$，$b=50.01\text{mm}$，内腔横截面轮廓呈椭圆形。这种在加工过程中产生的偏离圆柱面、圆截面的程度，属于形状误差。

3. 位置误差

位置误差是指加工后零件的表面、轴线或对称平面之间的相对位置对其理想位置的差异（或偏离程度）。如图14-2所示液压缸的 $\phi64\text{mm}$ 外圆柱面的轴线应该与液压缸内腔圆柱面的轴线重合。实际上，加工后两圆柱面的轴线不可能重合。这种在加工过程中产生的实际轴线偏离理想位置的程度，属于位置误差。

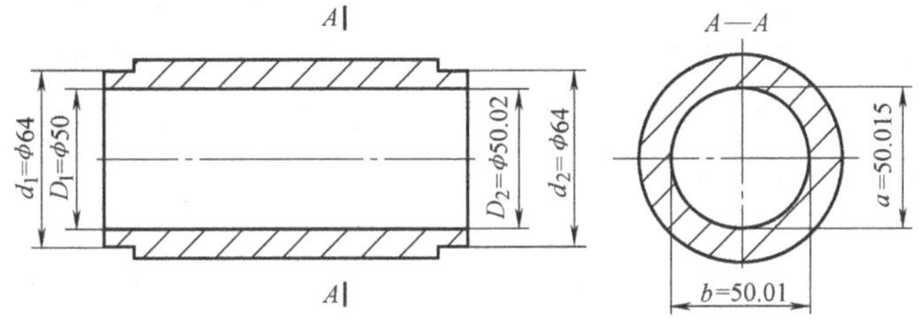

图14-2　液压缸的形状误差

4. 表面粗糙度

表面粗糙度是指零件加工表面的较小间距和峰谷所形成的微观几何形状的误差。表面粗糙度本质上是一种微观几何形状误差。

三、公差

事实上，要保证零件具有互换性，没有必要把相同规格的零件做得完全一致，只要把零件的各个几何参数控制在一个允许的范围内，就能满足互换性要求。机械零件几何参数的允许变动量，称为几何参数公差。其中允许尺寸的变动量，称为尺寸公差；实际形状对其理想形状的允许变动量，称为形状公差；关联实际要素的位置对基准所允许的变动全量，称为位置公差。

图14-1所示液压缸内径尺寸，设计者给出了两个界限尺寸为 $\phi50.025\text{mm}$ 和 $\phi50\text{mm}$。只要液压缸内径尺寸在这两个界限尺寸范围内，就能保证互换性要求。这个允许尺寸的变动量是 $\phi50.025\text{mm}-\phi50\text{mm}=0.025\text{mm}$。0.025mm就是液压缸内径尺寸的公差。

四、公差与配合标准

在现代生产中，一种机械产品的制造过程往往涉及许多部门和企业。机械产品的设计、制造、检验和安装等如果不按照预先制订的统一的技术标准去执行，就不可能实现互换性生产。为此，国家或部门对重要的产品及产品的重要技术指标，都必须制订出技术标准，简称标准。标准是国家或部门对产品的质量要求及其检验方法等方面做的技术规定，是有关方面必须共同遵守的统一的技术依据。

国家标准化部门对零件的加工误差及其控制范围所制订的技术标准，称为公差与配合标准，它是实现互换性生产的基础。

第二节　圆柱形表面的公差与配合

公差的引入始于装配。机械中最基本的装配关系是一个零件的圆柱形内表面包容另一个零件的圆柱形外表面，即孔与轴的结合。这种结合状态主要决定于结合直径和结合长度两个参数。因为长度与直径之比可以规定在一定范围内（如长径比应等于1.5左右），所以圆柱形表面的结合状态可以简化为直径这个主要参数。圆柱形表面的公差与配合标准是机械工程方面的基础标准。国家规定的标准术语是统一的技术语言。使用标准术语才能避免因理解不同而造成混乱。

一、公差术语与公差带图

1. 公称尺寸

公称尺寸是由图样规范确定的理想形状要素的尺寸，是设计给定的尺寸。它是根据零件的负荷，按强度、刚度、结构和工艺等方面的因素所确定的尺寸。相配合零件结合部分的公称尺寸相同。如图14-1所示液压缸与活塞配合，其公称尺寸都是ϕ50mm。公称尺寸的数值应按标准圆整成标准直径或标准长度。

2. 实际尺寸

实际尺寸是通过测量得到的尺寸。显然，由于测量误差不可避免，实际尺寸并不能反映零件的真实状态，不是被测表面的真正尺寸。另外，由于表面的形状误差，同一表面不同部位测得的尺寸也不相等。如图14-2所示液压缸内腔加工后，圆柱形内表面出现了锥度，测得左端内径尺寸较小，而右端内径尺寸较大。可见，同一表面的实际尺寸因测量部位不同也会不同。

3. 极限尺寸

极限尺寸是尺寸要素所允许的尺寸变化的两个极端值，其中允许的最大尺寸称为上极限尺寸，允许的最小尺寸称为下极限尺寸。如图14-1所示液压缸内径的两个界限尺寸是ϕ50.025mm和ϕ50mm，分别是液压缸内径的上极限尺寸和下极限尺寸。实际尺寸若不大于上极限尺寸，且不小于下极限尺寸，就是合格尺寸。极限尺寸是设计者以公称尺寸为基数所确定的尺寸界限，用以控制实际尺寸。

4. 尺寸偏差

尺寸偏差简称偏差。偏差是某一尺寸减其公称尺寸所得的代数差。偏差分为实际偏差和极限偏差，其中极限偏差是极限尺寸减其公称尺寸所得的代数差；实际偏差是实际尺寸减其公称尺寸所得的代数差。

（1）上极限偏差　上极限尺寸减其公称尺寸所得的代数差称为上极限偏差。孔的上极限偏差用大写字母ES表示，轴的上极限偏差用小写字母es表示。孔与轴的上极限偏差计算式分别为

$$\mathrm{ES} = D_{\max} - D$$

$$\mathrm{es} = d_{\max} - d$$

式中　D——孔的公称尺寸；

d——轴的公称尺寸；

D_{max}——孔的上极限尺寸；

d_{max}——轴的上极限尺寸。

以图 14-1 所示液压缸内径与活塞外径的标注为例，它们的上极限偏差分别为

$$ES = (\phi 50.025 - \phi 50)mm = +0.025mm$$

$$es = (\phi 49.950 - \phi 50)mm = -0.050mm$$

（2）下极限偏差　下极限尺寸减其公称尺寸所得的代数差称为下极限偏差。孔的下极限偏差用大写字母 EI 表示，轴的下极限偏差用小写字母 ei 表示。孔与轴的下极限偏差计算式分别为

$$EI = D_{min} - D$$

$$ei = d_{min} - d$$

式中　D_{min}——孔的下极限尺寸；

d_{min}——轴的下极限尺寸。

以图 14-1 所示液压缸内径与活塞外径的标注为例，它们的下极限偏差分别为

$$EI = (\phi 50 - \phi 50)mm = 0$$

$$ei = (\phi 49.934 - \phi 50)mm = -0.066mm$$

上极限偏差与下极限偏差统称为极限偏差。极限偏差的数值是设计者根据使用性能要求从标准中选取的。

（3）实际偏差　实际偏差是在加工后形成的。同一表面的实际尺寸有多少个，实际偏差就有多少个。如图 14-2 所示，测得液压缸左端内径尺寸为 ϕ50mm，右端内径尺寸为 ϕ50.02mm，则其左端实际偏差为 0，右端实际偏差为 +0.02mm。

如上所述，偏差可以为正、负或零值。

偏差的标注如图 14-1 所示。上极限偏差标注在公称尺寸的右上角，下极限偏差标注在公称尺寸的右下角，其字号应比公称尺寸数字的字号小。偏差数值为零值仍须标出。当上、下极限偏差的数值相等时，应在数值前标“±”号。此时，上、下极限偏差数字与公称尺寸数字的字号应相同，如 $\phi 50 \pm 0.012$mm。

应该指出，实际偏差与尺寸误差是不同的两个概念。实际偏差是实际尺寸对公称尺寸的偏离程度；而尺寸误差是实际尺寸的不一致程度，与公称尺寸无关。

5. 尺寸公差

尺寸公差简称公差。公差是设计规定的误差允许值，体现了设计者对加工方法精度的要求。公差等于上极限偏差与下极限偏差之代数差的绝对值。公差用大写字母 T 表示。它的计算式为

$$T_h = |D_{max} - D_{min}| = |ES - EI|$$

$$T_s = |d_{max} - d_{min}| = |es - ei|$$

式中　T_h——孔的公差；

T_s——轴的公差。

以图 14-1 所示液压缸内径与活塞外径的标注为例，它们的公差分别为

$$T_h = |\phi 50.025 - \phi 50|mm = |+0.025 - 0|mm = 0.025mm$$

$$T_s = |\phi 49.950 - \phi 49.934|mm$$

$$= |(-0.050) - (-0.066)|mm = 0.016mm$$

显然，公差不会等于零。

相配合的孔与轴的公称尺寸、极限尺寸、极限偏差、公差及它们之间的相互关系如图14-3所示。

6. 公差带图（公差与配合图解）

公差术语及其相互关系通常用公差带图表示。尺寸公差带简称公差带，是在公差带图中由代表上、下极限偏差的两条直线所限定的一个区域。图14-3所示公差与配合示意图实际上就是孔与轴配合的公差带图，但实用中常将其简化绘制。图14-4所示是图14-1所示液压缸与活塞配合的公差带图。

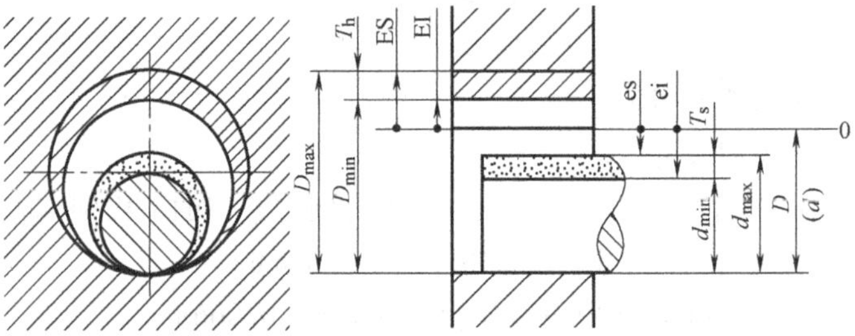

图 14-3　公差与配合示意图

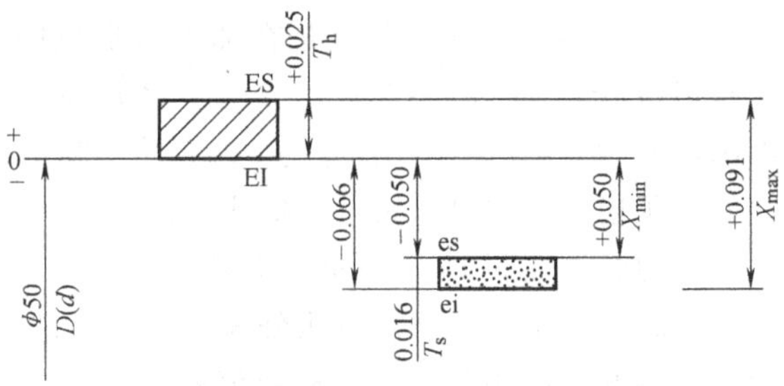

图 14-4　液压缸与活塞配合的公差带图

X_{min}—最小间隙　X_{max}—最大间隙

（1）绘制公差带图　绘制公差带图应以零线为基准线。零线是指公差带图中确定偏差的一条基准直线，即零偏差线。以零线表示公称尺寸，不画出孔与轴的全形，能使公差带图得到最大程度的简化。

1）将零线画成一条水平线，作为计算偏差的起始线。正偏差位于零线上方，负偏差位于零线下方。在零线左端标上“0”“+”“-”号。在零线的左下方画出带箭头的公称尺寸的尺寸线，箭头指向零线。在尺寸线上标出公称尺寸的数值。

2）根据上、下极限偏差的大小，按适当比例画出平行于零线的两条直线，分别代表上、下极限偏差。通常在这两条直线所限定的区域任意截取一段，标出上、下极限偏差的数值，构成孔或轴的公差带。上、下极限偏差的单位常用mm，也可以用μm。

（2）公差带特征　从公差带图上可以看出公差带的两个特征：一是大小特征，即公差带的宽窄特征；二是公差带相对于零线的位置特征。公差带大小表示允许尺寸变动量的大小。公称尺寸相同时，公差带宽即精度低，加工较易；反之，则精度高，加工较难。公差带可能位于零线之上，也可能位于零线之下，代表公称尺寸的零线可能穿过公差带；公差带的上、下极限偏差可能为零；公差带的长短是任意的，没有实际意义。

二、配合术语与基准制

1. 孔与轴

孔主要指圆柱形的内表面，轴主要指圆柱形的外表面。

2. 配合、间隙与过盈

（1）配合　配合是指公称尺寸相同的、相互结合的孔与轴的公差带之间的关系。不同的相互关系表示不同的松紧程度及松紧变化程度。

显然，孔和轴相互结合时，孔和轴的公差带的相互关系有三种基本情况：一是孔公差带在轴公差带之上，即孔大轴小；二是孔公差带在轴公差带之下，即孔小轴大；三是孔和轴的公差带相互交叠，即可能孔大轴小，或孔小轴大，或孔、轴相等。

（2）间隙与过盈　孔的尺寸减去相配合的轴的尺寸所得的代数差，为正值时是间隙，为负值时是过盈。

3. 配合类别

（1）间隙配合　间隙配合是具有间隙（包括最小间隙等于零）的配合。此时，孔公差带在轴公差带之上，如图 14-5 所示。

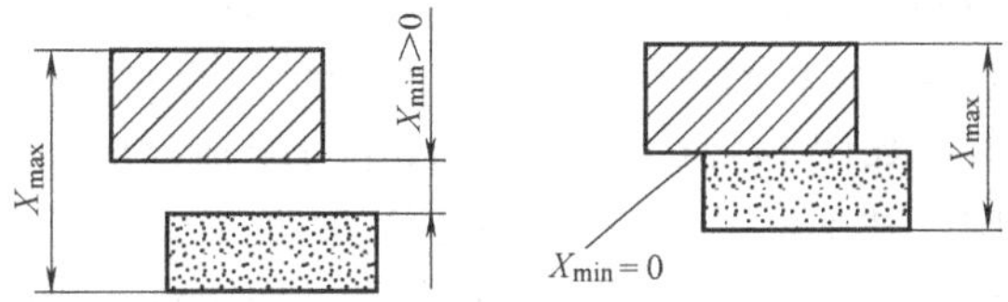

图 14-5　间隙配合

孔和轴呈间隙配合时，若孔和轴的实际尺寸都在公差范围内，则轴的尺寸不大于孔的尺寸，配合表面之间始终存在间隙。因此，孔与轴之间可以产生相对移动或相对转动。

每一种间隙配合都具有最大间隙 X_{max} 和最小间隙 X_{min}。但是一批零件在加工过程中最可能得到的尺寸往往接近于平均尺寸，装配后得到的间隙接近于平均间隙 X_{av}。最大间隙和最小间隙统称为极限间隙。

在实际工作中有时需要计算间隙。X_{max}、X_{min}、X_{av} 可以用计算式表示如下

$$X_{max}=D_{max}-d_{min}=ES-ei$$

$$X_{min}=D_{min}-d_{max}=EI-es$$

$$X_{av}=\frac{X_{max}+X_{min}}{2}$$

如图 14-4 所示液压缸与活塞构成的间隙配合公差带图，其 X_{max}、X_{min}、X_{av} 可计算如下

$$X_{max}=(\phi50.025-\phi49.934)\text{mm}=+0.091\text{mm}$$

$$X_{min}=(\phi50-\phi49.950)\text{mm}=+0.050\text{mm}$$

$$X_{av}=\frac{0.091+0.050}{2}\text{mm}=+0.0705\text{mm}$$

X_{max}、X_{min} 也可以用上、下极限偏差计算如下

$$X_{max}=[0.025-(-0.066)]\text{mm}=+0.091\text{mm}$$

$$X_{min}=[0-(-0.050)]\text{mm}=+0.050\text{mm}$$

（2）过盈配合　过盈配合是具有过盈（包括最小过盈等于零）的配合。此时，孔公差带在轴公差带之下，如图 14-6 所示。

孔和轴呈过盈配合时，若孔和轴的实际尺寸都在公差范围内，则轴的尺寸不小于孔的尺寸，配合表面之间始终存在过盈。因此，装配时需加压，或加热孔件使孔径增大，或冷冻轴件使轴径减小。装配后孔和轴牢固结合，一般不能拆卸。在规定载荷下，孔和轴之间不会产生相对运动。

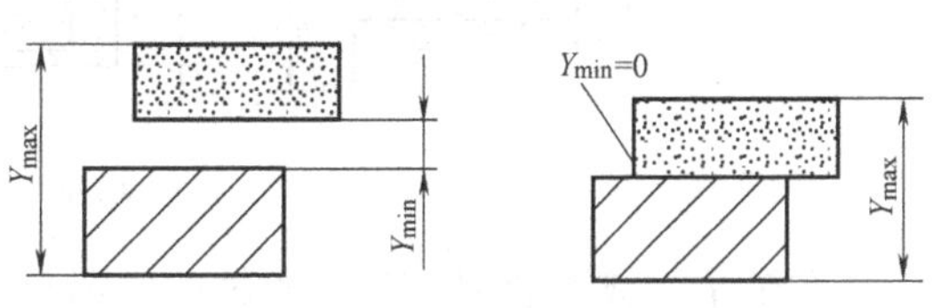

图 14-6　过盈配合

每一种过盈配合都具有最小过盈 Y_{min} 和最大过盈 Y_{max}。与间隙配合一样，装配后得到的过盈往往接近于平均过盈 Y_{av}。最小过盈和最大过盈统称为极限过盈。

在实际工作中，有时需要计算过盈。Y_{min}、Y_{max}、Y_{av} 可以用计算式表示如下

$$Y_{min} = D_{max} - d_{min} = ES - ei$$

$$Y_{max} = D_{min} - d_{max} = EI - es$$

$$Y_{av} = \frac{Y_{min} + Y_{max}}{2}$$

需要说明的是，按上述计算式算出的差值为正时，代表间隙，间隙数值前应标出正号；当算出的值为负时，代表过盈。比较两个过盈的大小是指比较它们绝对值的大小。例如，$Y_1 = -0.025\text{mm}$，$Y_2 = -0.050\text{mm}$，表示 $Y_1 < Y_2$。

如图 14-7a 所示矿车轮孔与轮轴构成过盈配合，图 14-7b 所示为该过盈配合的公差带图。其 Y_{min}，Y_{max}，Y_{av} 可计算如下

$$Y_{min} = (\phi 50.025 - \phi 50.070)\text{mm} = -0.045\text{mm}$$

$$Y_{max} = (\phi 50 - \phi 50.086)\text{mm} = -0.086\text{mm}$$

$$Y_{av} = \frac{(-0.045) + (-0.086)}{2}\text{mm} = -0.0655\text{mm}$$

Y_{min}、Y_{max} 也可以利用上、下极限偏差计算如下

$$Y_{min} = (0.025 - 0.070)\text{mm} = -0.045\text{mm}$$

$$Y_{max} = (0 - 0.086)\text{mm} = -0.086\text{mm}$$

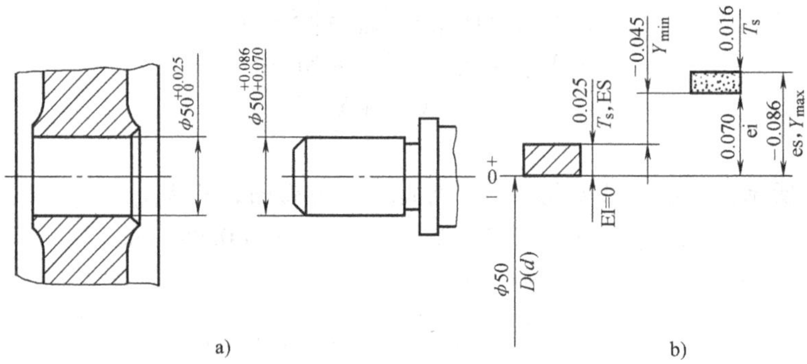

图 14-7　矿车轮与轴的配合

a）矿车轮与轴　b）公差带图

（3）过渡配合　过渡配合是具有较小间隙或较小过盈的配合。此时，孔公差带与轴公称带相互交叠，如图 14-8 所示。

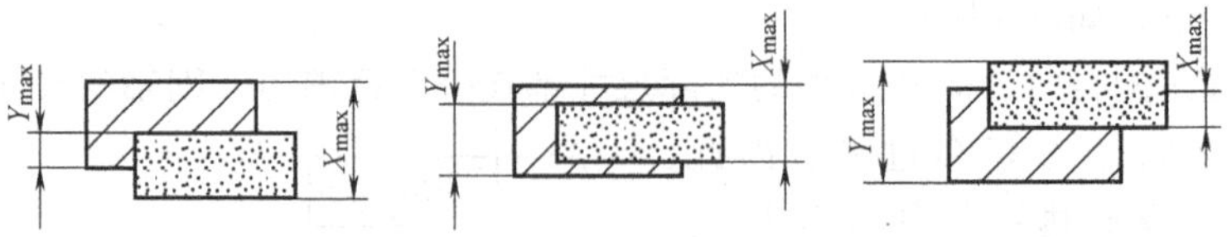

图 14-8　过渡配合

孔和轴呈过渡配合时，若孔和轴的实际尺寸都在公差范围内，则轴的尺寸可能小于孔的尺寸，形成间隙配合；轴的尺寸也可能大于孔的尺寸，形成过盈配合。但是，过渡配合所形

成的间隙或过盈都比较小。它是处于间隙配合与过盈配合之间的一类配合。

每一种过渡配合都具有最大间隙 X_{max} 和最大过盈 Y_{max}。其平均值是间隙还是过盈，取决于 X_{max}、Y_{max} 的绝对值。

例如，图 14-9a 所示镗模板孔和衬套构成过渡配合；图 14-9b 所示为该过渡配合的公差带图。其 X_{max}、Y_{max} 可按间隙配合或过盈配合的计算式算出。$X_{max} = (\phi50.025 - \phi50.017)\text{mm} = +0.008\text{mm}$，$Y_{max} = (\phi50 - \phi50.033)\text{mm} = -0.033\text{mm}$，$Y_{av} = -0.0125\text{mm}$。

4. 配合公差与配合公差带

（1）配合公差　配合公差是指在配合公差带图中，由代表极限间隙或极限过盈的两条直线所限定的区域，用符号 T_f 表示。对于间隙配合，T_f 等于最大间隙与最小间隙之代数差的绝对值；对于过盈配合，T_f 等于最小过盈与最大过盈之代数差的绝对值；对于过渡配合，T_f 等于最大间隙与最大过盈之代数差的绝对值。配合公差可以用计算式表示如下

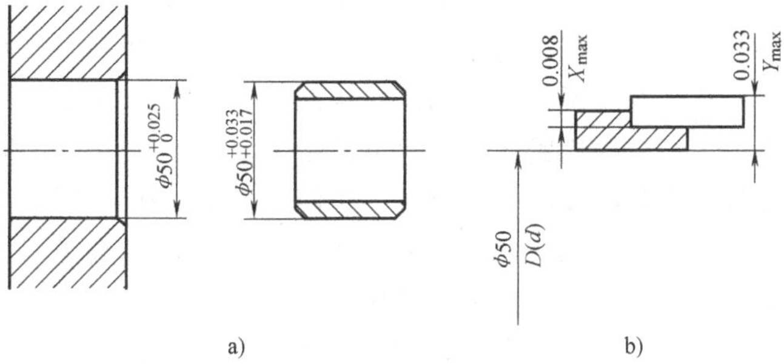

图 14-9　镗模板孔与衬套的配合

a）镗模板孔与衬套　b）公差带图

$$T_f = |X_{max} - X_{min}|$$
$$T_f = |Y_{min} - Y_{max}|$$
$$T_f = |X_{max} - Y_{max}|$$

（2）配合公差带图　配合公差带图如图 14-10 所示。它直观地表示出了各类配合的极限间隙、极限过盈、配合公差及它们之间的相互关系。图中的零线是计算间隙或过盈的基准线。零线以上的纵坐标为正值，代表间隙；零线以下的纵坐标为负值，代表过盈；符号“Ⅱ”表示配合公差带。配合公差带在零线上方，表示间隙配合；在零线下方，表示过盈配合；跨在零线上，表示过渡配合。配合公差带上、下两端的纵坐标表示极限间隙或极限过盈。

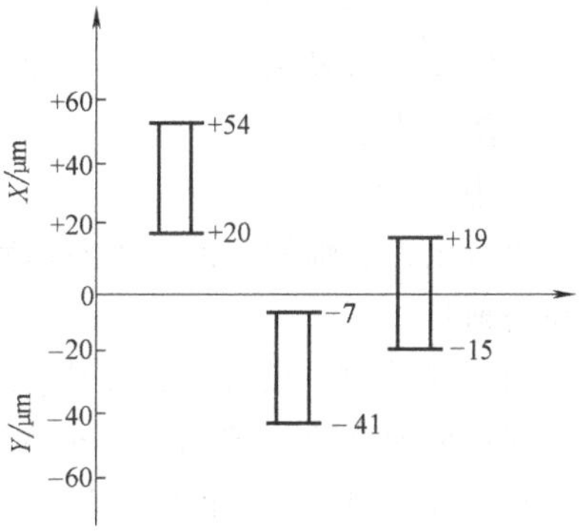

图 14-10　配合公差带图

配合公差带也有位置特征和大小特征。配合公差带的位置是指它相对于零线的位置，表示配合的松紧；配合公差带的大小是指它在纵坐标方向的宽窄程度，表示孔、轴配合的松紧变动量。

例　孔 $\phi25^{+0.021}_{0}$mm 与轴 $\phi25^{-0.020}_{-0.033}$mm 组成间隙配合，与轴 $\phi25^{+0.041}_{+0.028}$mm 组成过盈配合，与轴 $\phi25^{+0.015}_{+0.002}$mm 组成过渡配合。试计算它们的极限间隙（或极限过盈）和配合公差。

解：

1）间隙配合

$$X_{max} = D_{max} - d_{min} = (\phi25.021 - \phi24.967)\text{mm} = +0.054\text{mm}$$
$$X_{min} = D_{min} - d_{max} = (\phi25.000 - \phi24.980)\text{mm} = +0.020\text{mm}$$
$$T_f = |X_{max} - X_{min}| = |(+0.054) - (+0.020)|\text{mm} = 0.034\text{mm}$$

2）过盈配合

$$Y_{min}=D_{max}-d_{min}=(\phi25.021-\phi24.028)\text{mm}=-0.007\text{mm}$$
$$Y_{max}=D_{min}-d_{max}=(\phi25.000-\phi25.041)\text{mm}=-0.041\text{mm}$$
$$T_f=|Y_{min}-Y_{max}|=|-0.007-(-0.041)|\text{mm}=0.034\text{mm}$$

3）过渡配合

$$X_{max}=D_{max}-d_{min}=(\phi25.021-\phi25.002)\text{mm}=+0.019\text{mm}$$
$$Y_{max}=D_{min}-d_{max}=(\phi25.000-\phi25.015)\text{mm}=-0.015\text{mm}$$
$$T_f=|X_{max}-Y_{max}|=|+0.019-(-0.015)|\text{mm}=0.034\text{mm}$$

这个例题说明，公称尺寸相同、相互结合的孔与轴公差带之间的关系（即配合）不仅表示了配合的松紧，还表示了松紧变动量。例中三个配合的松紧不同，分别构成间隙配合、过盈配合和过渡配合。但是，它们的松紧变动量相同，即配合公差相同，都是 0.034mm。

（3）配合公差与孔、轴公差的关系　配合公差等于相互配合的孔、轴公差之和。这个关系，对于间隙配合可推导如下

$$\begin{aligned}T_f&=|X_{max}-X_{min}|=|(D_{max}-d_{min})-(D_{max}-d_{max})|\\&=|(D_{max}-D_{min})+(d_{max}-d_{min})|=T_h+T_s\end{aligned}$$

对于过盈配合和过渡配合也可以导出同样的结论。因此，利用孔、轴公差可以方便地计算配合公差。例如，上例中三种配合的孔公差都是 0.021mm，轴公差都是 0.013mm，则

$$T_f=T_h+T_s=(0.021+0.013)\text{mm}=0.034\text{mm}$$

这个基本关系式把使用要求（配合公差）同制造要求（孔、轴公差）联系在一起。它不仅指出了配合精度决定于制造精度（提高使用要求必然提高制造要求），还指出了适当提高较易加工的轴（或孔）的精度，同时相应地降低较难加工的孔（或轴）的精度，不会影响配合精度。后者称为工艺等价性。工艺等价性为制造工艺提供了相当大的灵活性，从而便于满足使用要求。

5. 基准制

为简化孔、轴配合的种类及清晰地描述各种配合方式，标准规定了两种基准制，即基孔制和基轴制。

（1）基孔制　使孔的公差带位置固定不变，改变轴公差带相对于孔公差带的位置，从而得到各种配合的一种制度，称为基孔制。基孔制的孔称为基准孔。基准孔的下极限偏差 EI＝0，上极限偏差的绝对值等于基准孔的公差。基准孔用大写字母 H 表示。

前面提到的液压缸与活塞的配合、矿车轮与轴的配合、镗模板孔与衬套的配合等，都采用了基孔制。图 14-11 所示是上述三种配合的公差带图，图中孔公差带位置不变，其下极限偏差 EI＝0，上极限偏差 ES＝＋0.025mm，三根轴的公差带位置不同，与孔构成不同松紧的配合。

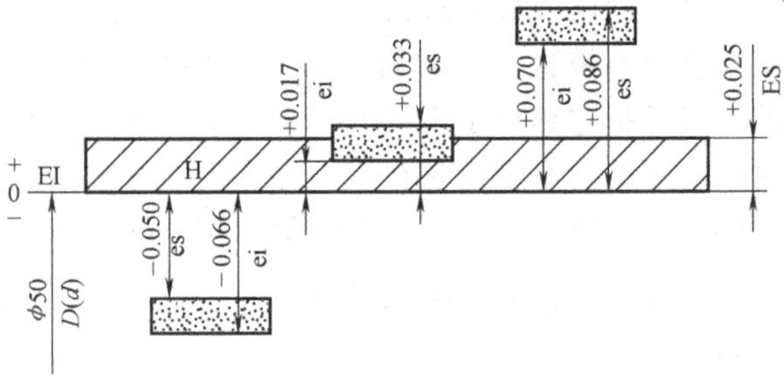

图 14-11　基孔制配合举例

（2）基轴制　使轴的公差带位置固定不变，改变孔公差带相对于轴公差带的位置，从

而得到各种配合的一种制度，称为基轴制。基轴制的轴称为基准轴。基准轴的上极限偏差 es = 0，下极限偏差的绝对值等于基准轴的公差。基准轴用小写字母 h 表示。

三、标准公差

标准公差是国家标准表列出的，用以确定公差带大小的任一公差。表 14-1 是标准公差数值表。不难看出，标准公差按公称尺寸和公差等级查找。

表 14-1 标准公差数值表（GB/T 1800. 1—2009）

公称尺寸/mm		标准公差等级																	
		IT1	IT2	IT3	IT4	IT5	IT6	IT7	IT8	IT9	IT10	IT11	IT12	IT13	IT14	IT15	IT16	IT17	IT18
大于	至	μm									mm								
—	3	0. 8	1. 2	2	3	4	6	10	14	25	40	60	0. 1	0. 14	0. 25	0. 4	0. 6	1	1. 4
3	6	1	1. 5	2. 5	4	5	8	12	18	30	48	75	0. 12	0. 18	0. 3	0. 48	0. 75	1. 2	1. 8
6	10	1	1. 5	2. 5	4	6	9	15	22	36	58	90	0. 15	0. 22	0. 36	0. 58	0. 9	1. 5	2. 2
10	18	1. 2	2	3	5	8	11	18	27	43	70	110	0. 18	0. 27	0. 43	0. 7	1. 1	1. 8	2. 7
18	30	1. 5	2. 5	4	6	9	13	21	33	52	84	130	0. 21	0. 33	0. 52	0. 84	1. 3	2. 1	3. 3
30	50	1. 5	2. 5	4	7	11	16	25	39	62	100	160	0. 25	0. 39	0. 62	1	1. 6	2. 5	3. 9
50	80	2	3	5	8	13	19	30	46	74	120	190	0. 3	0. 46	0. 74	1. 2	1. 9	3	4. 6
80	120	2. 5	4	6	10	15	22	35	54	87	140	220	0. 35	0. 54	0. 87	1. 4	2. 2	3. 5	5. 4
120	180	3. 5	5	8	12	18	25	40	63	100	160	250	0. 4	0. 63	1	1. 6	2. 5	4	6. 3
180	250	4. 5	7	10	14	20	29	46	72	115	185	290	0. 46	0. 72	1. 15	1. 85	2. 9	4. 6	7. 2
250	315	6	8	12	16	23	32	52	81	130	210	320	0. 52	0. 81	1. 3	2. 1	3. 2	5. 2	8. 1
315	400	7	9	13	18	25	36	57	89	140	230	360	0. 57	0. 89	1. 4	2. 3	3. 6	5. 7	8. 9
400	500	8	10	15	20	27	40	63	97	155	250	400	0. 63	0. 97	1. 55	2. 5	4	6. 3	9. 7
500	630	9	11	16	22	32	44	70	110	175	280	440	0. 7	1. 1	1. 75	2. 8	4. 4	7	11
630	800	10	13	18	25	36	50	80	125	200	320	500	0. 8	1. 25	2	3. 2	5	8	12. 5
800	1000	11	15	21	28	40	56	90	140	230	360	560	0. 9	1. 4	2. 3	3. 6	5. 6	9	14
1000	1250	13	18	24	33	47	66	105	165	260	420	660	1. 05	1. 65	2. 6	4. 2	6. 6	10. 5	16. 5
1250	1600	15	21	29	39	55	78	125	195	310	500	780	1. 25	1. 95	3. 1	5	7. 8	12. 5	19. 5
1600	2000	18	25	35	46	65	92	150	230	370	600	920	1. 5	2. 3	3. 7	6	9. 2	15	23
2000	2500	22	30	41	55	78	110	175	280	440	700	1100	1. 75	2. 8	4. 4	7	11	17. 5	28
2500	3150	26	36	50	68	96	135	210	330	540	860	1350	2. 1	3. 3	5. 4	8. 6	13. 5	21	33

注：1）公称尺寸大于 500mm 的 IT1 ~ IT5 的标准公差数值为试行的。

2）当公称尺寸小于或等于 1mm 时，无 IT14 ~ IT18。

1. 公差等级

标准公差用大写拉丁字母“IT”表示，即国际公差的意思，共分 20 个等级。公差等级用“IT”及一组数字表示，即 IT01、IT0、IT1、IT2、IT3、…、IT18。从 IT01 ~ IT18，公差等级依次降低，其相应的公差数值依次增大，尺寸精度依次降低。

2. 尺寸分段

为了简化公差表格，必须对公称尺寸进行分段。在表 14-1 中，把 10000mm 以下的公称尺寸分成 26 个段落。凡是一个段落内的公称尺寸，每一个公差等级只提供一个公差数值，就能满足使用要求。例如，图 14-1 所示液压缸、活塞的公称尺寸是 ϕ50mm，处于大于 30 至 50mm 段落。液压缸内径公差为 0. 025mm，属于 IT7 级；活塞外径公差为 0. 016mm，属于 IT6 级。

标准公差使公差带大小实现了标准化。在设计工作中，只要能从表 14-1 中正确地选用公差数值，就能取得满意的经济效果。

四、基本偏差

基本偏差是国家标准表列的，用以确定公差带相对于零线位置的上极限偏差或下极限偏差，一般为靠近零线的那个偏差。对于全部位于零线之下的公差带，基本偏差为上极限偏差，即 es 或 ES。对于全部位于零线之上的公差带，基本偏差为下极限偏差，即 ei 或 EI。

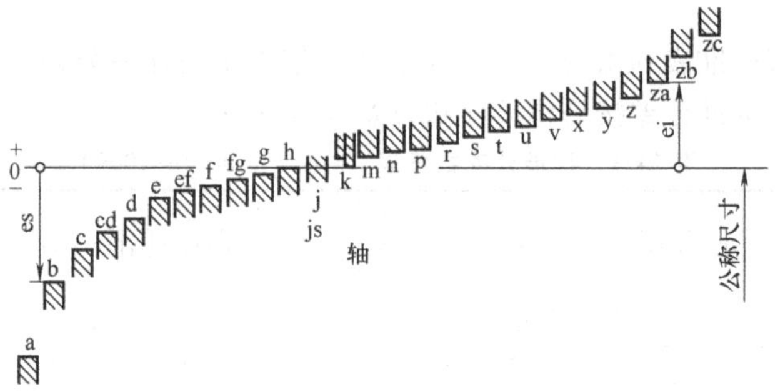

图 14-12　基孔制轴的基本偏差系列

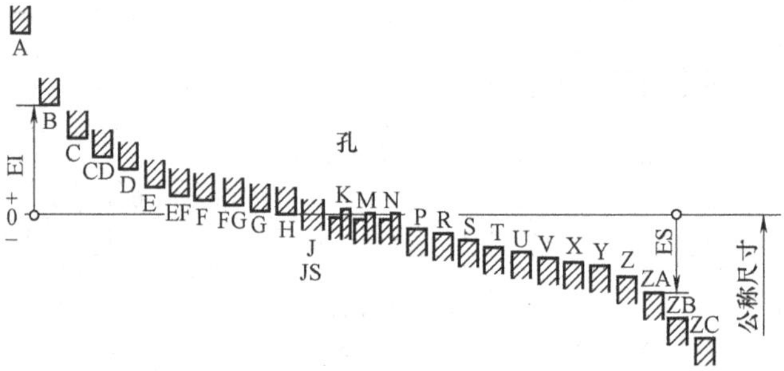

图 14-13　基轴制孔的基本偏差系列

1. 基本偏差系列

为了满足各种松紧配合的需要，国家标准对轴、孔公差带分别规定了 28 个位置。图 14-12 所示为基孔制轴的基本偏差系列，表明了 28 个轴公差带位置；图 14-13 所示为基轴制孔的基本偏差系列，表明了 28 个孔公差带的位置。基本偏差使公差带位置实现了标准化。

国家标准对每个公差带位置都规定了其基本偏差代号和基本偏差数值。基本偏差代号用一个或两个拉丁字母表示，大写字母表示孔的基本偏差，小写字母表示轴的基本偏差。在 26 个拉丁字母中，去掉了容易与其他含义混淆的 I、L、O、Q、W（i、l、o、q、w）5 个字母，再加上由两个字母组合表示的 7 个代号，共 28 个代号。图 14-12 和图 14-13 中使用了这些代号。

2. 公差带的极限偏差

公差带的一个极限偏差是其基本偏差，另一个极限偏差可由其基本偏差和标准公差确定。如果公差带在零线上方，则基本偏差确定了孔的下极限偏差 EI 或轴的下极限偏差 ei；另一个极限偏差，即孔的上极限偏差 ES 或轴的上极限偏差 es 可以用计算式表示如下

$$ES = EI + IT$$

$$es = ei + IT$$

如果公差带在零线下方，则基本偏差确定了孔的上极限偏差 ES 或轴的上极限偏差 es；另一

个极限偏差，即孔的下偏差 El 或轴的下偏差 ei 可以用计算式表示如下

$$EI = ES - IT$$

$$ei = es - IT$$

3. 轴的基本偏差

当采用基孔制时，需要确定轴的基本偏差。轴的基本偏差是根据实践经验和理论分析计算出来的。表 14-2 列出了公称尺寸不大于 500mm 的轴的基本偏差。查表 14-2 可知，图 14-1所示液压缸与活塞、图 14-7 所示矿车轮与轴、图 14-9 所示镗模板孔与衬套等三种配合的轴，分别选用了代号为 e、u、n 的基本偏差。

在轴的基本偏差系列中，a ~ h 各基本偏差用于间隙配合；j ~ n 各基本偏差主要用于过渡配合；p ~ zc 各基本偏差基本上用于过盈配合。在设计工作中，直接在表 14-2 中选用轴的基本偏差。

4. 孔的基本偏差

当采用基轴制时，则需要确定孔的基本偏差。孔的基本偏差是根据轴的基本偏差换算出来的。表 14-3 列出了公称尺寸不大于 500mm 的孔的基本偏差。在设计工作中，直接在表 14-3 中选用孔的基本偏差。

五、公差带与配合的选用顺序

国家标准规定了 20 个公差等级与 28 个基本偏差。孔的公差带有 543 种（$27 \times 20 + 3 = 543$，基本偏差 J 只有 3 个公差等级），轴的公差带有 544 种（$27 \times 20 + 4 = 544$，基本偏差 j 只有 4 个公差等级）。若把这些公差带任意组成配合，种类将更多。假如把这样多的公差带及配合应用于生产，将带来混乱和极不经济的后果，完全失去标准化的意义。因此，国家标准对公差带及配合的选用都给了限制。

1. 公差带的选用顺序

在总结国内生产实践和使用经验的基础上，考虑生产发展的需要，国家标准提供了一般用途的孔用公差带 105 种，如图 14-14 所示；提供了一般用途轴用公差带 119 种，如图 14-15所示。

一般用途公差带对于设计者来说，选用范围仍然很大。因此，国家标准又在 105 种一般用途孔用公差带中规定了 44 种常用公差带（框线之内），在 44 种常用公差带中又规定了 13 种优先用公差带（圆圈内）；在 119 种一般用途轴用公差带中规定了 59 种常用公差带（框线之内），在 59 种常用公差带中又规定了 13 种优先用公差带（圆圈内）。这些公差带的极限偏差也可以在标准中直接查出。选用公差带时，应按照优先、常用和一般用途的顺序，尽可能缩小公差带的选用范围。

2. 配合的选用顺序

国家标准将常用公差带组成常用配合，将优先用公差带组成优先用配合。表 14-4 列出了基孔制常用配合 59 种，其中优先配合 13 种；表 14-5 列出了基轴制常用配合 47 种，其中优先配合也是 13 种。表中标注▼的配合为优先配合。常用配合和优先配合的极限间隙或极限过盈，可以在标注中直接查出。

在设计工作中，应按优先、常用的顺序选用配合。但是，在实际生产中如因特殊需要，也可以采用非基准制的配合，即非基准孔与非基准轴的配合，习惯上称为混合配合。

表 14-2　轴的基本偏差值（GT/T 1800. 1—2009）

公称尺寸/mm	基本偏差/μm																														
	上极限偏差 es												下极限偏差 ei																		
	a	b	c	cd	d	e	ef	f	fg	g	h	js	j			k		m	n	p	r	s	t	u	v	x	y	z	za	zb	zc
	所有公差等级												5~6	7	8	4~7	≤3 <7	所有公差等级													
≤3	-270	-140	-60	-34	-20	-14	-10	-6	-4	-2	0	偏差等于 $\pm\frac{IT}{2}$	-2	-4	-6	0	0	+2	+4	+6	+10	+14	—	+18	—	+20	—	+26	+32	+40	+60
>3~6	-270	-140	-70	-46	-30	-20	-14	-10	-6	-4	0		-2	-4	—	+1	0	+4	+8	+12	+15	+19	—	+23	—	+28	—	+35	+42	+50	+80
>6~10	-280	-150	-80	-56	-40	-25	-18	-13	-8	-5	0		-2	-5	—	+1	0	+6	+10	+15	+19	+23	—	+28	—	+34	—	+42	+52	+67	+97
>10~14	-290	-150	-95	—	-50	-32	—	-16	—	-6	0		-3	-6	—	+1	0	+7	+12	+18	+23	+28	—	+33	–	+40	–	+50	+64	+90	+130
>14~18																									+39	+45	–	+60	+77	+108	+150
>18~24	-300	-160	-110	—	-65	-40	—	-20	—	-7	0		-4	-8	—	+2	0	+8	+15	+22	+28	+35	–	+41	+47	+54	+63	+73	+98	+136	+188
>24~30																							+41	+48	+55	+64	+75	+88	+118	+160	+218
>30~40	-310	-170	-120	—	-80	-50	—	-25	—	-9	0		-5	-10	—	+2	0	+9	+17	+26	+34	+43	+48	+60	+68	+80	+94	+112	+148	+200	+274
>40~50	-320	-180	-130																				+54	+70	+81	+97	+114	+136	+180	+242	+325
>50~65	-340	-190	-140	—	-100	-60	—	-30	—	-10	0		-7	-12	—	+2	0	+11	+20	+32	+41	+53	+66	+87	+102	+122	+144	+172	+226	+300	+405
>65~80	-360	-200	-150																		+43	+59	+75	+102	+120	+146	+174	+210	+274	+360	+480
>80~100	-380	-220	-170	—	-120	-72	—	-36	—	-12	0		-9	-15	—	+3	0	+13	+23	+37	+51	+71	+91	+124	+146	+178	+214	+258	+335	+445	+585
>100~120	-410	-240	-180																		+54	+79	+104	+144	+172	+210	+254	+310	+400	+525	+690
>120~140	-460	-260	-200	—	-145	-85	—	-43	—	-14	0		-11	-18	—	+3	0	+15	+27	+43	+63	+92	+122	+170	+202	+248	+300	+365	+470	+620	+800
>140~160	-520	-280	-210																		+65	+100	+134	+190	+228	+280	+340	+415	+535	+700	+900
>160~180	-580	-310	-230																		+68	+108	+146	+210	+252	+310	+380	+465	+600	+780	+1000
>180~200	-660	-340	-240	—	-170	-100	—	-50	—	-15	0		-13	-21	—	+4	0	+17	+31	+50	+77	+122	+166	+236	+284	+350	+425	+520	+670	+880	+1150
>200~225	-740	-380	-260																		+80	+130	+180	+258	+310	+385	+470	+575	+740	+960	+1250
>225~250	-820	-420	-280																		+84	+140	+196	+284	+340	+425	+520	+640	+820	+1050	+1350
>250~280	-920	-480	-300	—	-190	-110	—	-56	—	-17	0		-15	-26	—	+4	0	+20	+34	+56	+94	+158	+218	+315	+385	+475	+580	+710	+920	+1200	+1550
>280~315	-1050	-540	-330																		+98	+170	+240	+350	+425	+525	+650	+790	+1000	+1300	+1700
>315~355	-1200	-600	-360	—	-210	-125	—	-62	—	-18	0		-18	-28	—	+4	0	+21	+37	+62	+108	+190	+268	+390	+475	+590	+730	+900	+1150	+1500	+1900
>355~400	-1350	-680	-400																		+114	+208	+294	+435	+530	+660	+820	+1000	+1300	+1650	+2100
>400~450	-1500	-760	-440	—	-230	-135	—	-68	—	-20	0		-20	-32	—	+5	0	+23	+40	+68	+126	+232	+330	+490	+595	+740	+920	+1100	+1450	+1850	+2400
>450~500	-1650	-840	-480																		+132	+252	+360	+540	+660	+820	+1000	+1250	+1600	+2100	+2600

注：1）当公称尺寸小于或等于 1mm 时，各级的 a 和 b 均不采用。

2）js 的数值：对 IT7 ~ IT11，若 IT 的数值（μm）为奇数，则取 $js = \pm\frac{IT-1}{2}$（GT/T 1800. 1—2009）。

表 14-3　孔的基本偏差值（GB/T 1800.1—2009）

公称尺寸/mm	基本偏差/μm																				
	下极限偏差 EI											上极限偏差 ES									
	A	B	C	CD	D	E	EF	F	EG	G	H	JS	J			K		M		N	
	所有的公差等级												6	7	8	≤8	>8	≤8	>8	≤8	>8
≤3	+270	+140	+60	+34	+20	+14	+10	+6	+4	+2	0	偏差等于 $\pm\frac{IT}{2}$	+2	+4	+6	0	0	-2	-2	-4	-4
>3~6	+270	+140	+70	+36	+30	+20	+14	+10	+6	+4	0		+5	+6	+10	-1+Δ	—	-4+Δ	-4	-8+Δ	0
>6~10	+280	+150	+80	+56	+40	+25	+18	+13	+8	+5	0		+5	+8	+12	-1+Δ	—	-6+Δ	-6	-10+Δ	0
>10~14 >14~18	+290	+150	+95	—	+50	+32	—	+16	—	+6	0		+6	+10	+15	-1+Δ	—	-7+Δ	-7	-12+Δ	0
>18~24 >24~30	+300	+160	+110	—	+65	+40	—	+20	—	+7	0		+8	+12	+20	-2+Δ	—	-8+Δ	-8	-15+Δ	0
>30~40 >40~50	+310 +320	+170 +180	+120 +130	—	+80	+50	—	+25	—	+9	0		+10	+14	+24	-2+Δ	—	-9+Δ	-9	-17+Δ	0
>50~65 >65~80	+340 +360	+190 +200	+140 +150	—	+100	+60	—	+30	—	+10	0		+13	+18	+28	-2+Δ	—	-11+Δ	-11	-20+Δ	0
>80~100 >100~120	+380 +410	+220 +240	+170 +180	—	+120	+72	—	+36	—	+12	0		+16	+22	+34	-3+Δ	—	-13+Δ	-13	-23+Δ	0
>120~140 >140~160 >160~180	+440 +520 +580	+260 +280 +310	+200 +210 +230	—	+145	+85	—	+43	—	+14	0		+18	+26	+41	-3+Δ	—	-15+Δ	-15	-27+Δ	0
>180~200 >200~225 >225~250	+660 +740 +820	+340 +380 +420	+240 +260 +280	—	+170	+100	—	+50	—	+15	0		+22	+30	+47	-4+Δ	—	-17+Δ	-17	-31+Δ	0
>250~280 >280~315	+920 +1050	+480 +540	+300 +330	—	+190	+110	—	+56	—	+17	0		+25	+36	+55	-4+Δ	—	-20+Δ	-20	-34+Δ	0
>315~355 >355~400	+1200 +1350	+600 +680	+360 +400	—	+210	+125	—	+62	—	+18	0		+29	+39	+60	-4+Δ	—	-21+Δ	-21	-37+Δ	0
>400~450 >450~500	+1500 +1650	+760 +840	+440 +480	—	+230	+135	—	+62	—	+20	0		+33	+43	+66	-5+Δ	—	-23+Δ	-23	-40+Δ	0

公称尺寸/mm	上极限偏差 ES													Δ/μm					
	P~ZC	P	R	S	T	U	V	X	Y	Z	ZA	ZB	ZC						
	≤7	>7												3	4	5	6	7	8
≤3	在>7级的相应数值上增加一个Δ值	-6	-10	-14	—	-18	—	-20	—	-26	-32	-40	-60	0					
>3~6		-12	-15	-19	—	-23	—	-28	—	-35	-42	-50	-80	1	1.5	1	3	4	6
>6~10		-15	-19	-23	—	-28	—	-34	—	-42	-52	-67	-97	1	1.5	2	3	6	7
>10~14 >14~18		-18	-23	-28	—	-33	— -39	-40 -45	— —	-50 -60	-64 -77	-90 -108	-130 -150	1	2	3	3	7	9
>18~24 >24~30		-22	-28	-35	— -41	-41 -48	-47 -55	-54 -64	-65 -75	-73 -88	-98 -118	-136 -160	-188 -218	1.5	2	3	4	8	12
>30~40 >40~50		-26	-34	-43	-48 -54	-60 -70	-68 -81	-80 -95	-94 -114	-112 -136	-148 -180	-200 -242	-274 -325	1.5	3	4	5	9	14
>50~65 >65~80		-32	-41 -43	-53 -59	-66 -75	-87 -102	-102 -120	-122 -146	-144 -174	-172 -210	-226 -274	-300 -360	-400 -480	2	3	5	6	11	16
>80~100 >100~120		-37	-51 -54	-71 -79	-92 -104	-124 -144	-146 -172	-178 -210	-214 -254	-258 -310	-335 -400	-445 -525	-585 -690	2	4	5	7	13	19
>120~140 >140~160 >160~180		-43	-63 -65 -68	-92 -100 -108	-122 -134 -146	-170 -190 -210	-202 -228 -252	-248 -280 -310	-300 -340 -380	-365 -415 -465	-470 -535 -600	-620 -700 -780	-800 -900 -1000	3	4	6	7	15	23
>180~200 >200~225 >225~250		-50	-77 -80 -84	-122 -130 -140	-166 -180 -196	-236 -258 -284	-284 -310 -340	-350 -385 -425	-425 -470 -520	-520 -575 -640	-670 -740 -820	-880 -960 -1050	-1150 -1250 -1350	3	4	6	9	17	26
>250~280 >280~315		-56	-94 -98	-158 -170	-218 -240	-315 -350	-385 -425	-475 -525	-580 -650	-710 -790	-920 -1000	-1200 -1300	-1500 -1700	4	4	7	9	20	29
>315~355 >355~400		-62	-108 -114	-190 -208	-268 -294	-390 -435	-475 -530	-590 -660	-730 -820	-900 -1000	-1150 -1300	-1500 -1650	-1900 -2100	4	5	7	11	21	32
>400~450 >450~500		-68	-126 -132	-232 -252	-330 -360	-490 -540	-595 -660	-740 -820	-920 -1000	-1100 -1250	-1450 -1600	-1850 -2100	-2400 -2600	5	5	7	13	23	24

注：1）当公称尺寸小于或等于1mm时，各组的A和B及大于8组的N均不再用。

2）JS的数值，对IT7~IT11，若IT的数值（μm）为奇数，则取 $JS=\pm\frac{IT-1}{2}$。

3）特殊情况：当公称尺寸大于250mm而小于315mm时，M6的ES等于 -9μm（不等于 -11μm）。

4）对小于或等于IT8的K、M、N和小于或等于IT7的P~ZC，所需Δ值从表内右侧栏选取。例如，大于6~10mm的P6，Δ=3，所以ES=(-15+3)μm=-12μm。

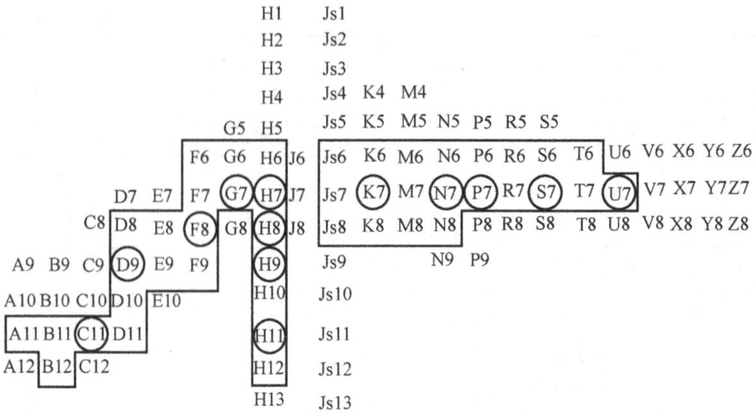

图 14-14　尺寸至 500mm 一般用途孔公差带

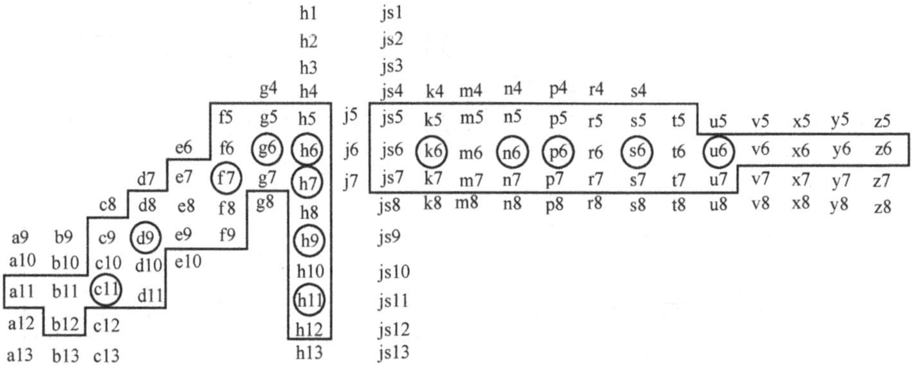

图 14-15　尺寸至 500mm 一般用途轴公差带

表 14-4　基孔制优先、常用配合

基准孔	轴																				
	a	b	c	d	e	f	g	h	js	k	m	n	p	r	s	t	u	v	x	y	z
	间隙配合								过渡配合			过盈配合									
H6						$\frac{H6}{f5}$	$\frac{H6}{g5}$	$\frac{H6}{h5}$	$\frac{H6}{js5}$	$\frac{H6}{k5}$	$\frac{H6}{m5}$	$\frac{H6}{n5}$	$\frac{H6}{p5}$	$\frac{H6}{r5}$	$\frac{H6}{s5}$	$\frac{H6}{t5}$					
H7						$\frac{H7}{f6}$	▼$\frac{H7}{g6}$	▼$\frac{H7}{h6}$	$\frac{H7}{js6}$	▼$\frac{H7}{k6}$	$\frac{H7}{m6}$	▼$\frac{H7}{n6}$	▼$\frac{H7}{p6}$	$\frac{H7}{r6}$	▼$\frac{H7}{s6}$	$\frac{H7}{t6}$	▼$\frac{H7}{u6}$	$\frac{H7}{v6}$	$\frac{H7}{x6}$	$\frac{H7}{y6}$	$\frac{H7}{z6}$
H8					$\frac{H8}{e7}$	▼$\frac{H8}{f7}$	$\frac{H8}{g7}$	▼$\frac{H8}{h7}$	$\frac{H8}{js7}$	$\frac{H8}{k7}$	$\frac{H8}{m7}$	$\frac{H8}{n7}$	$\frac{H8}{p7}$	$\frac{H8}{r7}$	$\frac{H8}{s7}$	$\frac{H8}{t7}$	$\frac{H8}{u7}$				
				$\frac{H8}{d8}$	$\frac{H8}{e8}$	$\frac{H8}{f8}$		$\frac{H8}{h8}$													
H9			$\frac{H9}{c9}$	▼$\frac{H9}{d9}$	$\frac{H9}{e9}$	$\frac{H9}{f9}$		▼$\frac{H9}{h9}$													
H10			$\frac{H10}{c10}$	$\frac{H10}{d10}$				$\frac{H10}{h10}$													
H11	$\frac{H11}{a11}$	$\frac{H11}{b11}$	▼$\frac{H11}{c11}$	$\frac{H11}{d11}$				▼$\frac{H11}{h11}$													
H12		$\frac{H12}{b12}$						$\frac{H12}{h12}$													

注：$\frac{H6}{n5}$、$\frac{H7}{p6}$在公称尺寸小于或等于 3mm 和$\frac{H8}{r7}$在小于或等于 100mm 时，为过渡配合。

表 14-5　基轴制优先、常用配合

基准轴	孔																				
	A	B	C	D	E	F	G	H	Js	K	M	N	P	R	S	T	U	V	X	Y	Z
	间隙配合								过渡配合			过盈配合									
h5						F6/h5	G6/h5	H6/h5	Js6/h5	K6/h5	M6/h5	N6/h5	P6/h5	R6/h5	S6/h5	T6/h5					
h6						F7/h6	▼G7/h6	▼H7/h6	Js7/h6	▼K7/h6	M7/h6	▼N7/h6	▼R7/h6	R7/h6	▼S7/h6	T7/h6	▼U7/h6				
h7					E8/h7	▼F8/h7		▼H8/h7	Js8/h7	K8/h7	M8/h7	N8/h7									
h8				D8/h8	E8/h8	F8/h8		H8/h8													
h9				▼D9/h9	E9/h9	F9/h9		▼H9/h9													
h10				D10/h10				H10/h10													
h11	A11/h11	B11/h11	▼C11/h11	D11/h11				▼H11/h11													
h12		B12/h12						H12/h12													

六、一般公差——线性尺寸的未注公差

零件在图样上表达的所有线性尺寸都应该给出公差要求。但是，当对这些尺寸无特殊要求时，只需给出一般公差。一般公差是指在车间通常加工条件下可保证的公差，是机床设备在正常维护和操作情况下能达到的经济加工精度。采用一般公差的尺寸不标出极限偏差或其他代号，而是在图样上或技术文件中做总的说明。

线性尺寸的一般公差标准规定了四个公差等级，即精密级 f、中等级 m、粗糙级 c 和最粗级 v。从 f 至 v，精度依次降低。

线性尺寸一般公差主要用于非配合尺寸、完全由工艺方法保证的尺寸和不重要的尺寸等。在规定图样上线性尺寸的一般公差时，应考虑车间的一般加工精度，选取标准规定的公差等级。

在图样上或技术文件中，线性尺寸的一般公差用标准号和公差等级符号表示。例如，当一般公差选用中等级时，可在零件图标题栏上方标明：未注公差尺寸按 GB 1804—m（m 表示用中等级）。

七、公差与配合在图样上的标注

1. 公差带代号及其标注

标准规定，孔和轴的公差带代号由基本偏差代号与公差等级代号组成。例如：H8、F8、K7、P7 等为孔的公差带代号；h7、f7、k6、p6 等为轴的公差带代号。标注时，可采用以下示例之一：

孔：$\phi 50\mathrm{H8}$ 或 $\phi 50^{+0.039}_{\ 0}$ mm 或 $\phi 50\left(^{+0.039}_{\ 0}\right)$ mm；

轴：$\phi50f7$ 或 $\phi50_{-0.050}^{-0.025}$mm 或 $\phi50(\begin{smallmatrix}+0.025\\-0.050\end{smallmatrix})$mm。

2. 配合代号及其标注

标准规定，配合代号用孔和轴的公差带代号组合表示，并写成分数形式，分子为孔公差带代号，分母为轴公差带代号。标注时，可采用以下示例之一：

$$\phi50H8/f7 \text{ 或 } \phi50\frac{H8}{f7}$$

$$10H7/n6 \text{ 或 } 10\frac{H7}{n6}$$

要说明的是，标准规定的数值均以标准温度（20℃）时测定的数值为准。

第三节　公差与配合的选择

在实际生产中需要使用不同类别的配合。在零件图上需要标注公差，在装配图上需要标注配合，因此必须选择公差等级、基准制和配合类别。

一、基准制的选择

1. 优先选用基孔制

采用基孔制时，孔的基本偏差一定，孔的尺寸类型少，而轴的尺寸类型多。

加工中小孔时，一般采用定尺寸刀具加工，如钻头、扩孔钻、铰刀和拉刀等。测量和检验中小孔时，多用内径百分表和塞规等定尺寸量具。这些刀具和量具的造价较高，采用基孔制使刀具和量具的类型及数量大大减少，具有明显的经济效果。

中小尺寸轴的加工工艺比较简单，轴的尺寸类型多也不会影响经济效果。

大尺寸孔的加工不采用定尺寸刀具，工艺也不困难，可以采用基轴制。但是，为了与中小尺寸孔、轴配合的基准制保持一致，也应采用基孔制。

2. 特殊情况下选用基轴制

采用基轴制时，轴的基本偏差一定，轴的尺寸类型少，而孔的尺寸类型多。但在下述情况下，采用基轴制更合适。

当同一公称尺寸的轴上需要安装几个不同松紧的孔时，选用基轴制常常更便于加工和装配。例如，图 14-16 所示活塞销同时与两个活塞销孔和一个连杆小头孔配合，活塞销与两个活塞销孔之间要求不产生相对运动，又要便于装拆，宜选用过渡配合；活塞销与连杆小头孔之间要求能产生低速相对运动，宜选用 $X_{min}=0$ 的间隙配合 H6/h5。

图 14-17 所示为对上述配合采用不同基准制的分析。若采用如图 14-17a 所示的基孔制，活塞销必须做成两头粗中间细的台阶轴，不但加工困难，装配时还可能挤坏连杆小头孔；若采用图 14-17b 所示为基轴制，则活塞销成为光轴，加工和装配都比较方便。

有些工业企业如农业机械、纺织机械等制造部门采用拉制轴、切削轴或磨削轴，直接买来使用。显然，采用基轴制会有明显的经济效益。

3. 按标准件选用基准制

与基准件配合时，应按基准件确定基准制。例如，滚动轴承内圈与轴的配合应选用基孔制；其外圈与壳体孔的配合应选用基轴制。用户不应该对标准件进行再加工。

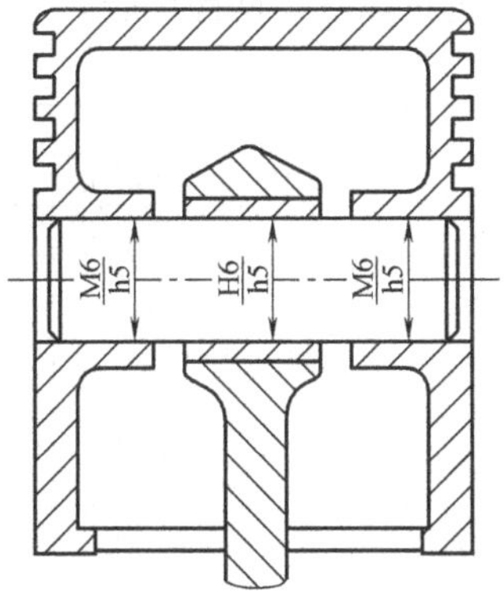

图 14-16　活塞销与活塞、连杆的配合

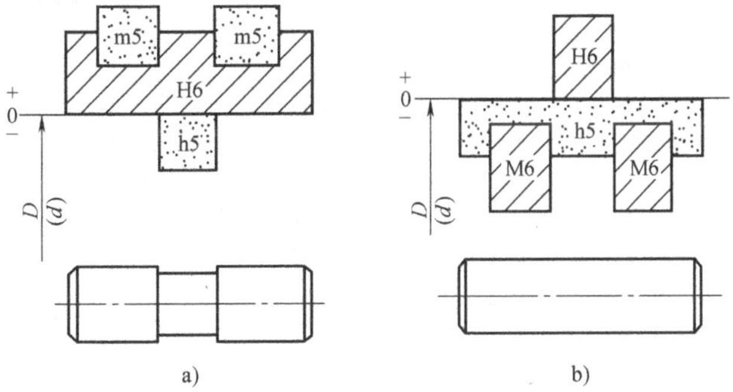

图 14-17　一轴多孔配合
a）基孔制　b）基轴制

二、公差等级的选择

1. 选择公差等级的原则

在保证使用性能要求的条件下，应尽量选用较低的公差等级。因为提高公差等级会导致成本显著提高，如图 14-18 所示。

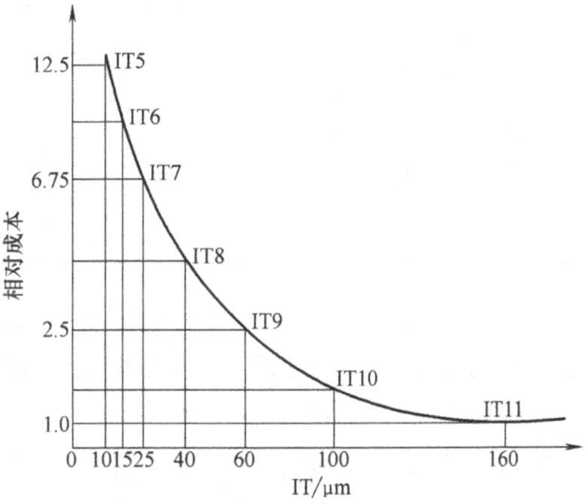

图 14-18　公差等级与成本的关系

根据使用要求确定了配合公差之后，可按工艺等价性分配孔、轴公差。在提高工艺性较好的轴的公差等级时，可以相应地降低工艺性较差的孔的公差等级。标准推荐在公称尺寸不大于 500mm 的配合中，当孔的公差等级不低于 IT8 时，轴公差等级应比孔公差等级高一级，但间隙配合允许孔、轴公差等级均为 IT8。

选择公差等级时要考虑配合类别。例如，过渡配合和过盈配合的配合公差要求较高，构成过渡配合和过盈配合的孔、轴应选用较高的公差等级。

选择公差等级时还要考虑与精度协调。例如，滚动轴承的精度较高，与其相配合的轴颈、壳体孔的精度也相应较高。否则，滚动轴承的精度就失去意义。

2. 选择公差等级时必须掌握的资料

选择公差等级时必须掌握公差等级的应用范围。表 14-6 列出了各种公差等级的应用场合。

选择公差等级必须占有一定数量的应用实例，掌握丰富的类比资料，才能心中有数。

选择公差等级必须考虑现场设备和工艺条件，使选用的公差等级在工艺上能够实现，并且具有经济性。表 14-7 列出了各种加工方法的经济精度。经济精度是指在正常工艺条件下能达到的精度。使用各种加工方法的经济精度，才能有效地降低成本。

三、配合的选择

1. 选择配合的原则

选择配合要考虑配合件的相对运动情况。配合件之间有相对运动要求时，只能选用间隙配合；没有相对运动要求时，可以选用过盈配合、过渡配合，也可以选用间隙配合。

表14-6　各种公差等级的应用场合

应用场合			01	0	1	2	3	4	5	6	7	8	9	10	11	12	13	14	15	16	17	18
量块			▨	▨	▨																	
量规					▨	▨	▨	▨	▨	▨	▨											
配合尺寸	重要精密配合	孔					▨	▨	▨													
		轴				▨	▨	▨														
	精密配合	孔								▨	▨	▨										
		轴							▨	▨												
	中等精度配合	孔											▨	▨								
		轴										▨	▨	▨								
	低精度配合														▨	▨	▨					
非配合尺寸，未注公差尺寸																▨	▨	▨	▨	▨	▨	▨
原材料公差											▨	▨	▨	▨	▨	▨						

（表头“公差等级”跨 01～18 各列）

表 14-7　各种加工方法的经济精度

加工方法	经济精度	加工方法	经济精度	加工方法	经济精度
研磨	IT01 ~ IT5	铰	IT6 ~ IT10	冲压	IT10 ~ IT14
珩磨	IT4 ~ IT7	车、镗	IT7 ~ IT11	锻	IT15 ~ IT16
磨	IT5 ~ IT8	铣	IT8 ~ IT11	砂型铸造	IT15 ~ IT16
拉	IT5 ~ IT7	刨、插	IT10 ~ IT11	滚压、挤压	IT10 ~ IT11
金刚车、镗	IT5 ~ IT7	钻	IT11 ~ IT13	冷作焊接	IT17 ~ IT18

选择配合要考虑配合件的定心精度要求。定心精度要求高时，应选用过渡配合。间隙配合不能保证很高的定心精度。过盈配合的过盈较大时，由于零件配合部分的形状误差等原因，也不能保证很高的定心精度。

选择配合要考虑配合件的拆装情况。零、部件在机器使用过程中拆装频繁，一般选用基本偏差为 g、j、js（或 G、J、JS）的公差带与基准孔（或基准轴）组成的配合；不经常拆装的零、部件可选用基本偏差为 k（或 K）的公差带与基准孔（或基准轴）组成的配合；大修时才拆装的零、部件可选用基本偏差为 m、n（或 M、N）的公差带与基准孔（或基准轴）组成的配合。

2. 选择配合的类别

（1）间隙配合的选择　间隙配合的特点在于具有间隙，相配合件能够相对运动，拆装方便。选择间隙配合的依据是公差带的基本偏差应能满足使用条件对最小间隙的要求。

基本偏差为 a、b、c 的公差带与基准孔组成大间隙配合，主要用于粗糙机构上具有相对运动的结合，如粗糙的铰链和起重机吊钩等。有时为了补偿形状误差，保证装拆方便，没有相对运动的牢固结合，通过附加紧固件，也使用大间隙配合。如图 14-19a 所示管道法兰的连接选用了 H12/b12；图 14-19b所示内燃机排气阀与导管的结合选用了 H8/c7，主要是考虑排气阀工作时受热膨胀，工作时的间隙小于装配时的间隙。

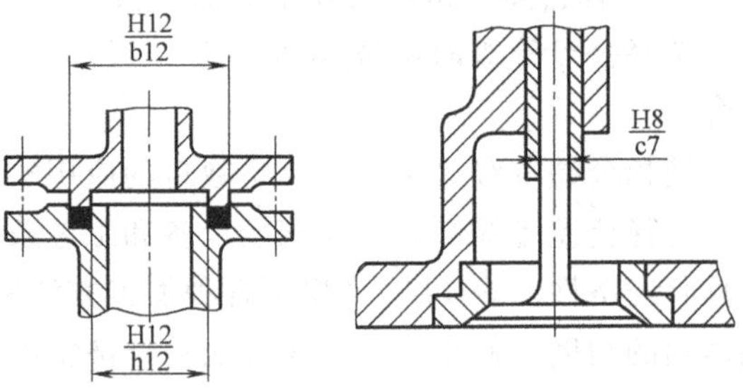

a)　　b)

图 14-19　大间隙配合的应用

a）管道法兰　b）排气阀与导管

基本偏差为 d、e、f 的公差带与基准孔组成中等间隙配合，主要用于具有回转运动或直线运动的配合。如图 14-1 所示液压缸与活塞的配合 H7/e6、图 14-20a 所示滑轮与轴的配合 H8/d8、图 14-20b 所示曲轴与支承套的配合 H8/e7 和图 14-20c 所示减速器轴与滑动轴承的配合 H8/f7 等，都属于中等间隙配合。

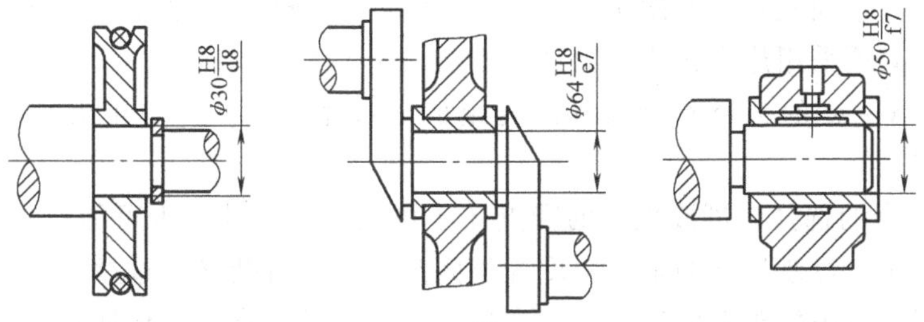

图 14-20　中等间隙配合的应用

基本偏差为 g、h 的公差带与基准孔组成小间隙配合，其间隙不能容纳足够的润滑油，因此除轻负荷精密装置外，不推荐用于转动配合，主要用于精密滑动配合和没有转动的定位配合。如图 14-21a 所示进给手轮与套的配合属于轻负荷精密装置的低速转动配合，图 14-21b所示车床主轴支承套的配合属于精密滑动配合，图 14-19a 所示管道法兰连接定位配合属于没有转动的定位配合。

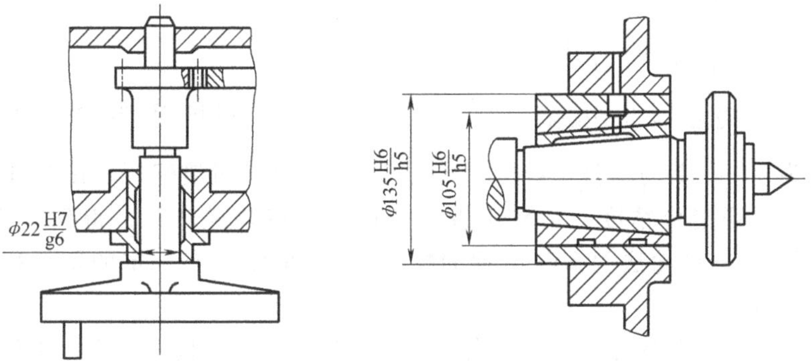

图 14-21　小间隙配合的应用

（2）过盈配合的选择　过盈配合的特点在于具有过盈，使配合表面产生弹性变形，从而比较牢固地结合在一起。选择过盈配合的依据是最小过盈应能满足传递转矩的要求。低公差等级的过盈配合会使过盈变化太大，可能导致最小过盈不足以传递转矩，也可能导致最大过盈使应力超过材料的规定塑性延伸强度。因此，过盈配合对孔、轴公差的要求都比较严格，标准推荐选用 IT8 ~ IT5。

基本偏差为 p 的公差带与基准孔组成过盈定位配合，能以最好的定位精度达到部件的刚度及对中性要求，用于定位精度要求较高的配合。需要传递转矩时，必须加紧固件。如图 14-22 所示卷扬机绳轮与齿轮的配合，选用 H7/p6 保证绳轮与齿轮组成部件的刚度及对中性要求，通过键传递转矩。过盈定位配合的过盈量小，一般采用锤子轻击装配。

基本偏差为 s 的公差带与基准孔组成中型压入配合，可以产生相当大的结合力，用作永久性或半永久性的配合。传递转矩或轴向力时，不需要加紧固件。如图 14-23 所示装配式蜗轮轮缘与轮毂的配合，选用 H6/s5 使轮缘、轮毂牢固地结合在一起。中型压入配合的过盈稍大，常常需要采用压力机装配。

以基本偏差 u 为代表的轴公差带与基准孔组成重型压入配合，结合力大，能传递很大的转矩，形成永久性牢固配合。如图 14-7 所示矿车轮孔与轮轴的配合选用 H7/u6。重型压入配合的过盈大，必须采用热胀孔或冷缩轴的方法装配。

基本偏差为 v ~ zc 的各公差带与基准孔组成大过盈配合，过盈很大，经验、资料也不足，一般不采用。

(3) 过渡配合的选择　过渡配合的特点在于可能产生间隙，也可能产生过盈，但间隙、过盈的绝对值很小。过渡配合的定位精度优于间隙配合，拆装又比过盈配合方便。因此，过渡配合广泛应用于对中性要求较高，又经常拆装的孔、轴配合。其传递转矩时，必须加紧固件。选择过渡配合的依据是孔、轴配合的定心精度要求、受力情况及拆装是否频繁。

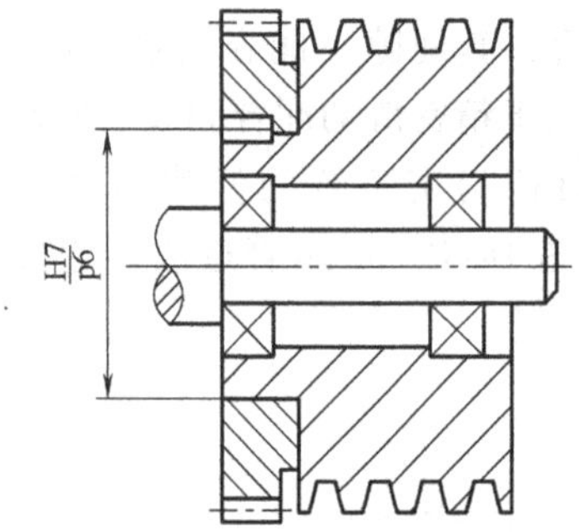

图 14-22　绳轮与齿轮的配合

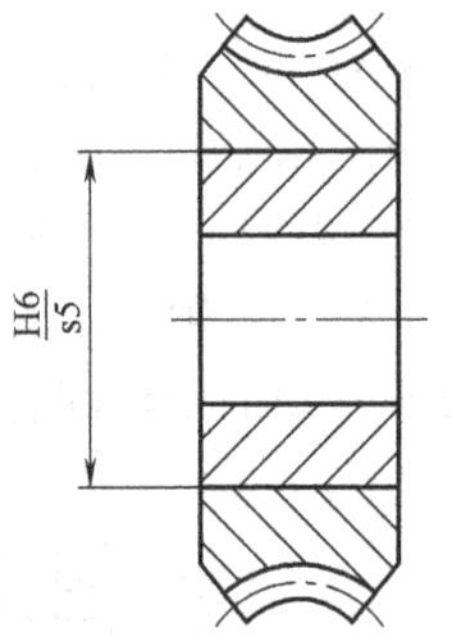

图 14-23　蜗轮轮缘与轮毂的配合

基本偏差为 j、js、k 的轴公差带与基准孔组成平均间隙过渡配合。其中 H/j、H/js 平均稍有间隙，既能保证定位精度，又易于拆装，加键可以传递转矩，得到广泛的应用。图 14-24所示平面磨床的砂轮法兰盖与主轴的配合选用 H6/j5，有一定的定位精度。装拆时，采用木锤敲打即可。

基本偏差为 k 的公差带与基准孔组成的配合，其平均间隙接近于零，工作时不易振动，可以承受较大的冲击力。齿轮与轴、带轮与轴、滚动轴承与轴或壳体孔等的配合经常采用。

基本偏差为 m、n 的公差带与基准孔组成平均过盈过渡配合。其中，H/m 平均稍有过盈。当具有最大过盈时，装配需要的压力相当大，需要使用锤子或压力机实现装配。H/m 一类配合主要用于精密定位且不经常装拆的配合。如图 14-24 所示磨床主轴与电动机转子的配合选用 H7/m6，图 14-16 所示活塞销与活塞销孔的配合选用 M6/h5。基本偏差为 n 的公差带与基准孔组成的配合很少得到间隙，主要用于大修时才拆卸的配合，加键可以传递转矩。如图 14-9 所示镗模板孔与衬套的配合选用 H7/n6，

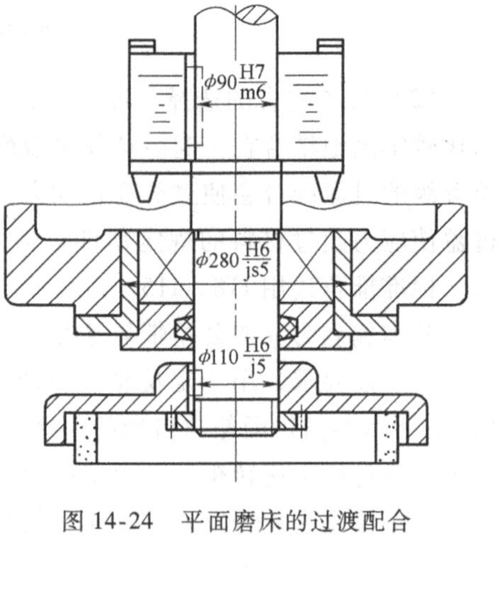

图 14-24　平面磨床的过渡配合

能保证衬套与镗模板的相对静止状态，并完成衬套的支承导向工作。

第四节 形状与位置公差

为了保证机械产品的装配质量和使用性能，对机械零件不仅要提出尺寸公差要求，还需要提出形状与位置公差要求，以控制形状与位置误差。形状与位置公差简称几何公差，其公差的分类与基本符号见表 14-8。几何公差是图样中对要素的形状和位置的最大允许的变动量。

表 14-8 几何公差的分类与基本符号（GB/T 1182—2008）

公差类别	项目特征名称	被测要素	符号	有无基准
形状公差	直线度	单一要素	⏤	无
	平面度		⏥	
	圆度		○	
	圆柱度		⌭	
	线轮廓度		⌒	
	面轮廓度		⌓	
方向公差(定向)	平行度	关联要素	∥	有
	垂直度		⊥	
	倾斜度		∠	
	线轮廓度		⌒	
	面轮廓度		⌓	
位置公差(定位)	位置度	关联要素	⌖	有或无
	同心度(用于中心点)		◎	有
	同轴度(用于轴线)		◎	
	对称度		⌯	
	线轮廓度		⌒	
	面轮廓度		⌓	
跳动公差	圆跳动	关联要素	↗	有
	全跳动		⌰	

一、基本概念

1. 要素

机械零件都是由各种表面围成的。如图 14-25 所示零件由平面、两平行平面、端平面、圆柱面、圆锥面和球面等围成。标准把构成零件上的特征部分——点、线、面等，统称为要素。这些要素是实际存在的、也可以是由实际要素取得的轴线或中心平面。

实际要素是零件上实际存在的要素，它只能由测得要素代替。因此，实际要素并非是零件上实际存在要素的真实状况。理想要素是指具有几何意义、无误差的要素，是绝对正确的几何要素。为图样上给出了形状或（和）位置公差要求的要素，称为被测要素。

2. 基准

用以确定被测要素方向或（和）位置的要素，称为基准要素。理想的基准要素，称为基准。

二、形状公差

1. 直线度

直线度误差是指零件上被测直线偏离其理想形状的程度。直线度公差是用以限制被测实际直线对其理想直线变动量的一项指标。

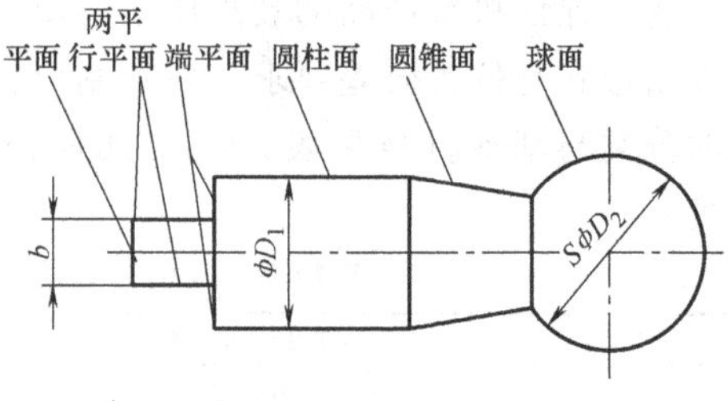

图 14-25　要素

标准规定，在零件图上标注形状公差，一般用两个框格和一个带箭头的指引线表示，如图 14-26 所示。框格在图样上应水平或垂直放置。第一框格内填写形状公差的符号，第二框格内填写形状公差的数值。指引线从框格的一端引出，箭头应指向公差带的宽度方向或直径方向。当被测要素为轮廓线时，指引线的箭头应指在轮廓线或其引出线上，并且要明显地与轮廓的尺寸线错开，如图 14-26a 所示。当被测要素为轴线、球心或中心平面时，指引线的箭头则应与相应的尺寸线对齐，如图 14-27a 所示。

图 14-26a 所示零件上被测圆柱面素线的直线度公差为 0.012mm，是指零件圆柱面上任一素线必须位于轴向平面内距离为 0.012mm 的两平行直线之间，如图 14-26b 所示。给定平面内的直线度公差带是距离为公差值 t 的两平行直线间的区域，如图 14-26c 所示。

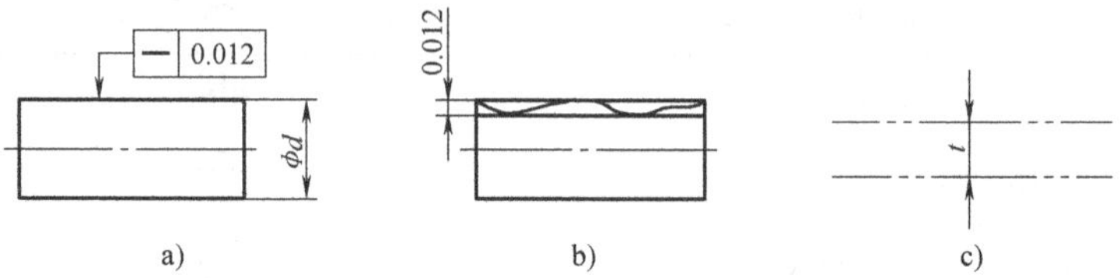

图 14-26　圆柱面素线的直线度

a）标注　b）图解　c）公差带

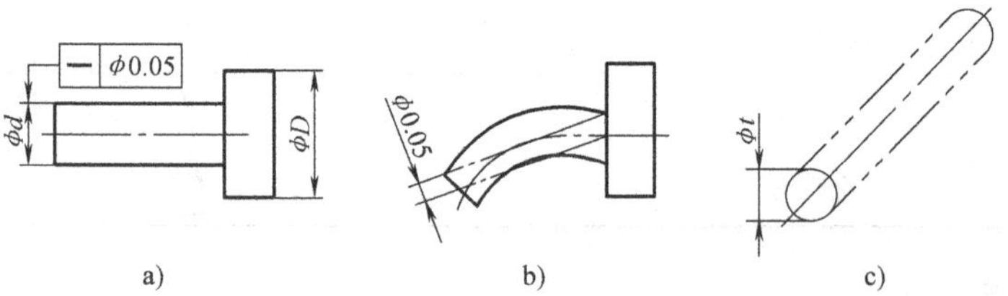

图 14-27　销钉杆部轴线的直线度

a）标注　b）图解　c）公差带

图 14-27a 所示销钉上被测轴线直线度公差为 ϕ0.05mm，是指杆部 ϕd 圆柱体轴线必须位于直径为 0.05mm 的圆柱面内，如图 14-27b 所示。空间任意方向的直线度公差带是直径为公差 t 的圆柱面内的区域，如图 14-27c 所示，标注时，公差值前面写 ϕ。

2. 平面度

平面度误差是指零件上被测平面偏离其理想形状的程度。平面度公差是用以限制被测实际平面对其理想平面变动量的一项指标。

图 14-28a 所示零件上被测平面的平面度公差为 0.01mm，是指零件的上表面必须位于距离为 0.01mm 的两平行平面内，如图 14-28b 所示。平面度公差带是距离为公差 t 的两平行平面之间的区域，如图 14-28c 所示。

3. 圆度

圆度误差是指零件上被测圆柱面或圆锥面在正截面内的实际轮廓（或被测球面在过球心的截面内的实际轮廓）偏离其理想形状的程度。圆度公差是用以限制实际圆对其理想圆变动量的一项指标。

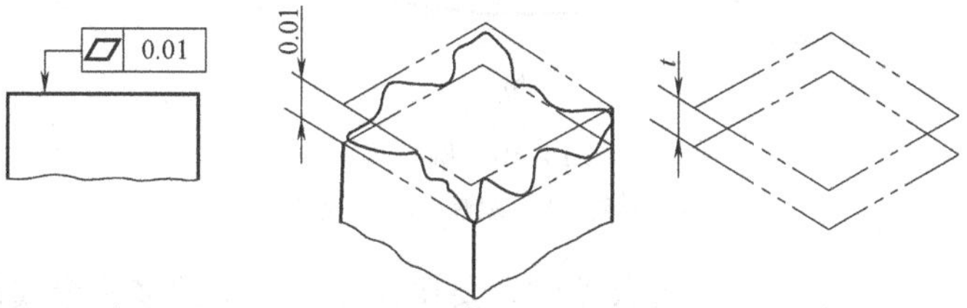

图 14-28　平面度

a）标注　b）图解　c）公差带

图 14-29a 所示零件上被测圆柱面在正截面内的轮廓线圆度公差为 0.01mm，是指在垂直于轴线的任一正截面内，轮廓圆必须位于半径差为 0.01mm 的两同心圆之间，如图 14-29b 所示。圆度公差带是在同一正截面上半径差为公差 t 的两同心圆之间的区域，如图 14-29c 所示。

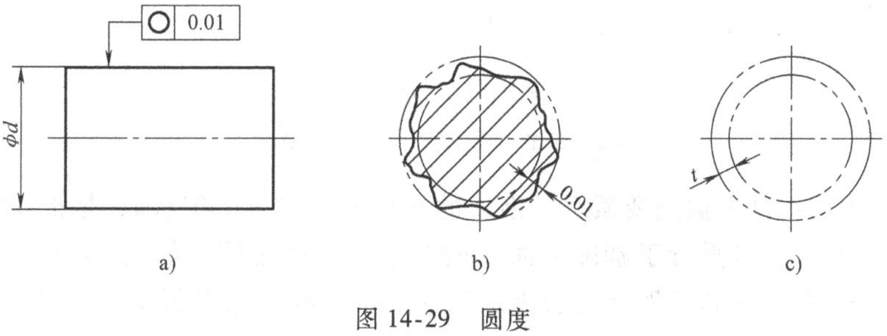

图 14-29　圆度

a）标注　b）图解　c）公差带

4. 圆柱度

圆柱度误差是指零件上被测圆柱面偏离其理想形状的程度。圆柱度公差是用以限制实际圆柱面对其理想圆柱面变动量的一项指标。其控制范围包括圆柱面在所有正截面和轴向截面内的形状误差。

图 14-30a 所示零件上被测内圆柱面的圆柱度公差为 0.005mm，是指被测内圆柱面必须位于半径差为 0.005mm 的两同轴圆柱面之间，如图 14-30b 所示。圆柱度公差带是半径差为公差 t 的两同轴圆柱面间的区域，如图 14-30c 所示。

形状公差特征项目还有线轮廓度和面轮廓度。前者的公差用以限制零件的任一截面上一般轮廓线的形状误差；后者的公差用以限制零件上一般曲面的形状误差。

三、位置公差

1. 平行度

平行度误差是指零件上被测要素在与基准平行的方向上所偏离的程度。平行度公差是用以限制被测实际要素在与基准平行方向上变动量的一项指标。

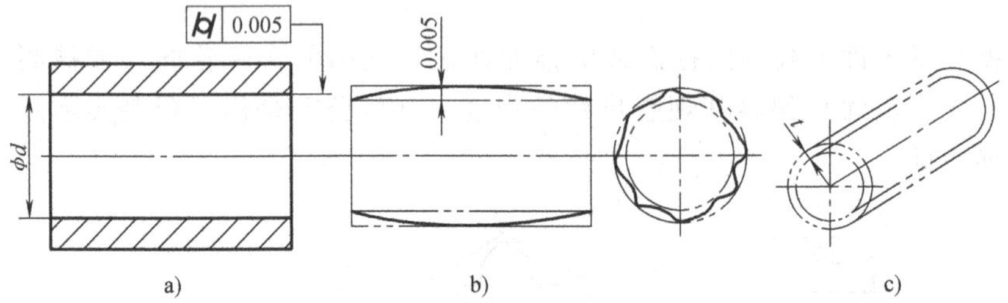

图 14-30　圆柱度

a）标注　b）圆解　c）公差带

标准规定，在零件图上标注位置公差时，要比标注形状公差多一个或几个框格，还要标注基准符号。基准符号用一个基准框格（框格内写有表示基准的英文大写字母）和涂黑的（或空白的）基准三角形，用细实线连接而构成。无论基准符号在图中的方向如何，框格内的字母应水平方向书写，如图 14-31a 所示。

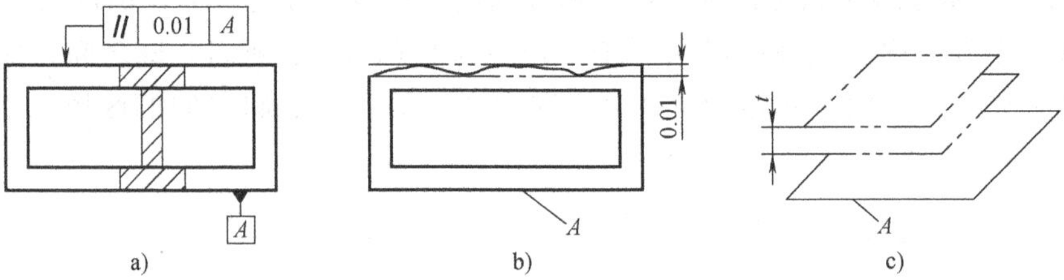

图 14-31　平行度

a）标注　b）图解　c）公差带

图 14-31a 所示零件上被测要素对基准 *A* 的平行度公差为 0.01mm，是指零件的上表面必须位于距离为 0.01mm 且平行于基准平面 *A* 的两平行平面之间，如图 14-31b 所示。在给定一个方向上的平行度公差带是距离为公差 *t* 且平行于基准的两平行平面间的区域，如图 14-31c 所示。

2. 垂直度

垂直度误差是指零件上被测要素在与基准垂直方向上的偏离程度。垂直度公差是用以限制被测实际要素在与基准垂直方向上变动量的一项指标。

图 14-32a 所示角钢上被测垂直侧面对水平侧面的垂直度公差为 0.1mm，是指其垂直侧面必须位于距离为 0.1mm 的垂直于水平侧面（基准）的两平行平面之间，如图 14-32b 所示。在给定一个方向上的垂直度公差带是距离为公差 *t* 且垂直于基准的两平行平面（或直线）之间的区域，如图 14-32c 所示。

3. 同轴（同心）度

同轴（同心）度误差是指零件上被测轴线对基准轴线（基准圆心）偏离的程度。同轴

(同心) 度公差是用以限制被测轴线偏离基准轴线 (基准圆心) 变动量的一项指标。

图 14-33a 所示零件上被测轴线对基准轴线 A 的同轴度公差为 0.01mm，是指零件的 ϕd 轴线必须位于直径为 0.01mm 且与基准轴线 A 同轴的圆柱面内，如图 14-33b 所示。由于被测轴线对基准轴线的变动范围是任意方向的，同轴度公差带是直径为公差 t 且与基准轴线同轴的圆柱面内的区域，如图 14-33c 所示。

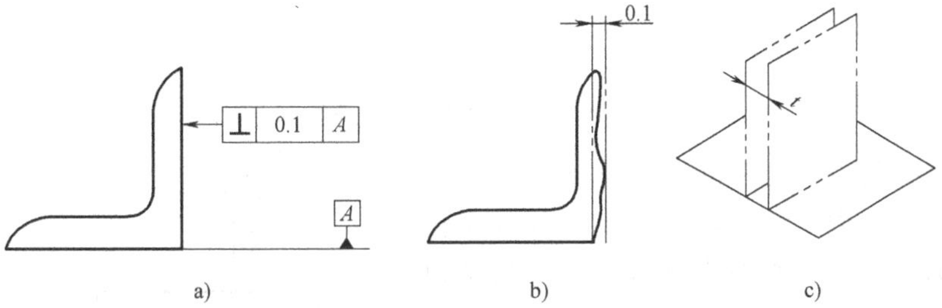

图 14-32　垂直度

a) 标注　b) 图解　c) 公差带

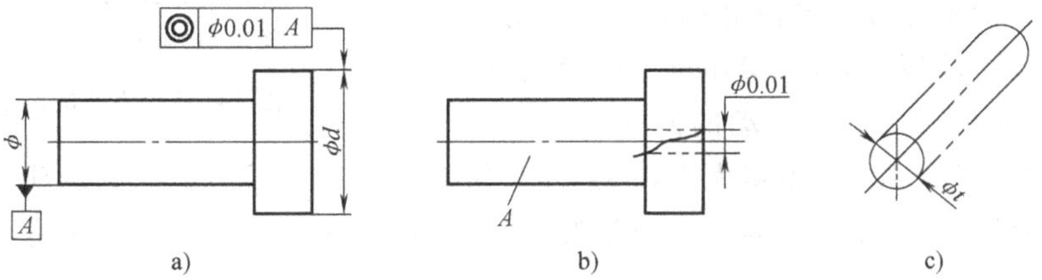

图 14-33　同轴度

a) 标注　b) 图解　c) 公差带

标注同轴度公差时要注意，被测要素是 ϕd 圆柱面的轴线，指引线的箭头应与 ϕd 圆柱面的尺寸线对齐；基准要素是 ϕ 圆柱面的轴线，基准符号中的细实线也必须与 ϕ 圆柱面的尺寸线对齐，如图 14-33a 所示。

4. 对称度

构成零件外形的要素称为轮廓要素。由轮廓要素取得的对称中心点 (如球心)、轴心线、中心平面等要素，统称为中心要素。对称度误差是指零件上被测中心要素对基准中心要素偏斜和偏离的程度。对称度公差是用以限制被测中心要素偏离基准中心要素的一项指标。

图 14-34a 所示零件键槽的对称中心平面对基准轴线 A 的对称度公差为 0.04mm，是指键槽对称中心平面必须位于距离为 0.04mm 的两平行平面之间，该两平面对称配置在通过基准轴线的辅助平面两侧，如图 14-34b 所示。在给定一个方向上，面对线的对称度公差带是距离为公差 t 且相对基准轴线对称配置的两平行平面之间的区域，如图 14-34c 所示。

5. 圆跳动

跳动是根据测量方法定义的位置公差特征项目。测量时，使被测零件绕基准轴线做无轴向移动的回转，同时用百分表测量被测表面的跳动量，如图 14-35 所示。跳动常分为圆跳动和全跳动。

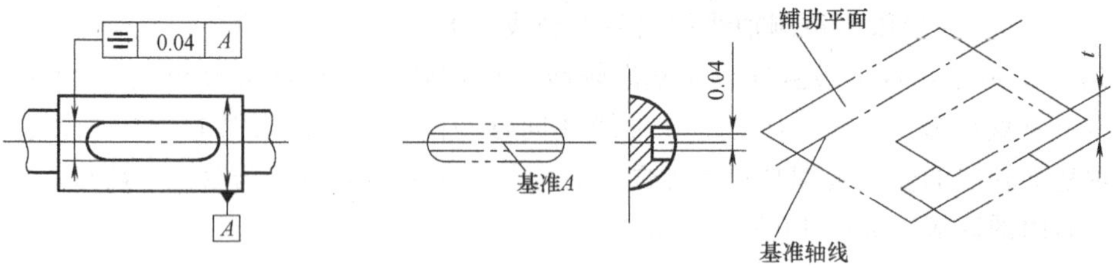

a)　　b)　　c)

图 14-34　对称度

a）标注　b）图解　c）公差带

圆跳动误差是指被测实际要素绕基准轴线做无轴向移动回转一周时，由位置固定的百分表在给定方向上测得的最大与最小读数之差。圆跳动分为径向圆跳动、轴向圆跳动和斜向圆跳动。径向圆跳动公差是用以限制回转圆柱面在任一测量平面内跳动量的一项指标。

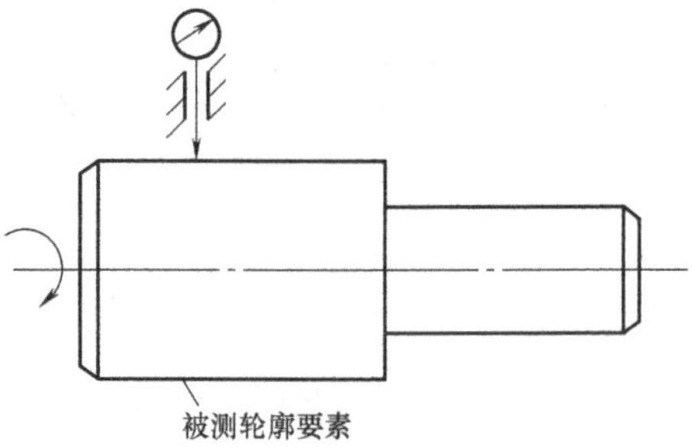

图 14-35　跳动的测量

图 14-36a 所示零件上被测 ϕd 圆柱面对基准轴线 A—B 的径向圆跳动为 0.04mm，是指当 ϕd 圆柱面绕基准轴线做无轴向移动的回转时，在任一测量平面内的径向跳动量不得大于 0.04mm，如图 14-36b 所示。径向圆跳动公差带是在垂直于基准轴线的任一测量平面内，半径差为公差 t 且圆心在基准轴线上的两同心圆之间的区域，如图 14-36c 所示。

6. 全跳动

全跳动误差是指使被测实际要素绕基准轴线做无轴向移动的连续回转运动，同时使百分表沿基准轴线方向移动所测得的最大与最小读数之差。全跳动分为径向全跳动和轴向全跳动。径向全跳动公差是用以限制整个被测圆柱面跳动量的一项指标。

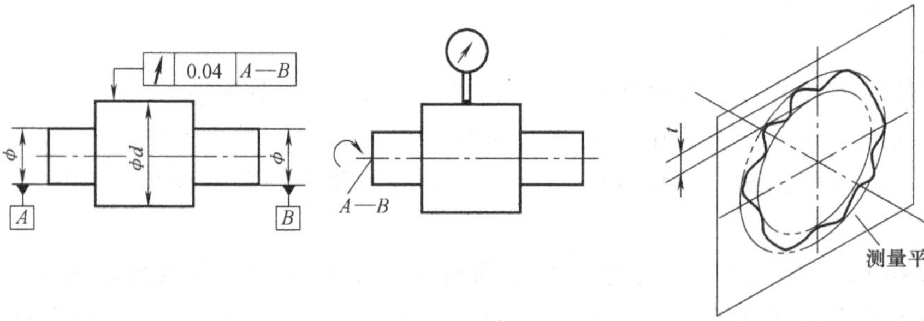

a)　　b)　　c)

图 14-36　径向圆跳动

a）标注　b）图解　c）公差带

图 14-37a 所示零件上被测 ϕd 圆柱面对基准轴线 A—B 的径向全跳动公差为 0.1mm，是指使 ϕd 圆柱面绕基准轴线做无轴向移动的连续回转，同时使百分表沿基准轴线方向移动，测得的最大与最小读数之差不得大于 0.1mm，如图 14-37b 所示。径向全跳动公差带是半径差为公差 t 且与基准轴线同轴的两圆柱面之间的区域，如图 14-37c 所示。

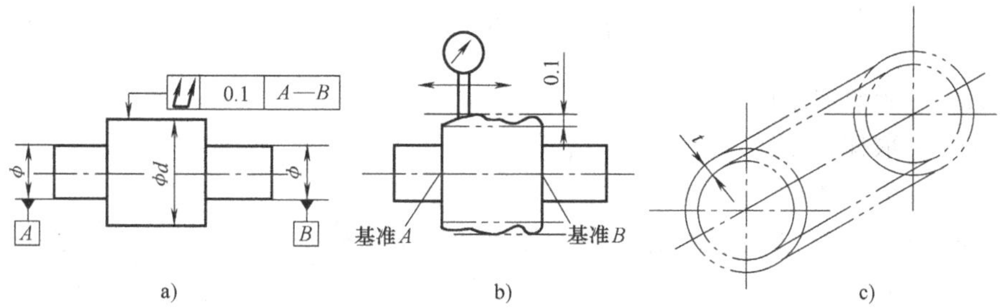

图 14-37　径向全跳动

a）标注　b）图解　c）公差带

第五节　表面粗糙度

表面粗糙度直接影响机械产品的使用性能和寿命。粗糙的表面相配合必然导致磨损迅速或实际过盈不足，还会使零件易于疲劳及被腐蚀。

一、表面粗糙度的评定

1. 基本规定

（1）取样长度和评定长度　取样长度（代号为 lr）是指用以判别具有表面粗糙度特征的 X 轴方向上的一段基准线长度，如图 14-38 所示。评定长度（代号为 ln）是指评定表面轮廓粗糙度所需的 X 轴方向上的一段长度。评定长度可以包括一个或几个取样长度。如图 14-38 所示，评定长度 ln 包括 5 个取样长度。

（2）基准线　基准线是用以评定表面粗糙度的给定线。标准规定，基准线的位置可以用轮廓的算术平均中线近似确定。轮廓的算术平均中线是指具有几何轮廓形状，在取样长度内与轮廓走向一致，并划分轮廓上、下两边面积相等（$F_1+F_2+\cdots+F_n=F'_1+F'_2+\cdots+F'_n$）的线，如图 14-39 所示。基准线是评定和测量表面粗糙度的基准。

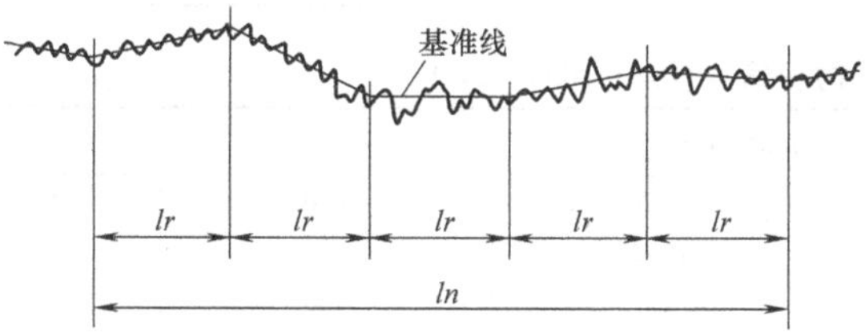

图 14-38　取样长度和评定长度

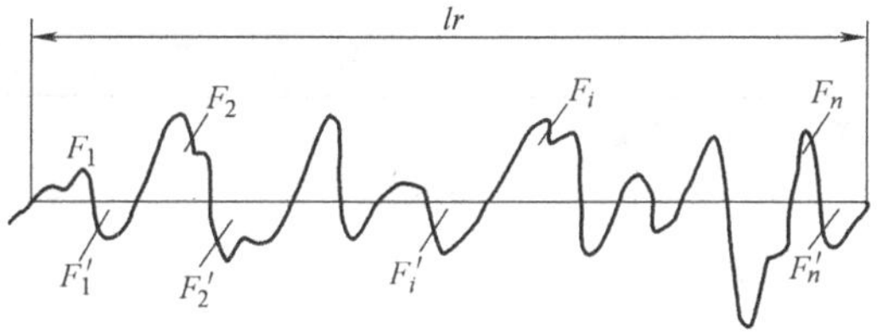

图 14-39　轮廓算术平均中线

2. 常用表面粗糙度评定参数

（1）轮廓算术平均偏差 Ra　轮廓算术平均偏差是指在取样长度内轮廓偏距绝对值的算术平均值，如图 14-40 所示。轮廓偏距是指在测量方向上轮廓线上的点与基准线之间的距离。轮廓算术平均偏差用符号 Ra 表示。Ra 可以用计算式表示为

$$Ra=\frac{1}{lr}\int_0^l|y(x)|\mathrm{d}x$$

或近似为

$$Ra = \frac{1}{n}\sum_{i=1}^{n}|y_i|$$

式中　$y(x)$——轮廓偏距值；

lr——取样长度；

n——取点数；

y_i——第 i 点的轮廓偏距值。

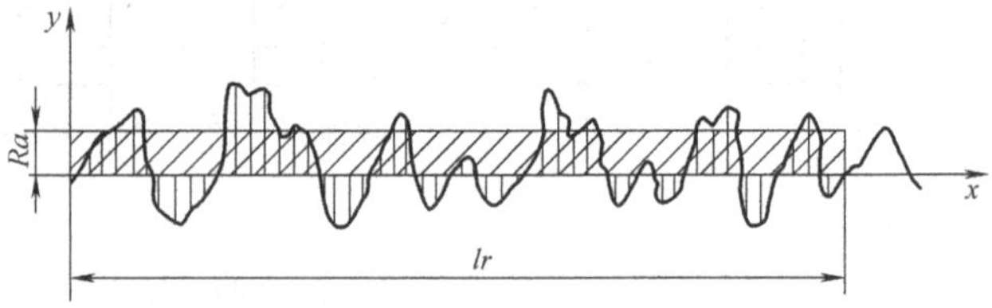

图 14-40　*Ra* 的评定

Ra 充分反映了加工表面微观几何形状在高度方面的特性，并且测定方便。因此，*Ra* 是普遍采用的表面粗糙度评定参数。

（2）轮廓最大高度 *Rz*　轮廓最大高度是指在取样长度内轮廓最高峰顶线与最低谷底线之间的距离，如图 14-41 所示。轮廓最大高度用符号 *Rz* 表示。对于薄小零件表面和不允许出现较深加工痕迹的表面，常提出对 *Rz* 的要求。

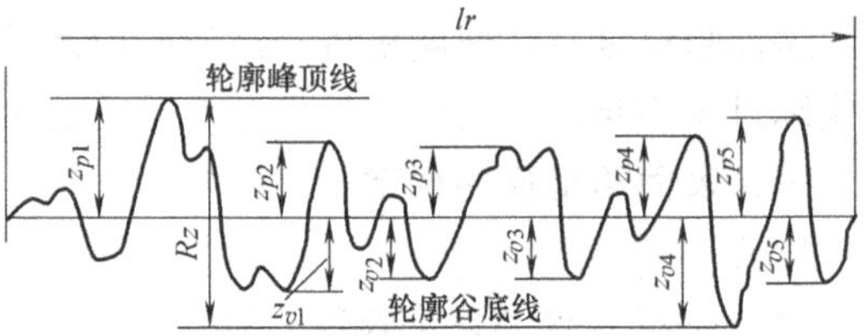

图 14-41　轮廓最大高度 *Rz*

表 14-9 列出了 *Ra* 的数值系列，表 14-10列出了 *Rz* 的数值系列。常用的 *Ra* 参数范围为 0.025～6.3μm，常用的 *Rz* 参数范围为 0.100～25μm。标准推荐优先选用 *Ra* 参数。

表 14-9　轮廓算术平均偏差（*Ra*）的数值（GB/T 1031—2009）

表面粗糙度参数	数值/μm			
Ra	0.012 0.025 0.05 0.1	0.2 0.4 0.8 1.6	3.2 6.3 12.5 25	50 100

表 14-10　轮廓最大高度（*Rz*）的数值（GB/T 1031—2009）

表面粗糙度参数	数值/μm				
Rz	0.025 0.05 0.1 0.2	0.4 0.8 1.6 3.2	6.3 12.5 25 50	100 200 400 800	1600

二、表面粗糙度的标注

1. 表面粗糙度符号

标准规定，若表面仅需要加工，对表面粗糙度的具体要求没有规定时，可只标注表面粗糙度符号。表 14-11 列出了表面粗糙度符号及其含义。

2. 表面粗糙度轮廓的标注方法

1）表面粗糙度轮廓的各项技术要求在完整图形符号上的标注位置。如图 14-42 所示，应在完整的图形符号的周围标注评定参数的符号及极限值和其他技术要求。各项技术要求应分别标注在该符号周围的指定位置上。

表 14-11　图样上表示零件表面粗糙度的符号及其含义

符号	含　　义
	基本图形符号，表示表面可用任何方法获得。当不加注粗糙度参数值或有关说明（例如：表面处理、局部热处理状况等）时，仅适用于简化代号标注
	扩展图形符号，在基本符号上加一横划，表示表面粗糙度是用去除材料的方法获得的。例如：车、铣、钻、磨、剪切、抛光、腐蚀、电火花加工、气割等
	扩展图形符号，在基本符号上加一小圆，表示表面粗糙度是用不去除材料的方法获得的。例如，铸、锻、冲压变形、热轧、冷轧、粉末冶金等 或者用于保持原供应状况的表面（包括保持上道工序的状况）
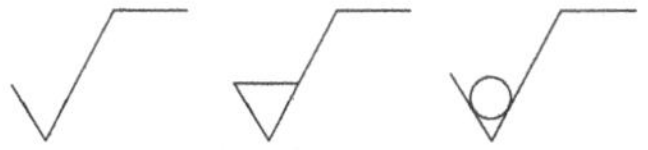	在上述三个符号的长边上均可加一横线，用于标注有关参数和说明
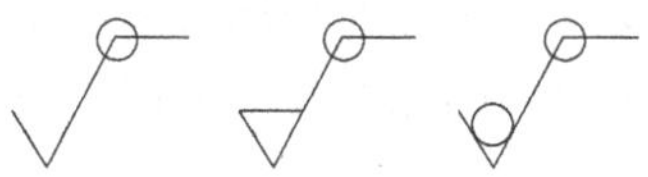	在上述三个符号上均可加一小圆，表示对投影视图上封闭的轮廓线所表示的各表面有相同的表面结构要求

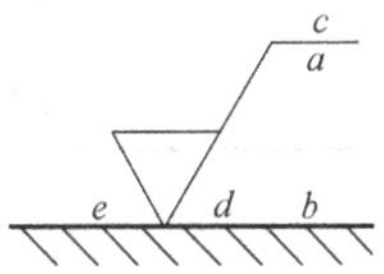

图 14-42　表面粗糙度的各项技术要求的标注位置

位置 *a*：将上、下限值符号，传输带数值/幅度参数符号，评定长度值，极限值判断规则（空格），幅度参数极限值（μm）排成一行。

位置 *b*：附加评定参数（如轮廓单元平均宽度 *RS*m，单位为 mm）。

位置 *c*：加工方法。

位置 *d*：要求的表面纹理和方向，如“ = ”表示纹理平行于视图所在的投影面，“ × ”表示纹理呈两斜向交叉方向，“M”表示纹理呈多方向等。

位置 *e*：表示加工余量数值，单位为 mm。

2）表面粗糙度轮廓幅度参数极限值的标注。标注极限值中的一个数值且默认为上限值，如图 14-43 所示。在零件图上，表面粗糙度轮廓符号周围一般只标注幅度参数 *Ra* 或 *Rz* 和允许值（单位为 μm）。幅度参数的符号在前、允许值在后，其标注位置在图 14-42 所示的位置 *a* 处。在采用幅度参数 *Ra* 时，可只标注其允许值，而不需标注该参数的符号。

同时标注上、下限值时，可按图 14-44 所示进行标注。

图 14-43　幅度参数值默认为上限值时的标准图

图 14-44　两个幅度参数值分别为上、下限值时的标准图

3）表面粗糙度轮廓代号在零件图上标注的规定和方法。

① 一般规定：零件每一个表面的粗糙度轮廓技术参数只标注一次，而且尽可能使用粗糙度代号标注在相应的尺寸及其极限偏差的同一视图上。粗糙度代号上的各种符号和数字的注写和读取方向应与尺寸的注写和读取方向一致。

② 常规标注方法。粗糙度代号的尖端可以指向可见轮廓线、尺寸线、尺寸界线或它们

的延长线，但必须从材料外指向并接触零件表面，如图 14-45 所示。

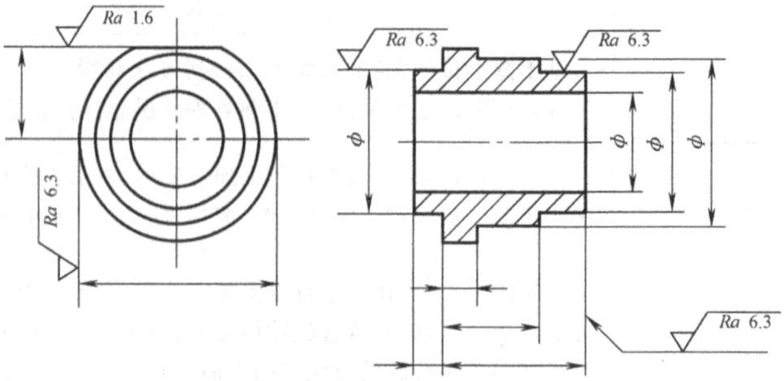

图 14-45　粗糙度代号标注示例

三、表面粗糙度的选用

在满足零件表面使用性能的前提下，应选用较大的表面粗糙度参数值，以便降低成本。

具体选择表面粗糙度高度特性参数值时，对于相对运动速度高、单位面积压力大的工作表面和承受交变载荷的圆角、沟槽表面，以及尺寸精度要求高或影响感觉的外观表面，应选用较小的参数值。

不同表面特征的表面粗糙度值及其相应的加工方法见表 14-12。

表 14-12　不同表面特征的表面粗糙度值及其相应的加工方法

表面要求	表面特征	Ra/μm	Rz/μm	加工方法
不加工	毛坯表面清除毛刺		1600	
			800	
		100	400	
粗加工	明显可见刀纹	50	200	粗车、粗铣、粗刨、钻、粗锉
	可见刀纹	25	100	
	微见刀纹	12.5	50	
半精加工	可见加工痕迹	6.3	25	半精车、精车、精铣、精刨、粗磨
	微见加工痕迹	3.2	12.5	
	不见加工痕迹	1.6		
精加工	可辨加工痕迹的方向	0.80	6.3	精铰 刮 精拉 精磨
	微辨加工痕迹的方向	0.40	3.2	
	不辨加工痕迹的方向	0.20	1.6	
精密加工	暗光泽面	0.100	0.80	精密磨削 珩磨 研磨 超精加工 抛光
	亮光泽面	0.050	0.40	
	镜状光泽面	0.025	0.20	
	雾状光泽面	0.012	0.100	
	镜面		0.050 0.025	镜面磨削、研磨

第六节　机械零件的检测

鉴定机械零件是否达到所要求的几何精度和表面粗糙度等指标，必须通过检测手段才能确定。

检测是指为确定被测对象的量值，将被测量与标准量进行比较的过程。通常，把检测分为检验和测量。检验时，只确定被测量是否在规定公差范围内，不测出其具体的量值。而测量时，则要测出被测量的量值。

检测不仅是零件加工的最终工序，也是加工和装配过程中不可缺少的工序。及时检测工件对于分析加工工艺和调整加工过程十分重要。测量精度和测量效率，是衡量机械制造水平的主要标志之一。

一、测量原理

1. 测量方程

测量方程可以表示为

$$L = gE$$

式中 L——被测的量；

E——测量单位；

g——比值。

测量方程表示了测量的本质。

2. 测量要素

一个完整的测量过程应该包括四方面的要素。

（1）被测对象 在机械制造中的被测对象主要指几何量，如长度、角度、表面粗糙度和几何误差等。

（2）测量单位 我国采用国际单位制：长度的基本单位为 m，机械制造中常用的长度单位为 mm，测量技术中常用的长度单位为 μm。角度单位多采用度、分、秒等。

（3）测量方法 测量方法是指使用测量器具在测量中所采用的步骤和方式。测量器具是用以直接或间接测出被测对象量值的量具、量仪和装置等。

（4）测量误差 测量误差是指被测对象的测得值与其真值的代数差。只要把测量误差控制在允许的范围内，测量结果就是可靠的。测量误差越小，则认为测量精度越高。

二、尺寸传递

对机械零件的测量可以归结为长度和角度的测量，而角度又可以用长度的比值表示。因此，对零件几何量的测量，本质上都是对长度的测量。

测量长度需要规定一个稳定可靠的测量单位。国际单位制中的长度测量单位是 m。m 具有严格的定义，并能够用实物复现它和保存它。定义、复现和保存的长度单位称为长度基准。

尺寸通过长度基准传递给测量器具，再通过测量器具传递给被测零件。长度基准分为主基准、副基准和工作基准。

（1）主基准 主基准是指在一定范围内具有最高计量特性的基准。由国际协议会承认的基准，称为国际基准。由国家正式决议批准的基准，称为国家基准。国际基准和国家基准习惯上称为主基准。主基准应稳定不变，便于保存和易于复现。

（2）副基准 副基准是与国家基准比对而复现的基准，是国家批准的实物基准。

（3）工作基准 工作基准是与国家基准或副基准比对，用以鉴定测量器具的基准，如量块。量块是尺寸传递系统中的重要长度基准，常作为标准器具调整计量器具、机床或直接检测零件。

量块通常做成矩形截面的长方块。其两个测量平面经过精密加工，精度很高，表面粗糙度值很低。两个测量平面之间的距离 L 称为工作尺寸，如图 14-46 所示。

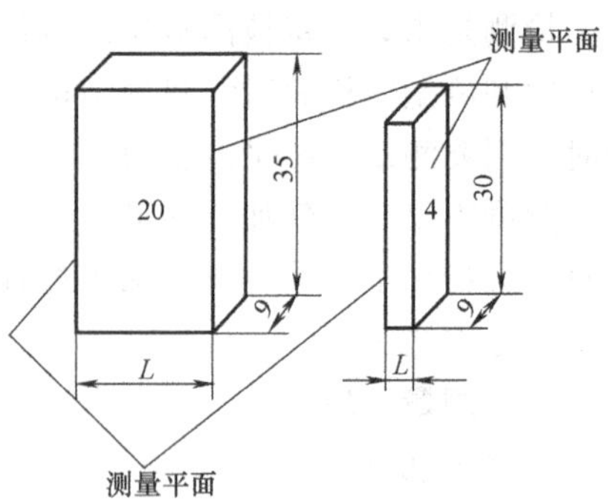

图 14-46　量块

用少许压力推合两个量块，使它们的测量平面相互紧密接触，就会粘合在一起。量块的这种特性称为粘合性。利用量块的粘合性，可以把几个不同尺寸的量块组合成量块组使用。

三、测量器具

测量器具可以按其结构复杂程度分为量具和量仪。

（1）量具　量具是使用固定形式复现量值的测量器具。量具结构简单，一般没有指示器，不包含在测量过程中运动着的测量元件。常见量具有钢直尺和量块等。

（2）量仪　量仪是将被测的量转换成可直接观察的指示值或等效信息的测量器具。量仪结构较复杂，本身包含可运动的测量元件，并能指示被测量的数值。常见量仪有百分表和杠杆比较仪等。

（3）常用测量器具

1）游标量具。游标量具是应用游标读数原理制成的量具。游标量具结构简单，使用方便，测量范围较大，应用范围较广，测量精度中等，常用于测量外径、内径、长度、深度和角度等。游标卡尺的读数能精确到 0.02mm。常见游标卡尺如图 14-47 所示。

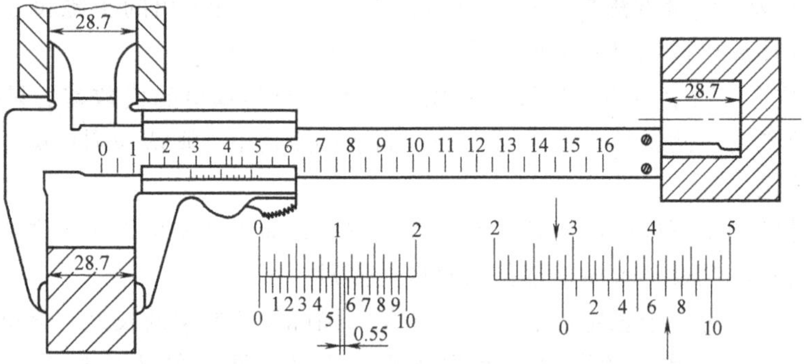

图 14-47　游标卡尺

2）螺旋测微量具。螺旋测微量具是用测微螺旋副将微小直线位移转变为便于目视的角位移，从而实现对外径、内径、深度等尺寸的测量。千分尺是典型的螺旋测微量具，其读数可以精确到 0.01mm。常见千分尺如图 14-48 所示。

3）测微表类量仪。测微表属于带指示器的精密测量器具。测微表通过杠杆放大，把一个很小的测量值转化为一个较大的指针偏摆量，从而能方便地读出测量值。测微表类量仪的读数可以精确到 0.001mm。测微表传动系统如图 14-49 所示。

4）极限量规。极限量规是一种没有刻度的专用检验工具。使用极限量规不能测出零件几何参数的数值，只能判断被测量是否合格。

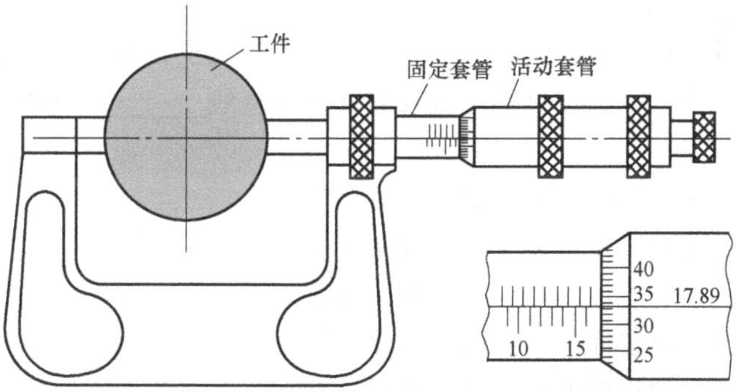

图 14-48　千分尺

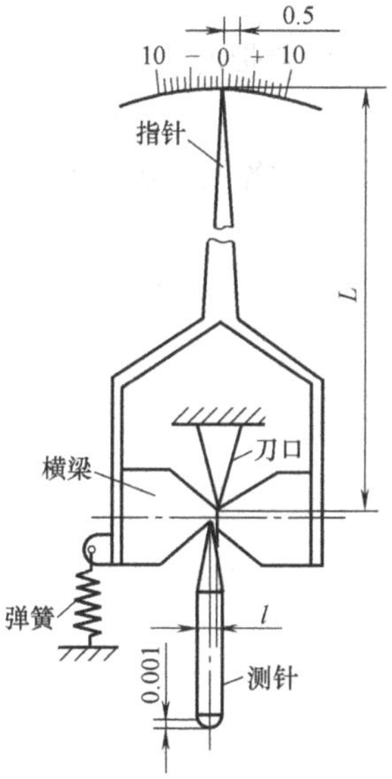

图 14-49　测微表传动系统

作 业 十 四

一、基本概念解释

1. 尺寸误差　2. 形状误差　3. 位置误差　4. 表面粗糙度　5. 公称尺寸

二、填空题

1. 加工误差包括________误差、________误差、位置误差和表面粗糙度。

2. 极限尺寸是设计者以________尺寸为基数所确定的尺寸界限，用以控制实际尺寸。

3. 公差带是在公差带图中由代表上、下________偏差的两条直线所限定的一个区域。

4，配合是指________尺寸相同的、相互结合的孔与轴的公差带之间的关系。

5. 孔的尺寸减去相配合的轴的尺寸所得的代数差，为________值时是间隙配合，为负值时是________。

6. 为了简化孔、轴配合的种类及清晰地描述各种配合方式，标准规定了两种基准制，即________制和________制。

7. 采用基孔制时，孔的基本偏差一定，孔的尺寸类型少，而________的尺寸类型多。

8. 直线度公差是用以限制被测实际直线对其理想直线________量的一项指标。

三、判断题

1. 间隙配合时，孔的公差带在轴的公差带之上。 (　　)

2. 过盈配合时，孔的公差带在轴的公差带之下。 (　　)

3. 过渡配合时，孔公差带与轴公差带相互交叠。 (　　)

4. 在设计工作中，应按优先、常用的顺序选用配合。 (　　)

5. 零件每一个表面的粗糙度轮廓技术参数可标注多次。 (　　)

四、简答题

1. 公差带有何特征？

2. 孔与轴相互配合时，孔和轴的公差带的相互关系有几种基本情况？

五、课外活动

同学之间相互合作，分组分析自行车各主要轴与孔配合的采用是基孔制还是基轴制。

第十五章　切削成形原理

金属切削加工是指利用刀具从工件表面切除多余材料的加工方法。对毛坯进行切削加工，可以制成不同精度的机械零件。

第一节　切削运动与切削要素

一、机械零件表面的形成

从几何学观点看，机械零件上每个表面都可以看成是一条母线沿一条导线运动的轨迹，如图 15-1 所示。圆柱面可以看成是由一条直线母线沿一条圆导线运动的轨迹。圆锥面可以看成是由一条斜线母线（与过圆导线圆心且垂直圆导线所在平面的轴线斜交）沿圆导线运动的轨迹。平面可以看成是由一条直线母线沿一条直导线运动的轨迹。图 15-1d、e 所示的成形面，可以看成是一条曲线母线沿一条圆导线或直导线运动的轨迹。切削加工时，零件上的实际表面就是根据这一原理，通过刀具与工件之间的相互作用和相对运动形成的。

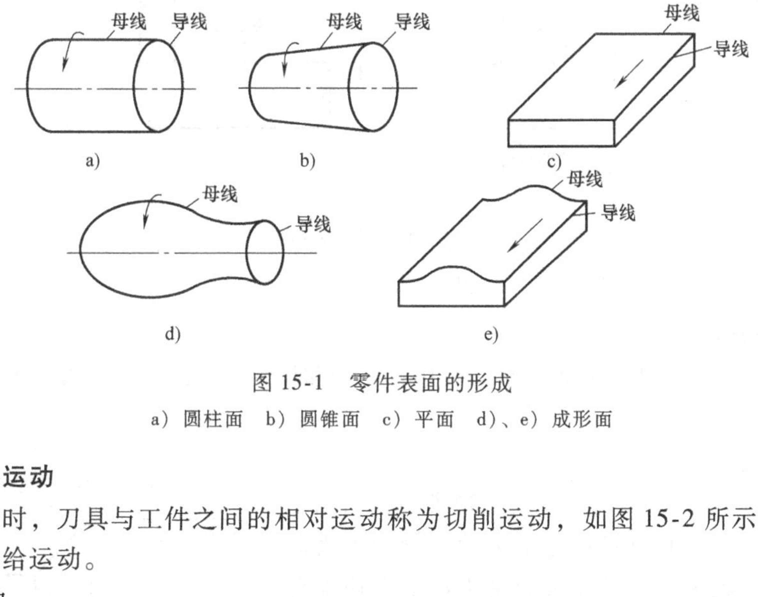

图 15-1　零件表面的形成

a）圆柱面　b）圆锥面　c）平面　d）、e）成形面

二、切削运动

切削加工时，刀具与工件之间的相对运动称为切削运动，如图 15-2 所示。切削运动分为主运动和进给运动。

1. 主运动

主运动是指由机床或人力提供的主要运动，它促使刀具和工件之间产生相对运动，从而使刀具（前刀面）接近工件。通常，主运动的速度最高，消耗机床的动力也最多。如图 15-2a 所示车削加工时工件的回转运动、图 15-2b 所示钻削加工时钻头的回转运动、图 15-2c 所示刨削加工时刨刀的直线往复运动、图 15-2d 所示铣削加工时铣刀的回转运动、图 15-2e 所示磨削加工时砂轮的回转运动，都属于机床主运动。各种机床只有一个主运动。

2. 进给运动

进给运动是指由机床或人力提供的运动，它使刀具与工件之间产生附加的相对运动。进给运动与主运动配合，即可不断地或连续地切除工件上多余的金属，并得到具有所需几何特性的已加工表面。通常，进给运动的速度较低，消耗机床的动力较少。如图 15-2a 所示车削加工时车刀的直线移动、图 15-2b 所示钻削加工时钻头的轴向移动、图 15-2c 所示刨削加工时工件的间歇直线移动、图 15-2d 所示铣削加工时工件的直线移动、图 15-2e 所示磨削加工时工件的直线往复移动及其回转，都属于进给运动。各种机床可以有一个或几个进给运动。

各种切削加工方法都是为加工某种表面而产生的。分析切削运动的特点，可以区分各种不同的切削加工方法。

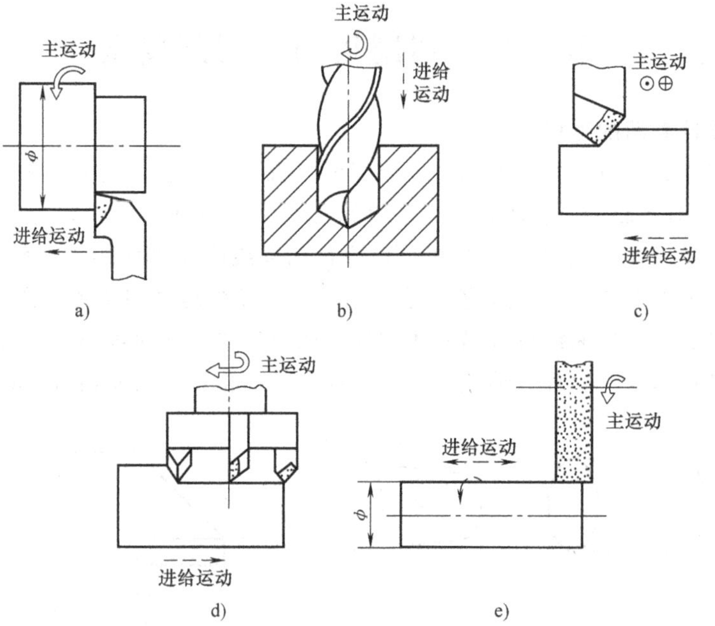

图 15-2　切削运动

a）车削　b）钻削　c）刨削　d）铣削　e）磨削

三、切削要素

要深入了解切削过程，必须分析切削用量要素和切削层尺寸平面要素。下面以车削加工为例介绍这些要素。

1. 切削用量要素

图 15-3 所示车削加工过程形成三种表面：已加工表面是工件上经刀具切削后产生的表面；待加工表面是工件上待切除的表面；过渡表面是工件上由切削刃形成的那部分表面，也就是已加工表面与待加工表面之间的表面，在下一转里将被切除。过渡表面与切削刃之间的相对运动速度、待加工表面转化为已加工表面的速度和已加工表面与待加工表面之间的距离，是调整切削过程的三个基本参数。这三个参数实际上就是切削用量三要素。

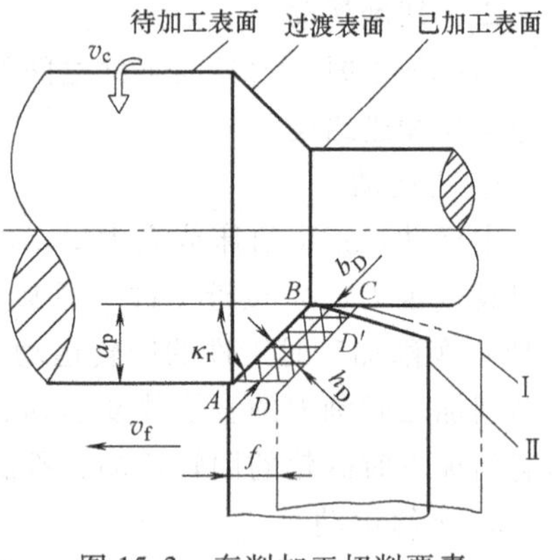

图 15-3　车削加工切削要素

(1) 切削速度　切削加工时，刀具切削刃选定点

（为定义该点的刀具角度，在切削刃上选定的点）相对于工件主运动的瞬时速度，称为切削速度，用符号 v_c 表示，单位为 m/s。

（2）进给量　刀具在进给运动方向上相对于工件的位移量，称为进给量。车削加工时刀具进给量常用工件每转一转刀具的位移量来表述和度量，并用符号 f 表示，单位为 mm/r。

（3）背吃刀量　对于车削加工，背吃刀量表现为已加工表面与待加工表面之间的距离，用符号 a_p 表示，单位为 mm。

2. 切削层尺寸平面要素

图 15-3 所示的车外圆加工，当工件回转一周时，车刀由位置Ⅰ移动到位置Ⅱ。车刀处在两个位置时的切削刃 DC 与 AB 之间的一层金属，称为金属切削层。通过切削刃基点（通常指主切削刃工作长度的中点）并垂直于该点主运动方向的平面，称为切削层尺寸平面。在切削层尺寸平面内测定的切削层尺寸几何参数，称为切削层尺寸平面要素。

（1）切削层公称厚度　在切削层尺寸平面内，垂直于切削刃方向所测得的切削层尺寸，称为切削层公称厚度，用符号 h_D 表示，单位为 mm。切削层公称厚度代表了切削刃的工作负荷。

（2）切削层公称宽度　在切削层尺寸平面内，沿切削刃方向所测得的切削层尺寸，称为切削层公称宽度，用符号 b_D 表示，单位为 mm。切削层公称宽度通常等于切削刃的工作长度。

（3）切削层公称横截面积　在给定瞬间，切削层在切削层尺寸平面内的实际横截面积，称为切削层公称横截面积，用符号 A_D 表示，单位为 mm^2。它等于切削层公称厚度与切削层公称宽度的乘积，也等于背吃刀量与进给量的乘积，即

$$A_D = h_D b_D$$

$$A_D = a_p f$$

当切削速度一定时，切削层公称横截面积代表了生产率。

第二节　金属切削刀具

图 15-4 所示为一把普通外圆车刀，由刀体和刀柄两部分组成。金属切削刀具通常都由形成切削刃的部分（刀体）和夹持部分（刀柄）所组成。有时将刀片焊接或装夹在刀体上。刀片或刀体必须选用专门的刀具材料制作，而刀柄一般选用优质碳素结构钢制成。

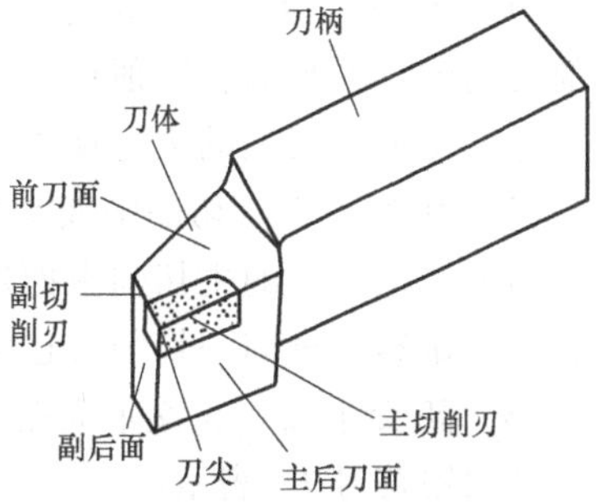

图 15-4　车刀的组成

一、刀具材料

金属切削刀具工作时，其切削部分承受着高压、高温和剧烈摩擦。常用刀具材料的特性如下：

碳素工具钢的耐热性差，在 200 ~ 250℃ 时其硬度明显下降。因此，碳素工具钢多用于切削速度低于 0.13m/s 的简单手工刀具，如锉刀、刮刀和手锯条等。

量具刃具钢的淬透性好，但耐热性仍不理想，在350 ~ 450℃ 时硬度会明显下降。因此，量具刃具钢多用于制造形状较复杂，切削速度低于 0.17m/s 的丝锥、板牙等刀具。

高速工具钢的耐热性好，在 500 ~ 600℃时仍然具有切削能力，并且能磨出锋利的刃口。因此，高速工具钢多用于制造形状复杂的钻头和铣刀等。高速工具钢允许的切削速度高达 0.5m/s。

硬质合金具有高硬度、高耐磨性和高耐热性的特点，但其抗弯强度低，冲击韧性差。因此，硬质合金多制成各种形状的刀片，焊接或装夹在刀体上使用。硬质合金允许的切削速度更高，可达 1.7 ~ 5m/s。

二、车刀切削部分的几何参数

切削刀具的种类很多，但其切削部分都有共同的特点。图 15-4 所示普通外圆车刀的切削部分由三面、两刃和一尖组成。三面指前刀面、主后刀面和副后刀面，两刃指主切削刃和副切削刃，一尖指刀尖。

前刀面也称前面，是刀具上切屑流过的表面，用符号 A_γ 表示；主后刀面指在刀具上与工件上切削时产生的过渡表面相对的表面，用符号 A_α 表示；副后刀面指在刀具上与工件上切削时产生的已加工表面相对的表面，用符号 A'_α表示；主切削刃指由前刀面与主后刀面相汇交的边缘，用符号 S 表示；副切削刃指由前刀面与副后刀面相汇交的边缘，用符号 S'表示；刀尖由主切削刃和副切削刃汇交形成。

为了确定刀具切削部分刀面和切削刃的空间位置，必须引入基准坐标平面。基准坐标平面简称基准平面。

1. 基准平面

为了简化分析，假设切削时只有主运动，安装的刀柄与工件中心线垂直，且刀尖与工件中心线等高。这种假设的状态称为“静止状态”。静止状态下确定的基准平面，是刀具刃磨、测量和标注角度的基准。普通外圆车刀的基准平面和主要角度如图 15-5 所示。

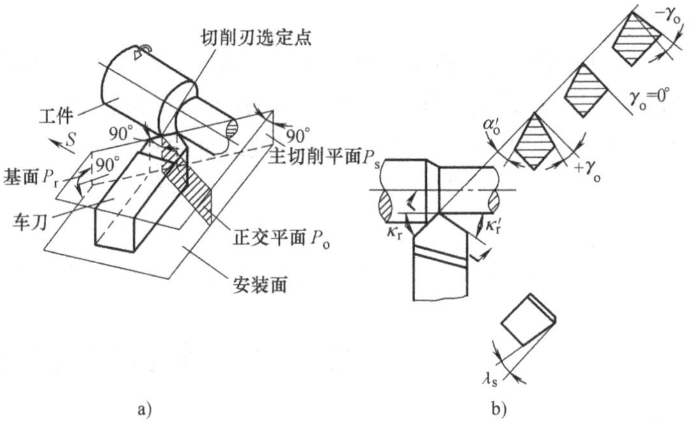

图 15-5　普通外圆车刀的基准平面和角度

a）基准平面　b）主要角度

（1）基面　基面是指过切削刃选定点的平面，一般说来其方位要垂直假定的主运动方向。基面用符号 P_r 表示。

（2）切削平面　切削平面是指过切削刃选定点与切削刃相切并垂直于基面的平面。通过主切削刃选定点的主切削平面用符号 P_s 表示；通过副切削刃选定点的副切削平面用符号 P'_s表示。显然，过同一切削刃选定点的切削平面和基面相互垂直。

（3）正交平面　正交平面是通过切削刃选定点并同时垂直于基面和切削平面的平面。正交平面用符号 P_o 表示。

过同一切削刃选定点的基面、切削平面和正交平面构成确定刀面和切削刃空间位置的直角坐标系。

2. 车刀的主要角度

（1）前角　前角是指在正交平面内测量的前刀面与基面之间的夹角，用符号 γ_o 表示。前角说明前刀面对基面的倾斜程度，影响主切削刃的锋利度和刃口强度。在正交平面内看前刀面与切削平面：构成锐角时，前角为正值；构成钝角时，前角为负值；构成直角时，前角为0°。

（2）后角　后角是指在正交平面内测量的主后面与主切削平面之间的夹角，用符号 α_o 表示。后角说明主后面对主切削平面的倾斜程度，影响主后面与过渡表面之间的摩擦情况。

（3）主偏角　主偏角是指在基面内测量的主切削平面与进给运动方向的夹角，用符号 κ_r 表示。主偏角说明进给运动方向对主切削平面的倾斜程度，影响刀体强度、刃口负荷和受力情况等。

（4）副偏角　副偏角是指在基面内测量的副切削平面与进给运动反方向的夹角，用符号 κ_r'表示。副偏角说明进给运动反方向对副切削平面的倾斜程度，影响已加工表面的表面粗糙度。如图 15-3 所示，当工件回转一周时，在已加工表面上留下$\triangle BCD'$残留面积。若κ_r'减小，则$\triangle BCD'$的高度减小，使表面粗糙度值降低。

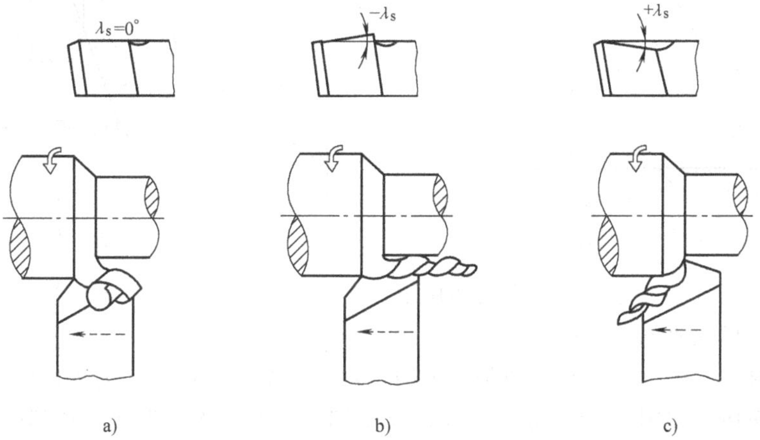

图 15-6　刃倾角对切屑流向的影响

a）$\lambda_s=0°$　b）$\lambda_s<0°$　c）$\lambda_s>0°$

（5）刃倾角　刃倾角是指在主切削平面内测量的主切削刃与基面之间的夹角，用符号 λ_s 表示。刃倾角说明主切削刃对基面的倾斜程度，影响切屑的流出方向。

对于普通外圆车刀来说，当刀尖位于主切削刃上最高点时，刃倾角为正值；当刀尖位于主切削刃上最低点时，刃倾角为负值；当主切削刃与基面平行时，刃倾角为0°。

刃倾角对切屑流向的影响如图 15-6 所示。正的刃倾角把切屑引向待加工表面一侧，能避免切屑擦伤已加工表面；负的刃倾角把切屑推向已加工表面，可能对已加工表面造成损伤。0°刃倾角使切屑沿垂直于主切削刃的方向流出。

第三节　金属切削过程中的物理现象

金属切削过程是刀具与工件间相互作用又相对运动的过程。金属切削过程中的变形现象、力现象、热现象和刀具磨损现象等，对加工质量、生产率和生产成本有重要影响。

一、变形现象

任何刀具的作用都包括切削刃的作用和构成切削刃的刀面的作用。切削刃依靠它与被切物接触处很大的局部应力，使被切物分离。同时，刀面撑挤被切物，促使被切物分离。

金属工件受刀具作用的情况如图 15-7 所示。当切削层金属受到前刀面挤压时，其内部产生正应力和切应力。在与作用力大致成 45°角的方向上，切应力的数值最大。当切应力的数值达到金属的屈服强度时，将产生滑移。由于 *CB* 方向受到下面金属的限制，只能在 *DA* 方向上产生滑移。

应该指出，上述比拟只是一种近似的分析，实际切削加工时，金属塑性变形的情况比较复杂。图 15-8 所示 *OABCDEO* 区域是基本变形区，也称第 Ⅰ 变形区。*OA* 是始滑移线，*OE* 是终滑移线。*OE* 线右侧的切削层金属将变成切屑流走。切屑受到前刀面的挤压，将进一步产生塑性变形，形成前刀面摩擦变形区，也称第Ⅱ变形区。由于刃口的挤压、基本变形区的影响和主后刀面与已加工表面的摩擦等，在工件已加工表面还会形成第Ⅲ变形区。

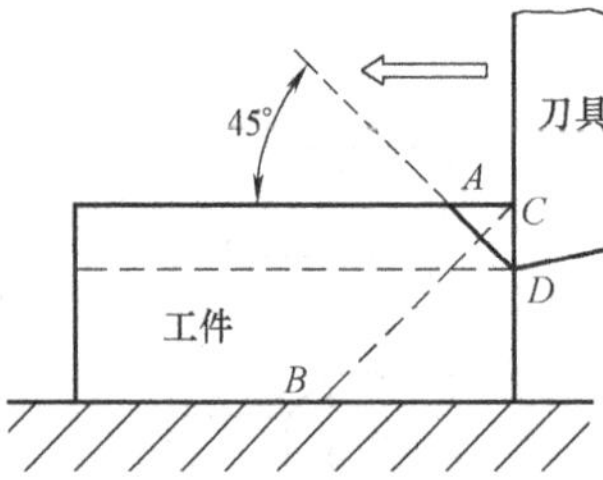

图 15-7　金属工件受刀具作用的情况

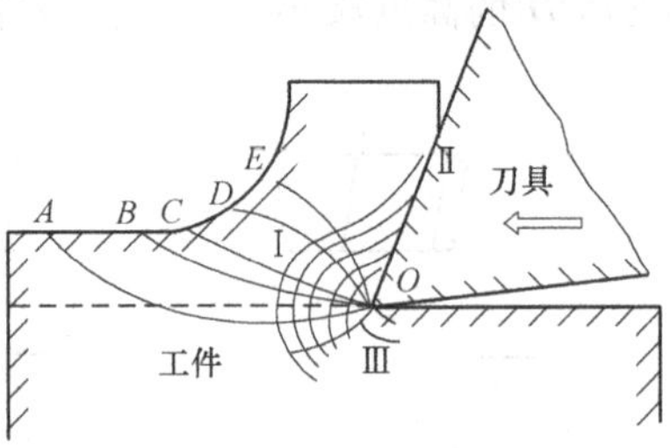

图 15-8　切削变形

金属切削过程本质上是工件在刀具作用下产生塑性变形的过程。金属塑性变形是金属切削过程中各种物理现象的总根源。

由于金属材料的组织性能和切削条件不同，切削层金属将产生不同程度的变形，从而形成不同类型的切屑，如图 15-9 所示。当切削层金属产生的最大变形尚未达到破裂的程度时，形成带状切屑；当变形程度更为严重，被一层层挤裂成锯齿形时，形成节状切屑；切削脆性金属材料时，切削层金属一般不经过塑性变形，就崩碎成不规则的碎块，形成崩碎切屑。实践证明，通过改善工件材料的性能及切削条件，可能使带状切屑变为节状切屑，使切削工作较顺利。

切削塑、韧性金属材料时，由于切屑底面与前刀面的挤压和剧烈摩擦，会使切屑底层的流动速度低于其上层的流动速度，形成滞流层。当滞流层金属与前刀面之间的摩擦力超过切屑本身的分子间结合力时，滞流层的一部分新鲜金属就会粘接在切削刃附近，形成一个硬块，称为积屑瘤，如图 5-10 所示。

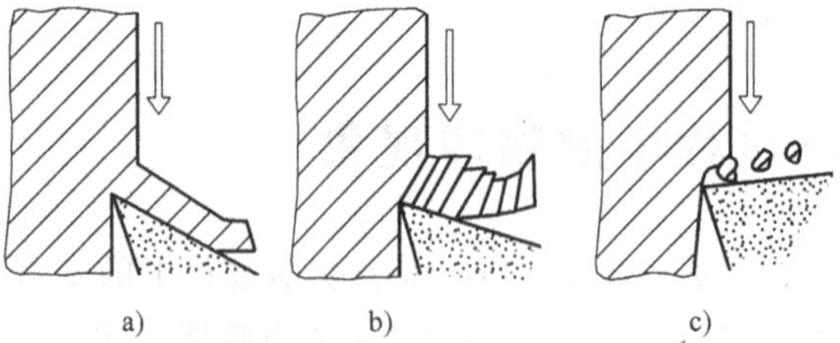

图 15-9　切屑的类型

a）带状　b）节状　c）崩碎

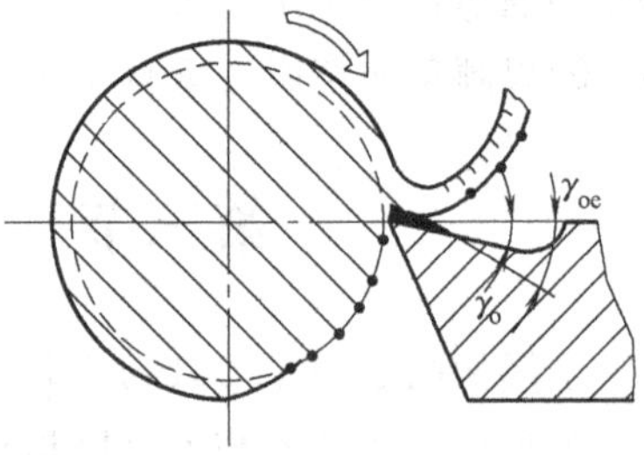

图 15-10　积屑瘤的形成

积屑瘤经历了冷变形强化过程，其硬度远高于工件的硬度，从而有保护切削刃及代替切削刃进行切削的作用。但积屑瘤长到一定高度会破裂，又会影响加工过程的稳定性。积屑瘤还会在工件加工表面上划出不规则的沟痕，影响表面质量。因此，粗加工时产生积屑瘤有一定的益处，而精加工时则必须避免积屑瘤的形成。生产实践表明，高速或低速切削不易形成积屑瘤。

二、力现象

在切削加工时，刀具上所有参与切削的各切削部分所产生的总切削力的合力，称为刀具总切削力。一个切削部分所产生的总切削力，称为一个切削部分的总切削力，用符号 $\boldsymbol{F}$ 表示。在进行工艺分析时，常将 $\boldsymbol{F}$ 沿主运动方向、进给运动方向和垂直进给运动方向（在水平面内）分解为三个相互垂直的分力，如图 15-11 所示。

总切削力 $\boldsymbol{F}$ 在主运动方向上的正投影，称为切削力，用符号 $\boldsymbol{F}_c$ 表示。切削力往往消耗机床功率的 95% 以上，它是计算机床功率和设计主运动传动系统零件的主要依据。

总切削力 $\boldsymbol{F}$ 在进给运动方向上的正投影，称为进给力，用符号 $\boldsymbol{F}_f$ 表示。进给力一般只消耗机床功率的 1% ~5%，它是设计进给运动传动系统零件的主要依据。

总切削力 $\boldsymbol{F}$ 在垂直进给运动方向上（在水平面内）的正投影，称为背向力，用符号 $\boldsymbol{F}_p$ 表示。背向力不做功，但会使工件产生弹性弯曲，引起振动，影响加工精度和表面粗糙度。对于刚度差的细长轴类工件，背向力对其加工精度的影响如图 15-12 所示。使用双顶尖装夹时，加工后工件呈鼓形；使用自定心卡盘装夹时，加工后工件呈喇叭形。

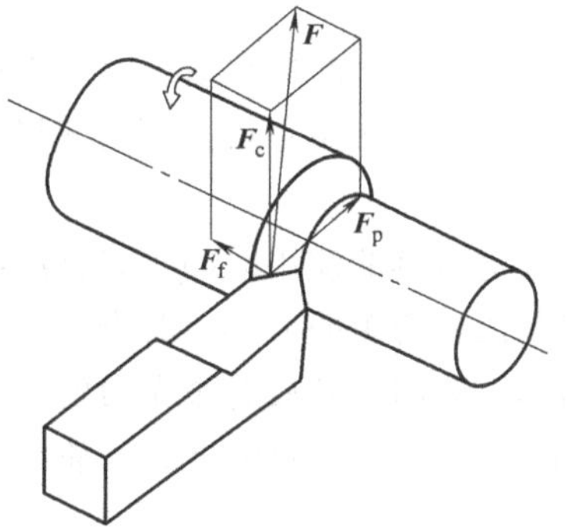

图 15-11　总切削力的分解

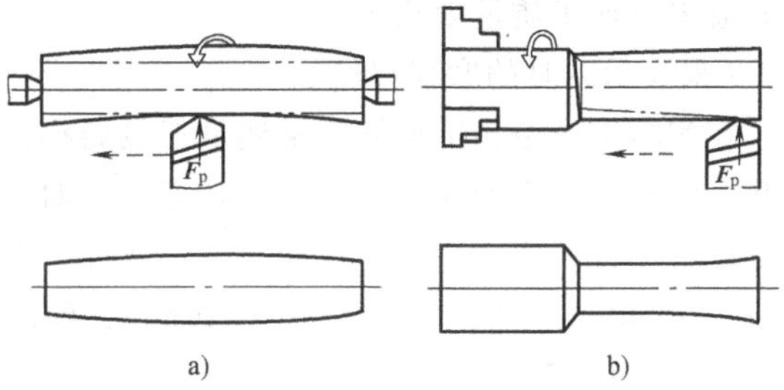

图 15-12　背向力 $\boldsymbol{F}_p$ 对形状误差的影响

a）双顶尖装夹　b）自定心卡盘装夹

工件材料的成分、组织和性能是影响切削力的主要因素。金属材料的强度、硬度越高，则变形抗力越大，切削力 $\boldsymbol{F}_c$ 也越大。对于强度、硬度相近的材料，若塑性、韧性较好，则变形较严重，需要的切削力也较大。刀具角度中前角对切削力的影响最大。较大的前角使刃口锋利，有利于减小切削力。切削用量对切削力的影响主要表现为背吃刀量 a_p 和进给量 f 的影响。a_p 增加一倍会使切削力增加一倍；而 f 增加一倍时，由于切削变形沿切削层厚度不均匀分布，切削力只增加 68% ~86%。

三、热现象

在切削加工时由于变形、摩擦等产生的热，称为切削热。切削热会使工件产生热变形，影响加工精度，还会影响刀具寿命。切削热的产生和传散影响着切削区域的温度。切削区域的温度称为切削温度。切削温度过高是刀具迅速磨损的主要原因。

工件材料的成分、组织和性能是影响切削温度的重要因素。强度、硬度高的金属材料，切削加工时产生的切削热多，切削温度也高。在强度、硬度大致相同的条件下，塑性、韧性好的金属材料塑性变形严重，产生的切削热较多，切削温度也较高。刀具角度中前角和主偏角对切削温度的影响较大。一般说来，前角增大会使切削温度降低。主偏角减小使主切削刃工作长度增加，改善了刀具的散热条件，从而使切削温度下降。增大切削用量可使金属被切除量成比例地增加，产生的切削热相应地增多，切削温度相应升高。但是，切削速度、进给量、背吃刀量对切削温度的影响是不同的。切削速度的影响最大，背吃刀量的影响最小。从降低切削温度的角度考虑，应优先考虑采用大的背吃刀量和进给量，最后确定合理的切削速度。

四、刀具磨损现象

切削过程中，刀具与工件相互作用的结果在工件上形成已加工表面，而刀具的切削部分则被磨损。刀具磨损到一定程度后必须刃磨，否则会产生振动，使工件的加工质量下降。刀具正常磨损时，按磨损部位不同，可以分为主后刀面磨损、前刀面磨损、前刀面和主后刀面同时磨损三种形式，如图15-13所示。

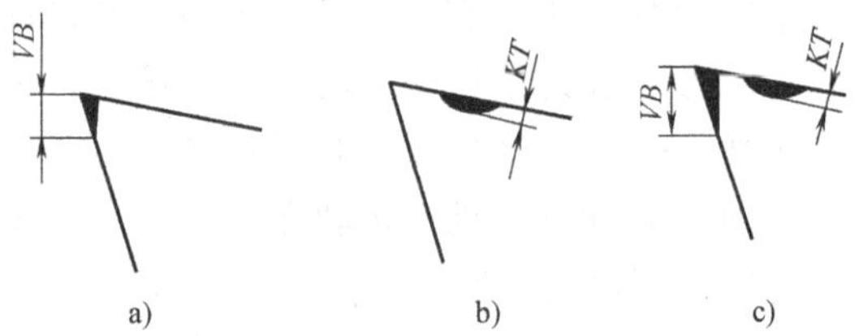

图15-13　刀具的磨损形式

a）主后刀面磨损　b）前刀面磨损　c）前刀面和主后刀面磨损

主后刀面的磨损程度用磨损高度 *VB* 表示；前刀面的磨损程度用月牙洼的深度 *KT* 表示；单是前刀面磨损的情况比较少，多数情况下主后刀面也有磨损。因为主后刀面磨损对加工质量影响较大，所以前刀面、主后刀面同时磨损时，多用主后刀面的磨损高度 *VB* 来表示刀具的磨损程度。

在实际生产中，不可能经常测量刀具磨损的程度，而是规定刀具的使用时间。刀具两次刃磨之间实际切削的时间，称为刀具寿命。对于制造和刃磨都比较简单的刀具，其寿命可以定得低一点；反之，可以定得高一点。例如，对通用刀具的调查表明，硬质合金车刀的寿命为60～90min，钻头的寿命为80～120min，硬质合金面铣刀的寿命为90～180min，齿轮刀具的寿命为200～300min。

生产实践表明，随着切削速度的提高，将使刀具磨损加快，刀具寿命降低。若切削速度增加20%，刀具寿命约下降46%；切削速度增加100%，刀具寿命约下降90%。因此，要提高生产率，不能盲目地提高切削速度，而应考虑增大背吃刀量和进给量。

第四节　提高切削加工质量及经济性的途径

一、提高工艺系统的刚度

切削加工时由机床、刀具、夹具和工件所组成的统一体，称为工艺系统。夹具是指用以装夹工件（和引导刀具）的装置。在切削过程中，工艺系统受切削力的作用将产生变形，从而影响成形运动和加工精度。因此，工艺系统必须具有足够的刚度。例如，机床采用庞大的床身及其箱形、槽形结构和短粗的刀杆结构等，都是为了增加工艺系统的刚度。

二、合理选用刀具材料与刀具角度

在一定的切削条件下，选用合适的刀具材料和合理的刀具角度，才能保证良好的切削效果。常用刀具材料的主要特点及选用在前文已做了简要介绍，这里只介绍刀具角度的选择原则。

1. 前角的选择

前角对刀具的切削性能起着决定性的作用。一般来说，加大前角使刃口锋利，但刃口的强度会受到影响。选择前角的原则是保证刃口的锐利，兼顾刃口的强度。例如，切削正火状态的45钢，一般选 $\gamma_o=15°\sim20°$；而经过淬火的45钢硬度大大提高，要求提高刃口强度，常选用负前角 $\gamma_o=-5°\sim-15°$，同时采用负的刃倾角，以保证刃口和刀尖强度。

2. 后角的选择

后角的主要作用是减少切削过程中主后面与过渡表面之间的摩擦，也影响刃口的强度。粗加工时，刀具所承受的切削力较大，而且可能有冲击负荷。为保证刃口强度，后角应小一些；精加工时，切削力较小，切削过程稳定，为减少摩擦，保证已加工表面质量，后角应稍大一些。例如，粗车45钢工件，常取 $\alpha_o=4°\sim6°$；而精车时取 $\alpha_o=6°\sim8°$

3. 主偏角的选择

主偏角的大小影响刀尖部分的强度、散热条件和背向力分力的大小等。减小主偏角能增强刀尖强度，改善散热条件，并使切削层公称厚度减小、切削层公称宽度增加，减轻单位长度切削刃上的负荷，从而有利于提高刀具的寿命；而加大主偏角，则有利于减小背向力，防止工件变形，减小加工过程中的振动。当工艺系统刚度好时，应选用较小的主偏角，以提高刀具的寿命；当工艺系统刚度差时，则必须采用较大的主偏角。例如，车削细长轴时，常取 $\kappa_r=90°$或 $\kappa_r=75°$；车削冷硬轧辊时，常取 $\kappa_r\leqslant15°$。

4. 副偏角的选择

副偏角的主要作用是减少副切削刃与已加工表面的摩擦。减小副偏角有利于降低残留面积的高度，降低已加工表面的表面粗糙度值。外圆车刀的副偏角常取 $\kappa_r'=6°\sim10°$。粗加工时，可取大一些；精加工时，可取小一些。为了降低已加工表面的表面粗糙度值，必要时还可以磨出 $\kappa_r'=0°$的修光刃。

5. 刃倾角的选择

刃倾角的大小主要影响刀尖部分的强度及切屑的流向。粗车一般钢料和灰铸铁时，常取刃倾角 $\lambda_s=-5°\sim0°$，以增加刀尖强度；精车时，则取 $\lambda_s=0°\sim+5°$，以防止切屑划伤已加工表面。

三、合理选用切削用量

切削用量三要素对生产率的影响是等同的，而对切削加工过程的影响则是不同的。因此，必须合理选用切削用量。

粗加工的目的在于尽快切除加工余量，应根据工件的加工余量选择背吃刀量。若工艺系统刚度好，应尽可能选取较大值；若工艺系统刚度差，则应按刚度选取。然后，根据加工条件选择尽可能大的进给量，再按对刀具寿命的要求，选择合适的切削速度。

精加工的目的在于保证加工精度和表面粗糙度。为了避免积屑瘤对加工质量的不良影响，硬质合金车刀一般选用较高的切削速度，如精车中碳钢工件可选用 $v_c=2.17\sim2.7\text{m/s}$，高速工具钢车刀耐热性较差，多选用较低的切削速度，如用高速工具钢宽刃精车刀加工中碳钢及合金钢工件，多选用 $v_c=0.05\sim0.08\text{m/s}$。切削速度确定之后，再根据加工精度和表面粗糙度要求选择较小的进给量和背吃刀量。

四、使用切削液

为了有效地减少切削过程中的摩擦，改善散热条件，提高生产率和加工表面的质量，常使用切削液。切削液有冷却、润滑、清洗、防锈的作用，是控制切削过程的重要措施。常用的切削液有水溶液、乳化液和切削油。

五、改善工件材料的可加工性

材料的可加工性是指在一定的生产条件下，材料被切削加工的难易程度。一般来说，良好的可加工性是指：加工时刀具寿命较长；在一定的刀具寿命下允许的切削速度较高；在相同的切削条件下切削力较小或切削温度较低，容易获得较好的表面质量。

可加工性是对金属材料的综合评定指标，很难用一个简单的物理量来表示。最常用的指标是指定刀具寿命的切削速度和相对可加工性。指定刀具寿命的切削速度是指刀具寿命为 T，切削某种材料所允许的切削速度用符号 v_T 表示，v_T 越高，则认为材料的可加工性越好。通常把 T 定为60min，记作 v_{60}。相对加工性是指以某种材料的 v_{60} 为基准，判断材料可加工性的相对难易程度，用符号 κ_r 表示。通常，以正火状态45钢的 v_{60} 作为基准，记作 $(v_{60})_j$。材料的 v_{60} 与 $(v_{60})_j$ 的比值为 κ_r，即 $\kappa_r=v_{60}/(v_{60})_j$。

实践证明，金属材料的硬度为170～230HBW时，其可加工性较好。因此，常常通过热处理工艺调整材料的硬度，改善其可加工性。如对低碳钢进行正火处理、对高碳钢进行球化退火、对铸铁件中局部白口铸铁组织进行石墨化退火等。

作业十五

一、基本概念解释

1. 金属切削加工 2. 主运动 3. 进给运动 4. 切削速度 5. 进给量 6. 背吃刀量

二、填空题

1. 普通外圆车刀由________和________组成。

2. 普通外圆车刀的切削部分由________面、________刃和一尖组成。

3，前角是指在正交平面内测量的________面与________面之间的夹角，用符号 γ_o 表示。

4. 主偏角是指在基面内测量的________平面与________运动方向的夹角，用符号 κ_r 表示。

5. 刃倾角是指在主切削平面内测量的________刃与________面之间的夹角，用符号 λ_s 表示。

6. 总切削力 $\boldsymbol{F}$ 在________运动方向上的正投影，称为切削力，用符号 F_c 表示。

7. 生产实践表明，________或低速切削不易形成积屑瘤。

8. 精加工的目的在于保证加工________度和表面________度。

三、判断题

1. 各种机床可以有多个主运动。 (   )

2. 各种机床可以有一个或几个进给运动。 (   )

3. 对于普通外圆车刀，当刀尖位于主切削刃上最高点时，刃倾角为负值。 (　　)

4. 金属材料的强度、硬度越高，则变形抗力越大，切削力 F_c 也越大。 (　　)

5. 实践证明，金属材料的硬度为 170～230HBW 时，其可加工性较好。 (　　)

四、简答题

1. 切削加工过程中形成了哪三个表面？

2. 列表简述外圆车刀的五个基本角度及其作用。

五、课外活动

同学之间相互合作，分组分析各种车刀的基本角度及各种车刀的主要用途。

第十六章　刀具切削成形方法

金属切削加工在金属切削机床上完成。金属切削机床是指用切削（或特种加工）等方法主要用于加工金属工件，使之获得所要求的几何形状、尺寸精度和表面质量的机器。它是制造机器的机器，所以又称为“工作母机”，习惯上称为机床。机床是制造机械零件的主要设备。它所承担的工作量占机器制造总工作量的 40% ~60%。机床的精度直接影响被加工零件的精度。

切削加工时，安装在机床上的工件和刀具是两个执行件，在相应机构的带动下相互作用又相对运动，逐步完成对工件的切削工作，形成零件表面。机床的本质是使工件表面成形，机床的结构应能保证工件表面成形。采用不同的刀具和机床，可构成不同的切削成形方法。机床种类繁多，应用范围也各不相同。

第一节　机床的分类与编号

一、机床的分类

机床主要按使用的刀具和加工性质进行分类。例如，使用车刀，主要用于加工回转表面的车床；使用钻头、镗刀，主要用于加工内回转表面的钻床、镗床；使用刨刀、铣刀，主要用于加工平面、沟槽的刨床、铣床；使用砂轮，主要用于进一步提高工件加工质量的磨床等。

在同一类机床中，按照工作精度的不同，机床又可分为普通机床、精密机床和高精度机床三个等级；按使用范围进行分类，机床可分为通用机床和专用机床；按自动化程度进行分类，机床可分为手动机床、机动机床、半自动机床和自动机床；按尺寸、质量进行分类，机床可分为仪表机床、中型机床（一般机床）、大型机床（质量大于 10t）、重型机床（质量大于 30t）和超重型机床。

二、机床型号的编制方法

机床的型号是用来表示机床的类别、主要参数和主要特性的代号。目前，机床型号采用汉语拼音字母和阿拉伯数字按一定规律组合表示。例如，CM6132 型精密卧式车床，型号中的代号及数字的含义如下：

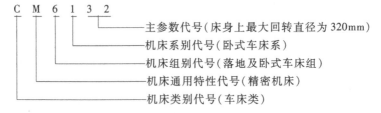

C M 6 1 3 2

- 32——主参数代号（床身上最大回转直径为 320mm）
- 1——机床系别代号（卧式车床系）
- 6——机床组别代号（落地及卧式车床组）
- M——机床通用特性代号（精密机床）
- C——机床类别代号（车床类）

金属切削机床的类、组、系划分见表 16-1。

1. 机床类别代号

表 16-2 列出了我国机床的 11 个类别。机床类别代号按机床名称以汉语拼音字首（大

写）表示，并按名称读音。

表 16-1 金属切削机床的类、组、系划分

<table>
<tr><td colspan="2">系别 组别 机床类别</td><td>0</td><td>1</td><td>2</td><td>3</td><td>4</td><td>5</td><td colspan="10">6</td><td>7</td><td>8</td><td>9</td></tr>
<tr><td rowspan="3">I 车床</td><td rowspan="3">C</td><td rowspan="3">仪表车床</td><td rowspan="3">单轴自动车床</td><td rowspan="3">多轴自动、半自动车床</td><td rowspan="3">回轮、转塔车床</td><td rowspan="3">曲轴及凸轮轴车床</td><td rowspan="3">立式车床</td><td colspan="10">落地及卧式车床</td><td rowspan="3">仿形及多刀车床</td><td rowspan="3">轮、轴、锭、辊及铲齿车床</td><td rowspan="3">其他车床</td></tr>
<tr><td>0</td><td>1</td><td>2</td><td>3</td><td>4</td><td>5</td><td>6</td><td>7</td><td>8</td><td>9</td></tr>
<tr><td>落地车床</td><td>卧式车床</td><td>马鞍车床</td><td>无丝杠车床</td><td>卡盘车床</td><td>球面车床</td><td></td><td></td><td></td><td></td></tr>
</table>

表 16-2 机床类别及代号

类别	车床	钻床	镗床	磨床			齿轮加工机床	螺纹加工机床	铣床	刨插床	拉床	锯床	其他机床
代号	C	Z	T	M	2M	3M	Y	S	X	B	L	G	Q
读音	车	钻	镗	磨	2 磨	3 磨	牙	丝	铣	刨	拉	割	其

2. 机床特性代号

机床特性分为通用特性和结构特性。

（1）通用特性及代号 机床通用特性及代号列入表 16-3。通用特性代号用汉语拼音字首（大写）表示，并列在类别代号之后。例如，CK6140 型车床中，K 表示该车床具有程序控制特性，写在类别代号 C 之后。

（2）结构特性 为了区别主参数相同而结构不同的机床，在型号中应增加结构特性代号。结构特性代号是根据各类机床的情况分别规定的，在不同型号中可以有不同的含义。若某机床具有通用特性，又具有结构特性，则在机床型号中将结构特性代号排列在通用特性代号之后。例如，CA6140 型卧式车床的型号中，字母 A 是该机床的结构特性代号，表示与 C6140 型卧式车床主参数相同，但结构不同。

通用特性代号已用的字母及 I、O 等，均不能作为结构特性代号。

表 16-3 机床通用特性及代号

通用特性	高精度	精密	自动	半自动	数控	加工中心自动换刀	仿形	轻型	加重型	简式	数显
代号	G	M	Z	B	K	H	F	Q	C	J	X
读音	高	密	自	半	控	换	仿	轻	重	简	显

3. 机床的组别与系别代号

每类机床按用途、性能、结构相近或派生关系分为若干组。例如，表 16-1 中将车床分为 10 组，每组又分为若干系。在机床型号中，类别代号和特性代号之后，第一位阿拉伯数字表示组别；第二位阿拉伯数字表示系别。

4. 机床主参数代号

各类机床以什么尺寸作为主要参数有统一的规定。主参数代表机床的规格，主参数代号以其主要参数的折算值表示，在机床型号中排列在组、系代号之后。表16-4给出了常见机床的主参数及其折算系数。

表16-4 常见机床的主参数及其折算系数

机床名称	主参数名称	主参数折算系数	机床名称	主参数名称	主参数折算系数
卧式车床	床身上最大回转直径	1/10	立式升降台铣床	工作台面宽度	1/10
摇臂钻床	最大钻孔直径	1/1	卧式升降台铣床	工作台面宽度	1/10
卧式坐标镗床	工作台面宽度	1/10	龙门刨床	最大刨削宽度	1/100
外圆磨床	最大磨削直径	1/10	牛头刨床	最大刨削长度	1/10

5. 机床重大改进代号

当机床的性能及结构有重大改进时，按其改进设计的次序，用汉语拼音字母A、B、C、…表示，写在机床型号的末尾。例如，M1432A表示第一次重大改进后的万能外圆磨床，最大磨削直径为320mm。

第二节 车削成形

车削是指工件回转做主运动，车刀做进给运动的切削加工方法。车削加工是各种加工方法的基础，其他切削加工方法都可以看成是车削加工的演变和发展。车床是应用最广泛的机床。

一、车床的功用与运动

车床是主要用车刀在工件上加工回转表面的机床。卧式车床是应用最广泛的车床。车床以工件回转和刀具移动作为其表面成形运动。车外圆是车床的基本工作。如前所述，外圆柱面是一条直线母线沿一条圆导线运动的轨迹。车削外圆柱面时，刀尖的轴向移动形成直线母线，刀具与工件的相对回转，可以看成是直线母线沿圆导线运动，形成外圆柱面。

车床的表面成形运动决定了它适于加工零件的各种回转表面。图16-1所示为9种主要车刀的名称、形状和在卧式车床上相对于工件回转表面的工作位置。1号切断刀以横向进给车槽或切断；2、3号右偏刀以纵向进给车外圆；4号90°偏刀以纵向进给、横向退出修正外圆和直角台阶；5号宽刃光刀以纵向进给精车外圆；6号90°端面车刀以横向进给车端面；7号90°右偏刀以纵向进给车外圆并形成直角台阶；8号内孔车刀以纵向进给车内孔；9号内孔端面车刀可纵向进给车盲孔，并可横向进给和纵向退出车内孔端面及修正内孔表面。

图16-2所示特种车刀的形状和位置表明，在车床上还可以加工工件回转表面上的外圆角、外环槽、螺纹、内环槽和花纹等。

由图16-1和图16-2还可以看出，加工表面不仅与刀具的形状有关，还与刀具进给运动的方向有关。图16-3所示车床工作与进给运动方向的关系更为明显：图16-3a所示车刀斜向进给，可

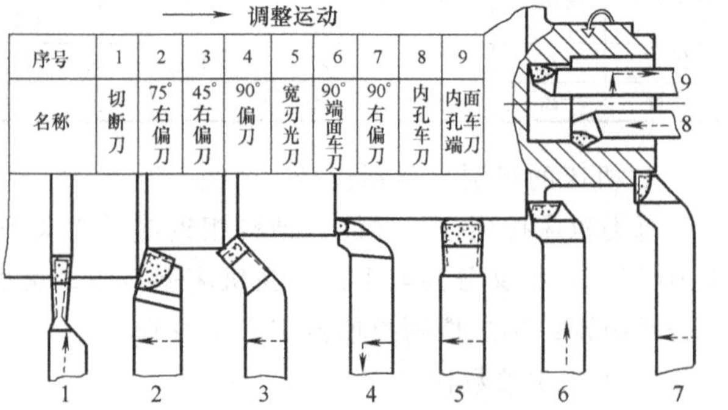

图16-1 9种主要车刀的工作

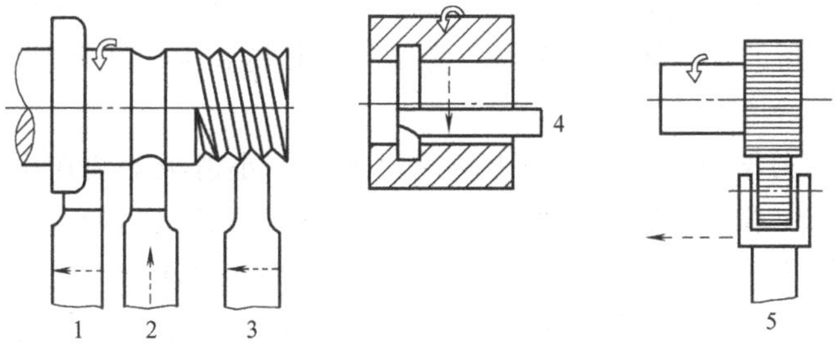

图 16-2　特种车刀的工作

1—车外圆角　2—车外环槽　3—车螺纹　4—车内环槽　5—滚花

以车出圆锥面；图 16-3b 所示在车床上使用铰刀轴向进给，可以铰削内圆面；图 16-3c 所示车刀纵向与横向配合进给，可以加工出成形面。

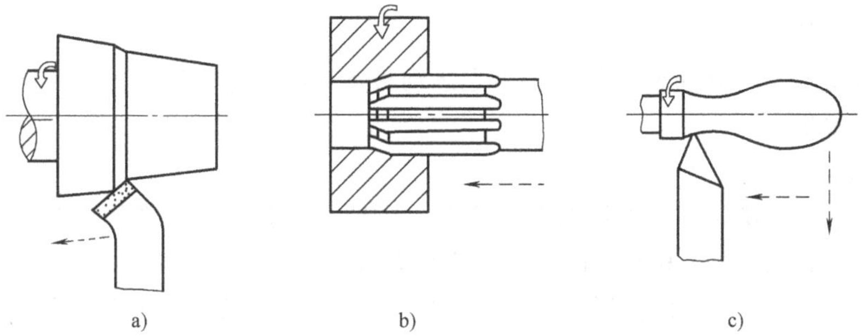

图 16-3　车床工作与进给运动方向的关系

a）斜向进给　b）轴向进给　c）纵向与横向配合进给

二、卧式车床的组成

卧式车床的主要组成部件如图 16-4 所示。

（1）床身　床身是车床的支承部件，用以支承和安装车床的各部件，并保证各部件之间具有正确的相对位置和相对运动。例如，床鞍和尾座可以沿着床身上的导轨移动。

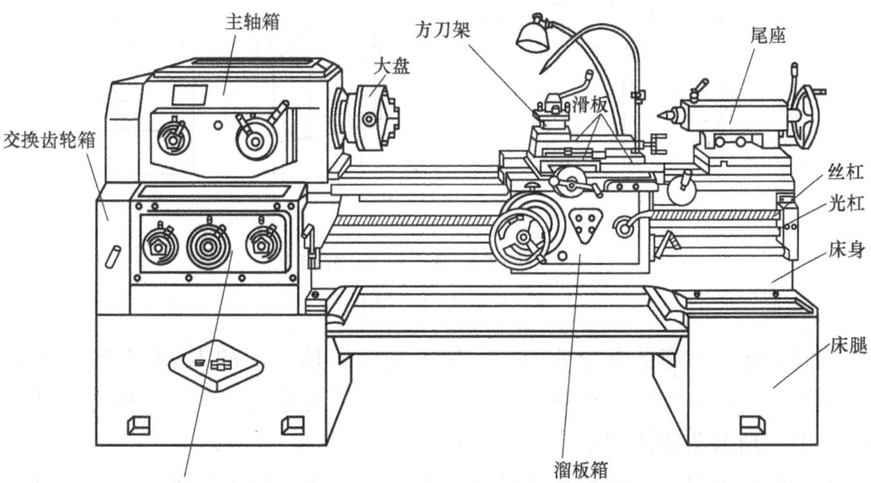

图 16-4　卧式车床的组成示意图

（2）主轴箱　主轴箱安装在床身的左上部，箱内有主轴部件和主运动变速机构。调整变速机构可以获得合适的主轴转速。主轴的前端可以安装卡盘或顶尖等以装夹工件，使工件回转做主运动。

（3）方刀架　方刀架安装在小滑板上以装夹车刀。小滑板安装在中滑板上，可以沿中滑板上的导轨移动。中滑板安装在床鞍上，可以沿床鞍上的导轨移动。床鞍安装在床身上，可以沿床身上的导轨移动。各滑板及床鞍带动方刀架使车刀实现各种进给运动。

（4）进给箱　进给箱安装在床身的左前侧，箱内装有进给运动变速机构。主轴箱的运动可以通过交换齿轮传给进给箱。进给箱通过光杠或丝杠将运动传给床鞍及刀架。丝杠主要用于车螺纹。光杠用于一般车削工作

在床鞍的前侧常常装有溜板箱。光杠通过溜板箱内的各种传动机构将运动传给床鞍及中滑板，使刀架实现纵向或横向自动进给。

（5）尾座　尾座通常安装在床身右上部，并可沿床身上的纵向导轨调整其位置，以支承不同长度的工件。

（6）传动系统　车床传动系统主要由主运动传动系统和进给运动传动系统组成。

三、车削加工

1. 车外圆

车外圆时，长轴类工件一般用两顶尖装夹，短轴及盘套类工件常用卡盘装夹。图 16-5a 所示为粗车钢件用的 90°右偏刀，选用了较小的前角（$\gamma_o = 12° \sim 15°$）、较小的后角（$\alpha_o = 4°$）和 0°刃倾角，以增加切削部分的强度；图 16-5b 所示为精车钢件用的 90°右偏刀，选用了较大的前角（$\gamma_o = 25° \sim 30°$）、较大的后角（$\alpha_o = 6°$）和正的刃倾角，以保证加工质量。

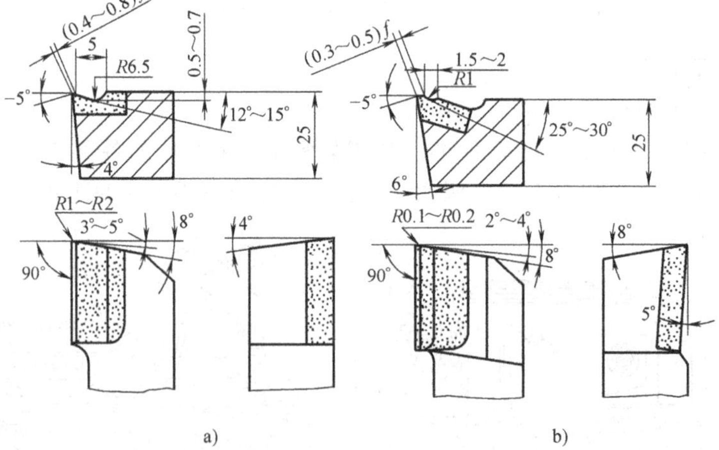

图 16-5　车削钢件的 90°右偏刀

a）粗车刀　b）精车刀

安装车刀时，伸出刀架的部分要短，一般不超过刀柄厚度的 1 ~ 1.5 倍，以增加工艺系统的刚度。车刀刀尖应与工件轴线等高，以免对前、后角造成影响。刀柄与工件轴线应大体垂直，以免对主、副偏角造成影响。

车削外圆一般分为粗车、半精车和精车。粗车外圆能使公差等级达 IT13 ~ IT11，表面粗糙度值 Ra 达 50 ~ 12.5μm；半精车在粗车的基础上进行，公差等级可达 IT10 ~ IT9，表面粗

糙度值 Ra 可达 6.3 ~ 3.2μm；精车在半精车的基础上进行，公差等级可达 IT7 ~ IT6，表面粗糙度值 Ra 可达 1.6 ~ 0.8μm。

2. 车床上的孔加工

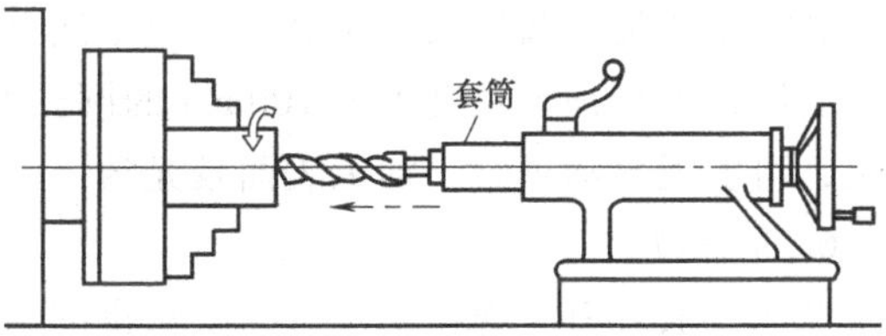

图 16-6　在车床上钻孔

在车床上，可以使用钻头、扩孔钻、铰刀等定尺寸刀具加工孔，也可以使用内孔车刀车孔。钻削加工的主运动由钻头回转实现，进给运动由钻头轴向移动实现。图 16-6 所示在车床上钻孔时，主运动由车床主轴带动工件回转实现；钻头装在尾座的套筒里，用手转动手轮使套筒带动钻头轴向移动，实现进给。若把扩孔钻或铰刀装在套筒里，还可以进行扩孔和铰孔。

应当指出，在车床上主要加工中小型轴类或盘套类零件中心位置的孔，并且应在一次装夹中加工其外圆和端面，以便用机床精度保证加工表面之间的相互位置精度。

3. 车端面与车台阶

车端面时，常用卡盘装夹工件，其运动形式如图 16-1（6 号，90°端面车刀）所示。使用右偏刀车端面时，起主要切削作用的切削刃是车外圆时的副切削刃，刀体强度也低，切削不顺利。

使用45°弯头刀和左偏刀车端面如图 16-7 所示。这时，其主切削刃与车外圆时相同，刀体强度也较高，切削较顺利。

右偏刀适于车削直径较小的端面；45°弯头刀和左偏刀适于车削直径较大的端面。

车台阶时刀具与工件的运动形式如图 16-1（4 号刀、7 号刀）所示。台阶较高时，可以分层车削，然后按车端面的方法平整台阶端面。

4. 车槽与切断

车槽时刀具与工件的运动形式如图 16-2（2 号刀、4 号刀）所示。回转体零件内、外表面上的沟槽，一般由相应的成形车刀通过横向进给实现。

车槽的极限深度是切断。切断时刀具与工件的运动形式如图 16-1（1 号切断刀）所示。切断刀受工件和切屑的包围，散热条件差，排屑困难。另外，切断刀本身的刚度差，容易引起振动。显然，切断比车外圆困难得多，也比车槽困难。

5. 车圆锥面

圆锥面的形成是通过车刀相对于工件轴线斜向进给实现的。车圆锥面最简单的方法是转动小滑板，手摇小滑板手轮，实现斜向进给，如图 16-8 所示。

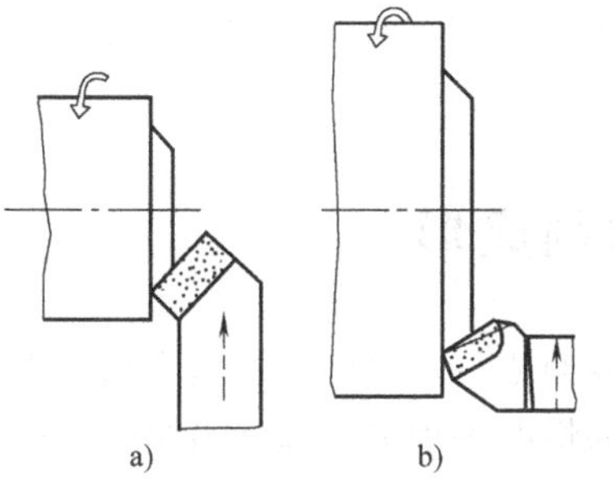

图 16-7　使用弯头刀和左偏刀车端面

a）45°弯头刀　b）左偏刀

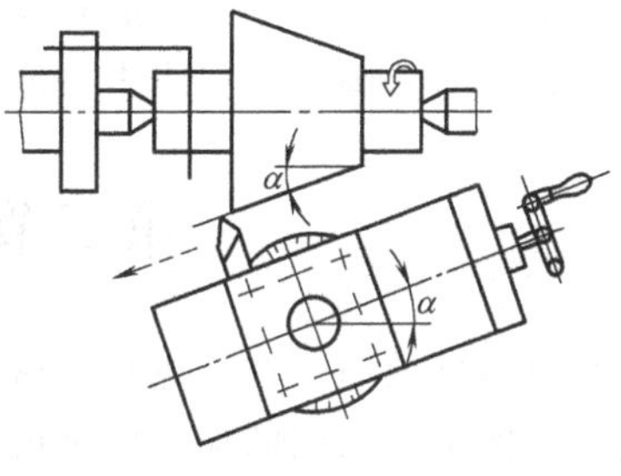

图 16-8　转动小滑板车圆锥面

转动小滑板车圆锥面操作简便，但不能自动进给，加工表面较粗糙。另外，小滑板丝杠长度有限，不能加工长度大于 100mm 的圆锥面。较长圆锥面常采用偏移尾座法或采用靠模加工，可实现自动进给，加工表面较光洁。

6. 车螺纹

车床一般具有车螺纹功能。为了获得准确的牙型，螺纹车刀必须磨成与螺纹的牙型相一致。如米制螺纹车刀刀尖角应磨成 60°，并且两切削刃要对称。装刀时刀尖角平分线应与工件轴线垂直，并且刀尖应与工件轴线等高。根据螺纹的牙高控制总的背吃刀量，保证螺纹中径。

车螺纹时，要求主轴每转一转刀具在丝杠带动下准确地移动一个导程。主轴与丝杠之间的传动比通过主轴到丝杠之间的传动系统实现。图 16-9 所示为无进给箱车床车螺纹的传动系统图。

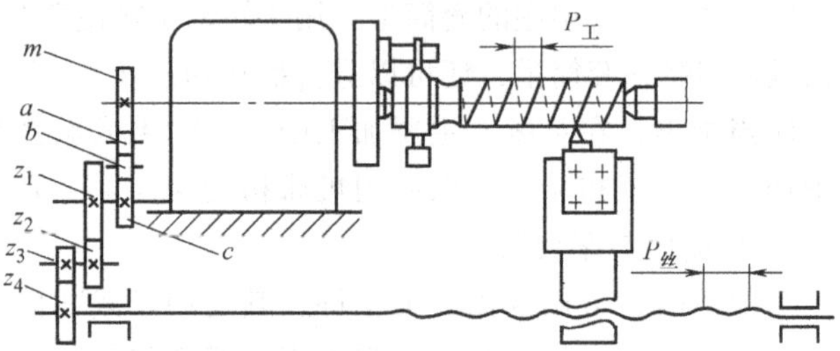

图 16-9　无进给箱车床车螺纹的传动系统

四、车削加工工艺特点

1. 加工精度较高

一般来说，车削加工主运动单向连续，切削层公称横截面积不变，切削力变化小，因此车削过程稳定，加工精度较高。例如，采用金刚石车刀以很小的背吃刀量（$a_p < 0.15$mm）、很小的进给量（$f < 0.1$mm/r）、很高的切削速度（$v_c = 5$m/s）精车非铁金属工件，可以获得公差等级 IT6 ~ IT5，表面粗糙度值 Ra1.0 ~ 0.8μm。另外，在车床上经一次装夹能加工出外圆面、内圆面、台阶面及端面等，依靠机床的精度能够保证这些表面之间的位置精度。

2. 生产率较高

一般说来，车削加工时工件的回转运动不受惯性力的限制。加工过程中车刀与工件始终接触，基本上无冲击现象，可以采用很高的切削速度。另外，车刀伸出刀架的长度可以很短，车刀的尺寸可以较大，工艺系统的刚性好，可以采用很大的背吃刀量和进给量，因此生产率较高。

3. 适应性较好

车削加工适应于多种材料、多种表面、多种尺寸和多种精度，在各种生产类型中都是不可缺少的加工方法。

4. 生产成本较低

车刀结构简单，制造、刃磨和安装都比较方便。另外，许多车床夹具已作为附件生产，生产准备时间短，因此生产成本较低。

第三节　镗削与钻削成形

内圆面与外圆面一样，也是机械零件的基本组成表面之一。内圆面的基本加工方法是镗削和钻削。镗削和钻削的加工原理可以按车削外圆面的情况去理解。镗削与车削的区别仅在于刀具与工件的相对位置不同。钻头可以看成是两把内孔车刀的组合，钻削可以理解为用内孔车刀车内孔。

如前所述，镗削、钻削都可以在车床上实现，但只有回转体工件中心位置的孔才适于在车床上加工。其他类型零件上的孔和回转体上一般位置的孔，在车床上加工比较困难，需要在镗床或钻床上加工。镗床是主要用镗刀在工件上加工已有预制孔的机床。钻床是主要用钻头加工孔的机床。镗床和钻床都可以看成是为适应孔加工而特制的车床。

一、镗削成形

镗削是指以镗刀回转做主运动，工件或镗刀做进给运动的切削加工方法。镗削加工主要在镗床上进行。镗孔是最基本的孔加工方法之一。对于形状复杂的箱体零件上的孔，在镗床上加工比较方便。箱体类大型零件是重要的机械零件，镗床是加工这类零件的关键设备。卧式铣镗床是应用最广泛的镗床。

1. 镗床的功用与运动

镗床以刀具的回转和刀具与工件的相对移动作为它的表面成形运动。镗孔时，刀尖的轴向移动形成直线母线，刀具与工件的相对回转可以看成是直线母线沿圆导线运动，形成内圆柱面。镗床的主要工作及镗刀与工件的运动形式如图 16-10 所示。

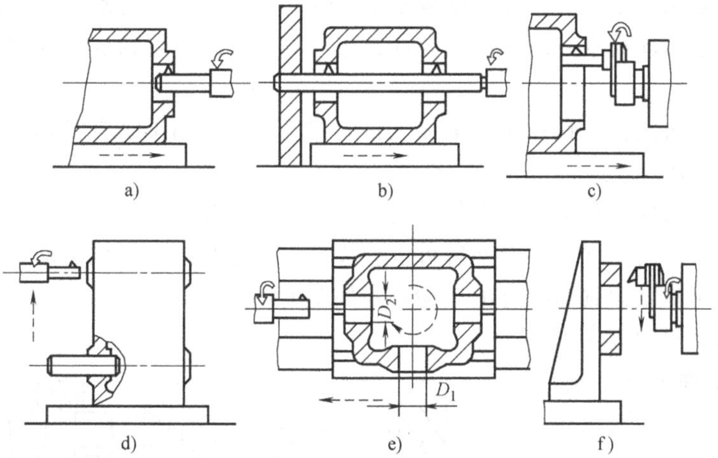

图 16-10 镗床的主要工作及工件的运动形式

a) 镗孔 b) 镗同轴孔 c) 镗大孔 d) 镗平行孔

e) 镗垂直孔 f) 车端面

2. 卧式铣镗床的组成及其运动

图 16-11 所示卧式铣镗床可以看成是卧式车床的变型。为了加工不同高度和不同形状工件上的孔，把主轴箱安装在前立柱上，把尾座安装在后立柱上，把刀架和滑板等扩展为安装工件的工作台。于是，卧式车床就变成卧式铣镗床。

主轴箱安装在前立柱的垂直导轨上，可以沿导轨上下移动，以调整镗刀与工件在垂直方向上的相对位置；工作台可以沿滑板横向移动，还可以随滑板一起沿床身纵向移动，以调整工件的水平位置。主轴可以回转。工作台带动工件可以移动。有时，工件不动，主轴回转并同时进给。镗杆伸出较长时，可支承在后立柱的后支承上。后支承可以在后立柱上沿垂直方向移动，以便与主轴的位置协调。后立柱沿床身的纵向位置可以调整，以便与镗杆伸出的长度相适应。

3. 镗削加工工艺特点及应用

（1）加工精度较低　一般说来，镗削精度不如车削，主要是因为镗杆刚度差、镗刀工作条件差、冷却排屑不便等。但是，镗削加工时可以通过调整刀具与工件的相对位置修正孔的中心线位置。

（2）生产率较低　受镗刀工作条件的限制，切削用量较小，影响了生产率。

（3）适应性较好　镗削与车削有类似的适应性，适合于多种材料、多种表面、多种尺寸和多种精度的加工。

（4）生产成本较低　镗刀结构简单，制造、刃磨方便；对于单件小批量生产，生产准备简单，生产成本较低。

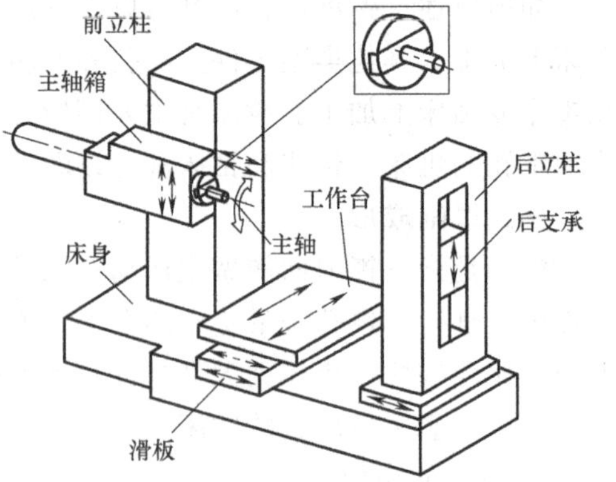

图 16-11　卧式铣镗床的组成和运动

镗削加工主要用于机架、箱体等结构复杂零件的孔系加工，特别是大孔的加工。镗削加工质量主要取决于镗床精度。高精度的坐标镗床可以加工出位置精度很高的孔和孔系。

二、钻削加工

钻削是指用钻头或扩孔钻在工件上加工孔的方法。钻削加工主要在钻床上进行。

1. 钻床的功用与运动

钻床通常以钻头回转与轴向移动作为它的表面成形运动。钻孔时，钻头的刀尖轴向移动形成直线母线，刀具与工件的相对回转可以看成是直线母线沿圆导线运动，形成内圆柱面。

钻床的主要工作及刀具与工件的运动形式如图 16-12 所示。

钻床工作时，可以是刀具回转，也可以是工件回转。前者，当钻头偏斜时，孔的轴线也偏斜，但孔径无明显变化；后者，当钻头偏斜时，孔的轴线不偏斜，但孔径有较大变化，形成锥形或腰鼓形。两种钻孔方式对加工误差的影响如图 16-13 所示。因此，钻小孔或钻深孔时，为防止轴线偏斜，最好采用后一种钻孔方式。在车床上钻孔属于后一种方式。

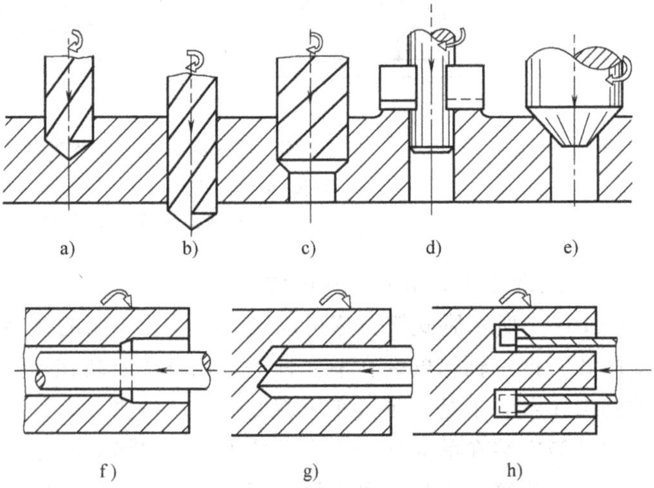

图 16-12　钻床的主要工作及刀具与工件的运动形式
a）钻盲孔　b）钻通孔　c）扩孔　d）锪平面　e）锪锥坑
f）镗孔　g）钻深孔　h）钻环孔

2. 钻床的组成及其运动

钻床的主要组成部件及其运动形式如图 16-14 所示。

图 16-14a 所示立式钻床可以看成是竖立起来的卧式车床，为了安装工件把尾座换成了工作台。钻孔时，主轴带动钻头回转做主运动，并随主轴套筒（图中未画出）轴向移动做进给运动。操作过程中，首先调

整工件在工作台上的位置，使孔的轴线与主轴一致，然后夹紧工件进行钻孔。主轴箱和工作台安装在立柱上，能沿立柱上的导轨调整钻头与工件的相对位置。主轴的前后左右位置不能调整。钻完一个孔后需要移动工件，使另一个待钻孔的轴线对准钻头。笨重工件上的孔因移动困难不易加工。

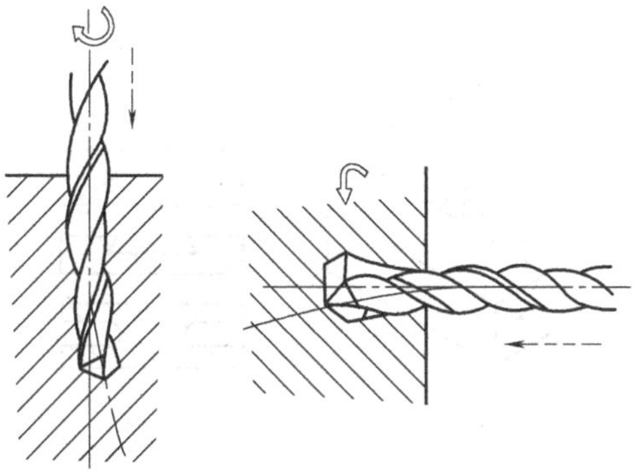

a)　b)

图 16-13　钻孔方式对加工误差的影响

a）钻头回转　b）工件回转

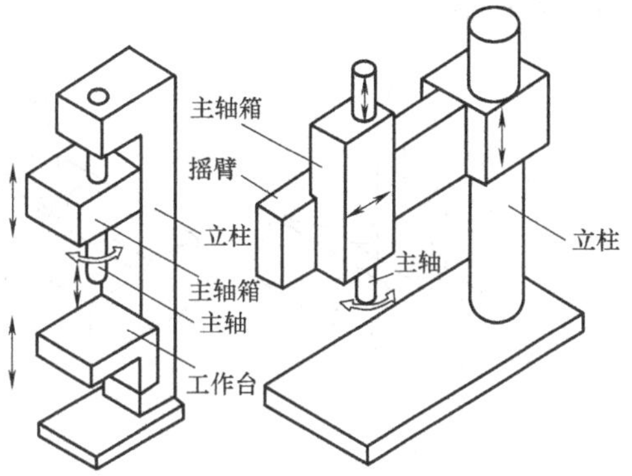

a)　b)

图 16-14　钻床

图 16-14b 所示摇臂钻床的主轴箱可以沿摇臂的横向导轨调整其位置，摇臂又可以绕立柱转动和沿立柱上下移动。因此，摇臂钻床可以方便地加工笨重工件上的孔。

典型的立式钻床如 Z5135，典型的摇臂钻床如 Z3040。

3. 钻削加工工艺特点及应用

钻削加工的突出特点，一是钻头受孔径的限制，刚度差，导致孔的几何误差较大；二是加工过程呈半封闭状态，刀具吸热较多，冷却润滑困难，排屑困难，加工表面常被切屑划伤。显然，钻削加工比车削加工困难得多，加工质量差，属于粗加工。

钻孔是在实体材料上加工孔的重要方法。钻孔后，使用扩孔钻进一步加工孔，称为扩孔。扩孔的工作条件比钻孔好，加工质量也高，属于半精加工。要进一步提高孔的精度，需使用铰刀铰孔。铰孔属于精加工。钻孔、扩孔、铰孔联合使用，是加工中、小孔的典型工艺。

第四节　刨削与铣削成形

平面也是机械零件的基本表面之一。刨削和铣削是加工平面的基本方法。

一、刨削成形

刨削是指用刨刀对工件做相对直线往复运动的切削加工方法。刨削加工主要在刨床上进行。刨床是用刨刀加工工件表面的机床。

1. 刨床的功用与运动

刨床的主要工作是使用刨刀刨削平面（水平面、垂直面、斜面等）和沟槽（直槽、T 形槽、V 形槽、燕尾槽等），也可以加工成形面。

如前所述，平面是一条直线母线沿另一条直导线运动的轨迹。刨床以直线往复主运动和间歇移动进给运动作为它的表面成形运动。刨削时，刨刀刀尖与工件之间的相对直线往复运动形成直线母线，刀具与工件之间的相对移动可以看成是直线母线沿直导线运动，形成平面。

刨床的主要工作及刀具与工件的运动形式如图 16-15 所示。图 16-15a、c 所示为以刨刀做主运动的刨削；图 16-15b 所示为以工件做主运动的刨削；图 16-15d 所示为常见刨削加工工件截面的形状。

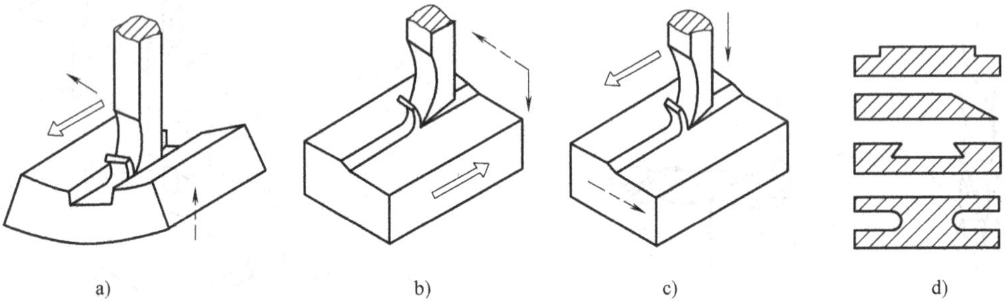

图 16-15 刨床的主要工作及刀具与工件的运动形式

a）刨槽 b）工件做主运动 c）刀具做主运动 d）刨削工件截面的形状

2. 刨床的组成及其运动

常见刨床有牛头刨床和龙门刨床。牛头刨床的主要组成部件及其运动形式如图 16-16 所示，滑枕带动刀架沿床身顶面上的导轨做直线往复主运动，工作台带动工件沿横梁上的导轨做间歇进给运动。横梁可以沿床身上的垂直导轨移动，以调整刀具与工件在垂直方向上的相对位置。床身安装在底座上。受滑枕悬伸长度的限制，牛头刨床只适于加工中、小型零件的平面及沟槽。

对于大型零件的平面，应在龙门刨床上加工。在龙门刨床上还可以同时加工多个中、小型零件的平面。龙门刨床的主要组成部件及其运动形式如图 16-17 所示，工作台带动工件可以沿床身上的导轨做直线往复主运动，横梁可以沿立柱上下移动，以调整刀具与工件在垂直方向上的相对位置。横梁上的两个垂直刀架可以沿横梁上的导轨做横向间歇进给运动。垂直刀架能绕水平轴线回转一定角度，以刨削斜面。立柱上的两个侧刀架可以沿立柱上的导轨做垂直间歇进给运动。侧刀架也能绕水平轴线回转一定角度，以刨削斜面。

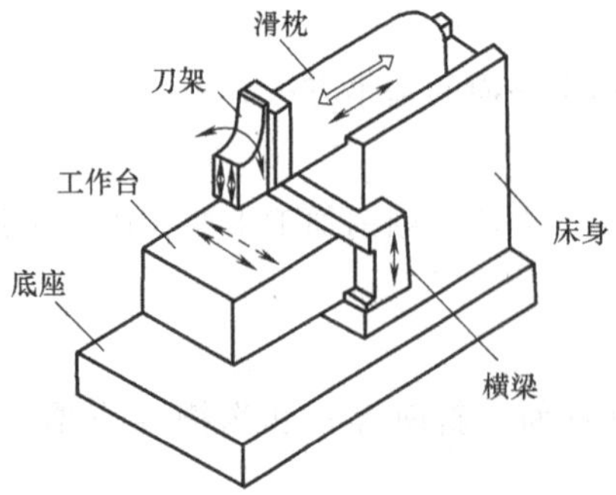

图 16-16 牛头刨床

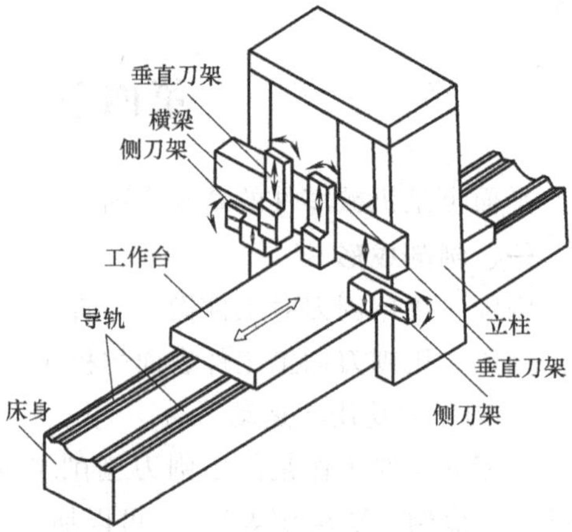

图 16-17 龙门刨床

3. 刨削加工工艺特点及应用

（1）加工质量中等　刨削加工的直线往复主运动必然会产生冲击和振动，从而影响加工质量。经刨削的两平行平面之间可以获得公差等级 IT9 ~ IT7，表面粗糙度值 $Ra3.2 \sim 1.6\mu m$，能满足一般零件表面的质量要求。

（2）生产率较低　刨削加工的直线往复主运动限制了切削速度不可能太高，而且有空行程，从而影响了生产率。

（3）生产成本较低　刨床结构简单，调整与操作方便，而且刨刀制造与刃磨简便，有利于降低生产成本。

刨削加工主要用于加工平面、直线型成形面和平面型沟槽等，在单件小批量生产及修配工作中广泛采用。

二、铣削成形

铣削是指铣刀回转做主运动，工件或铣刀做进给运动的切削加工方法。铣削也是加工平面和沟槽的基本方法，主要在铣床上进行。铣床是主要用铣刀在工件上加工各种表面的机床。如果把铣刀看成是由许多刨刀装在一个圆柱体的端面或（和）外圆面上构成的，那么铣削可以看成是使用多刃刨刀进行回转运动方式的刨削。

1. 铣床的功用与运动

铣床通常以铣刀回转和工件移动作为它的表面成形运动。使用铣床附件装夹工件，还可以实现圆周进给。铣床的主要工作及刀具与工件的运动形式如图 16-18 所示。

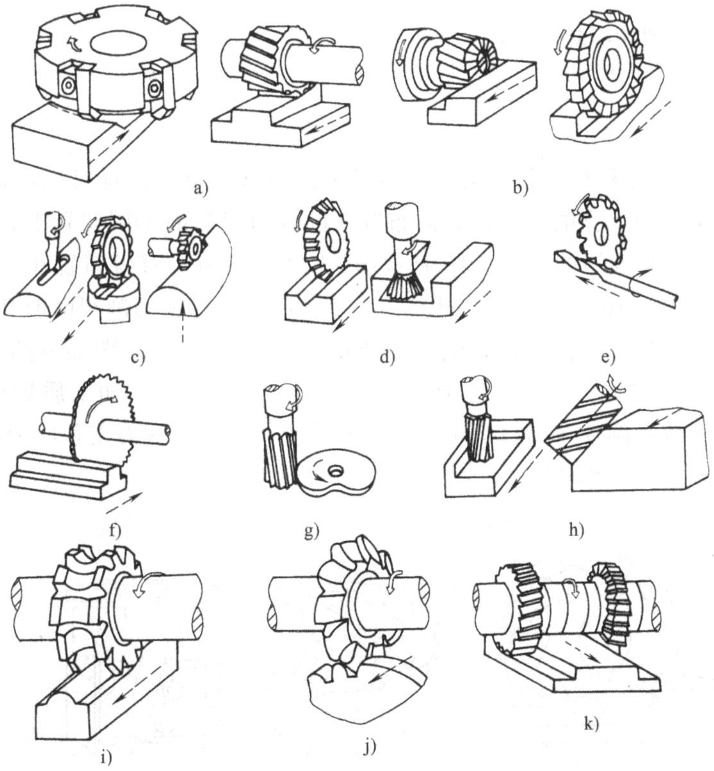

图 16-18　铣床的主要工作及刀具与工件的运动形式

a）铣平面　b）铣台阶　c）铣槽　d）铣成形槽　e）铣螺旋槽　f）切断　g）铣凸轮　h）立铣刀铣平面　i）铣成形面　j）铣齿轮　k）组合铣刀铣台阶

2. 铣床的组成及其运动

常见铣床有卧式、立式之分。卧式铣床的主轴呈水平布置，立式铣床的主轴呈垂直布置。

卧式铣床的主要组成部件及其运动形式如图 16-19 所示。铣刀通过刀杆或直接安装在主轴上，随主轴回转做主运动。横梁用以安装支架，支架用以支承较长的铣刀杆，以增加刀杆的刚度。

铣床工作台可以在床鞍上纵向移动，床鞍可以在升降台上横向移动，升降台可以沿立柱上下移动，从而调整刀具与工件的相对位置及实现各种进给运动。

立式铣床的主要组成部件及其运动形式如图 16-20 所示。主轴呈垂直位置安装在立铣头上，其工作台、床鞍和升降台的运动关系与卧式铣床相同。

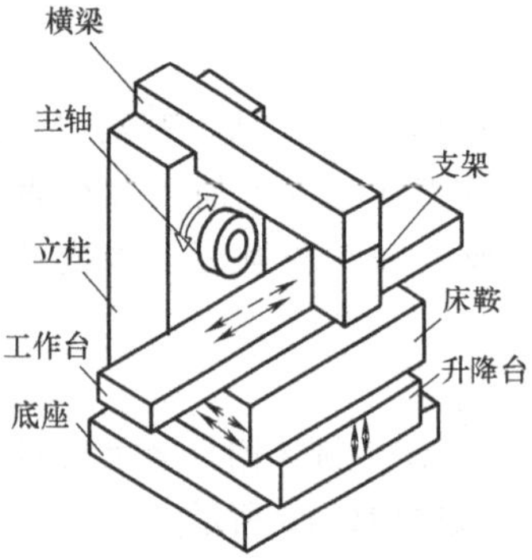

图 16-19　卧式铣床的主要组成部件及其运动形式

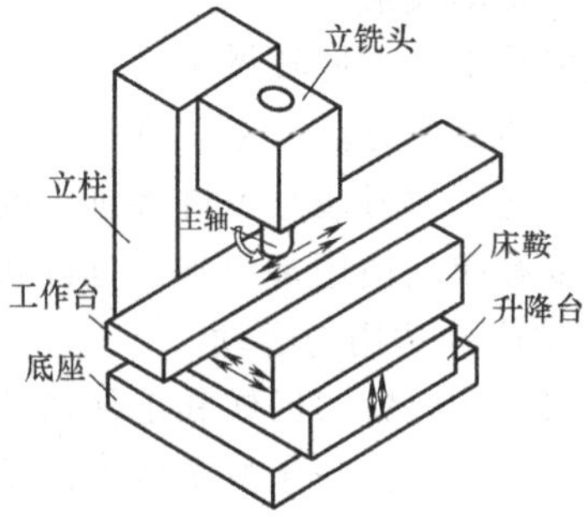

图 16-20　立式铣床的主要组成部件及其运动形式

3. 铣削过程

(1) 铣刀　铣刀是多刃回转刀具，结构复杂，但每一个刀齿都可以看成是一把简单的车刀或刨刀。根据铣削工作的需要，刀齿布置在圆柱形刀体的不同位置上，构成各种铣刀。图 16-21 所示为加工平面用的铣刀。图 16-21a、b 所示铣刀，刀齿布置在刀体的圆柱面上，称为圆柱铣刀。图 16-21a 所示直齿圆柱铣刀，工作时整个直齿切削刃瞬时切入、切离工件，切削力变化突然，容易引起振动，影响加工质量。图 16-21b 所示螺旋齿圆柱铣刀，工作时螺旋刀齿逐渐切入、切离工件，切削力变化小，切削过程平稳，加工质量较好。图 16-21c 所示铣刀，刀齿布置在圆柱形刀体的端面上，称为面铣刀。面铣刀工作时刀杆外伸短，刚度好，切削用量较大，生产率较高。

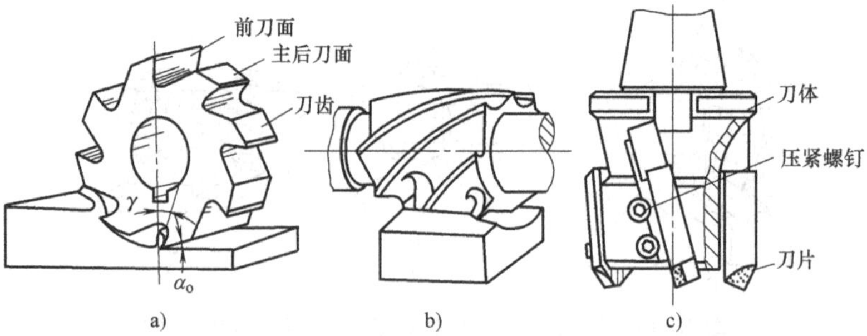

图 16-21　加工平面用的铣刀

a) 直齿圆柱铣刀　b) 螺旋齿圆柱铣刀　c) 面铣刀

沟槽的形状有多种，加工沟槽的铣刀也很多。图 16-18g、h 所示立铣刀，其刀齿布置在圆柱形刀体的圆柱面和端面上，主要用于加工两头不通的凹槽、台阶和简单成形面。图 16-18c左面的键槽铣刀是专门用于加工键槽的立铣刀，只有两个刀齿，有较高的刀齿强度和较大的容屑空间。图 16-18b 右面的三面刃铣刀在铣台阶。图 16-18d 所示角度铣刀在加工燕尾槽和 V 形槽。图 16-18e 所示盘状铣刀在铣螺旋槽。图 16-18f 所示圆锯片铣刀在切断工件。圆锯片铣刀也可以用于加工窄槽。

除加工平面和沟槽用铣刀之外，还有如图 16-18i 所示加工半凸圆铣刀、图 16-18j 所示加工齿形用铣刀、图 16-18k 所示同时加工几个表面的组合铣刀等。

（2）铣削过程　铣削加工时，切削层公称厚度是指两相邻刀齿所形成的切削表面之间的垂直距离，用符号 h_D 表示。h_D 在铣削过程中是变化的，如图 16-22 所示。刀齿刚投入切削时，$h_D \approx 0$；刀齿切离工件时，$h_D \approx h_{Dmax}$。另外，铣刀上参加切削的刀齿数也是变化的，如图 16-22a 所示上刀齿切离前三个齿参加切削，图 16-22b 所示上刀齿切离后只有两个刀齿参加切削。因此，在铣削过程中，瞬时总切削层横截面积是变化的，瞬时总切削力也是变化的。铣削时的切削力变化是铣削过程不平稳的根本原因。

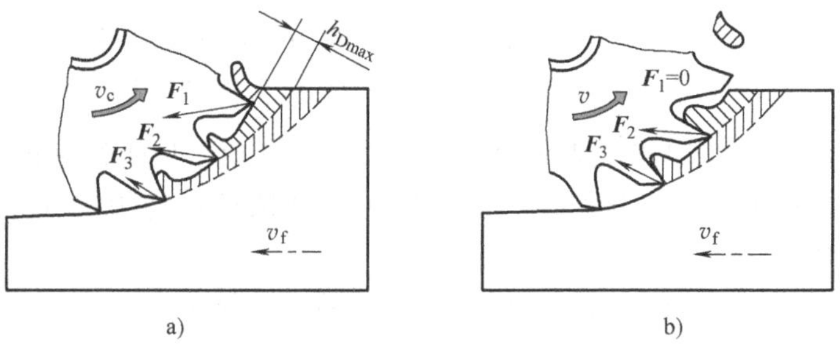

图 16-22　切削厚度和切削力的变化
a）刀齿切离之前　b）刀齿切离之后

（3）铣削方式　经常采用的铣削方式有端铣和周铣，还有顺铣和逆铣。

端铣是指用面铣刀铣削工件的表面；周铣是指用圆柱铣刀铣削工件的表面。端铣时，刀齿的副切削刃有修光作用，加工后表面比较光洁；而周铣加工的表面，由许多近似的圆弧组成，比较粗糙。端铣和周铣加工的表面如图 16-23 所示。

另外，端铣时，工作刀齿数多，切削力变化小，比较平稳；刀柄外伸短，刚度好，加工精度较高；切入和切出时，不易出现滑行磨损或打刀的现象，刀具寿命较长；多采用硬质合金刀片，切削用量大，生产率较高。但是，端铣主要用于加工平面。周铣的加工范围较广泛，可以加工平面、沟槽、齿形和成形面等。

铣削时，在铣刀与工件的接触处，若铣刀的回转方向与工件的进给方向相同，称为顺铣；若铣刀的回转方向与工件的进给方向相反，则称为逆铣。顺铣和逆铣的运动特点及受力分析如图 16-24 所示。

顺铣时，刀齿直接切入工件，不发生滑移磨损，刀具寿命较长；铣刀作用在工件上的垂直分力 $\boldsymbol{F}_{fN}$ 向下，有利于工件被夹紧。但是，顺铣容易引起工作台窜动，如图 16-25 所示。工作台窜动的原因可分析如下：

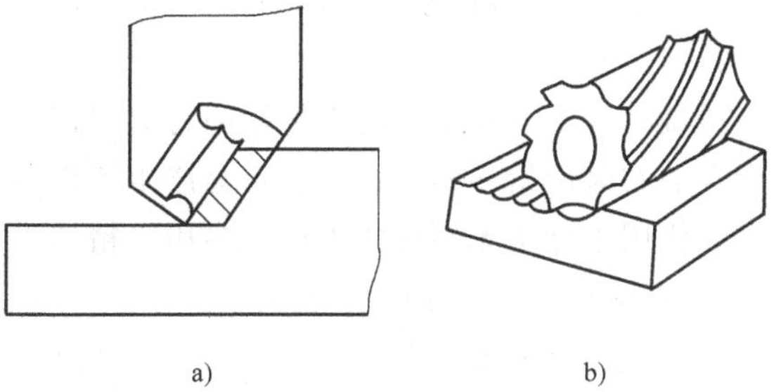

图 16-23　端铣和周铣加工的表面
a）端铣　b）周铣

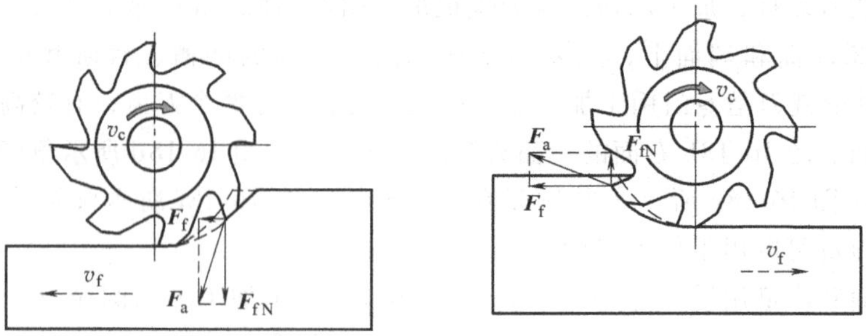

a)　　b)

图 16-24　顺铣和逆铣

a）顺铣　b）逆铣

1）铣床工作台与丝杠之间不能相对移动，只能相对转动。丝杠螺母传动副的螺母固定在床鞍上不动，丝杠在转动的同时受到螺母推进力的作用而轴向移动，从而实现工作台进给。

2）当图 16-25a 所示铣刀切离工件时，螺母给予丝杠螺纹的右侧面以推进力，推动丝杠及工作台向左进给，而丝杠螺纹左侧面与螺母之间出现间隙。

3）当图 16-25b 所示铣刀切入工件时，如果铣刀对工件的水平作用力 $\boldsymbol{F}_f$ 小于螺母对丝杠的推进力，则 $\boldsymbol{F}_f$ 不会对工作台的进给运动产生影响。如果 $\boldsymbol{F}_f$ 大于螺母对丝杠的推进力，则螺母丧失了对丝杠的推动作用。$\boldsymbol{F}_f$ 通过工件和工作台作用在丝杠上，使工作台连同丝杠一起向左窜动，从而消除了丝杠螺纹左侧面与螺母之间的间隙。

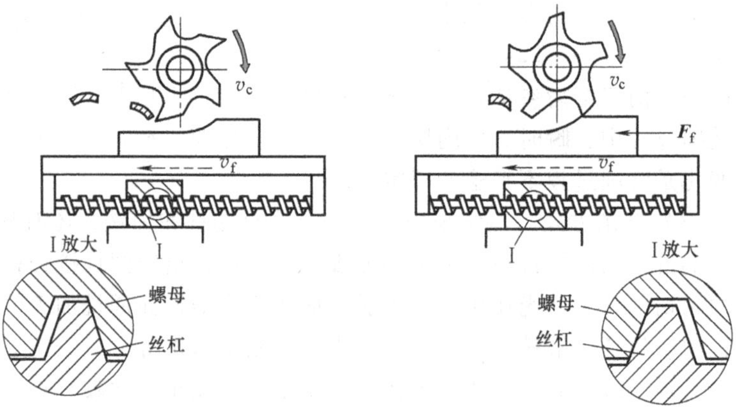

a)　　b)

图 16-25　顺铣时的工作台窜动

a）无切削力　b）$\boldsymbol{F}_f$ > 推进力

4）铣刀对工件的水平作用力 $\boldsymbol{F}_f$ 是不稳定的，时大时小，从而造成工作台无规则的窜动现象，甚至会打刀。

逆铣时，铣刀对工件的水平作用力 $\boldsymbol{F}_f$ 与工作台进给运动的方向相反，即 $\boldsymbol{F}_f$ 的作用使丝杠螺纹的右侧面始终贴紧螺母，不会产生工作台窜动现象。

顺铣用于加工无硬皮的工件，多用于精加工，而逆铣多用于粗加工。

4. 铣削加工工艺特点及应用

（1）生产率较高　铣削以回转主运动代替了刨削的直线往复主运动，没有空行程；以连续进给运动代替了间歇进给运动；以多刃铣刀代替了单刃刨刀。一般来说，铣削的生产率明显高于刨削。

(2) 适应性好 铣床的附件多，特别是分度头和回转工作台的应用，使铣削的范围极为广泛，内圆弧面、螺旋槽、具有分度要求的小平面和沟槽等都可以用铣削加工。

(3) 加工质量中等 铣削过程不够平稳影响了加工质量。铣削和刨削加工质量相当，可以获得尺寸公差等级 IT9 ~ IT7，表面粗糙度值 Ra6.3 ~ 1.6μm。

(4) 成本较高 铣床结构复杂，铣刀的制造和刃磨比较困难。一般来说，铣削的成本高于刨削。

在各种批量生产中，各种尺寸的支架、箱体、底座和六面体等零件的平面及沟槽常采用铣削加工。轴类和盘套类零件上的局部小平面、具有分度要求的平面及沟槽也常采用铣削加工。

作业十六

一、基本概念解释

1. 金属切削机床 2. 车削 3. 镗削 4. 刨削 5. 铣削 6. 顺铣

二、填空题

1. 按照工作精度的不同，机床可分为________机床、________机床和高精度机床等。

2. 车床以工件________和刀具________作为它的表面成形运动。

3. 车床传动系统主要由________运动传动系统和________运动传动系统组成。

4. ________削和________削是加工平面的基本方法。

5. 刨床的主要工作是使用刨刀刨削________面、沟槽及________面。

6. 常见铣床有卧式、立式之分。________式铣床的主轴呈水平布置，________式铣床的主轴呈垂直布置。

7. 经常采用的铣削方式有________铣和周铣，还有________铣和逆铣。

三、判断题

1. 车螺纹时，要求主轴每转一转刀具在丝杠带动下准确地移动一个导程。 ( )

2. 扩孔属于孔的粗加工。 ( )

3. 面铣刀工作时，刀杆外伸短，刚度好，切削用量大，生产率较高。 ( )

4. 顺铣用于加工无硬皮的工件，多用于精加工，而逆铣多用于粗加工。 ( )

5. 一般来说，铣削的生产率高于刨削。 ( )

四、简答题

1. 简述卧式车床的主要组成部件及其运动形式。

2. 车削时，对安装车刀有何要求？

3. 在车床上如何车圆锥面？

4. 钻削加工的工艺特点有哪些？

5. 端铣有何工艺特点？

6. 列表比较车削、镗削、钻削和铣削的成形运动特点和成形表面特点。

五、课外活动

1. 同学之间相互合作，分组分析各种卧式铣床和立式铣床的组成部件及其成形运动特点。

2. 列表比较车削、镗削、钻削和铣削的加工精度、表面粗糙度、生产率、生产成本和应用范围等。

第十七章　磨具切削成形方法

磨具切削简称磨削。它是指用磨具以较高的线速度对工件表面进行加工的方法。磨削加工主要在磨床上进行。磨床是用磨具或磨料加工工件各表面的机床。磨具按形状进行分类，可分为磨轮、磨条等。磨轮也称砂轮。一般来说，刀具切削加工属于粗加工和半精加工；而磨削加工属于精加工，尤其是对淬硬钢件和高硬度材料的精加工。

一、磨床的功用与运动

磨床通常以砂轮回转和工件移动或（和）回转作为它的表面成形运动，加工范围很广。磨床的主要工作及砂轮与工件的运动形式如图 17-1 所示。

图 17-1a 所示磨外圆工作中的砂轮可以看成是车刀；图 17-1b 所示磨内圆工作中的砂轮可以看成是镗刀；图 17-1c 所示磨平面工作中的砂轮可以看成是刨刀或铣刀；图 17-1d 所示无心磨外圆工作中的大砂轮可以看成是车刀，小砂轮可以看成是工件的自动送进装置；图 17-1e、f 所示磨螺纹、磨齿轮工作中的砂轮可以看成是成形铣刀。磨削加工可以看成是用无数刀齿的刀具（砂轮）进行切削加工的方法。使用不同类型的磨床和磨具，可以加工出较高精度的不同表面。

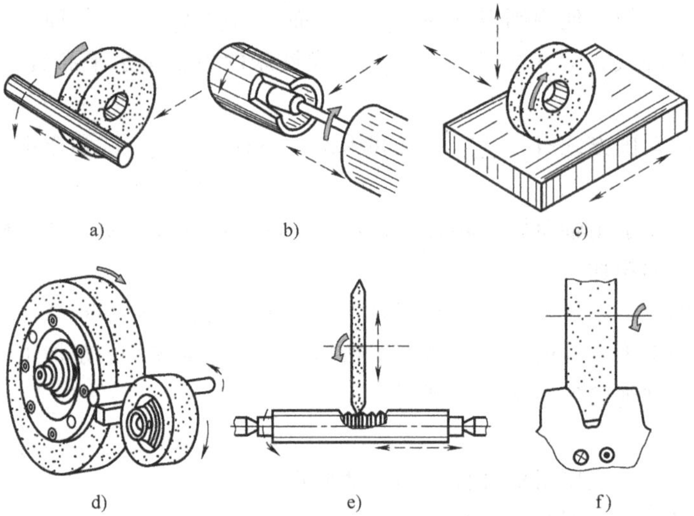

图 17-1　磨床的主要工作及砂轮与工件的运动形式

a）磨外圆　b）磨内圆　c）磨平面　d）无心磨外圆　e）磨螺纹　f）磨齿轮

二、磨床的组成及其运动

1. 外圆磨床

普通外圆磨床的主要组成部件及其运动形式如图 17-2 所示。头架和尾座安装在上工作台上。工件可以通过卡盘装夹在头架上，也可以使用前、后顶尖装夹在头架与尾座之间。尾座的位置可以根据工件长度在上工作台上移动调整。磨削工件时，主轴可以转动，也可以不转动。使用前、后顶尖支承工件时主轴不转动，从而避免了主轴回转误差对加工精度的影响。磨削时，带轮带动拨盘拨动工件做圆周进给运动。当用卡盘装夹工件时主轴转动，下工作台沿床身上的纵向导轨移动，携带上工作台及工件做纵向进给运动。

砂轮装在砂轮架上回转做主运动。砂轮架可以沿床身上的横导轨移动，以调整砂轮与工件的相对位置和实现切入运动。

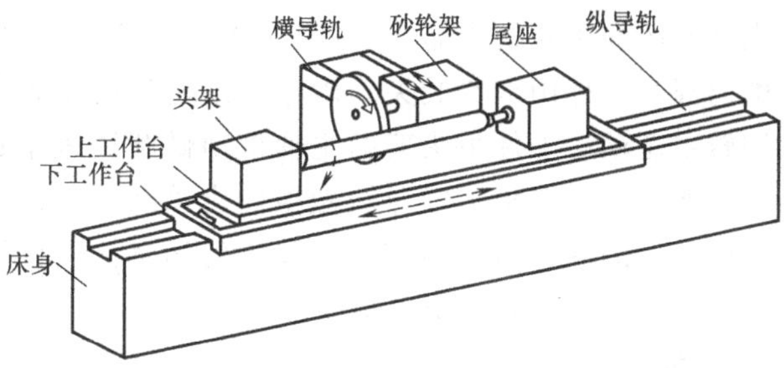

图 17-2　普通外圆磨床的主要组成部件及其运动形式

上工作台相对于下工作台可以回转一定角度，以便磨削较小锥度的圆柱面。整个工作台在液压传动装置带动下做直线往复运动。液压传动装置装在床身内部。

如果对普通外圆磨床加以改进，使砂轮架和头架能绕其自身的轴线转动一定的角度，并装备上内圆磨具等附件，则成为万能外圆磨床。万能外圆磨床的主要工作及砂轮与工件的运动形式如图 17-3 所示。图 17-3a 所示磨外圆时，将工件装夹在头架与尾座之间，在头架主轴的带动下做圆周进给运动，并随工作台做直线往复进给运动。图 17-3b 所示转动头架磨削较短外圆锥面时，使圆锥轴线与砂轮轴线成半锥角，实际上是把磨外圆锥面转化为磨外圆柱面。图 17-3c 所示转动砂轮架磨削较短外圆锥面时，使砂轮轴线与圆锥轴线成半锥角，也是将磨外圆锥面转化为磨外圆柱面。图 17-3d 所示转动上工作台磨削较长外圆锥面时，上工作台相对于下工作台转动了半个锥角，实际上是用转动上工作台的方法将磨外圆锥面转化为磨外圆柱面。图 17-3e 所示是转动头架 90°磨削工件的端面。图 17-3f 所示磨削内圆锥面时，先放下内圆磨具，并转动头架使圆锥轴线与工作台纵向进给方向成半锥角，使磨内圆锥面转化为磨内圆柱面（孔）。

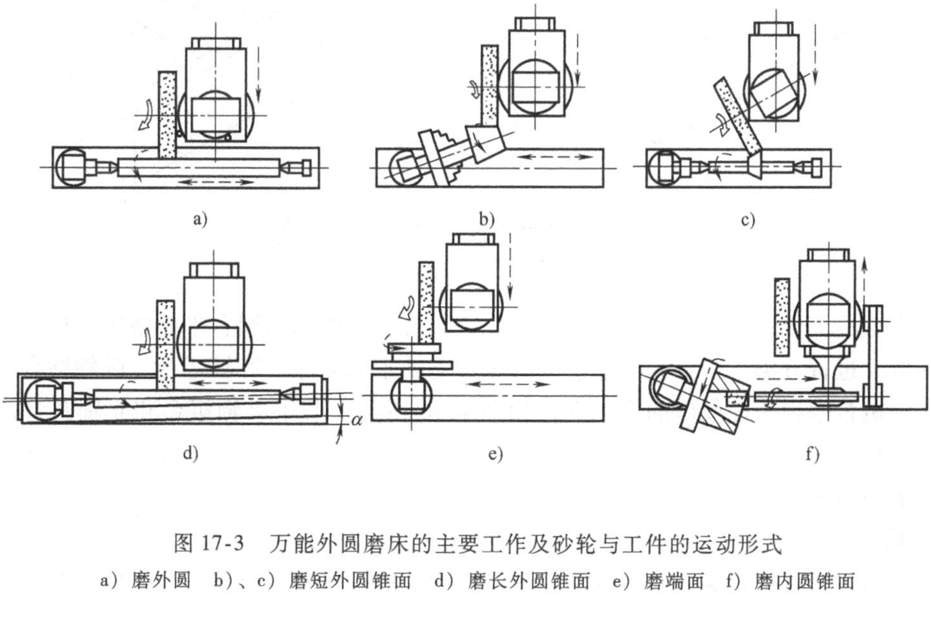

图 17-3　万能外圆磨床的主要工作及砂轮与工件的运动形式

a）磨外圆　b）、c）磨短外圆锥面　d）磨长外圆锥面　e）磨端面　f）磨内圆锥面

2. 内圆磨床

内圆磨床的主要组成部件及其运动形式如图 17-4 所示。磨内圆时工件用卡盘装夹。砂轮由砂轮架的主轴带动做回转主运动。工件由头架的主轴带动做圆周进给运动。砂轮架可以沿滑板上的导轨做横向进给运动。滑板又可沿床身上的导轨做纵向直线往复进给运动。磨削圆锥孔时，只需将头架转半个锥角即可。

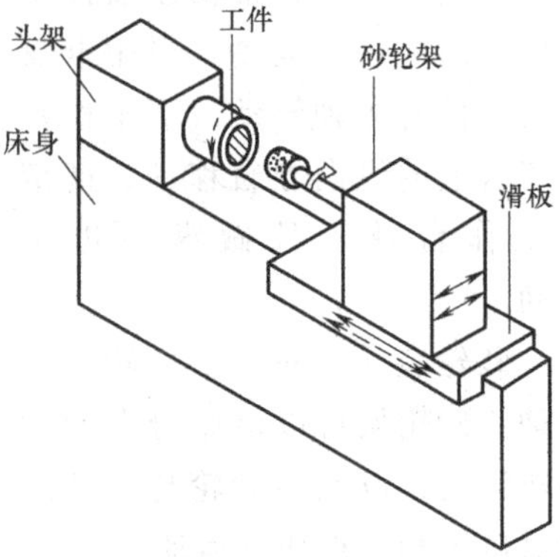

图 17-4 内圆磨床的主要组成部件及其运动形式

3. 平面磨床，

平面磨床的主要组成部件及其运动形式如图 17-5 所示。

图 17-5a 所示周磨平面磨床以砂轮圆周面磨削工件平面。磨削时，由于工作台内装有电磁吸盘，铁磁性材料的工件可以方便地装夹在工作台上。砂轮由砂轮架的主轴带动做回转主运动。工作台带动工件沿床身上的导轨做纵向直线往复进给运动。砂轮架可以沿滑板上的导轨做横向间歇进给运动。滑板带动砂轮架一起沿立柱上的垂直导轨做调整运动或切入运动。

图 17-5b 所示端磨平面磨床，以砂轮的端面磨削工件的平面。磨削时，砂轮由砂轮架的主轴带动做回转主运动。工作台带动工件沿床身上的水平导轨做纵向直线往复进给运动。砂轮架可以沿立柱上的垂直导轨做调整运动或切入运动。

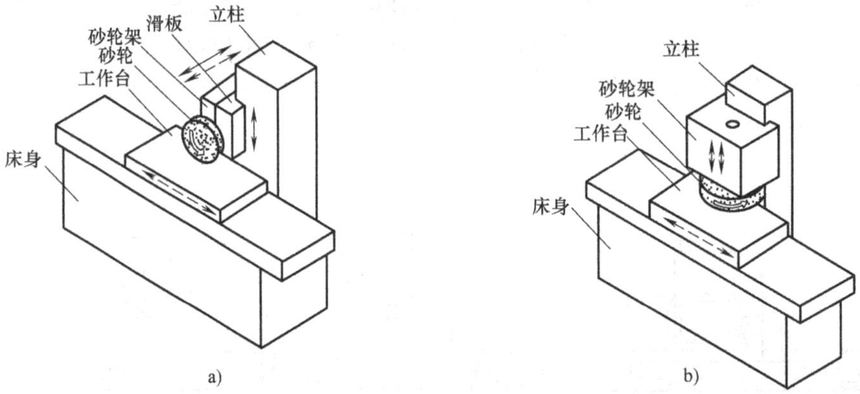

图 17-5 平面磨床的主要组成部件及其运动形式

a）周磨平面磨床 b）端磨平面磨床

平面磨床按工作台的形状进行分类，可分为矩台平面磨床和圆台平面磨床；按砂轮架主轴的布置形式进行分类，可分为卧轴平面磨床和立轴平面磨床。卧轴矩台、卧轴圆台、立轴圆台、立轴矩台四种平面磨床的磨削方式如图 17-6 所示。其中卧轴矩台和立轴圆台两种平面磨床应用较广泛。

三、磨削过程

1. 砂轮

砂轮是指用结合剂把磨料粘接成形，再烧结制成的一种多孔物体，由磨料、结合剂和孔

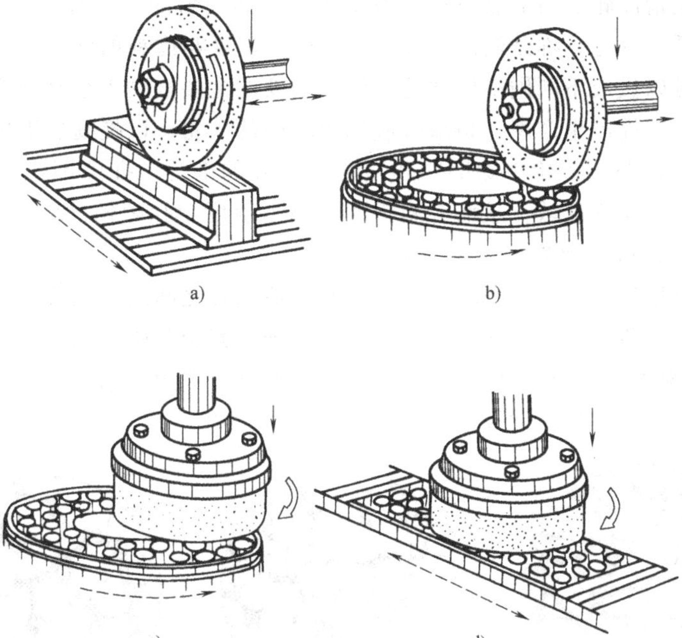

图 17-6　平面磨床的磨削方式
a）卧轴矩台　b）卧轴圆台　c）立轴圆台　d）立轴矩台

隙三个基本要素组成，如图 17-7 所示。

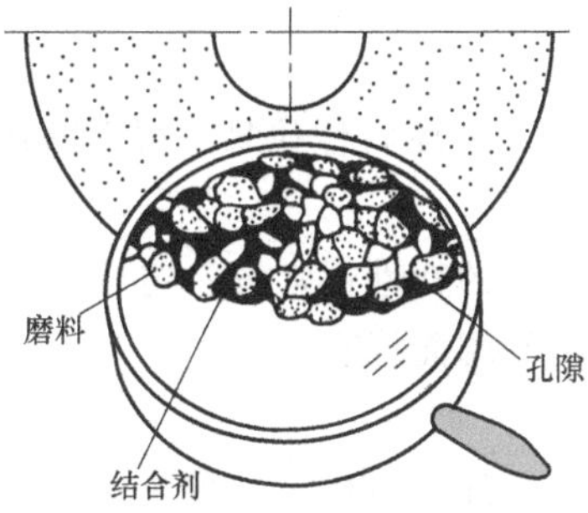

图 17-7　砂轮的构成

（1）磨料　砂轮通过磨料进行切削加工。常用的氧化物系砂轮（刚玉砂轮），其磨料的主要成分是 Al_2O_3，适用于磨削钢铁材料工件；常用的碳化物系砂轮，其磨料的主要成分是 SiC，硬度更高，适用于磨削硬质合金等高硬度材料工件。

粒度是指磨料颗粒的大小。粒度号有两种表示方法：当磨粒的平均直径大于 63μm 时，用恰好可以通过的筛网号表示。例如，F60 是指恰好能通过 1in 长度上 60 个孔眼的筛网。粒度号越大，磨粒的尺寸越小。磨粒平均直径为 63～0.5μm 的磨料称为微粉，用符号 W 表示。微粉的粒度号常用其直径的上限尺寸表示。例如，磨粒直径在 20～40μm 时，称为 40 号微粉，记为 W40。

粗磨时可选用 36～60 号较粗磨粒的砂轮。粗磨粒砂轮的孔隙大，不易堵塞，可选用较大的磨削用量，以提高生产率。精磨时可选用 60～120 号较细磨粒的砂轮。细磨粒砂轮容易获得较高的加工精度和较低的表面粗糙度值。

（2）结合剂　砂轮的强度、抗冲击性和耐热性等主要取决于结合剂的种类和性能。常用结合剂有陶瓷、金属、树脂和橡胶等。陶瓷结合剂常用于制造除切断砂轮以外的大多数砂轮；金属结合剂常用于制造金刚石砂轮；树脂和橡胶结合剂常用于制造高速砂轮和薄片砂轮。

砂轮的硬度是指砂轮表面的磨粒在外力作用下使其脱落的难易程度。若磨粒容易脱落，则称砂轮的硬度低；反之，称砂轮的硬度高。砂轮的硬度与磨料的硬度是完全不同的两个概念。同一种磨料可以做成不同硬度的砂轮。砂轮的硬度主要取决于结合剂的性能。粗磨时应选用较软的砂轮，以提高生产率；精磨时应选用较硬的砂轮，以提高加工精度。

(3) 孔隙　孔隙是指砂轮中除磨料和结合剂以外的部分。孔隙不仅能容纳切屑，还能把切削液及空气带进切削区域，从而有利于降低切削温度。孔隙使砂轮逐层均匀崩碎脱落，从而获得满意的“自锐”效果。

砂轮的组织是指构成砂轮的磨料、结合剂和孔隙三者之间的比例关系。砂轮的组织号以磨料在砂轮总体积中所占的百分比表示。砂轮一般分为紧密、中等和疏松三类组织结构，如图 17-8 所示。紧密砂轮常用于磨削精密工件；疏松砂轮常用于磨削塑、韧性材料的工件；中等砂轮常用于磨削淬硬的工件及刀具。

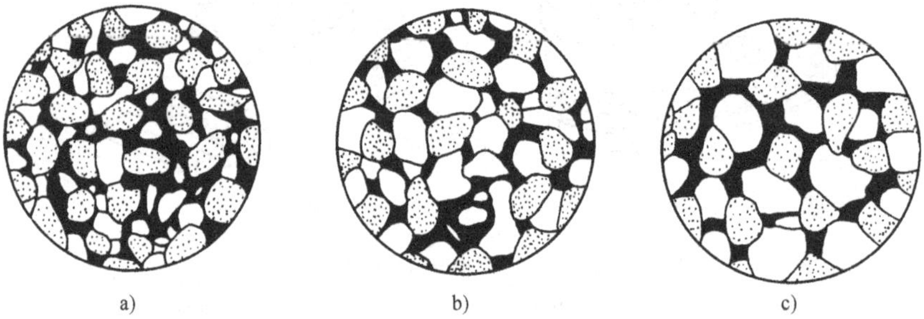

图 17-8　砂轮的组织

a) 紧密　b) 中等　c) 疏松

(4) 砂轮特性代号　根据磨床的类型和磨削加工的需要，砂轮通常按标准制成各种形状和尺寸。

砂轮的特性通常按一定顺序用代号和数字标注在砂轮的端面上，以便保管和辨认。例如，砂轮端面标有

$$1\text{-}300\times50\times75\text{-}A\quad 60\quad L\quad 5\quad V\text{-}35m/s$$

表示外径 300mm、厚度 50mm、孔径 75mm、棕刚玉、粒度 60、硬度为 L、5 号组织、陶瓷结合剂、最高工作速度为 35m/s 的平形砂轮。

2. 磨削过程

磨削过程是指用砂轮上的磨料从工件表面上切除细微金属层的过程。砂轮表面的磨料在磨削时多呈负的前角，棱尖上有微小的圆弧。每个磨粒可看成是一把具有负前角的车刀，而砂轮可看成是具有极多刀齿的铣刀。因为砂轮表面上磨粒的几何形状差异很大，排列很不规则，所以它们的切削能力也有很大不同。

图 17-9 所示为不同磨粒在磨削过程中表现出的不同状态。图 17-9a 所示较突出和锋利的磨粒，可以获得较大的切入深度，主要起切削作用；图 17-9b 所示凸起高度较小或比较钝的磨粒，难以起到切削作用，只能在工件表面刻划出细微的沟纹，工件材料被挤向两旁而隆起；图 17-9c 所示磨钝或比较凹下的磨粒，刻划的作用也难以起到，只能在工件表面起到滑擦（摩擦抛光）作用。即使那些能起到切削作用的磨粒，在开始接触工件时，由于切入深度极小，磨粒棱尖圆弧所形成的负前角又较大，也只能先滑擦一段距离，使工件表面产生弹

性变形。随着切入深度的增加，工件表层才逐步产生塑性变形而刻划出沟纹。在磨粒切入工件的深度进一步加大时，被切金属层才产生明显的塑性变形，形成切屑。

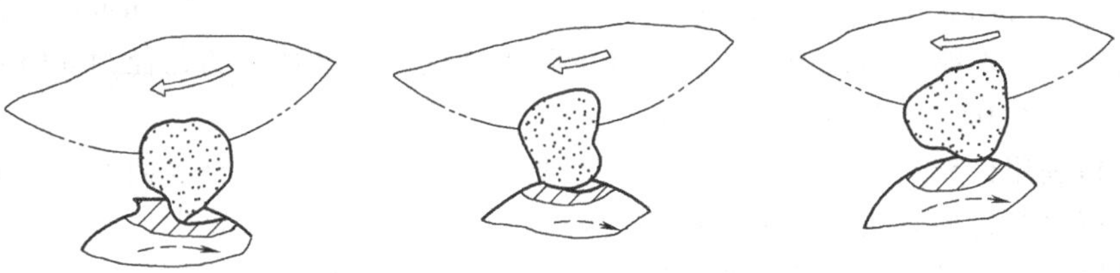

a)　　b)　　c)

图 17-9　磨粒的磨削状态

a）切削　b）刻划　c）滑擦

由此可见，磨削过程实际上是为数甚多的磨粒对工件表面进行综合作用的过程。除了磨粒对工件表面的切削、刻划、滑擦作用外，渗入砂轮与工件间的磨粒粉末，还会产生一定的研磨作用。一般来说，粗磨时以切削作用为主；精磨时既有切削作用，也有摩擦和抛光作用。

四、磨削加工工艺特点及应用

1. 加工质量好

磨削加工可以获得尺寸公差等级 IT6 ~ IT5，表面粗糙度值 Ra0.8 ~ 0.2μm。若采用先进的磨削工艺，如精密磨削和超精磨削等，可以获得表面粗糙度值 Ra0.01 ~ 0.012μm。磨削加工的加工精度高及表面粗糙度值低是与砂轮、磨床的结构有关的。砂轮磨粒的刃口很锋利。如 F46 白刚玉磨料的磨粒，其刃口半径仅为 0.006 ~ 0.012mm，而车刀、铣刀的刃口半径则一般为 0.012 ~ 0.032mm。磨床结构能实现微量进给。如精密外圆磨床能实现 0.01 ~ 0.002mm 的横向进给，而车床横向进给量的最小值仅为 0.02mm。磨粒刃口锋利和磨床的微量进给是切下很薄一层金属的必要条件，也是获得高精度、低表面粗糙度值的必要条件。车削、铣削不具备这两个条件，故只能用于粗加工和半精加工。

2. 适应性好

磨削加工不仅能加工一般的金属材料，还能加工硬度很高的材料，如白口铸铁、淬火钢和硬质合金等；不仅能用于精加工，也可以用于粗加工和半精加工。磨削加工是外圆面、内圆面、平面和各种成形面的主要精加工方法。

五、光整加工

精加工后，从工件上不切除或切除极薄金属层，用以降低表面粗糙度值或强化其表面的过程，称为光整加工。研磨、珩磨和抛光等属于光整加工。

研磨是指用研具和研磨剂从工件表面研去极薄一层金属的加工方法。研具由较软的金属材料如铸铁、青铜、软钢等制成，其表面形状应与被研工件表面的形状相符。研磨剂由很细的磨料和研磨液组成。粗研时磨料的粒度选 F150 ~ F220，精研时选微粉。研磨液起调和磨料及润滑冷却作用。常用的研磨液有煤油或在煤油中加适量的机油。研磨过程实际上是用研磨剂对工件表面进行刮划、滚擦以及微量切削的综合作用过程。通过研磨加工，零件可以获得公差等级 IT6 ~ IT3，表面粗糙度值 Ra0.1 ~ 0.012μm。但是，研磨一般不能提高表面之间的位置精度。研磨余量一般为 0.005 ~ 0.02mm。

珩磨是指利用珩磨工具对工件表面施加一定压力并同时做相对回转和直线往复运动，切除工件上极小余量的加工方法。珩磨工具由若干个磨条组成，可以看成是组合研具，珩磨则可以看成是研磨的演变和发展。珩磨工具对孔壁的珩磨加工可以看成是研磨孔壁。通过珩磨加工，加工表面可以获得公差等级 IT6 ~ IT4，表面粗糙度值 $Ra0.5 \sim 0.2\mu m$。珩磨能够提高孔的形状精度，但不能提高孔与其他表面间的位置精度。珩磨加工的孔径为 $\phi15 \sim \phi500mm$，珩磨余量一般为 0.02 ~ 0.15mm。

抛光是指利用机械、化学或电化学作用，使工件获得光亮、平整表面的加工方法。抛光时，通过涂有抛光膏的软轮高速回转对工件表面进行微弱的切削及化学作用，从而降低加工表面的粗糙度值，提高其光亮度。通过抛光加工，加工表面可以获得表面粗糙度值 $Ra0.1 \sim 0.012\mu m$。但是，抛光不能改善加工表面的尺寸精度和形状精度，主要用于零件表面的修饰加工及电镀前的预加工。

作业十七

一、基本概念解释

1. 磨具切削　2. 磨床　3. 砂轮　4. 光整加工　5. 抛光

二、填空题

1. 磨具按形状进行分类，可分为磨______、磨______等。

2. 磨床通常以砂轮______和工件______或（和）回转作为它的表面成形运动。

3. 平面磨床按工作台的形状进行分类，可分为______和______。

4. 平面磨床按砂轮架主轴布置形式进行分类，可分为______和______。

5. 常用的氧化物系砂轮（刚玉砂轮），其磨料的主要成分是______，适用于磨削钢铁材料的工件。

6. 砂轮常用的结合剂有______、______、树脂和橡胶等。

7. 若砂轮的磨粒容易脱落，则砂轮的硬度______；反之，砂轮的硬度______。

8. 砂轮的组织是指构成砂轮的______、结合剂和______三者之间的比例关系。

9. ______、珩磨和______等属于光整加工。

三、判断题

1. 磨削加工属于精加工。（　）

2. 磨削加工可以看成是用无数刀齿的刀具（砂轮）进行切削加工的方法。（　）

3. 常用的碳化物系砂轮，其磨料的主要成分是 SiC，硬度更高，适用于磨削硬质合金等高硬度材料工件。（　）

4. 砂轮的硬度是指砂轮表面的磨粒在外力作用下使其脱落的难易程度。（　）

5. 疏松砂轮常用于磨削硬脆材料。（　）

四、简答题

1. 简述普通外圆磨床的主要组成部件及其运动形式。

2. 简述内圆磨床的主要组成部件及其运动形式。

3. 列表比较车削、铣削和磨削等的加工精度、表面粗糙度、生产率、生产成本和应用范围等。

五、课外活动

同学之间相互合作，分组分析各种磨床的组成部件及其成形运动特点。

第十八章　数控加工与特种加工

数控加工是建立在微电子、计算机和自动检测等新技术基础上的一类切削加工方法，它标志着人类的切削加工技术进入了一个新阶段。特种加工是直接利用能量去除多余材料的加工方法，特种加工技术开辟了去除材料加工的新领域。

第一节　数控加工

数控是数字控制的简称。数字控制是用数字化信号对机床运动及其加工过程进行控制的一种方法。数控加工是指在数控机床上加工零件的一种工艺方法。数控机床是一种利用数控技术，准确地按照人们事先安排的工艺流程，并通过一定格式的指令代码执行规定动作的金属切削机床。

一、数控机床的组成及其功能

数控机床由输入介质、数控装置、伺服系统、反馈系统和机床主体五部分组成，如图 18-1所示。通常将不包括机床主体在内的其余各组成部分统称为机床数控系统，简称数控系统。

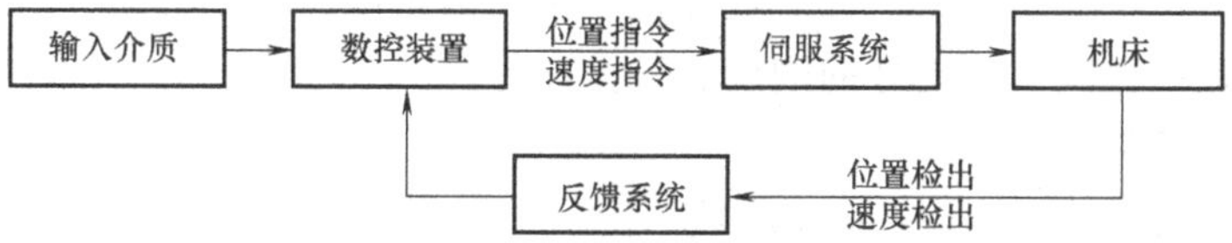

图 18-1　数控机床的组成

1. 输入介质

零件的加工程序必须按照规定指令代码的格式书写，并且能以一定的方式记录下来，才能输入机床的数控装置。记录程序所用的信息载体，称为输入介质。常用的输入介质有穿孔纸带、数据磁带或软磁盘以及专用存储卡等。如果程序比较简单，也可以通过机床操作面板上的手动数据输入键盘直接将程序键入机床的数控装置中。采用穿孔纸带方式存储的加工程序，可以通过纸带阅读机将程序一次性输入机床的数控装置。使用软磁盘式专用存储卡等作为输入介质时，编程人员可以在计算机上使用自动编程软件编程，然后把计算机与机床上的RS-232 标准串行接口连接起来，实现计算机与机床之间的通信。

2. 数控装置

数控装置是数控系统的核心，多采用微型计算机实现其功能，输入的程序就存储在数控装置中对应的存储单元内。

数控装置的主要用途是接受输入的加工信息，并进行处理和运算，再发出相应的指令脉冲给伺服系统，经伺服放大便能使机床按预定的轨迹运动。数控装置计算轨迹的过程称为插补。

3. 伺服系统

伺服系统是以机床移动部件（如工作台）的位置和速度为控制量的自动控制系统。它接受来自数控装置插补运算产生的指令，并将其变换为机床移动部件（如工作台）的位移。伺服系统包括控制线路、功率放大线路和电动机等。电动机是伺服系统的执行元件。

数控装置每发出一个指令脉冲，机床移动部件就产生一个相应的位移量。这个位移量称为脉冲当量。脉冲当量直接反映了机床移动部件可能产生的最小位移量。这个最小位移量在设计说明书中一般称为最小设定单位。现在全功能数控机床的最小设定单位一般取 0.001mm。经济型或简易型数控机床多取 0.01mm。伺服系统的性能对机床加工精度和生产率都有明显影响。

4. 反馈系统

反馈系统是自动控制系统的一个分支，其作用是将机床运动部件的实际位移或速度等参数检测出来，并将其转换为电信号，再输回数控装置。通过对输回的运动参数与数控装置插补得出的指令位置值进行比较，利用相比较的差值控制电动机转角，以消除运动误差。速度调节是通过连接在电动机轴上的测速发电机实现的。反馈装置将随时测量的实际转速与速度指令进行比较，以便对电动机转速及时进行修正。

5. 机床主体

数控机床是一种高精度高生产率的自动化机床，与普通机床在结构上有较大的差别。数控机床的传动系统比较简单。其主传动变速多采用直流伺服电动机，通过一级带轮降速直接将运动传给主轴；其进给运动多采用直流伺服电动机，通过挠性联轴器与丝杠直接连接，或者通过同步带及带轮将运动传给丝杠。数控机床采用齿轮传动时，必须有消除齿轮啮合间隙的装置。另外，数控机床应有更好的刚度和抗振性等。

二、数控加工程序编制

数控加工程序编制简称数控编程。数控编程由编程员或工艺员完成。加工零件之前，必须将零件的全部工艺过程、工艺参数和位移数据等以指令代码的形式写成数控加工程序单。数控机床的操作者负责加工的全过程，如程序输入、机床调整、刀具安装、工件装卸和随机检验等。

数控编程应按照一定的步骤进行，一般包括分析图样、确定加工工艺过程、数值计算、编写零件加工程序单、制备输入介质、程序校验和首件试切等。如要在图 18-2 所示零件上钻出 A、B、C 三个孔，孔深依次为 15mm、通孔和 20mm。按照数控编程的步骤，其主要内容是选用 ϕ15mm 钻头按 A、B、C 的顺序依次钻出；使用机用平口钳夹紧工件；确定切削用量，主轴转速取 500r/min，进给速度取 40mm/min。

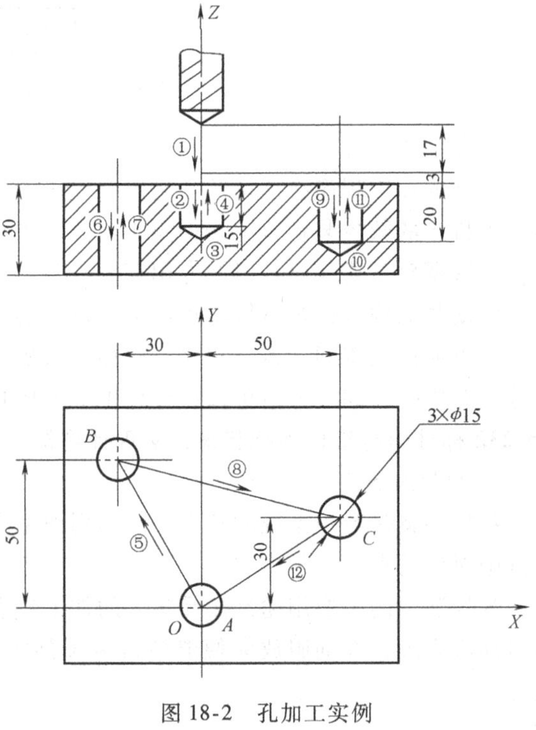

图 18-2　孔加工实例

在工件上设定一个坐标系，取基准孔 A 的中心为坐标系原点，对刀时刀具就定位在该点。采用绝对值编程，三个孔的位置已由图上给出，无须进行数值计算。于是，该零件的孔加工程序单如下：

O001；	程序号
N01 G92 X0 Y0 Z20.0；	坐标系设定指令，设定起刀点的位置
N02 S500 M03；	主轴正转，转速为 500r/min
N03 G90 G00 Z3.0；	刀具快速下降至 Z 坐标为 3.0 的位置
N04 G01 Z -20.0 F40；	刀具以切削进给的速度钻至 Z 坐标为 -20.0 的位置
N05 G04 P500；	刀具在孔底停留 0.5s
N06 G00 Z3.0；	快速提刀到 Z3.0 的位置
N07 X -30.0 Y50.0；	刀具快速定位到孔 B 的位置
N08 G01 Z -38.0；	钻 B 孔到钻透为止
N09 G00 Z3.0；	快速提刀到 Z3.0 的位置
N10 X50.0 Y30.0；	刀具快速定位到孔 C 的位置
N11 G01 Z -25.0；	钻 C 孔到 Z -25.0 的位置
N12 G04 P500；	刀具在孔底停留 0.5s
N13 G00 Z20.0；	刀具快速提刀到开始下刀的位置
N14 X0 Y0 M05；	刀具快速返回到工件坐标系原点，主轴停转
N15 M30；	程序结束

图 18-2 中标出了刀具移动的加工路线。要说明的是，因为使用钻尖对刀，在 Z 坐标轴方向上钻尖距工件的表面为 20mm，而图样上标注的是孔的有效深度，所以盲孔加工时钻头要多移动约 5mm。还要说明的是，程序必须按照一定的格式书写。上述程序使用的格式称为字—地址程序段格式。一个完整的程序由程序号（如 O001）、程序内容和程序结束（如 M30）三部分组成。程序中每一行称为一个程序段。每条程序段表示一种操作，由若干个字组成。每个字代表一个具体指令，如 G01 表示直线插补，M03 表示主轴正转等。每个字都由字母和数字数据组成，字母表示该字的地址。如 N 表示程序的段号，G 表示准备功能，M 表示辅助功能等。数字数据是功能种类代码。

上述编程方法称为手工编程。程序编好后可以直接通过机床的操作面板将程序一个字符一个字符地键入。经认真审查确信无误后，再运行程序。手工编程容易造成差错，效率也低。自动编程方法克服了这些缺点。

自动编程要使用计算机和一定的自动编程软件实现。先在屏幕上绘出图形，再根据屏幕菜单的提示，确定加工路线、选择参数和执行后置处理，完成程序制作的全过程。整个编程过程完全采用人机交互式，不需要任何编程语言。只要图形定义和设定参数不出现错误，程序的差错率极低。自动编程效率是手工编程的 50 ~ 100 倍，甚至更高。

三、数控机床的分类

1. 按工艺用途分类

（1）普通数控机床　普通数控机床一般指在加工工艺过程中的一个工序上实现数字控制的自动化机床，如数控铣床、数控车床、数控钻床、数控磨床和数控齿轮加工机床等。普通数控机床在自动化程度上还不够完善，刀具的更换和零件的装夹等仍需人工完成。

（2）加工中心　加工中心是指带有刀库和自动换刀装置的数控机床。加工中心将数控铣床、数控镗床和数控钻床的功能组合在一起，打破了一台机床只能进行一种加工工艺的传统概念。例如，铣削加工中心在数控铣床的基础上增加了一个容量较大的刀库（20～120 把）和自动换刀装置，工件在一次装夹后，可以对大部分加工表面进行铣、镗、钻、扩、铰及攻螺纹等多种加工。加工中心大多数以铣镗为主，主要用于加工箱体类零件。加工中心能有效地避免工件多次装夹造成的误差。

2. 按运动方式分类

（1）点位控制系统　点位控制系统是指只控制刀具或工作台从一点准确地移动到另一点，而点与点之间的运动轨迹不需要严格控制的控制系统。一般先以高速移动到接近终点位置，再以低速准确地移动到终点位置，实现定位。在移动过程中刀具不进行切削工作。使用点位控制系统的机床有坐标镗床和冲床等。点位控制系统的工作原理如图 18-3 所示。

（2）点位直线控制系统　点位直线控制系统是指不仅控制刀具或工作台从一个点准确地移动到另一个点，而且保持在两点之间的运动轨迹是一段直线的控制系统。受点位直线控制系统控制的移动部件在移动过程中进行切削。应用点位直线控制系统的机床有车床和铣床等。点位直线控制系统的工作原理如图 18-4 所示。

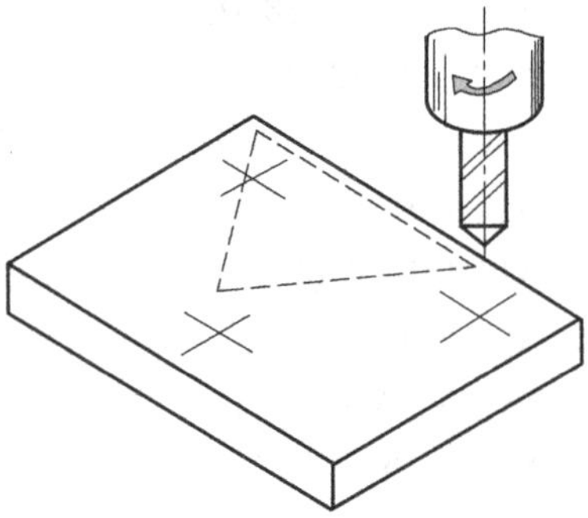

图 18-3　点位控制系统的工作原理

（3）轮廓控制系统　轮廓控制系统是指能够对两个或两个以上的坐标轴同时进行连续控制的控制系统。轮廓控制系统不仅能控制移动部件从一点准确地移动到另一点，而且能控制整个加工过程中每一点的速度和位移量，从而能将工件加工成一定形状的轮廓。轮廓控制系统也称连续控制系统。应用轮廓控制系统的机床有铣床、车床、齿轮加工机床和加工中心等。轮廓控制系统的工作原理如图 18-5 所示。

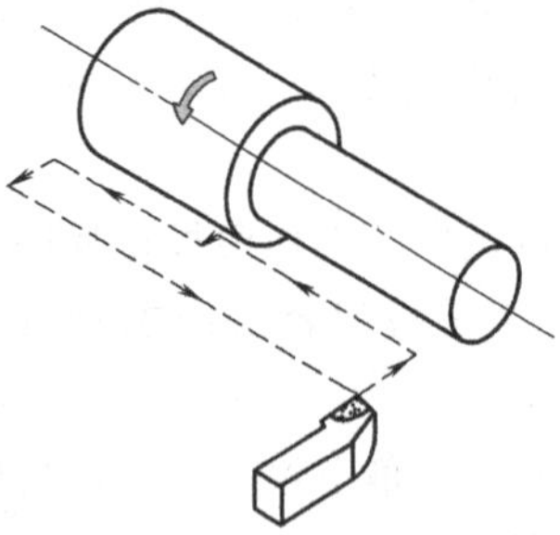

图 18-4　点位直线控制系统的工作原理

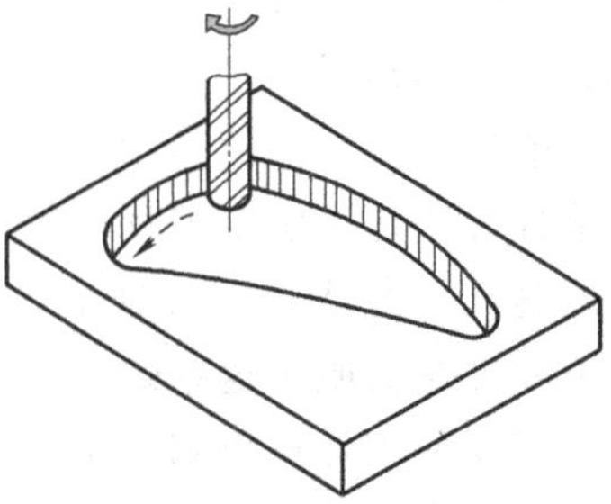

图 18-5　轮廓控制系统的工作原理

3. 按功能水平分类

（1）简易型　简易型数控机床通常是在原有普通机床的基础上，通过加装简易数控系统制成，一般对原机床的机械结构改动不大。如对车床进行数控化改造时，通常保留原有的主传动系统和主变速机构，将纵向与横向滑动丝杠螺母副更换为滚珠丝杠螺母副，功率步进电动机可与丝杠直联，也可经一级齿轮降速与丝杠连接。采用齿轮降速的目的是为了得到刀架纵、横向移动所需的脉冲当量。为了在加工过程中能自动换刀，机床原有的四方刀架换上自动转位刀架。若加工螺纹，则应在主轴箱内安装主轴脉冲发生器。主轴脉冲发生器能检测主轴转动时的角位移，并以脉冲信号的形式将其送至数控装置，通过数控装置控制步进电动机按螺纹的导程运动。

（2）全功能型　全功能型数控机床是指数控系统复杂，移动部件运动速度快，加工精度高的数控机床。这种机床 CRT 显示有图形功能或三维动态图形功能，具有高性能的通信接口，可以实现联网。

（3）经济型　经济型数控机床一般是相对于全功能型机床而言的，通常根据实际要求对机床系统做适当简化，以降低成本。

数控机床还可以按控制方式分为开环控制、半闭环控制和闭环控制三种类型；还可以按实现插补联动控制的轴数，把连续控制数控机床分为两坐标联动、三坐标两联动、三坐标联动和多坐标联动等类型。

四、数控加工工艺特点及应用

1. 加工精度较高

数控加工以数字形式给出指令进行加工，脉冲当量普遍达到 0.001mm，而且进给运动传动链的反向间隙与丝杠螺距误差等均可由数控装置进行补偿。因此，数控加工能达到比较高的加工精度。

2. 生产率较高

数控加工能有效地减少机动时间和辅助时间，消耗在快进、快退和定位中的时间比一般机床加工要少得多，因此加工生产率比一般机床要高得多。

3. 成本较低

数控加工之前节省了划线工时；工件装夹到机床上后，调整、加工和检验的时间要少得多；数控加工不需要手工制作模型、凸轮、钻模板及其他工、夹、量具，节省了工装费用；加工精度稳定，废品率较低。因此，从总体考虑，数控加工能够取得良好的经济效益。

4. 适应性好

在数控机床上改变加工对象时，只要重新编制程序并输入数控装置即可，为单件小批量生产和新产品试制提供了极大的便利，表现出极大的灵活性和良好的适应性。

数控机床主要应用于加工多品种小批量生产的零件、结构比较复杂的零件、频繁改型的零件和急需投入使用的零件等。应该指出，数控加工的范围正在不断扩大，但不能完全代替普通机床的加工，也不能以最经济的方式解决切削加工中所有的问题。选用数控加工时，应仔细进行经济分析，反复对比，使数控机床发挥最大的经济效益。

第二节　特种加工

特种加工是相对于传统切削加工而言的。传统的切削加工是利用刀具从工件上切除多余的材料，而特种加工是直接利用电能、化学能、声能、光能、热能等或其与机械能组合的形式去除坯料或工件上多余材料的加工方法。因为特种加工过程中工具与工件之间没有机械力的作用，所以不存在力变形，也不会因工件太硬而不能加工，从而成为一类特殊的加工方法。这里仅介绍电火花加工、电解加工、超声波加工和激光加工四种特种加工方法。

一、电火花加工

电火花加工是指在一定介质中通过工具电极和工件电极之间脉冲放电的电蚀作用对工件进行加工的方法。

1. 电火花加工原理

电火花加工原理如图 18-6 所示，工具电极和工件电极浸在液体介质中，脉冲电源不断发出脉冲电压加在工具电极和工件电极上。由于电极的微观表面凸凹不平，极间相对最近点电场强度最大，最先击穿，液体介质被电离成电子和正离子，形成放电通道。在电场力的作用下，通道内的电子高速奔向阳极，正离子奔向阴极，并且在通道内互相碰撞，放出大量的热，使通道成为一个瞬时热源。通道中心的温度高达 10000℃左右，使电极表面放电处金属迅速熔化，甚至汽化。

上述放电过程极为短促，具有爆炸性质。爆炸力把熔化和汽化的金属抛离电极表面，被液体介质迅速冷却凝固，继而从两极间被冲走。每次火花放电后使工件表面形成一个凹坑。在间隙自动调节器的控制下，工具电极不断进给，脉冲放电将不断进行下去，无数个电蚀小坑将重叠在工件上。最终，工具电极的形状相当精确地“复印”在工件上，完成加工。生产中可以通过控制极性和脉冲的长短（放电持续时间的长短）来控制加工过程。

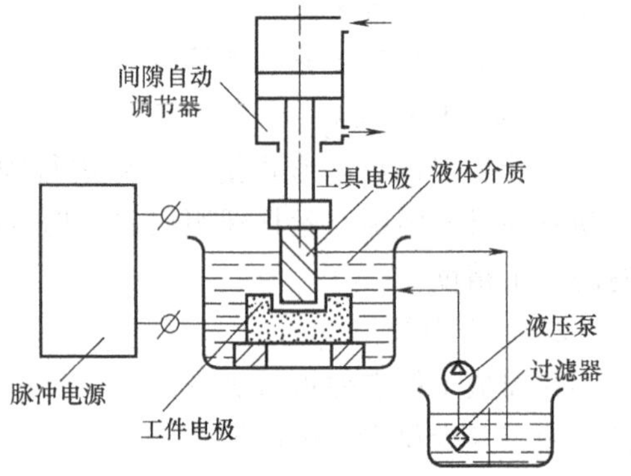

图 18-6　电火花加工原理

2. 电火花加工工艺特点及应用

电火花加工的适应性强。被加工材料不受工具材料硬度、耐热性等的限制，任何硬脆材料及难以切削加工的材料，只要能导电，都可以加工。

电火花加工基本上没有切削力的作用，工件装夹十分方便。因此，一些难以加工的小孔、窄槽、薄壁件和各种截面形状复杂的型孔、型腔等，都可以方便地采用电火花加工。

电火花加工的电脉冲参数可以任意调整，加工过程基本上没有热变形的影响。因此，一台电火花加工机床可以连续地进行粗加工、半精加工和精加工。其精加工的尺寸误差小于 0.02mm，表面粗糙度值 Ra 达 0.08μm。

电火花加工常用于加工各种型孔、小孔（ϕ0.1 ~ ϕ1mm）和微孔（ϕ0.1mm 以下），如落料凹模、冲孔、拉丝模等。

线电极切割是在电火花加工基础上发展起来的加工方法。它以细金属丝（多用 ϕ0.02 ~ ϕ0.03mm 的钼丝）作为工具电极，按预定轨迹切割，常用于加工样板和形状复杂的零件。

二、电解加工

电解加工是指利用金属工件在电解液中所产生的阳极溶解作用而进行加工的方法。阳极溶解现象可以用图 18-7 说明。把两个金属片分别接在直流电源的两极上，并插入食盐水溶液中，导线中将有电流通过，Na^+、H^+ 向阴极移动，Cl^-、OH^- 向阳极移动。这时在金属片（电极）和溶液的界面上必定有交换电子的反应。钠离子在阴极得到电子，氯离子在阳极失去电子。这种得失电子的化学反应称为电化学反应。由于外电源不断从阳极抽走电子，致使阳极金属不断以正离子的形式与水溶液中的 OH^- 化合生成沉淀物，这种现象称为阳极溶解。电解加工就是应用阳极溶解原理实现成形加工的。

1. 电解加工的原理

电解加工原理如图 18-8 所示。加工时工件电极接直流电源的正极，工具电极接直流电源的负极。工具电极缓慢地向工件电极进给，并使电极间始终保持狭小的间隙 0.1 ~ 1mm。电路接通后，工件电极表面金属就被迅速溶解。电解腐蚀物将被泵供给的高速流动的电解液冲走，流回液槽中。电化学反应生成的 H_2 从氢气口排出。

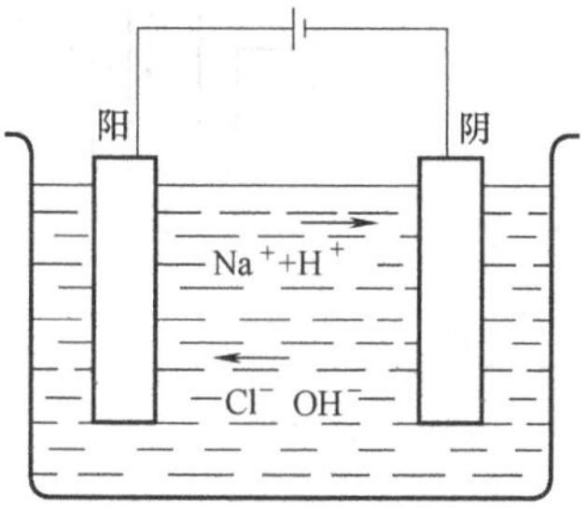

图 18-7　阳极溶解现象

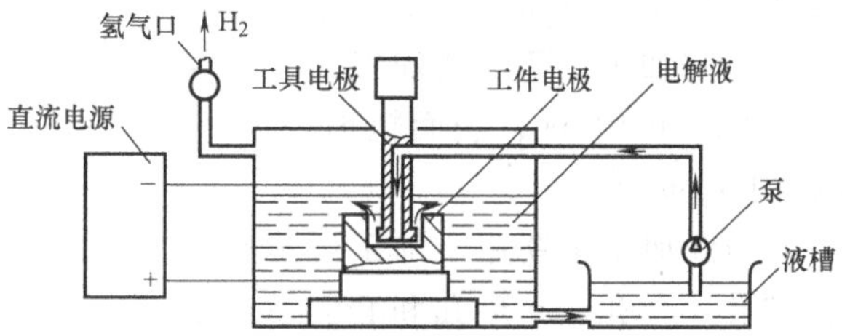

图 18-8　电解加工原理

电解加工的成形原理如图 18-9 所示。图中工具电极（阴极）和工件电极（阳极）间的竖线表示电流，竖线的疏密程度表示电流密度。图 18-9a 所示加工开始时，两极距离较近的地方通过的电流密度较大，电解液的流速也较高，所以工件溶解的速度较快。随着工具电极的不断进给，工件不断被溶解，直至工件与工具电极的形状完全吻合。这时电流密度分布均匀，如图 18-9b 所示。

2. 电解加工的工艺特点及应用

电解加工不受工具材料的限制，加工过程不受切削力、切削热的影响，加工后的表面粗糙度值 *Ra* 可达 0.8 ~ 0.2μm，优于电火花加工，但尺寸精度不如电火花加工。其加工型孔的尺寸误差为 0.06 ~ 0.10mm，加工型腔的尺寸误差为 0.10 ~ 0.40mm。

电解加工主要用于加工深孔、扩孔、型孔、套料，叶片、倒棱和去毛刺等。

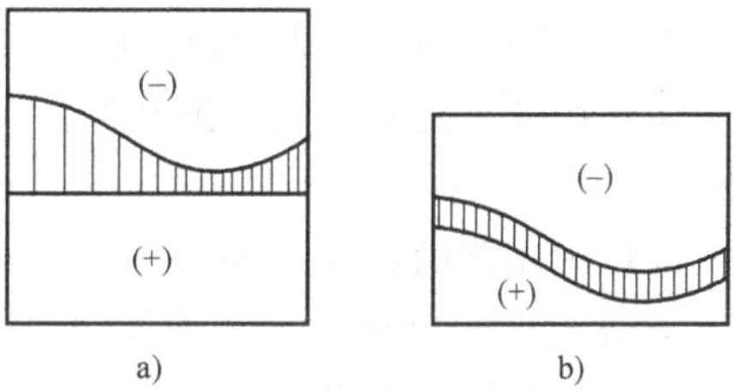

图 18-9　电解加工的成形原理

a）加工开始　b）加工终了

三、超声波加工

超声波加工是指利用超声频振动的工具，带动工件和工具间的磨料悬浮液冲击和抛磨工件被加工部位，使局部材料破碎成粉末，以进行穿孔、切割和研磨等的加工方法。超声波是指频率超过 16×10^3Hz 的振动波（声波的振动频率是 16 ~ 16×10^3Hz）。超声波的能量比声波大得多。它可以给传播方向的物体以很大压力，能量强度达到 $1cm^2$ 几百瓦。实际上，超声波加工是利用超声波的能量对工件进行成形加工。

1. 超声波加工的原理

超声波加工的原理如图 18-10 所示。在工件和工具之间加入液体（水或煤油）和磨料混合的悬浮液，并使工具以很小的力 ***F*** 轻轻压在工件上。将超声波发生器产生的超声频振荡通过换能器转换成 16000Hz 以上的超声频纵向振动，并借助于变幅杆把振幅放大到 0.05 ~ 0.1mm。变幅杆驱动工具做超声频振动，并以工具端面迫使悬浮的磨粒以很大的速度不断撞击和琢磨工件表面，使被加工区域的材料破碎成细小的微粒，从而实现加工。

2. 超声波加工的工艺特点及应用

硬脆材料在遭到局部撞击时，比塑、韧性材料更容易被破坏，因此超声波加工更适于加工硬脆材料。

超声波加工的生产率不如电火花加工和电解加工，但加工质量优于电火花加工和电解加工。超声波加工的尺寸误差为 0.02 ~ 0.01mm，表面粗糙度值 Ra 为 1 ~ 0.1μm。

超声波加工主要用于加工硬脆材料上的圆孔、型孔、异形孔和套料等，也用于切割和清洗。

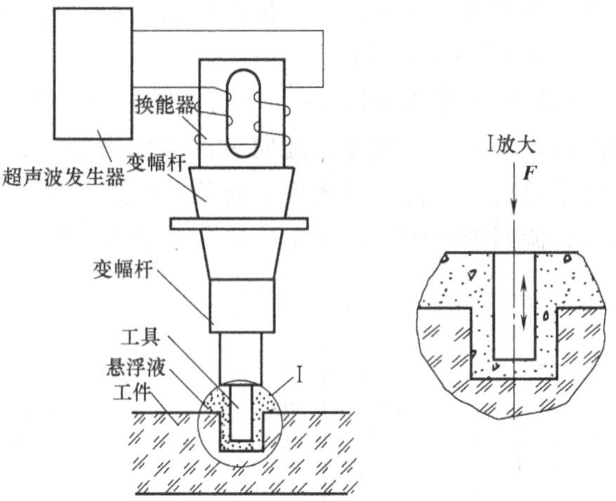

图 18-10　超声波加工的原理

四、激光加工

利用功率密度极高的激光束照射工件被加工部位，使材料瞬间熔化或蒸发，并在冲击波作用下将熔融物质喷射出去，从而对工件进行穿孔、蚀刻、切割；或采用较小能量密度，使被加工区域材料呈熔融态，对工件进行焊接的加工方法，称为激光加工。

1. 激光加工的原理

要想利用光束的能量直接加工工件，光束应具备两个条件：一是光束必须具备足够的能量密度，以满足加工对光束能量的要求；二是光束必须是波长相同的单色光，以便把光束的能量聚焦在极小的面积上，获得高温。实践证明，激光发生器发射出来的激光束能满足这两个条件。

固体激光器的加工原理如图 18-11 所示。当激光工作物质受到光泵的激发后，会有少量激发粒子自发地发射出光子。于是，所有其他激发粒子受感应将产生受激发射，造成光放大。放大的光通过谐振腔（由两个反射镜组成）的反馈作用产生振荡，并从谐振腔的一端输出激光。激光通过透镜聚焦到工件的待加工表面，实现加工。

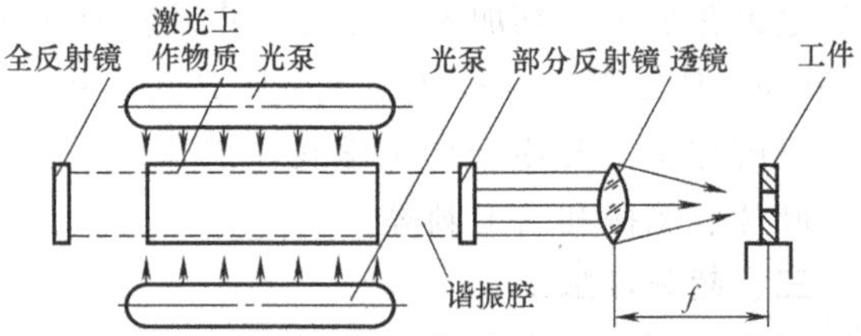

图 18-11　固体激光器加工原理

2. 激光加工工艺特点及应用

激光加工对工件材料的适应性强，几乎对所有金属材料和非金属材料都可以进行加工，特别是能在坚硬材料或难熔材料上加工出微小孔，孔径可以小到 0.001μm，孔的深径比可达 50 ~ 100。如采用硬质合金材料制作的化纤喷丝头的直径为 100mm，喷丝头上要求加工 12×10^3 个 $\phi 0.06$mm 的微孔，这些微孔是采用激光加工的。

激光加工效率很高，打一个孔只需 0.001s，并且不使用任何工具，可以通过透明介质实现加工。如激光能透过玻璃在真空管内进行焊接。激光加工多用于打孔、切割和焊接。

作业十八

一、基本概念解释

1. 数控加工　2. 数控机床　3. 加工中心　4. 电火花加工　5. 电解加工

二、填空题

1. 数控机床由输入介质、____、____、反馈系统和机床主体五部分组成。

2. 数控机床的伺服系统包括控制线路、____和____等。

3. 应用点位直线控制系统的机床有____床和____床等。

4. 应用轮廓控制系统的机床有____床、____床、齿轮加工机床和加工中心等。

5. 超声波加工主要用于加工____材料上的____孔、型孔、异性孔和套料等，也可用于切割和清洗。

三、判断题

1. 数控装置计算轨迹的过程称为插补。　(　　)

2. 电动机不是伺服系统的执行元件。　(　　)

3. 加工中心大多数以铣镗为主，主要用于加工箱体类零件。　(　　)

四、简答题

1. 数控编程包括哪些内容?

2. 简述数控加工工艺的特点。

3. 数控机床的应用范围是什么?

4. 简述电火花加工的工艺特点。

5. 列表比较电火花加工、电解加工、超声波加工、激光加工的原理、加工工具和被加工材料的特点。

五、课外活动

同学之间相互合作，分组分析各种数控机床的组成部件及其成形运动特点。

第十九章　切削加工工艺过程

实际生产中将毛坯加工成机械零件，通常要综合考虑零件的结构形状、尺寸大小、技术要求、现场设备和工人技术水平等有关因素，选择适当的加工方法，并按照一定的顺序逐步加工才能实现。

第一节　基本概念

一、生产过程和工艺过程

生产过程是指将原材料转变为成品的全过程。如要制造一台机器，其生产过程应该包括生产准备、毛坯制造、对毛坯进行切削加工、热处理、装配、试车、装箱等。显然，这里有一台机器的生产过程，也有一个零件的生产过程；有一个工厂的生产过程，也有一个车间的生产过程。

工艺过程是指改变生产对象的形状、尺寸、相对位置和性质等，使其成为成品或半成品的过程。工艺过程是生产过程中的主要过程，其余的劳动过程则是生产过程中的辅助过程。

二、切削加工工艺过程

切削加工工艺过程是指在切削加工车间进行的那一部分工艺过程。一个零件的切削加工工艺过程通常是多种多样的，应该根据零件的技术要求和实际生产条件，选择其中最合理的切削加工工艺过程进行生产。最合理的切削加工工艺过程需要用文件的形式固定下来，即用一系列的工艺文件规定出产品或零部件制造的工艺过程和操作方法，这些工艺文件称为工艺规程。工艺规程是指导生产的主要技术文件，是组织和管理生产的依据。工艺规程把切削加工工艺过程划分为一系列的工序和安装。

1. 工序

工序是指一个或一组工人，在一个工作地，对同一个或同时对几个工件所连续完成的那一部分工艺过程。在加工过程中，如果加工地点或加工工件发生了变化，则工序已经终结。例如，在一台磨床上对某一工件进行粗磨后接着精磨，工件和加工地点没有变化，粗磨和精磨算一道工序。若粗磨和精磨之间插入一道去应力退火工序，则粗磨和精磨成为两道工序。工序是工艺过程的基本组成部分，是安排生产的基本单元。图 19-1 所示联轴器的切削加工工艺过程可以划分为三道工序。

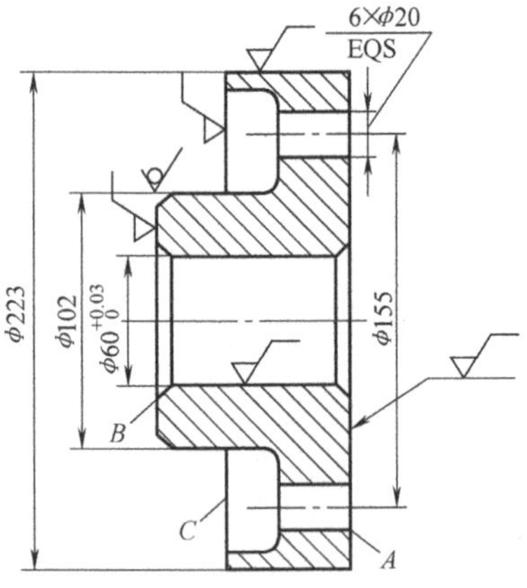

图 19-1　联轴器

工序 1　在车床上车内孔，车外圆，车端面 A、B、C 及内孔倒角。

工序 2　在钳工平台上划 $6\times\phi20$mm 孔的位置。

工序 3　在钻床上钻 $6\times\phi20$mm 孔。

工序又可以划分为工步。工步是指在加工表面（或装配时的连接表面）和加工（或装配）工具不变的情况下所连续完成的那一部分工序。一道工序可以包括一个或几个工步。例如，在上例工序 1 中，有车内孔、车外圆、车端面 A、车端面 B、车端面 C、内孔左端倒角、内孔右端倒角 7 个工步。

2. 安装

安装是指工件（或装配单元）经一次装夹后所完成的那部分工序。如上述联轴器的加工工序 1 中有两次安装。

安装 1　用自定心卡盘夹紧 ϕ102mm 外圆，车端面 A，车内孔 $\phi60^{+0.30}_{0}$mm，大端内孔倒角，车 ϕ223mm 外圆。

安装 2　调头用自定心卡盘夹紧 ϕ223mm 外圆，车端面 B，小端内孔倒角，车端面 C。

通常，将工艺过程中的工序、安装、工步等填写在工艺卡片上。工艺卡片没有统一的格式，各工厂根据实际情况自行确定。表 19-1 是上述联轴器的切削加工工艺卡片。

表 19-1　联轴器工艺卡片

<table>
<tr><td>零件图号</td><td>0361</td><td>零件名称</td><td>联轴器</td><td>材料规格</td><td>45 钢</td><td>每台件数</td><td>20</td></tr>
<tr><td>工序号</td><td>工序名称</td><td colspan="3">工序内容</td><td>设备</td><td>工、夹、量具</td><td>每件工时</td></tr>
<tr><td>1</td><td>车</td><td colspan="3">安装 1：(1) 车端面 A
(2) 车内孔 $\phi60^{+0.03}_{0}$mm
(3) 内孔倒角
(4) 车外圆 ϕ223mm
安装 2：(1) 调头车端面 B
(2) 内孔倒角
(3) 车端面 C</td><td>卧式车床</td><td>自定心卡盘，通用量具</td><td></td></tr>
<tr><td>2</td><td>划线</td><td colspan="3">划 6 个 ϕ20mm 孔的位置线</td><td>钳工平台</td><td>方箱、划针盘、划规</td><td></td></tr>
<tr><td>3</td><td>钻</td><td colspan="3">钻 6 个 ϕ20mm 孔</td><td>立式钻床</td><td>钻孔夹具</td><td></td></tr>
</table>

三、工艺设备和工艺装备

工艺设备是指完成工艺过程的主要生产装置，如各种机床、加热炉、电镀槽等。工艺设备简称设备。

工艺装备是指产品制造过程所用各种工具的总称，如刀具、模具、量具等。工艺装备简称工装。

四、生产纲领和生产类型

1. 生产纲领

生产纲领是指企业在计划期内应当生产的产品产量和进度计划。根据一台机器上相同规格零件的数目，可以算出零件的生产纲领。

2. 生产类型

生产类型是指企业（或车间、工段、班组、工作地）生产专业化程度的分类，一般分为大量生产、成批生产和单件生产三种类型。显然，生产类型是由生产纲领决定的。

单个地制造某一种零件，很少重复甚至完全不重复的生产，称为单件生产。重型机械厂、试制车间、机修车间等的生产多属于单件生产。

成批地制造相同的零件，一般是周期地重复进行的生产，称为成批生产。在成批生产中，一次投入或产出的同一产品（或零件）的数量，称为生产批量。根据生产批量的大小和产品的特征，成批生产又可分为小批生产、中批生产和大批生产。机床制造厂的生产多属成批生产。

产品的制造数量很大，多数工作地点经常重复地进行一种零件的某一工序的生产，称为大量生产。汽车制造厂、拖拉机制造厂、自行车制造厂、轴承制造厂等的生产属于大量生产。

各种生产类型的典型特征见表 19-2，各种生产类型的工艺特征见表 19-3。

表 19-2　生产类型的典型特征

生产类型		同类零件的年产量/件		
		重型(≥30kg)	中型(4～30kg)	轻型(≤4kg)
单件生产		≤5	≤10	≤100
成批生产	小批生产	5～100	10～200	100～500
	中批生产	100～300	200～500	500～5000
	大批生产	300～1000	500～5000	5000～50000
大量生产		≥1000	≥5000	≥50000

表 19-3　生产类型的工艺特征

项　　目	单件生产	成批生产	大量生产
加工对象	经常变换	周期性变换	固定不变
毛坯	木模铸造或自由锻	部分采用金属型或模锻	广泛采用金属型、机器造型、模锻及其他高生产率方法
设备	通用机床	通用机床或部分专用机床	广泛使用高效率专用机床和自动机床
工艺装备	一般刀具，通用量具和万能夹具	广泛使用专用夹具，部分采用专用刀具和量具	广泛使用高效专用夹具、专用刀具和量具
对工人的技术要求	需要技术熟练的工人，边试切、边度量	需要比较熟练的工人，在调整好的机床上工作	操作工技术要求低，使用调整好的自动化机床或自动线
工艺文件	编写简单工艺过程卡	详细编写工艺卡	详细编写工艺卡和工序卡

第二节　工件的装夹

工件在进行切削加工之前，必须准确可靠地装夹在机床上。用来确定工件在机床上的位置所依据的工件上的点、线、面，称为定位基准。因为点或线一般由具体的表面体现，所以工件上的定位基准又称定位基准面。在图 19-1 所示联轴器的工艺过程中，工序 1 中的安装 1 是以 ϕ102mm 外圆的轴线作为定位基准，但该轴线并不具体存在，而是由 ϕ102mm 外圆表面具体体现的。ϕ102mm 外圆面是车内孔 $\phi60^{+0.30}_{0}$ mm、大端内孔倒角、车 ϕ223mm 外圆的定位基准面。在安装工件前必须选择定位基准面。

一、选择定位基准

定位基准分为粗基准和精基准。没有经过切削加工就用作定位基准的表面称为粗基准，经过切削加工才用作基准的表面称为精基准。从有位置精度要求的表面中选择工件的定位基准，是选择定位基准的总原则。

1. 粗基准的选择原则

对毛坯进行的第一道切削加工工序所使用的定位基准一定是粗基准。选择粗基准时，应注意满足各加工表面的加工余量，保证表面之间的位置精度和安装平稳可靠等。

选择非加工表面作为粗基准，可以使加工表面与非加工表面之间的位置误差最小。如图 19-2所示套筒零件，外表面 1 是非加工表面，内表面 2 是加工表面。为保证镗孔后壁厚均匀，即内圆面与外圆面同轴，应选择外圆面为粗基准。若以内圆面为粗基准找正定位，则不能保证壁厚均匀。

当毛坯所有表面都需要加工时，应选择加工余量最小的表面作为粗基准。如图 19-3 所示工件大端单边余量为 4mm，小端单边余量为 2.5mm，如果两端轴线偏离 3mm，则以小端外圆为粗基准加工大端外圆不会出现毛面。若以大端外圆为粗基准加工小端外圆，会因余量不足而出现毛面。

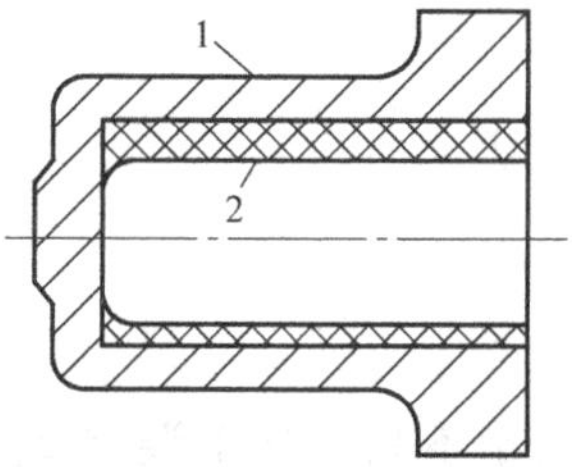

图 19-2 选择非加工表面作为粗基准

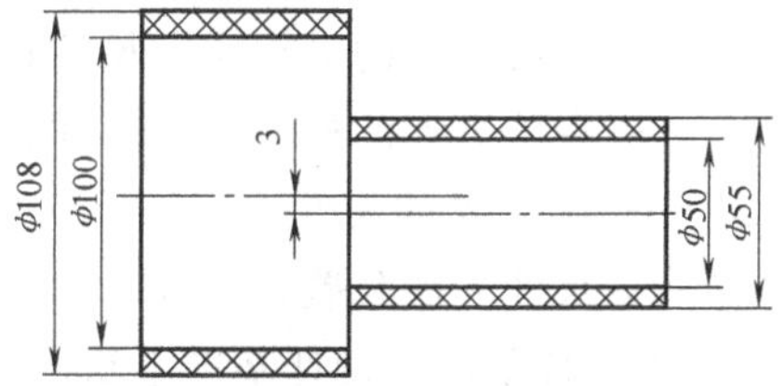

图 19-3 以余量小的表面为粗基准

图 19-4 所示为以床身导轨面为粗基准加工两床腿，目的在于保证重要的导轨面在粗加工时只切掉薄而均匀的一层，以便保留尽可能厚的优良组织层。另外，以大而平的导轨面为粗基准，床身工件的装夹较平稳可靠。

毛坯的表面都比较粗糙。一般情况下，同一尺寸方向上的粗基准面只能使用一次。重复使用粗基准面会使加工表面之间产生较大的位置误差。如图 19-5 所示为以小轴的 *B* 面为粗基准加工 *C* 面。若再以 *B* 面为粗基准加工 *A* 面，则 *A* 面与 *C* 面将产生较大的同轴度误差。

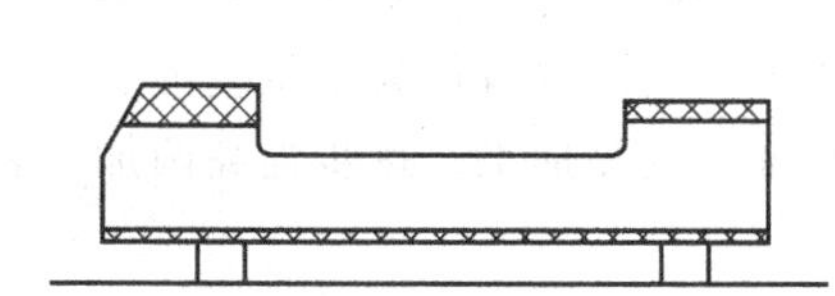
图 19-4 以导轨面为粗基准

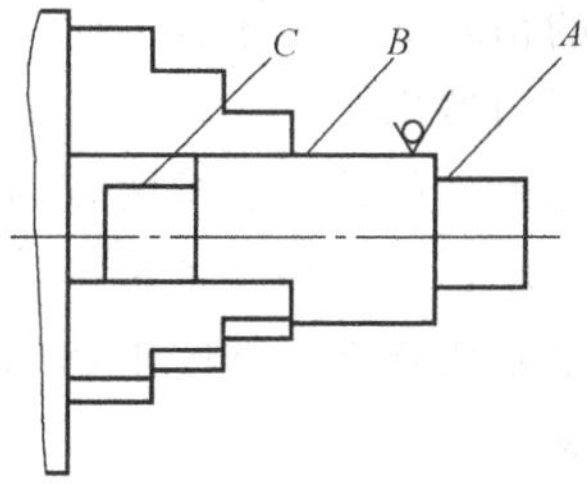

图 19-5 不重复使用粗基准

2. 精基准的选择原则

直接使用设计基准（图样上采用的基准）作为定位基准，称为基准重合原则。遵循基准重合原则容易保证加工表面的位置精度。如图 19-6a 所示工件台阶面 2 的设计基准是顶面 3，顶面 3 的设计基准是底面 1。先加工底面，然后以底面为精基准加工顶面，得到尺寸 H。这时因为定位基准与设计基准重合，只要加工误差不超过 δH 就能满足精度要求。当加工台阶面时，若以顶面为精基准，也符合基准重合原则，只要尺寸 h 的加工误差不超过 δh 就能满足精度要求。

但是，使用顶面定位会造成装夹困难和夹具结构复杂，甚至难以实现。生产中常常采用底面定位加工台阶面。因为定位基准不是设计基准，即基准不重合，将造成新的误差，如图 19-6b 所示。

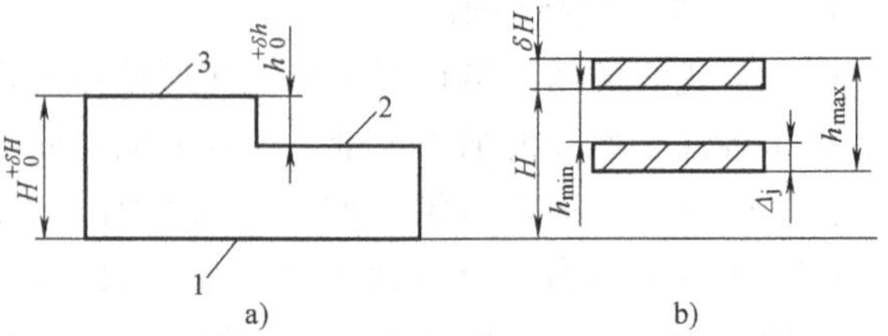

图 19-6　基准不重合误差

a）工件的设计基准　b）基准不重合误差

设加工台阶面时的加工误差为 Δ_j。由图可知

$$h_{min} = h$$
$$h_{max} = h + \delta H + \Delta_j$$
$$\delta h = h_{max} - h_{min} = \delta H + \Delta_j$$

式中　h_{min}——台阶高 h 的最小实际尺寸；

h_{max}——台阶高 h 的最大实际尺寸；

δH——尺寸 H 的公差；

δh——尺寸 h 的公差。

可见，当定位基准与设计基准不重合时，尺寸 h 的变动量不只是加工误差 Δ_j，还包括顶面的尺寸公差 δH。δH 就是因定位基准与设计基准不重合而增加的误差，称为基准不重合误差。为保证台阶面的位置尺寸误差不超过 δh 的范围，必须设法减小尺寸 H 的公差 δH 和尺寸 h 的加工误差 Δ_j，使 $\delta H + \Delta_j \leq \delta h$。基准不重合误差 δH 的产生使加工误差 Δ_j 必须相应减小，即增加了加工台阶面 2 的难度。

使尽可能多的加工表面和加工工序使用同一个定位基准面，称为基准统一原则。如加工较精密的台阶轴时，轴上各外圆表面的精基准都是两端的中心孔，粗车、半精车和磨削各工序的精基准也是轴两端的中心孔，就是遵循了基准统一原则。几个加工表面使用同一基准，不但可以减少辅助时间，提高生产率，而且有利于保证各加工表面之间的位置精度。此外，使用统一的精基准，由于各工序定位、夹紧装置类似甚至相同，可大大减少设计和制造这些工装的时间与费用。

应该选择面积较大、精度较高、安装稳定可靠的表面作为定位基准。对于某些精加工或光整加工工序，因其加工余量小且均匀，也可以用加工表面本身作为定位基准。在实际生产中，还常常采用零件上的两个加工表面互相作为基准，反复加工，逐步提高两加工表面之间的位置精度。

二、工件的定位原理

1. 六点定则

不受任何约束的物体具有 6 个自由度。如图 19-7 所示物体具有沿空间三个互相垂直的坐标轴 x、y、z、移动的自由度（$\vec{x}$、$\vec{y}$、$\vec{z}$）和转动的自由度（$\widehat{x}$、$\widehat{y}$、$\widehat{z}$）。为使工件在空间保持一个固定的位置，必须限制它的 6 个自由度。

在切削加工时，常常用相当于 6 个支承点的定位元件与工件的定位基准相接触，限制工件的 6 个自由度，使其具有确定的位置。这种定位方法称为六点定位规则，简称六点定则。如图 19-8 所示六面体平放在 *xoy* 平面上，相当于三个支承点 1、2、3 限制了它的$\vec{z}$、$\overset{\frown}{x}$、$\overset{\frown}{y}$ 3 个自由度；使六面体靠紧 *yoz* 平面，相当于两个支承点 4、5 限制了它的$\vec{x}$、$\overset{\frown}{z}$两个自由度；最后使六面体靠紧 *xoz* 平面，相当于一个支承点 6 限制了它的第六个自由度$\overset{\frown}{y}$，因此六面体的空间位置完全确定。

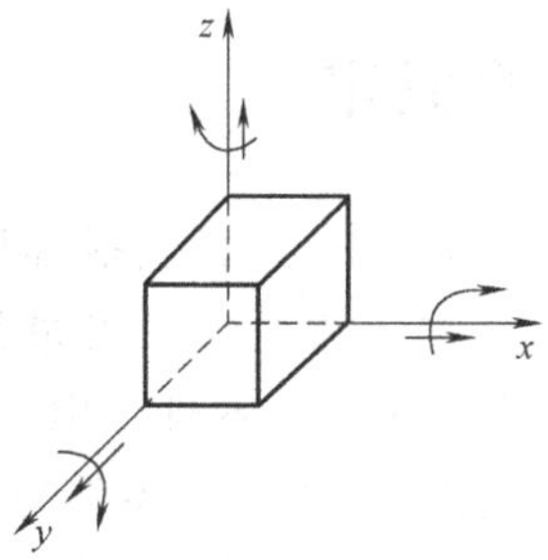

图 19-7　物体的六个自由度

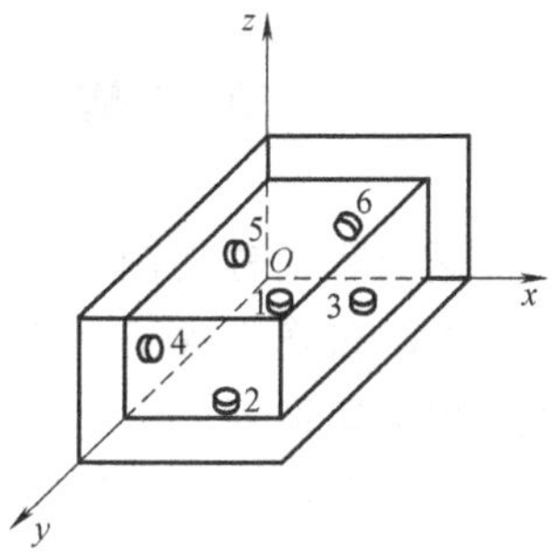

图 19-8　六面体的六点定位

生产中通常根据六点定则将工件装夹在机床上。但是，并不是在所有情况下都必须限制工件的六个自由度，应根据加工要求确定需要限制的自由度。

2. 确定需要限制的自由度

对加工精度有影响的自由度必须加以限制。如图 19-9a 所示在磨削工件上平面时，影响加工尺寸 *A* 的自由度是$\overset{\frown}{x}$、$\overset{\frown}{y}$、$\vec{z}$，只需要限制这三个自由度即可；图 19-9b 所示工件在铣台阶时，影响尺寸 *A* 和 *B* 的自由度是$\vec{x}$、$\vec{z}$、$\overset{\frown}{x}$、$\overset{\frown}{y}$、$\overset{\frown}{z}$，只需要限制这五个自由度即可。通常把不需要使用六个支承点的定位称为不完全定位，必须使用六个支承点的定位称为完全定位。

确定需要限制的自由度时，要考虑工件的形状特点，还要考虑工序的具体要求。例如，球形工件可以不考虑限制转动自由度；又如图 19-10 所示的套筒工件，加工内孔 *D* 时，必须限制$\vec{x}$、$\vec{y}$、$\vec{z}$、$\overset{\frown}{y}$、$\overset{\frown}{z}$ 5 个自由度，以保证孔的位置和孔深 *L*，而加工套筒工件上的小孔 *d* 时，只须限制$\vec{x}$、$\overset{\frown}{x}$、$\overset{\frown}{y}$、$\overset{\frown}{z}$四个自由度，就能保证小孔轴线与大孔轴线正交及其距端面尺寸 *l*。

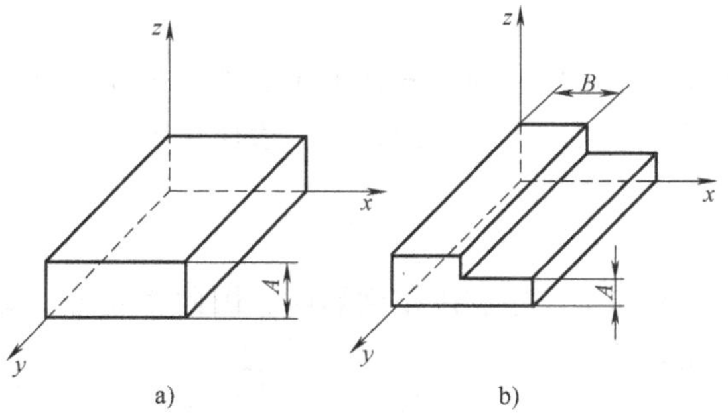

图 19-9　不完全定位

a）磨平面　b）铣台阶

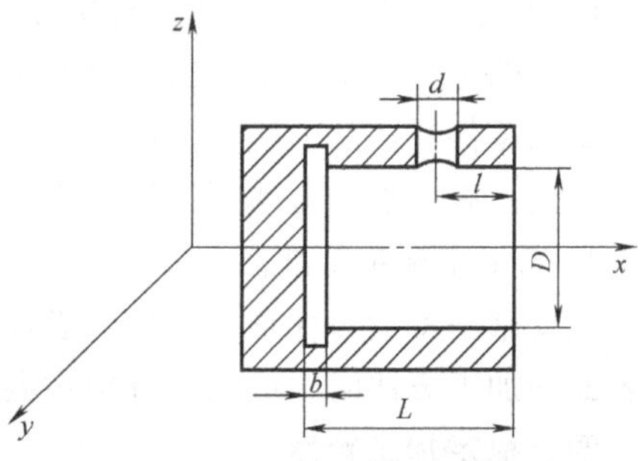

图 19-10　套筒工件的定位

三、装夹方法

装夹是指将工件在机床上或夹具中定位和夹紧的过程。定位是指确定工件在机床上或夹具中占有的正确位置的过程。夹紧是工件定位后将其固定，使其在加工过程中保持定位位置不变的操作。对于形状比较规则的工件，常常采用通用夹具装夹，如自定心卡盘、回转工作台、万能分度头等。通用夹具已经标准化了，由专门的工厂生产。使用通用夹具在一定范围内能装夹不同的工件，适于各种生产类型。对于结构形状复杂的工件，常常需要设计专用夹具才能满足加工精度和生产率的要求。专用夹具上有定位元件和夹紧机构，无须找正便可以迅速而正确地实现装夹。专用夹具主要用于大批量生产。在单件小批量生产中常常采用螺钉、压板等直接将工件装夹在机床工作台上。

第三节　切削加工工艺的拟定

切削加工工艺过程简称切削加工工艺。拟定零件的切削加工工艺，包括排列加工顺序（包括热处理工序）和确定各工序所用的机床、装夹方法、加工方法、工夹量具、加工余量、切削用量、时间定额等。不同零件具有不同的加工工艺。同一种零件，由于生产类型、机床设备、工艺装备等的不同，其加工工艺也不同。在一定生产条件下，零件的切削加工工艺通常可以有几种方案。合理的方案应能保证满足零件的全部技术要求，并且生产率较高，成本较低，劳动条件良好。拟定零件的切削加工工艺一般要分七步进行。

一、技术要求分析

切削加工工艺的最终目的在于满足零件的技术要求和保证零件的使用性能。因此，首先要熟悉零件所在产品的装配图，通过装配图了解产品的用途、性能、工作条件以及零件在产品中的地位和作用，再仔细分析零件工作图，以便对零件的结构、尺寸、公差等级、表面粗糙度、材料和热处理要求等做全面系统的了解，从而找出关键的技术问题。

二、选择毛坯

毛坯的材料按零件在产品中的功能及其负荷特性而定，通常与毛坯类型同时考虑。毛坯的类型及其制造工艺方法对切削加工工艺有重要影响。选择毛坯时应考虑的问题在第十三章已经做了介绍。

三、工艺分析

工艺分析的主要内容是确定主要加工表面的加工方法和确定主要精基准面。

1. 确定主要加工表面的加工方法

零件的主要加工表面一般是指其装配基准面和工作表面。零件上主要加工表面的质量将直接影响零件和产品的质量。因此，首先要根据主要加工表面的精度、表面粗糙度等确定其加工方法。有关加工方法可见第十六、十七、十八章。

2. 确定主要精基准面

主要精基准面对保证主要加工表面的精度和加工顺序有决定性影响，因此在确定主要加工表面的加工方法时，应同时确定主要精基准面。

四、拟定加工顺序

1. 加工阶段的划分

拟定加工顺序时，要考虑划分加工阶段。当零件的加工质量要求较高时，整个加工过程可以划分为粗加工、半精加工、精加工和光整加工四个阶段。粗加工阶段的主要任务是在尽量短的时间内切除绝大部分余量，并且为进一步加工提供定位精基准及合适的余量；半精加工阶段的主要任务是为主要加工表面的精加工做好准备，使其达到一定的精度和具有合适的余量，同时完成零件上一些次要表面的加工；精加工阶段的主要任务是对零件的主要加工表面进行最终加工，使其加工精度和表面粗糙度达到图样要求；光整加工阶段的主要任务是改善主要加工表面的表面质量。但是，并不是在所有的情况下都必须划分加工阶段。如果毛坯的精度较高、刚度较好、余量较小，不划分加工阶段就能满足零件的技术要求，则不必分段加工。

2. 切削加工工序的安排

（1）基准先行　主要加工表面的精基准应首先安排加工，以便后续工序用它定位。精基准面的加工精度应能保证工件定位对基准面的精度要求。例如，齿轮类零件的精基准面一般为内孔和一端面；箱体类零件的精基准面一般为底面或剖分面；轴类零件的精基准面一般为两端中心孔。这些精基准面都应安排在第一道工序加工，并应对它们提出一定的精度要求。

（2）先主后次，先粗后精　精基准面加工之后，应按粗加工、半精加工、精加工的先后顺序安排主要加工表面的加工，而后安排次要表面的加工。零件的次要表面一般是指键槽、紧固螺钉用的光孔、螺孔和润滑油孔等。因为次要表面的加工工作量较小，又常常与主要加工表面之间有位置精度要求，所以次要表面的加工一般安排在主要表面加工结束之后或穿插在主要表面的加工过程中。为防止主要表面的精度和表面质量在搬运、安装时受到损伤，次要表面的加工一般安排在主要表面精加工或光整加工之前进行。即将主要表面的研磨或珩磨或抛光等工序放在加工顺序的最后阶段。像螺钉孔之类的次要小表面，在加工时的切削力很小，一般不会影响主要加工表面的精度，在工序不便安排时也允许安排在最后加工。

应该指出，为了保证主要加工表面的精度，在精加工之前或工件进行热处理之后，必须及时修整精基准面。

3. 辅助工序的安排

辅助工序包括工件的检验、去毛刺、划线、校直、打印、清洗、涂装防锈等，其中检验是主要辅助工序。检验是保证产品质量的关键措施。在每道工序中，操作者都应进行自检。在粗加工阶段结束之后，在重要工序的前后，工件在车间转移时或全部加工结束后，都应该安排单独的检验工序。

4. 热处理工序的安排

（1）预备热处理　预备热处理的目的在于改善金属的可加工性，应安排在切削加工工序的前面。例如，$w_C>0.5\%$ 的钢要用退火降低硬度，以保证刀具的寿命；$w_C<0.3\%$ 的钢要用正火提高硬度，以保证断屑顺利。因此，退火、正火一般安排在粗加工之前。

（2）调质处理　调质处理的目的在于获得具有良好综合力学性能的回火索氏体组织。为使零件上保留尽可能多的优良组织，调质通常安排在粗加工之后、半精加工之前。

（3）最终热处理　最终热处理主要指淬火与回火、表面淬火、渗碳、渗氮等。其目的在于提高零件的强度、硬度和耐磨性，通常安排在半精加工之后、磨削加工之前，以便减少磨削工作量。热处理时产生的变形和表面氧化层，应在磨削加工中去除。

（4）时效热处理　时效热处理的目的在于消除工件的内应力。尺寸较大的铸件和形状复杂的铸件必须在粗加工、半精加工和精加工之前各安排一次时效处理，一般铸件至少在粗加工前或粗加工后安排一次时效处理。

热处理工序在加工顺序中的安排如图 19-11 所示。

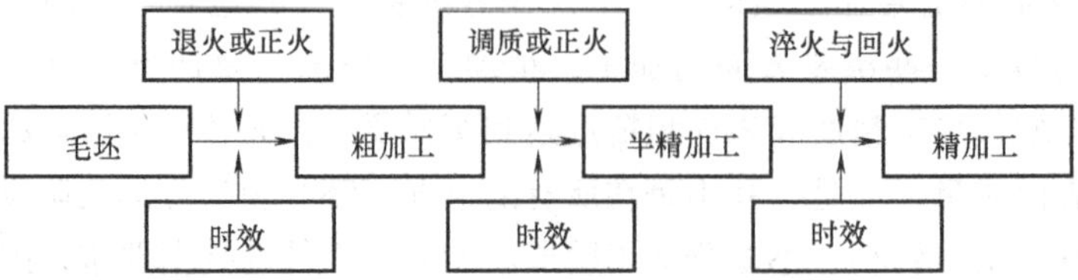

图 19-11　热处理工序的安排

五、确定各工序的机床和有关工、夹、量具

一般说来，对于单件小批量生产，应选用通用机床和通用工、夹、量具，以缩短生产准备时间和减少加工费用；对于大批量生产，应选用专用机床和专用工、夹、量具，以提高生产率和降低成本。

另外，选用的机床和工、夹、量具的精度应与相应工序的加工精度相适应，并且尽可能在现有设备、工装中选用。仅在无法保证技术要求的情况下，才另行设计制造或购买新的设备、工装等。

六、确定各工序的加工余量、切削用量和时间定额

毛坯尺寸与零件图的相应设计尺寸之差，称为加工总余量。相邻两工序的工序尺寸之差，称为工序余量。毛坯余量等于各工序余量之和。通常，根据《金属切削加工工艺人员手册》推荐的加工余量，并结合实际生产情况确定各工序的切削加工余量。对于单件小批量生产，中小型工件的单边切削加工余量的参考数据如下：

粗车	1.2 ~ 2mm
半精车	0.8 ~ 1mm
高速精车	0.4 ~ 0.5mm
低速精车	0.1 ~ 0.15mm
磨削余量	0.15 ~ 0.25mm
研磨余量	0.003 ~ 0.025mm

时间定额是指完成某一工序所规定的时间。单件小批量生产中的时间定额通常根据实践经验估算，大批量生产中的时间定额通常要经过计算并参考工人的实践经验确定。

七、编制工艺卡片

上述各项内容确定后，应填写工艺卡片。在单件小批量生产中，工艺卡片的内容可以简单些；在大批量生产中，工艺卡片的内容应详细些。表 19-1 是较简单的工艺卡片。

第四节　基本表面的加工方案

机械零件的基本表面由外圆面、内圆面、平面和成形面等组成。机械零件的加工就是对这些基本表面的加工。每一种基本表面通常有多种不同的加工方法。要使某种基本表面达到一定的精度和表面粗糙度要求，必须制订合理的加工方案。

一、外圆面

外圆面是轴类、盘套类零件的主要组成表面。外圆面的主要技术要求包括表面的尺寸精度、几何精度和表面质量等。表面质量主要指表面粗糙度、表层显微组织和表面硬度等。

外圆面的主要加工方法是车削和磨削。

（1）低精度外圆面的加工方案（车）　对于加工精度要求不高的未淬火钢件，经粗车一次可以达到要求，公差等级为 IT13～IT11，表面粗糙度值 *Ra* 为 50～12.5μm。

（2）中等精度外圆面的加工方案（车—车）　对于加工精度要求中等的未淬火钢件，经粗车后再半精车才能达到要求，公差等级为 IT10～IT9，表面粗糙度值 *Ra* 为 6.3～3.2μm。

（3）较高精度外圆面的加工方案（车—车—磨）　对加工精度要求较高的未淬火钢件、淬火钢件和铸铁件，在粗车、半精车之后经磨削加工才能达到要求，公差等级为 IT7～IT6，表面粗糙度值 *Ra* 为 0.8～0.4μm。

（4）高精度外圆面加工方案（车—车—磨—磨）　对于加工精度要求高的未淬火钢件、淬火钢件和铸铁件，在粗车、半精车后，还需经粗磨、精磨才能达到要求，公差等级为 IT6～IT5，表面粗糙度值 *Ra* 为 0.4～0.2μm。若有更高的精度要求，除车削、磨削工序外，还需增加研磨或抛光等光整加工工序，使公差等级达到 IT5～IT3，表面粗糙度值 *Ra* 达到 0.1～0.008μm。

（5）高精度非铁金属外圆面的加工方案（车—车—车—车）　非铁金属材料的塑性好，其切屑容易堵塞砂轮。在粗车、半精车和精车后，常用精细车代替磨削达到高精度要求，公差等级为 IT6～IT5，表面粗糙度值 *Ra* 为 1.25～0.32μm。

另外，根据零件的形状、尺寸、毛坯质量、生产批量等具体情况，还可以灵活选用各种加工方法。例如，对于毛坯质量较高的精铸件和精锻件，可以不经过粗车工序；对于不易磨削的重型工件的大轴颈，常采用粗车、半精车、精车等车削加工方法；对于尺寸精度要求不高，但要求表面光洁的工件，可采用抛光加工的方法。

外圆面的加工方案如图 19-12 所示。

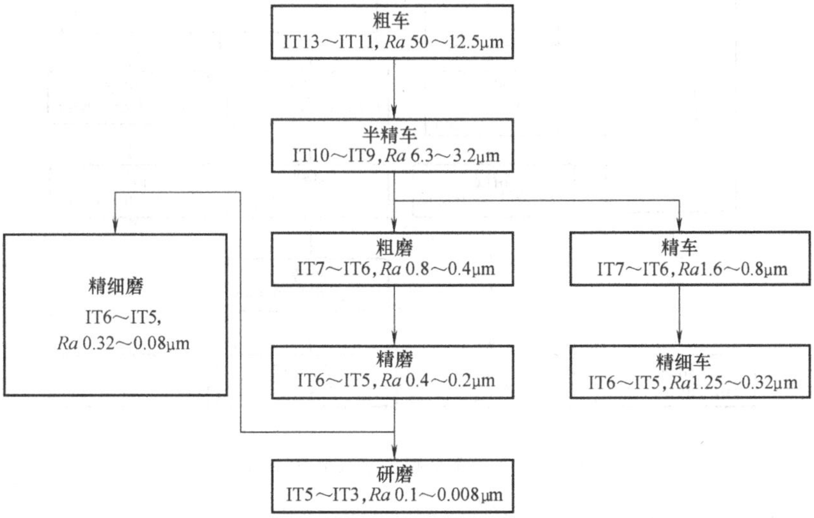

图 19-12　外圆面的加工方案

二、内圆面

内圆面是盘套类、支架箱体类零件的主要组成表面，其主要技术要求与外圆面基本相同。但内圆面的加工难度较大，相应的加工方法也较多。在实体材料上加工内圆面的方案也可以按精度等级区分。

（1）低精度内圆面的加工方案（钻）　对于加工精度要求不高的未淬火钢件，经一次钻孔可以达到要求，公差等级为IT13～IT11，表面粗糙度值 *Ra* 为50～12.5μm。

（2）中等精度内圆面的加工方案（钻—扩）　对加工精度要求中等的未淬火钢件，常采用钻孔后扩孔或钻后镗孔的方法达到技术要求，公差等级为IT10～IT9，表面粗糙度值 *Ra* 为6.3～3.2μm。

（3）较高精度内圆面的加工方案（钻—扩—铰）　对加工精度要求较高的未淬火钢件，一般需要三次加工才能达到要求，公差等级为IT9～IT8，表面粗糙度值 *Ra* 为3.2～1.6μm。当直径小于20mm时，先钻孔后铰孔就能达到要求；当直径大于20mm时，常采用钻—扩—铰、钻—镗—铰、钻—粗镗—精镗、钻—镗（或扩）—磨、钻—拉等方案。

（4）高精度内圆面加工方案（钻—扩—铰—铰）　对于加工精度要求高的未淬火钢件，一般采用四次加工才能达到要求，公差等级为IT7，表面粗糙度值 *Ra* 为1.6～0.4μm。当直径小于12mm时，可采用钻—粗铰—精铰的方法达到要求；当直径大于12mm时，常采用钻—扩（或镗）—粗铰—精铰、钻—拉等方案。对于加工精度要求更高的内圆面，可在高精度内圆面加工方案的基础上增加一个最终加工工序，如精拉、手铰、研磨、精细镗、珩磨等，最终达到公差等级IT6，表面粗糙度值 *Ra* 为0.4～0.025μm。对于淬火钢件，通常采用钻孔后扩孔（或镗孔）—淬火—粗磨—精磨的加工方案。

在实体材料上加工内圆面的方案如图19-13所示。

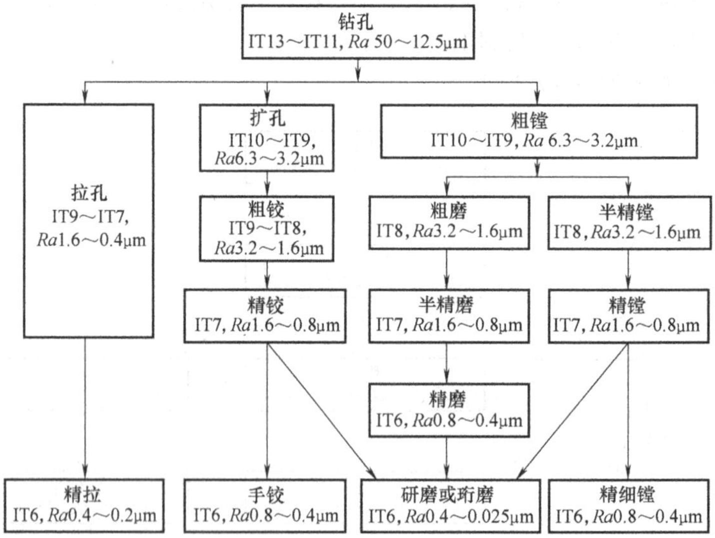

图19-13　在实体材料上加工内圆面的方案

对于已经铸出或锻出的孔，可以直接进行扩孔或镗孔。若孔径大于80mm，以镗孔较为方便，可采用粗镗、粗镗—半精镗、粗镗—半精镗—精镗、粗镗—半精镗—精镗—珩磨等方案。

同外圆面一样，内圆面的加工方案与金属材料的性质、热处理要求等有关，如非铁金属工件不宜采用磨削方法，淬火钢件在淬火后只能采用磨削方法加工。

三、平面

平面几乎是所有零件的主要组成表面，刨削和铣削是加工平面的基本方法。通过磨削、研磨可以进一步提高平面的加工质量。平面本身没有尺寸精度要求，只有表面质量及几何精度要求。图 19-14 所示平面加工方案中的公差等级是指两平行平面之间距离尺寸的公差等级。

平面的各种加工方案可按表面粗糙度要求和平面的形状区分。

（1）较粗糙平面的加工方案　对表面质量要求不高的未淬火钢件，经粗铣、粗刨、粗车等可达到要求，表面粗糙度值 *Ra* 为 50 ~ 12. 5μm。

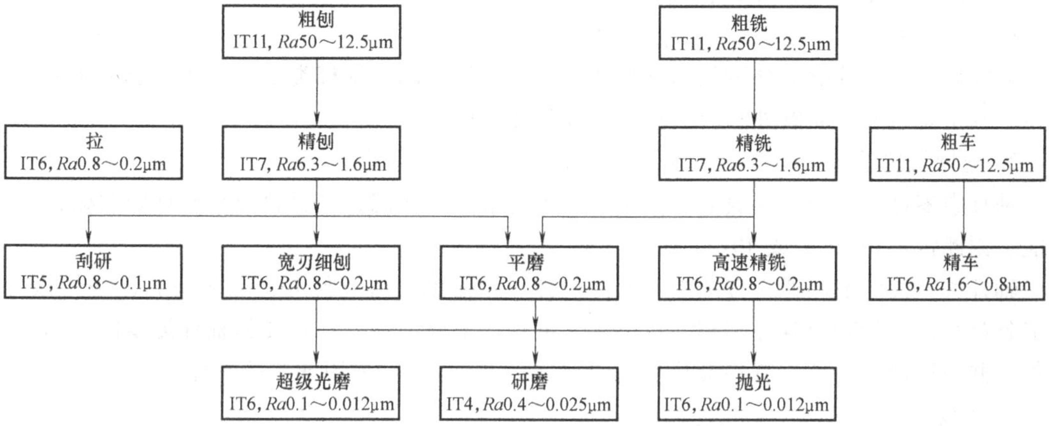

图 19-14　平面加工方案

（2）较光洁平面的加工方案　对表面质量要求较高的未淬火钢件，特别是非铁金属件，一般采用粗铣—精铣—高速精铣、粗刨—精刨—宽刃细刨等方案达到要求，表面粗糙度值 *Ra* 为 0. 8 ~ 0. 2μm。

（3）回转体端平面的加工方案　对于表面质量要求中等的未淬火钢件，通常采用粗车—半精车方案达到要求，表面粗糙度值 *Ra* 为 6. 3 ~ 3. 2μm。

（4）宽平面的加工方案　对于表面质量要求中等的未淬火钢件，通常采用粗铣—精铣方案达到要求，表面粗糙度值 *Ra* 为 6. 3 ~ 1. 6μm。

（5）窄长平面的加工方案　对于表面质量要求中等的未淬火钢件，通常采用粗刨—精刨方案达到要求，表面粗糙度值 *Ra* 为 6. 3 ~ 1. 6μm。

磨削平面是平面的精加工方法，一般在铣削或刨削的基础上进行。对于薄片淬火工件，磨削几乎是唯一的加工方法。磨削后表面粗糙度值 *Ra* 为 0. 8 ~ 0. 2μm。若有更高的加工质量要求，则必须增加研磨、抛光等工序，表面粗糙度值 *Ra* 可达 0. 04 ~ 0. 012μm。

四、成形面

成形面常采用车削、铣削、刨削等方法加工。

使用成形刀具加工成形面方法简单、生产率高，但要求刀具主切削刃必须与零件轮廓一致，因此刀具制造的难度大，成本高，尺寸稍大就容易在切削时产生振动。使用成形刀具加工成形面多在大批量生产中加工较小尺寸的成形面。

较大尺寸的成形面常采用靠模加工（这里不介绍）和数控加工。

第五节　基本类型零件的加工工艺要点

机械零件按其结构形状特征和功能可分为轴杆类、饼块盘套类和机架箱体类等。饼块盘套类零件安装在轴杆类零件上常作为机械产品的核心，而机架箱体类零件支承轴杆类零件成为机械产品的基础。分析这三类零件的加工工艺要点，将有利于对整个切削加工工艺的理解。

一、轴杆类零件的加工工艺要点

1. 功能与结构

对零件结构和功能的分析是制订零件加工工艺的基础。轴杆类零件主要用于传递运动和转矩，其主要组成表面有外圆面、轴肩、螺纹和沟槽等。

2. 选材与选毛坯

轴杆类零件多承受交变载荷，工作时处于复杂应力状态，其材料应具有良好的综合力学性能，因此常选用45钢或40Cr钢。

轴杆类零件的毛坯通常有圆钢和锻件两种。台阶轴上各外圆相差较大时，多采用锻件，以节省材料；台阶轴上各外圆相差较小时，可直接采用圆钢。但重要的轴杆类零件应选用锻钢件，并进行调质处理。有些形状复杂的轴（如曲轴），可采用球墨铸铁件。

3. 主要技术要求与主要工艺问题

轴杆类零件的轴颈、安装传动件的外圆、装配定位用的轴肩等的尺寸精度、几何精度和表面粗糙度，是这类零件的主要技术要求和要解决的主要工艺问题。

4. 定位基准与装夹方法

加工轴杆类零件时常以两端中心孔或外圆面定位，以顶尖或卡盘装夹。

5. 工艺过程特点

一般来说，加工轴杆类零件以车削、磨削为主要加工方法；使用中心孔定位时，在加工过程中定位基准与设计基准重合，各主要工序的定位基准统一；采用通用设备和通用工装。

典型轴杆类零件台阶轴的基本工艺过程如图19-15所示。

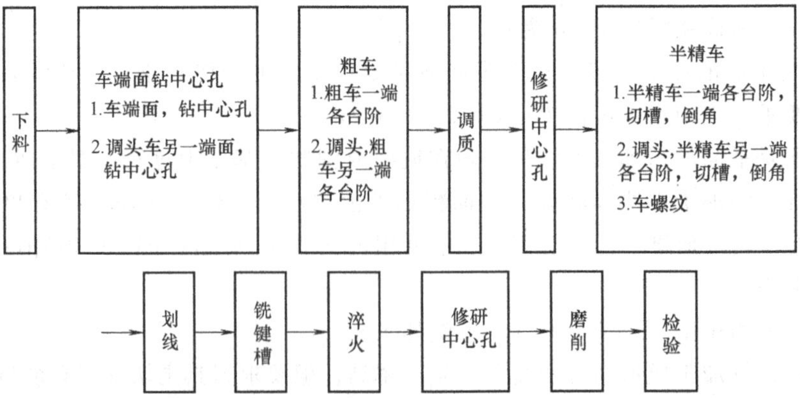

图19-15　台阶轴的基本工艺过程

二、饼块盘套类零件的加工工艺要点

1. 功能与结构

饼块盘套类零件主要用于配合轴杆类零件传递运动和转矩。在轴系部件中，除轴本身和键、螺钉等联接件外，几乎都属于盘套类零件，其主要组成表面有内圆面、外圆面、端面和沟槽等。下面以齿轮为例进行介绍。

2. 选材与选毛坯

齿轮承受交变载荷，工作时处于复杂应力状态。其材料应具有良好的综合力学性能，因此常选用45钢或40Cr钢锻件毛坯，并进行调质处理，很少直接用圆钢做毛坯。对于受力不大，主要用来传递运动的齿轮，也可以采用铸件、非铁金属件和非金属件毛坯。

3. 主要技术要求与主要工艺问题

齿轮内孔、端面的尺寸精度、几何精度、表面粗糙度及齿形精度，是齿轮加工的主要技术要求和要解决的主要工艺问题。

4. 定位基准与装夹方法

加工齿轮时通常以内孔、端面定位或以外圆、端面定位，使用专用心轴（一种带孔工件的夹具）或卡盘装夹工件。

5. 工艺过程特点

一般来说，齿轮加工分为齿坯加工和齿形加工两个阶段。通常以内孔、端面定位，插入心轴装夹工件，符合基准重合、基准统一原则。齿坯加工过程代表了一般饼块、盘套类零件加工的基本工艺过程，采用通用设备和通用工装；齿形加工多采用专用设备（齿轮加工机床）和专用工装。

有台阶齿轮的基本工艺过程如图19-16所示。

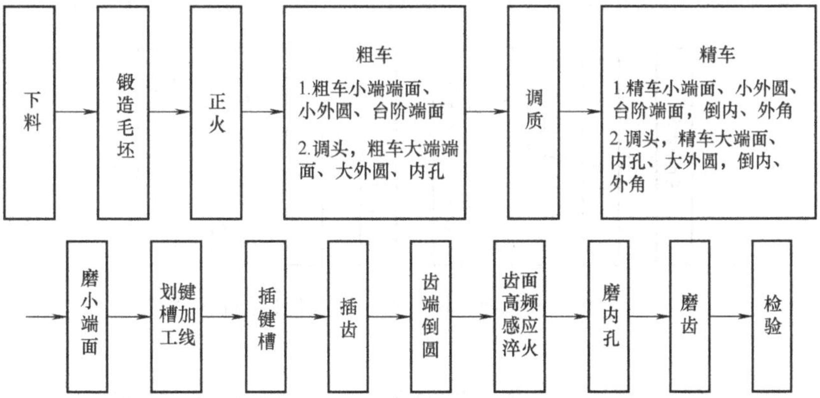

图19-16　有台阶齿轮的基本工艺过程

三、机架箱体类零件的加工工艺要点

1. 功能与结构

机架箱体类零件是机器（或部件）的基础零件。它将各零、部件连成一个整体，并使各零件之间保持正确的位置关系。箱体类零件通常尺寸较大，形状复杂，壁薄而不均匀，内部呈腔形，箱体上常有许多轴线互相平行或垂直的轴承孔。其底面、侧面或顶面通常是装配基准面。箱体上还常有许多小孔，如平滑的螺钉穿孔、螺孔、检查孔、油孔等。机架可以看成是箱体的一部分。

2. 选材与选毛坯

机架箱体类零件起支承、封闭作用，形状复杂，但承载一般不大，因此多选用灰铸铁件毛坯。承载较大的机架箱体类零件可以选用球墨铸铁件或铸钢件毛坯，在单件小批量生产中也可以采用钢板焊接结构毛坯。

3. 主要技术要求与主要工艺问题

机架箱体类零件的轴承孔和基准平面的形状精度、平行孔之间的平行度、同轴孔之间的同轴度、主要加工表面的表面粗糙度等，是加工这类零件的主要技术要求和要解决的主要工艺问题。

4. 定位基准与装夹方法

机架箱体类零件在单件小批量生产中要安排划线工序。通过划线，可以合理分配各加工表面的加工余量，调整加工表面与非加工表面之间的位置关系，并且提供了定位的依据，即以划的线条作为粗基准。机架箱体类零件在加工过程中的精基准有两种情况：一是以一个平面和该平面上的两个孔定位，称为一面两孔定位；二是以装配基准定位，即以机架箱体的底面和导向面定位。机架箱体类零件在单件小批量生产中常用螺钉、压板等直接装夹在机床工作台上，在大批量生产中则多采用专用夹具装夹。

5. 工艺过程特点

一般说来，加工机架箱体类零件时，通常采用先面后孔的加工原则。即先加工平面，为孔加工提供稳定可靠的定位精基准，符合基准重合原则。加工过程中常需要安排时效处理，以消除工件的内应力；常采用通用的设备工装；平面在铣床、刨床上加工，轴承孔在镗床或铣床上加工，即使在大批量生产中也只采用部分的专用设备和工装。

在单件小批量生产中，机架箱体类零件的基本工艺过程如图 19-17 所示。

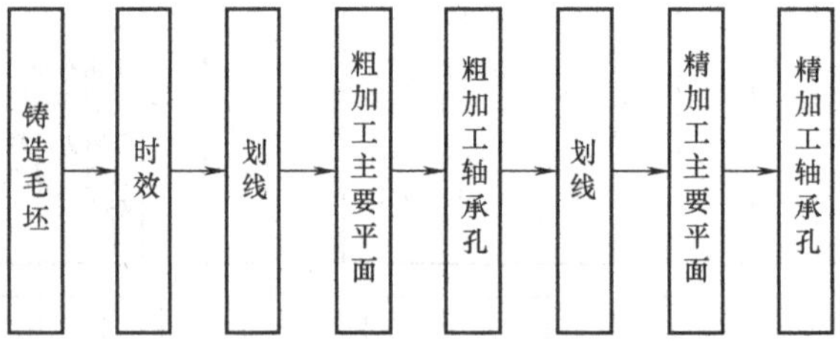

图 19-17　机架箱体类零件的基本工艺过程

第六节　零件结构的切削加工工艺性

零件结构的切削加工工艺性，是指所设计的零件在满足使用性能要求的前提下其切削成形的可行性和经济性，即切削成形的难易程度。设计需要进行切削加工的零件结构时，应考虑切削加工工艺的要求。

一、切削加工对零件结构的基本要求

1）加工表面的几何形状应尽量简单。各加工表面应尽可能在同一平面上或同一轴线上，以减少加工次数或机床调整次数。

2）不需要加工的毛面不要设计成加工表面；精度要求不高的表面不要设计成高精度表面，以提高经济性。

3）有相互位置精度要求的各加工表面，设计时应考虑尽可能在一次装夹中加工，以便用机床的精度保证位置精度。

4）应尽可能减少加工表面的面积，以便减少切削加工的工作量。

5）零件的结构应能使定位准确，夹紧可靠，便于加工，易于测量。

6）各加工表面应考虑使用标准刀具加工和通用量具测量，以减少专用刀具、量具的设计制造费用。

7）生产批量大时，应考虑零件结构与高效的专用设备、工装及先进的工艺方法相适应。

二、改进零件切削加工工艺性的基本原则

1. 便于装夹

工件应便于装夹在机床上或夹具上。如图 19-18a 所示斜底零件，应在斜底上设计出工艺凸台，以增加稳定性。工艺凸台在零件加工结束时应切除。图 19-18b 所示平板，两侧应设计出夹紧边或夹紧孔，以便夹紧工件。

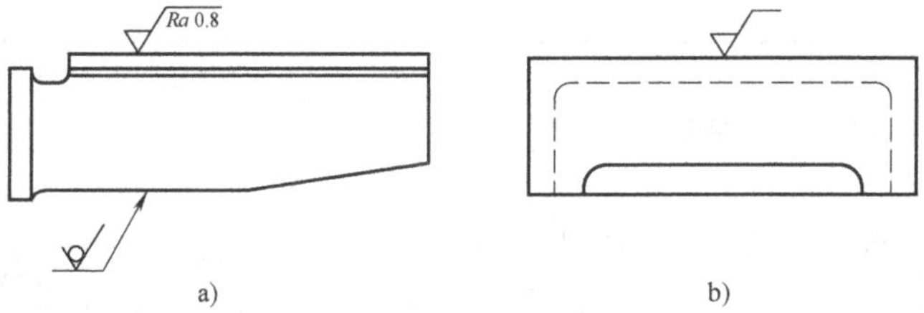

图 19-18　不便装夹的结构

a）斜底零件　b）平板

2. 减少装夹次数

减少工件的装夹次数有利于提高生产率，并且在一次装夹中加工的各表面的位置精度容易保证。如图 19-19a 所示交叉孔零件的两侧不透孔结构必须经两次装夹，从两侧分别钻孔和攻螺纹，两孔的同轴度也不好保证。若设计成通孔结构，便可以在一次装夹中完成加工。

图 19-19b 所示台阶轴的键槽朝向不相同，必须在两次装夹中分别铣出。若两键槽设计成朝向同侧，便可在一次装夹中铣出。

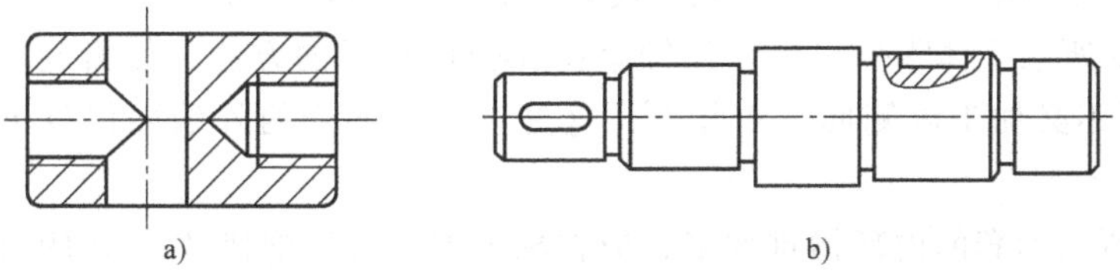

图 19-19　装夹次数不合理结构

a）交叉孔零件　b）台阶轴的键槽

3. 减少刀具调整次数

减少刀具调整次数有利于提高生产率。如图 19-20a 所示零件的两个凸台不等高，图

19-20b 所示零件的两段锥度不相同，这些都会增加加工时刀具的调整次数。

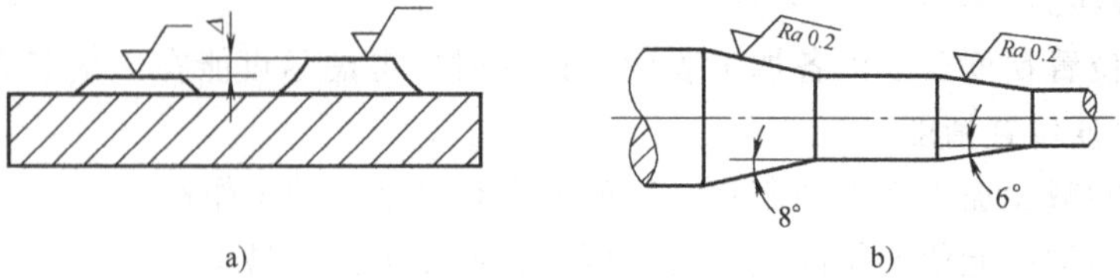

图 19-20　刀具调整不合理结构

a）凸台不等高　b）锥度不一致

4. 减少刀具种类和采用标准刀具

减少刀具种类和采用标准刀具有利于提高生产率和降低成本。如图 19-21a 所示箱体零件上各螺孔的直径和深度不一致，图 19-21b 所示小轴零件上各退刀槽的宽度不一致，图 19-21c 所示台阶轴上各键槽宽度不一致，图 19-21d 所示带圆角轴上各圆角半径不一致，这些设计将使刀具的种类增加。设计这些螺孔、退刀槽和键槽等结构时，还应考虑与标准刀具的规格相一致。

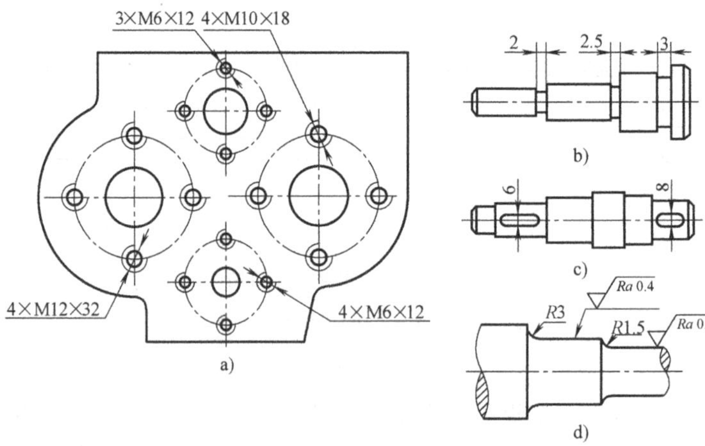

图 19-21　刀具种类不合理结构

a）箱体　b）小轴　c）台阶轴　d）带圆角轴

5. 避免内表面加工

内表面加工比较困难，应尽量避免。设计零件时可将内表面转化为较容易加工的外表面。如图 19-22a 所示壳体零件采用了将轴套镶在壳体孔里的方法，使齿轮端面不与壳体内侧面接触，从而不必加工内侧面。实际上，这是以加工轴套的外端面代替了加工壳体的内侧面。

图 19-22b 所示轴套的内环槽难加工，应在轴上加工外环槽代替；图 19-22c 所示外套的内环槽难加工，应在内套上加工外环槽代替。

6. 便于进刀和退刀

零件的结构设计应考虑进刀和退刀方便。如图 19-23a 所示轴端未设计螺纹退刀槽，图 19-23b 所示零件未设计各表面过渡部位的砂轮越程槽，图 19-23c 所示零件未设计刨刀的让刀槽，图 19-23d 所示零件未设计插削让刀孔。上述零件的结构设计均应改进。

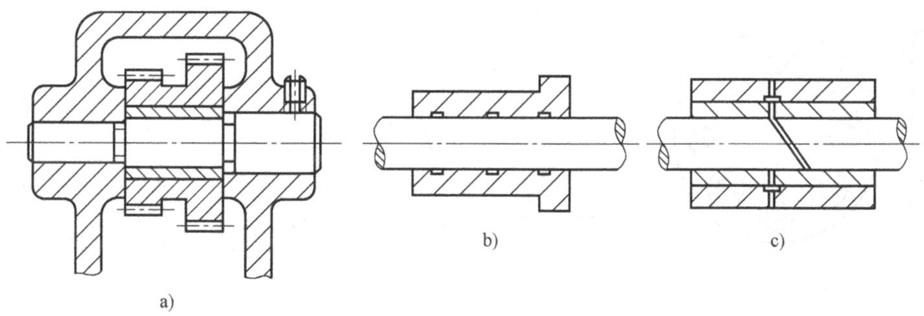

图 19-22　加工表面不合理结构

a）需加工内侧面的壳体　b）有内环槽的轴套　c）有内环槽的外套

7. 考虑刀具的刚度

零件的结构设计应考虑刀具的刚度。如图 19-24a 所示零件需要采用加长钻头钻孔，钻头刚度差，影响加工精度。如果在零件的左边立壁上设计一个工艺孔，则可以采用标准钻头及标准螺纹刀具加工。图 19-24b 所示零件钻孔时，钻头单边切入、切出，受力不均，极易折断，孔端应设计有平面。图19-24c 所示零件需加工深孔，刀具刚度较差，若将孔的中段设计成低精度和较大直径的内环槽，则深孔转化为两端的浅孔，便于加工。

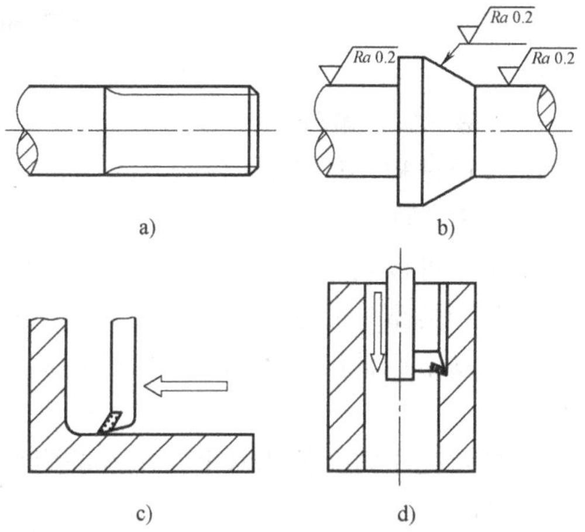

图 19-23　不便进刀或退刀的结构

a）轴端螺纹　b）磨削表面

c）刨削平面　d）插削键槽

8. 减少加工面积

减少加工表面的数目和加工表面的面积是设计零件结构的一个指导思想。如图 19-25a所示零件的 8 个凹坑，若用一个环槽代替，则加工表面的数目成为一个，采用车环槽代替锪凹坑又大大提高了生产率。图 19-25b 所示零件应在孔端设计凸台，以减少加工表面的面积。图 19-25c 所示零件孔的中段应设计成低精度和较大直径的内环槽，以减少精加工表面的面积。图 19-25d 所示零件须精加工的外圆面太长，应设计成台阶，减少精加工外圆面的长度。

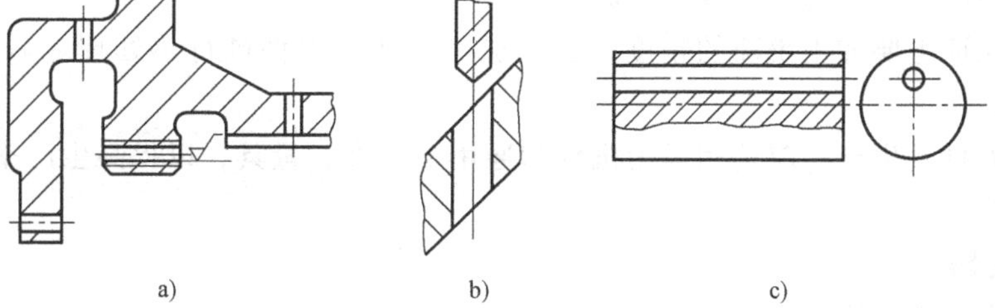

图 19-24　影响刀具刚度的结构

a）需加长钻头　b）单边切入切出　c）钻深孔

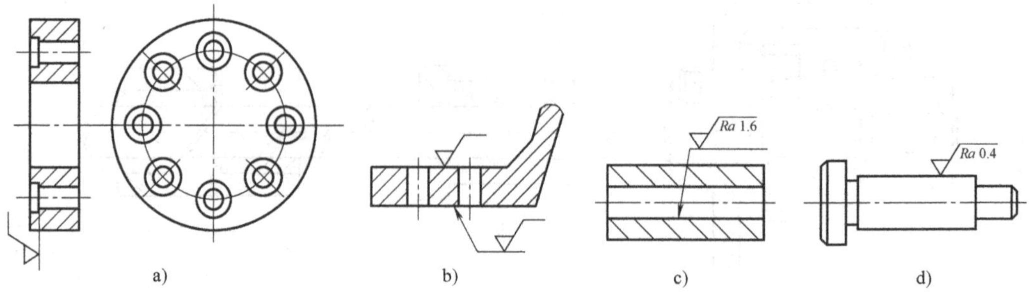

图 19-25　加工面数及面积不合理结构

a) 锪凹坑　b) 大平面　c) 长光孔　d) 长光轴

作 业 十 九

一、基本概念解释

1. 生产过程　2. 工艺过程　3. 工序　4. 安装　5. 生产类型

二、填空题

1. 工序可以划分为____。

2. 生产类型一般分为____生产、____生产和单件生产三种类型。

3. 根据生产批量的大小和产品的特征，成批生产又可分为____生产、____生产和大批生产。

4. 通常把不需要使用六个支承点的定位称为____定位，必须使用六个支承点的定位称为____定位。

5. 装夹是指将工件在机床上或夹具中____和____的过程。

6. 当零件的加工质量要求较高时，整个加工过程可以划分为____加工、半精加工、____加工和光整加工。

7. 辅助工序包括工件的检验、去毛刺、____、校直、打印、清洗、涂装防锈等，其中____是主要辅助工序。

三、判断题

1. 一道工序可以包括一个或几个工步。（　）

2. 在进行切削加工之前，工件必须准确可靠地被装夹在机床上。（　）

3. 经过切削加工才用作基准的表面称为粗基准。（　）

4. 为了保证主要加工表面的精度，在精加工之前或工件进行热处理之后，必须及时修整精基准面准。（　）

5. 对于大批量生产，应选用通用机床和通用工、夹、量具，以提高生产率和降低成本。（　）

四、简答题

1. 粗基准的选择原则有哪些？

2. 精基准的选择原则有哪些？

3. 拟定切削加工工艺过程包括哪些主要步骤？

4. 如何安排切削加工工序?

5. 如何安排热处理工序?

6. 切削加工对零件结构的基本要求有哪些?

7. 改进零件切削加工工艺性的基本原则有哪些?

五、课外活动

1. 同学之间相互合作，分组分析从毛坯到零件的加工过程通常在哪些车间进行?在加工过程中工件主要经历哪些工序?

2. 同学之间相互合作，比较轴杆类、饼块盘套类和机架箱体类零件的功能与结构、选材与选毛坯、主要技术要求与主要工艺问题、定位基准与装夹方法、工艺过程特点等。

第二十章　机械装配

机械装配是指按照规定的技术要求，将若干零件结合成部件或将若干零件和部件结合成机器的过程，简称装配。

一、装配工艺过程

1. 准备

装配前应认真研究产品装配图及其技术要求，特别是零件之间相互连接的关系，同时考虑装配方法、装配顺序及所需要的设备工装。确定装配方案之后，对即将进入装配的全部零件都要进行整理和清洗，必要时还要对某些零件进行刮削、配研等修配加工。

2. 装配

装配工作通常分为部件装配和总装配。部件装配是指将两个或两个以上零件组合在一起，或将零件与几个组合件结合在一起成为一个部件的装配过程。部件装配是产品进入总装配以前的装配工作。总装配是指将装配的各部件和零件结合成一台完整机器的过程。

3. 调试

产品装配后应进行调整和试车。调整是指通过调节零件或机构的相对位置和配合间隙等，使产品的装配精度达到技术要求的过程。调整之后，通过试车确定机器的使用性能是否合格。不合格的产品应重新进行调整或检修。

4. 后处理

后处理是指对调试好的产品所进行的涂装、涂油和装箱等工作。涂装是为了防止零件不加工表面锈蚀，并使机器外表美观等所进行的工作；涂油是为了防止零件工作表面、已加工表面不生锈所进行的工作；装箱是产品完成的最后工作。装箱时，连同机器附件、说明书和检验合格证等一起装入。产品装箱后入库或直接发给用户。

二、装配单元系统图

1. 装配单元

零件是构成机器（或产品）的最小单元。将若干个零件结合成机器的一部分，无论其结合形式和方法有多大差别，统称为部件。

直接进入机器装配的部件，称为组件。直接进入组件装配的部件，称为一级组件。直接进入一级组件装配的部件，称为二级组件，依次类推。机器越复杂，则组件的级数越多。

可以单独进行装配的部件，称为装配单元。一台机器一般能分成若干个装配单元。

基准零件和基准部件是装配工作的基础，其作用是把需要进入装配的零件和部件连成一个整体，并且确定这些零件或部件之间的相互位置。

2. 装配单元系统图

装配单元的装配顺序用装配单元系统图表示。如图 20-1 所示为某成品的一个装配单元系统图，图中的长方格表示零件或组件，在长方格内应标注零件或组件的名称、编号以及装入的件数等；图中的线条表示装配顺序。

绘制装配单元系统图时，先在图纸靠上部画一条横线，在横线的左端画出代表基准零件

（或部件）的长方格，在横线的右端画出代表成品的长方格；然后把所有直接进入成品装配的零件按照装入顺序画在横线上面。除基准组件或基准分组件画在横线上，把所有构成成品的组件按照装入顺序画在横线的下面。

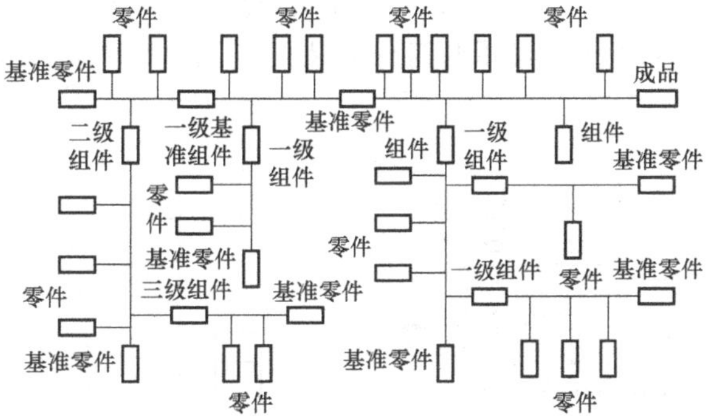

图 20-1 装配单元系统图

三、减速器的装配工艺

1. 减速器的结构

减速器的结构如图 20-2 所示，由箱体、齿轮、蜗杆、轴、轴承和箱盖等组成。箱盖上有方孔，用以监视齿轮的啮合情况。

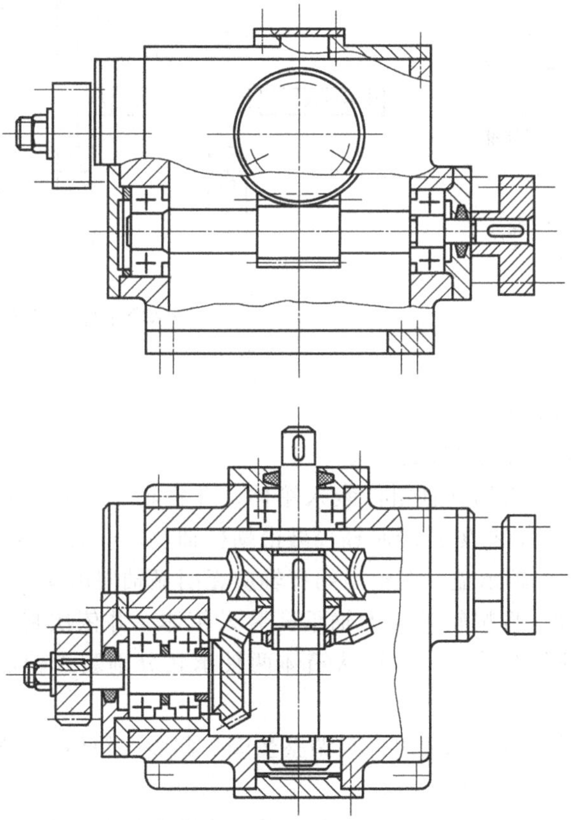

图 20-2 减速器装配图

运动通过减速器右侧的联轴器输入，经蜗杆蜗轮传动副传给锥齿轮副，然后经锥齿轮轴上的圆柱齿轮将运动输出。

2. 减速器部件装配工艺

根据减速器零件和部件的装配关系，减速器的结构可以划分为锥齿轮轴承套、蜗杆轴、蜗轮轴、联轴器、轴承盖和箱盖等组件。

图 20-3 所示为锥齿轮轴承套组件的装配顺序，其中锥齿轮是组件的装配基准零件。图 20-4所示为轴承套组件的装配单元系统图。表 20-1 列出了轴承套组件装配工艺的主要内容。

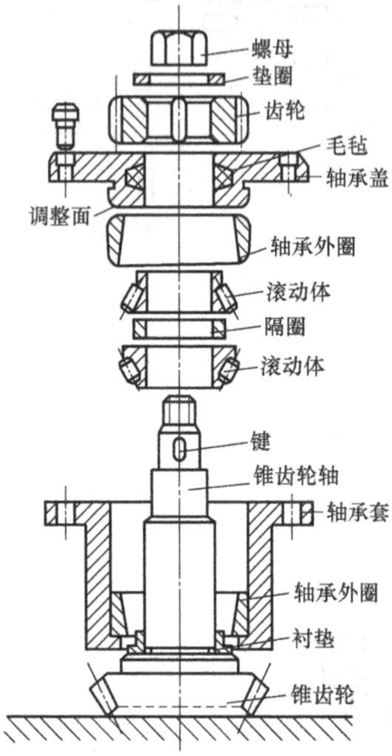

图 20-3　锥齿轮轴承套组件的装配顺序

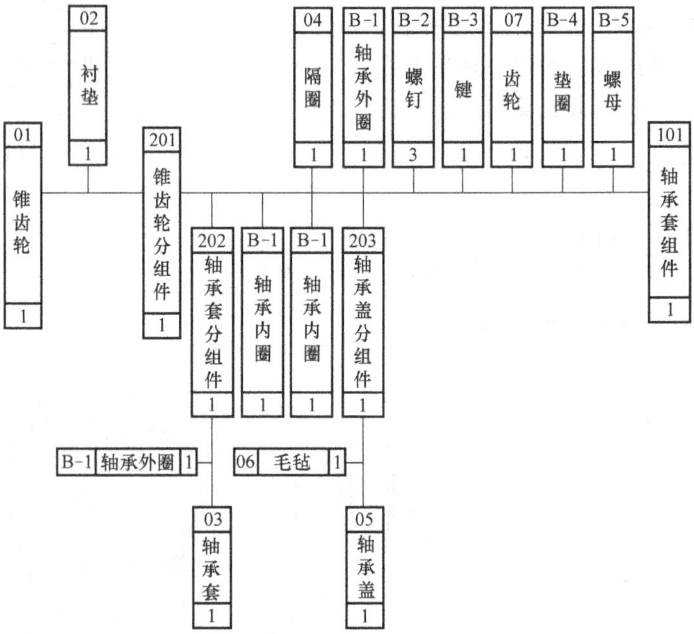

图 20-4　轴承套组件的装配单元系统图

3. 减速器的总装与调试

减速器的总装以箱体为基准零件。

(1) 装蜗杆轴组件　将蜗杆轴组件装入箱体，并将轴承外圈装入箱体的两轴承孔，然后装右端轴承盖，并用螺钉拧紧；继而轻轻敲击蜗杆轴左端，消除右端轴承间隙并贴紧轴承盖，再装调整垫圈和左端轴承盖，调整后蜗杆轴应无明显轴向窜动。

(2) 装蜗轮轴组件　将蜗轮轴从大轴承孔装入箱体，并依次将键、蜗轮、垫圈、锥齿轮、带翅垫圈及圆螺母装在轴上，然后从箱体两轴承孔分别装入轴承及轴承盖，调整好间隙，用螺钉锁紧。

(3) 装轴承套组件　将轴承套组件与调整垫圈一起装入箱体，用螺钉锁紧。

(4) 装联轴器及箱盖等组件

总装完毕，用手拨动联轴器进行试运转，用电动机带动空车进行试运转，并仔细观察运转情况，及时处理发现的问题。

轴承温度应在规定范围，运转时应无明显噪声。

试车合格，装箱入库或直接发给用户。

四、零件结构的装配工艺性

零件结构的装配工艺性是指所设计的零件在满足使用性能要求的前提下其装配连接的可行性和经济性，或者说机器装配的难易程度。

表 20-1 轴承套组件装配工艺卡

(轴承套组件装配图)	装配技术要求 (1)组装时,各装入零件应符合图样要求 (2)组装后锥齿轮应转动灵活,无轴向窜动

工厂	装配工艺卡		产品型号	部件名称	装配图号
				轴承套	
车间名称	工段	班组	工序数量	部件数	净重
装配车间			4	1	

工序号	工步号	装配内容	设备	工艺装备		工人等级	工序时间
				名称	编号		
Ⅰ	1	分组件装配:锥齿轮与衬垫的装配,以锥齿轮轴为基准,将衬垫套装在轴上					
Ⅱ	1	分组件装配:轴承盖与毛毡的装配,将已剪好的毛毡塞入轴承盖槽内		锥度心轴			
Ⅲ	1 2 3	分组件装配:轴承套与轴承外圈的装配,用专用量具分别检查轴承套孔及轴承外圈尺寸 在配合面上涂上机油 以轴承套为基准,将轴承外圈压入孔内至底面	压力机	塞尺卡板			
Ⅳ	1 2 3 4 5 6 7	轴承套组件装配:以锥齿轮组件为基准,将轴承套分组件套装在轴上 在配合面上加油,将轴承内圈压装在轴上,并紧贴衬垫 套上隔圈,将另一轴承内圈压装在轴上,直至与隔圈接触 将另一轴承外圈涂上油,轻压至轴承套内 装入轴承盖分组件,调整端面的高度,使轴承间隙符合要求后,拧紧三个螺钉 安装平键,套装齿轮、垫圈,拧紧螺母,注意配合面加油 检查锥齿轮转动的灵活性及轴向窜动	压力机				

									共 张
编号	日期	签章	编号	日期	签章	编制	移交	批准	第 张

装配对零件结构的主要要求如下:

(1) 倒角 配合件应倒角,以利于装配。通常倒角 45°,较小的倒角有导向作用,更容易装配。倒角能避免零件端部的毛刺划伤手指或配合表面,并且使零件外观美观。

(2) 逸气 在设计不穿透的销钉孔时,应同时设计空气逸气口,否则因孔内有空气,销钉可能装不进去。如图 20-5 所示为未设计逸气口的不合理结构,应在销钉中心线处钻一个小孔,或者在孔底或孔旁钻出逸气孔。

(3) 便于定位 图 20-6 所示孔与轴的装配结构,在轴向要求轴肩与孔端面贴紧定位时,孔边必须倒角,或者在轴肩的根部切槽。

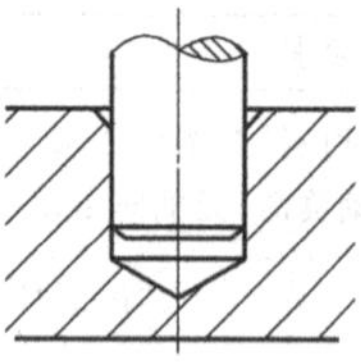
图 20-5　未设逸气口的结构

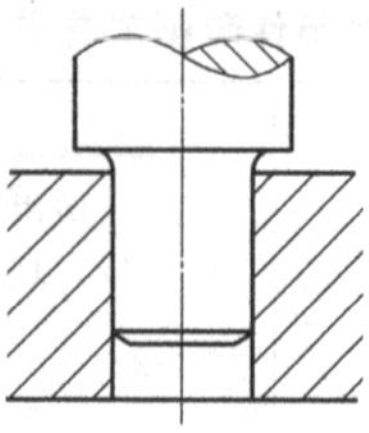
图 20-6　不能贴紧定位的结构

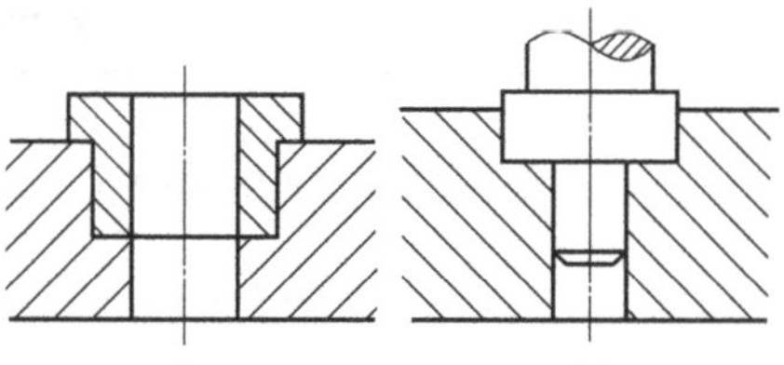

图 20-7　多余接触面的结构
a）孔与套的配合　b）孔与轴的配合

（4）避免多余接触面　当两个零件相配合时，在同一个方向上只能有一对接触面。多余的接触面会产生干涉，影响装配。因此，除一对定位表面相接触外，其他可能接触的表面间必须留足够的间隙，保证不接触。如图 20-7a 所示孔与套的配合，在轴线方向有一对多余接触面；图 20-7b 所示阶梯孔与阶梯轴的配合，在垂直于轴线方向上有一对多余的接触面。

（5）便于螺钉装拆　设计螺钉联接结构时，应考虑安装螺钉方便。如图 20-8 所示的螺钉联接结构无法安装螺钉。设计机座零件时应考虑在侧壁上设计一个工艺孔，以便于安装螺钉；也可以设计成螺栓联接结构。

在零件上设计螺钉位置时，要考虑装拆螺钉的扳手空间。如图 20-9 所示螺钉的布局不合理，扳手活动空间不足，无法装拆螺钉。

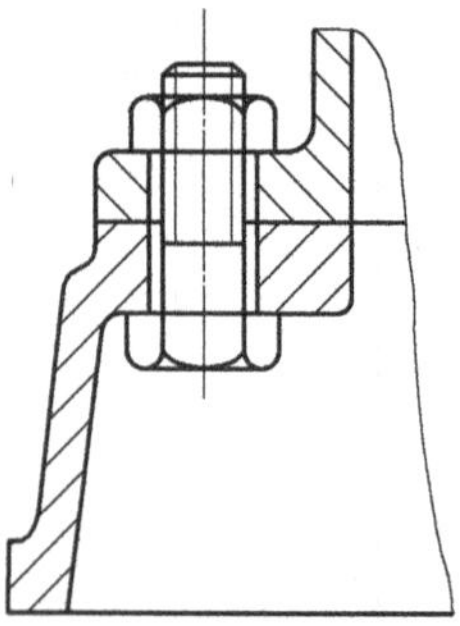
图 20-8　联接螺钉安装困难的结构

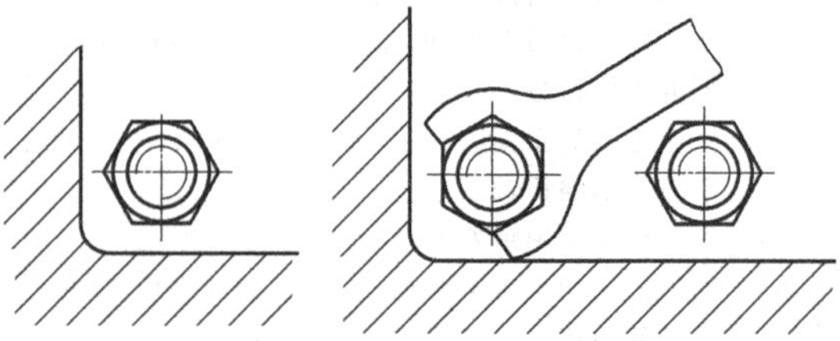
图 20-9　螺钉布局不合理的结构

在设计用螺钉联接的零件时，应考虑螺钉的安放空间。如图 20-10 所示联接螺钉的安放空间不足，螺钉无法装拆。

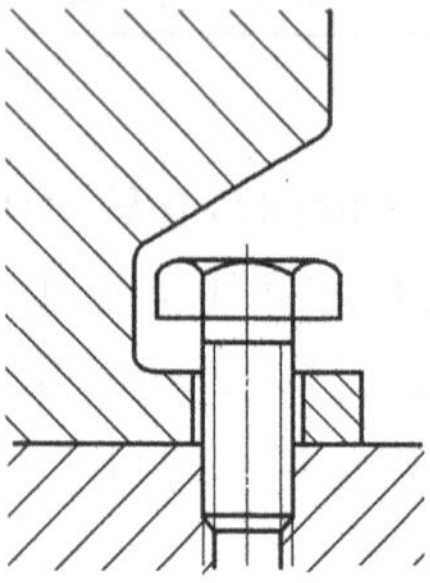
图 20-10　螺钉安放空间不足的结构

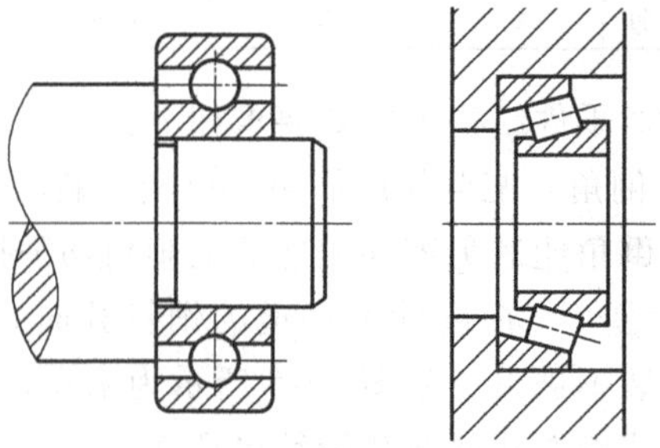

图 20-11　不便拆卸滚动轴承的结构
a）内圈无法拆卸　b）外圈无法拆卸

（6）便于拆卸　设计零件时，应考虑便于拆卸。如图 20-11a 所示轴承内圈的厚度小于轴肩的高，内圈可装不可拆；图 20-11b 所示轴承外圈厚度小于机体孔肩的高，外圈可装不可拆；图 20-12 所示装入壳体孔的衬套无法拆卸，应在壳体的相应处设计拆卸衬套的工艺孔。

（7）装配基准　相配合的零件应设计装配定位基准，否则零件之间的相互位置关系不明确，无法保证装配质量。如图 20-13 所示连接结构没有装配定位基准，不能保证两零件内孔的对中性。

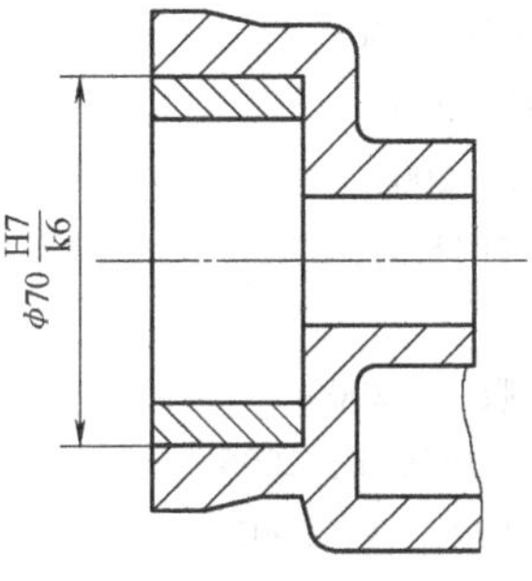

图 20-12　衬套难以拆卸的结构

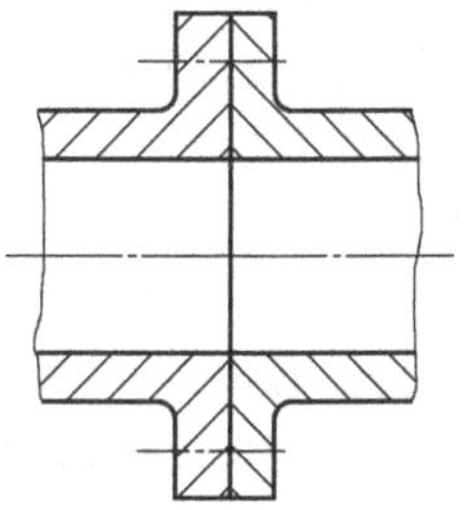

图 20-13　没有装配基准的结构

作 业 二 十

一、基本概念解释

1. 机械装配　2. 部件装配　3. 总装配　4. 组件　5. 一级组件

二、填空题

1. 后处理是指对调试好的产品所进行的____、涂油和装箱等工作。
2. 基准零件和基准部件是装配工作的____。
3. 装配单元的装配顺序用装配单元____图表示。

三、判断题

1. 涂装是为了防止零件不加工表面锈蚀。　(　　)
2. 倒角能避免零件端部的毛刺划伤手指或配合表面，并且使零件外观美观。　(　　)

四、简答题

1. 如何绘制装配单元系统图？
2. 装配对零件结构的要求有哪些？
3. 基准零件和基础部件的主要作用是什么？

五、课外活动

同学之间相互合作，分析某实物机械的装配顺序，并尝试绘制其装配系统图。

参考文献

[1] 孙学强，机械制造基础．机械工程学［M］．北京：机械工业出版社，2004.
[2] 王正品，张路，要玉宏．金属功能材料［M］．北京：化学工业出版社，2004.
[3] 沈莲，机械工程材料［M］．北京：机械工业出版社，2005.
[4] 丁树模，刘跃南．机械工程学［M］．北京：机械工业出版社，2005.
[5] 裴炳文．数控加工工艺与编程［M］．北京：机械工业出版社，2005.
[6] 姜敏凤．金属材料及热处理知识［M］．北京：机械工业出版社，2005.
[7] 梁耀能．工程材料及加工工程［M］．北京：机械工业出版社，2005.
[8] 朱莉，王运炎．机械工程材料［M］．北京：机械工业出版社，2005.
[9] 王英杰．金属工艺学［M］．2 版．北京：机械工业出版社，2015.
[10] 王健民．金属工艺学［M］．北京：中国电力出版社，2006.
[11] 邓三硼，马苏常．先进制造技术［M］．北京：电力工业出版社，2006.
[12] 蔡殉．表面工程技术工艺方法 400 种［M］．北京：机械工业出版社，2006.
[13] 赵程，杨建民．机械工程材料［M］．2 版．北京：机械工业出版社，2007.
[14] 梁戈，时惠英．机械工程材料与热加工工艺［M］．北京：机械工业出版社，2007.
[15] 杨江河．精密加工实用技术［M］．北京：机械工业出版社，2007.
[16] 王学武．金属表面处理技术［M］．北京：机械工业出版社，2008.
[17] 王先逵．材料及热处理［M］．北京：机械工业出版社，2008.
[18] 郭溪茗，宁晓波．机械加工技术［M］．北京：高等教育出版社，2008.